Microsoft Power BI

Jeremey Arnold ist Senior Analytics Architect bei Onebridge, einem großen Beratungsunternehmen für Data Analytics in Indianapolis, Indiana. Jeremey Arnold arbeitet seit mehr als zehn Jahren im Bereich Data Analytics und setzt Microsoft Power BI seit dem Release im Jahre 2013 ein. Er hat in und für unterschiedliche Branchen gearbeitet, darunter im Gesundheitswesen, im Finanzwesen, im Bereich Produktion und Fertigung sowie im öffentlichen Sektor. Sein Arbeitsschwerpunkt besteht darin, Daten in Erkenntnisse und Einsichten zu transformieren und wirklich datengesteuerte Umgebungen zu ermöglichen.

Jeremey Arnold

Microsoft Power BI

Die praktische Einführung in die Datenanalyse und -visualisierung

dpunkt.verlag

Jeremey Arnold

Übersetzung: Rainer G. Haselier
Lektorat: Sandra Bollenbacher
Copy-Editing: Petra Heubach-Erdmann, Düsseldorf
Satz: Gerhard Alfes, mediaService, Siegen, *www.mediaservice.tv*
Herstellung: Stefanie Weidner
Umschlaggestaltung: Helmut Kraus, *www.exclam.de*
Druckerei: mediaprint solutions GmbH, 33100 Paderborn

Bibliografische Information der Deutschen Nationalbibliothek
Die Deutsche Nationalbibliothek verzeichnet diese Publikation in der Deutschen Nationalbibliografie; detaillierte bibliografische Daten sind im Internet über *http://dnb.d-nb.de* abrufbar.

ISBN:
Print 978-3-86490-969-6
PDF 978-3-96910-973-1
ePub 978-3-96910-974-8
mobi 978-3-96910-975-5

1. Auflage 2023

Wieblinger Weg 17
69123 Heidelberg

Hinweis:
Dieses Buch wurde mit mineralölfreien Farben auf PEFC-zertifiziertem Papier aus nachhaltiger Waldwirtschaft gedruckt. Der Umwelt zuliebe verzichten wir zusätzlich auf die Einschweißfolie. Hergestellt in Deutschland.

PEFC-zertifiziert
Dieses Buch stammt aus nachhaltig bewirtschafteten Wäldern und kontrollierten Quellen
PEFC/04-31-0810
www.pefc.de

Schreiben Sie uns:
Falls Sie Anregungen, Wünsche und Kommentare haben, lassen Sie es uns wissen: *hallo@dpunkt.de*.

5 4 3 2 1 0

Inhaltsverzeichnis

Einleitung

Ich war Student an der Ball State University, als einer meiner Professoren, Dr. James McClure, und ich die klassischen Herausforderungen an das Marktmodell der vollständigen Konkurrenz diskutierten. Wir diskutierten hin und her, und während unserer gesamten Diskussion führte ich alle Kritiken immer wieder auf ein einziges Problem zurück: asymmetrische Informationen. *Asymmetrische Information* ist der Zustand, in dem eine Partei mehr über ein bestimmtes Thema weiß als die andere Partei, und zwar so viel, dass sie dies zu einem gewissen Vorteil nutzen kann.

Wir leben in einer Welt, in der Google, Facebook, Amazon, Netflix und andere mehr so viel über Sie wissen, dass sie versuchen, herauszufinden, was Sie wollen, bevor Sie überhaupt wissen, dass Sie es wollen. Sie haben jedoch Zugang zu denselben Informationen. Im Informationszeitalter haben wir weniger ein asymmetrisches Informationsproblem als vielmehr ein asymmetrisches Verständnisproblem. Was wir in der Vergangenheit nicht hatten, ist die Möglichkeit, auf die gleiche Weise Daten zu verarbeiten. Zumindest hatten wir das bis vor Kurzem nicht.

Werkzeuge, die es Ihnen ermöglichen, Informationen in großem Umfang zu aggregieren, waren in der Vergangenheit Werkzeuge von Unternehmen, die sich komplizierte und teure Investitionen in Datenplattformen leisten konnten, die der Normalbürger weder verstehen noch sich leisten konnte. Heute jedoch gibt es eine Software, die Ihnen eine der, wenn nicht sogar *die* leistungsstärkste Analyse-Engine aller Zeiten an die Hand gibt – und das bei einer Anfangsinvestition von null Euro und null Cent. Wir wurden noch nie so sehr mit Daten überschüttet wie heute; diese Daten sind für Menschen wie Sie und mich zugänglicher, als dies je zuvor in der Geschichte der Menschheit der Fall war.

Mit der Power BI-Plattform von Microsoft steht Anwendern ein Tool zur Verfügung, mit dem sie unglaublich große Datenmengen zusammenfassen und auswerten können, um Einblicke zu gewinnen, die Ihnen genauso viele, wenn nicht sogar mehr Informationen liefern als Ihren Mitmenschen. Ganz gleich, ob Sie es für persönliche Zwecke nutzen oder als Unternehmen, das sich einen Wettbewerbsvorteil auf dem Markt verschaffen möchte, indem es Daten in seinem Unternehmen aussagekräftiger macht – noch nie gab es einen kostengünstigeren

Einstieg in die Datenanalyse mit der Benutzerfreundlichkeit, wie sie Power BI Desktop bietet.

Microsoft hat jahrelang mit Unternehmen auf der ganzen Welt an einer Technologie für komplizierte Data Analytics gearbeitet. Power BI baut auf dieser Technologie auf, und Microsoft legt dieses gesamte Know-how buchstäblich in Ihre Hände. Daten sind der große Gleichmacher. Es geht nicht nur darum, mehr oder weniger Daten zu haben. Es geht darum, die Daten, die Sie haben, effektiv zu nutzen.

Organisationen auf der ganzen Welt sammeln mehr Daten, als Sie und ich jemals in unserem Leben erfassen könnten, und dennoch machen sie nichts damit, weil sie keine Ahnung haben, wie sie sie nutzen können. Gleichzeitig verlieren sie Marktanteile an kleinere Konkurrenten, die die Daten, die sie haben, effektiv einsetzen. Gemeinnützige Organisationen nutzen Power BI, um Datenanalysen durchzuführen, die die Welt lebenswerter machen, und zwar zu Themen wie Umweltschutz, Klimawandel und Zugang zur Gesundheitsversorgung. Bürger werden zu Datenanalysten und nutzen öffentlich zugängliche Datasets, um beispielsweise Verschwendung von öffentlichen Mitteln aufzudecken und um die Ergebnisse von Daten zu überprüfen, die von Organisationen und Regierungen auf der ganzen Welt bereitgestellt werden. Wenn die Fähigkeit, Daten zu verarbeiten und aussagekräftig zu machen, wirklich der große Gleichmacher des Informationszeitalters ist, dann ist Power BI ein Tool, das Ihnen die Möglichkeit gibt, sich an einen Tisch zu setzen und Giganten in die Augen zu schauen.

Vielleicht sind Sie Buchhalter und möchten komplizierte Datenbereinigungsprozesse zu regulatorischen Zwecken automatisieren und suchen ein Tool zur schnellen Visualisierung von Gewinn-und-Verlust-Rechnungen. Vielleicht sind Sie Datenanalyst und suchen für ein persönliches Projekt ein Tool, mit dem Sie Millionen von Datensätzen verarbeiten können. Sie könnten ein Datenwissenschaftler sein, der ein Tool sucht, um die Adaption seiner Arbeit durch Endbenutzer zu beschleunigen. Wenn Sie in irgendeiner Funktion mit Daten arbeiten und mehr aus diesen Daten herausholen wollen als je zuvor, dann ist Power BI ein Ökosystem, mit dem Sie sich beschäftigen sollten.

Ich habe dieses Buch geschrieben, weil ich erstens eine große Leidenschaft für die effektive Nutzung von Daten hege und weil ich wirklich glaube, dass jeder im 21. Jahrhundert auf irgendeine Weise mit Daten interagieren können sollte, gleichgültig ob dies im beruflichen oder privaten Kontext passiert. Zweitens war Power BI für mich ein Mittel, um alle möglichen wichtigen Datenkonzepte besser zu verstehen, und ich denke, dass diese Ideen wichtig sind, um das erste Ziel zu erreichen. Wie können wir Daten aus verschiedenen Quellen zusammenführen? Wie geht man mit Tabellen um, die für Microsoft Excel zu groß sind? Wie können wir bestimmte Gruppen oder Teilbereiche einer Gruppe für eine effiziente Analyse auswählen? Wie visualisieren wir die Ergebnisse, um sie für unser Publikum verständlich zu machen? Zu Beginn meiner beruflichen Laufbahn war ich in der Finanzabteilung eines Unternehmens tätig. Hätte ich damals Power BI gehabt, hätte ich mir viel Zeit und Mühe bei der manuellen Bearbeitung von Daten und der Erstellung einfacher Gruppierungen und PivotTables sparen können.

Unsere Daten des 21. Jahrhunderts erfordern ein Werkzeug des 21. Jahrhunderts, um sie zu erschließen. Ich glaube, dass Power BI hierfür das beste Werkzeug ist. Es kann die Daten speichern. Es kann die Daten analysieren. Es hat die Reichweite, dass jeder, der Windows verwendet, darauf zugreifen kann. Kein anderes Datenvisualisierungs- oder Explorationstool kann das von sich behaupten, und deshalb freue ich mich, dass Sie dieses Buch in die Hand nehmen. Und ich hoffe, dass Sie Ihre Datenreise so erfüllend finden, wie es meine war und weiterhin sein wird.

Wie ist dieses Buch aufgebaut?

Dieses Buch besteht aus zehn Kapiteln und zwei Anhängen:

- Kapitel 1, »Einführung in Power BI«, gibt einen kurzen Überblick über Microsofts frühere Business-Intelligence-Bemühungen und wie sich diese Produkte zu dem Power BI entwickelt haben, das wir heute kennen. Darüber hinaus wird detailliert beschrieben, wie Power BI unter der Haube funktioniert, das heißt, wie es Daten speichert und abfragt.
- Kapitel 2, »Die Power BI-Ansichten Bericht und Daten«, und Kapitel 3, »Importieren und Modellieren unserer Daten« beschreiben wichtige Teile der Power BI-Benutzeroberfläche, einschließlich der Navigation in den verschiedenen Registerkarten. Außerdem erfahren Sie, wie Sie Ihre Daten für die Analyse in Power BI importieren.
- Kapitel 4, »Lassen Sie uns ein paar Bilder machen: Das Einmaleins der Datenvisualisierung«, und Kapitel 5, »Aggregate, Measures und DAX«, befassen sich mit den grundlegenden Prinzipien der Visualisierung und der Nutzung von Datenaggregationen.
- Kapitel 6, »Die Puzzleteile zusammensetzen: Von den Rohdaten zum Bericht« beschreibt schrittweise, wie Sie mit dem Wissen aus den bisherigen Kapiteln in Power BI mit nichts anfangen und am Ende eine funktionsfähige Berichtsseite haben.
- Kapitel 7, »Fortgeschrittene Berichtstechniken für Power BI«, behandelt einige fortgeschrittene Analytics-Themen in Power BI, einschließlich KI-Visuals und Was-wäre-wenn-Analysen.
- Kapitel 8, »Einführung in den Power BI-Dienst«, und Kapitel 9, »Tipps zur Power BI-Lizenzierung und zur Bereitstellung«, stellen den Power BI-Dienst vor, die cloudbasierte Plattform zur gemeinsamen Nutzung von Berichten und Erkenntnissen.
- In Kapitel 10, »Tools von Drittanbietern«, werden nützliche Tools von Drittanbietern vorgestellt, die Ihre zukünftige Entwicklungsarbeit in Power BI beschleunigen oder erleichtern.

- Anhang A, »Häufig benutzte DAX-Ausdrücke«, und Anhang B, »Einige meiner bevorzugten benutzerdefinierten Visuals«, enthalten Beispiele für DAX-Funktionen, die Sie für Ihre eigenen zukünftigen Daten übernehmen und anpassen können, sowie eine wertvolle Liste einiger meiner bevorzugten benutzerdefinierten Visuals und ihrer Features.

In diesem Buch verwendete Konventionen

In diesem Buch werden die folgenden typografischen Konventionen verwendet:

Kursiv
: Kennzeichnet neue Begriffe, Befehle aus der Benutzeroberfläche, E-Mail-Adressen, URLs, Dateinamen und Dateierweiterungen.

Fett
: Kennzeichnet Texteingaben, die vom Anwender vorgenommen werden.

`Zeichen mit fester Breite`
: Wird für Programmlistings sowie innerhalb von Absätzen verwendet, um auf Programmelemente wie Variablen- oder Funktionsnamen, Datenbanken, Datentypen, Tabellennamen usw. hinzuweisen.

Über die Begleitdateien

Das Zusatzmaterial zu diesem Buch können Sie kostenlos unter *https://dpunkt.de/produkt/microsoft-power-bi* herunterladen.

In den Begleitdateien finden Sie verschiedene Excel-Arbeitsmappen mit den Rohdaten, die in den schrittweisen Anleitungen im Buch verwendet werden.

Support und Feedback

Mit Anmerkungen, Fragen oder Verbesserungsvorschlägen zu diesem Buch können Sie sich jederzeit an den Verlag wenden: *hallo@dpunkt.de*

Bitte beachten Sie, dass über unsere E-Mail-Adresse kein Software-Support angeboten wird. Falls Sie Support für den Einsatz von Power BI benötigen, können Sie sich beispielsweise an die sehr aktive Power BI-Community wenden. Weitere Informationen hierzu finden Sie in Abschnitt 2.5.

Bleiben Sie am Ball

Falls Sie News, Updates usw. zu weiteren Büchern erhalten möchten, wir sind auf Twitter: *https://twitter.com/dpunkt_verlag*.

Danksagungen

Ich möchte allen bei Onebridge danken, die an mich geglaubt und mir den Raum gegeben haben, dieses Buch zu schreiben. Mein besonderer Dank gilt Sheryl Ricci, die mich beim internen Lektorat unterstützt hat. Mein Dank gilt auch den technischen Gutachtern des Buches – Bradley Nielsen, Belinda Allen und Bill McLellan. Ich möchte dem Team von O'Reilly danken, das mir die Möglichkeit gab, dieses Buch zu schreiben. Insbesondere danke ich Michelle Smith, Jeff Bleiel und Chris Faucher. Schließlich möchte ich Ihnen, dem Leser, dafür danken, dass Sie sich die Zeit genommen haben, dieses Buch in die Hand zu nehmen und ihm eine Chance zu geben.

1 Einführung in Power BI

Sie sind ein Datenmensch. Sie wissen, wie Tabellenkalkulationsprogramme funktionieren. Sie verstehen Ihre Daten. Jedoch müssen Sie so viele Daten verarbeiten, und Ihr Tabellenkalkulationsprogramm stößt an seine Grenzen.

Sie brauchen eine Möglichkeit, die Daten zu visualisieren und sie mit Anwendern aus Ihrem Geschäftsumfeld zu teilen, damit diese die Analysen sehen, sie die Daten so verstehen wie Sie und sie die Visualisierungen sogar mit wenig oder gar keinem Training bearbeiten können.

Wenn das der Grund ist, warum Sie sich dieses Buch ansehen, haben Sie die richtige Entscheidung getroffen. Microsoft Power BI ist genau das, was Sie brauchen, und dieses Buch zeigt Ihnen, wie Sie sich schnell einarbeiten können, um Berichte zu erstellen und zu veröffentlichen, mit denen Sie Ihre Kollegen beeindrucken und Ihre Mutter stolz machen können.

Microsoft Power BI ist ein Tool für die Datenanalyse und -visualisierung, das auch für die anspruchsvollsten Datenwissenschaftler leistungsstark genug ist und gleichzeitig für jeden, der mehr aus seinen Daten herausholen möchte, für den täglichen Gebrauch zugänglich ist.

In den Anfängen, als das Leben noch einfacher war (im Jahr 2011), war Power BI lediglich eine einfache Desktop-Software. Aber das ist es nicht mehr. Es ist ein komplettes Business Intelligence-(BI-)Ökosystem, das sich in mehrere unterschiedliche Technologie-Stacks einfügen lässt.

In diesem Kapitel stelle ich Microsoft Power BI vor, beschreibe die gesamte Power BI-Produktfamilie, gebe einen Überblick über die Funktionsweise von Power BI und untersuche, was es von anderen ähnlichen Tools unterscheidet. Am Ende dieses Kapitels

- wissen Sie, welche Komponenten in das Power BI-Ökosystem passen und warum sie wichtig sind.
- kennen Sie die Geschichte der Arbeiten von Microsoft an Business Intelligence-Lösungen und erfahren Sie, wie wir zu Power BI gekommen sind.
- entdecken Sie, was Power BI von seinen Mitbewerbern unterscheidet.

1.1 Was ist Power BI?

Power BI ist sowohl ein Stück Software als auch ein größeres Ökosystem von Produkten. Wenn der Begriff »Power BI« fällt, bezieht er sich in der Regel auf die Desktop-Software.

Wenn jedoch darüber gesprochen wird, wie die meisten Menschen die Ergebnisse ihrer Arbeit (visuell) mit anderen teilen, geschieht dies im Kontext des Power BI-Dienstes, einer Software-as-a-Service-(SaaS-)Lösung, die Power BI-Datasets und -Berichte hostet, die von anderen, die ebenfalls Zugriff auf den Dienst haben, genutzt werden können.

Darüber hinaus gibt es eine Vielzahl von Produkten, die es Ihnen ermöglichen, Berichte in Websites und in andere Anwendungen einzubetten, Berichte auf Ihrem mobilen Gerät anzuzeigen und sogar Ihre eigene Version der SaaS-Lösung vor Ort zu betreiben.

Dieses Buch konzentriert sich auf Power BI Desktop und den Power BI-Dienst, da diese die grundlegendsten und wertvollsten Bausteine darstellen.

Power BI Desktop ist ein Werkzeug für die Untersuchung und Visualisierung von Daten. Analysten können aus Daten interaktive Berichte erstellen, die es den Endbenutzern ermöglichen, bisher verborgene Erkenntnisse und Einsichten zu gewinnen. Im Finanzwesen könnten Sie beispielsweise Power BI verwenden, um die Erstellung von Gewinn-und-Verlust-Rechnungen (GuV) zu automatisieren oder Kosten im Zeitverlauf zu analysieren. Im Baugewerbe könnten Sie Power BI verwenden, um Abweichungen bei den Projektabwicklungszeiten auf der Grundlage der Teamzusammensetzung oder geografischer Faktoren zu ermitteln. Im Einzelhandel könnten Sie ermitteln, welche Ihrer Produkte am erfolgreichsten sind, während Sie mit einer Was-wäre-wenn-Analyse herausfinden könnten, welche Produkte mit etwas mehr Schwung kurz vor dem Durchbruch stehen könnten.

Nach Angaben von Microsoft auf dem Business Applications Summit 2021 nutzen 97% der Fortune-500-Unternehmen in irgendeiner Form Power BI. Es handelt sich also um eine Technologie, in die Sie Ihre Zeit und Mühe investieren können, wenn Sie nach der Art von Erkenntnissen suchen, die Ihr Unternehmen verändern. Oder in meinem Fall ist es die Ausrede, um einen Pokédex für meine Tochter zu erstellen. Manchmal möchte man einfach nur der Beste sein, so wie noch nie jemand zuvor.

1.1.1 Power BI-Komponenten

Power BI besteht heute aus einer Vielzahl von Produkten, die es Benutzern ermöglichen, aus ihren Daten Berichte zu erstellen und zu nutzen. Hier sind nach Angaben von Microsoft (zum Zeitpunkt der Veröffentlichung) alle Komponenten aufgeführt, aus denen die Power BI-Produktfamilie besteht:

- Power BI Desktop
- Power BI-Dienst
- Mobile Power BI-Apps

- Power BI Report Builder
- Lokaler (On-Premise) Power BI-Berichtsserver
- Power BI Embedded

Bei diesen Produkten gibt es viel zu entdecken. Der größte Teil dieses Buches befasst sich mit Power BI Desktop, da dies die Grundlage bildet, auf der alles aufbaut. Gegen Ende des Buches werde ich auch den Power BI-Dienst genauer vorstellen, denn Sie brauchen eine gewisse Erfahrung, um Ihre erstaunlichen Arbeiten zu veröffentlichen (und dann zu teilen), um die Sie die ganze Abteilung beneiden wird.

In diesem Sinne ist ein kurzer Überblick über diese Komponenten in Zukunft nützlich:

Power BI Desktop
: Eine kostenlose Anwendung, die Sie auf einem lokalen Computer installieren und mit der Sie eine Verbindung zu Daten herstellen, diese transformieren und visualisieren können. Dies ist der Baustein für alle anderen Teile des Power BI-Ökosystems.

Power BI-Dienst
: Eine Online-SaaS-Lösung, mit der Endbenutzer Berichte, die in Power BI Desktop oder Power BI Report Builder erstellt wurden, mit Benutzern im gesamten Unternehmen teilen können.

Power BI Mobile
: Eine Reihe von Anwendungen für Windows, iOS und Android, mit denen Endbenutzer Berichte im Power BI-Dienst auf ihren mobilen Geräten anzeigen können, ohne einen Webbrowser verwenden zu müssen.

Power BI Report Builder
: Eine kostenlose Anwendung, die Sie auf einem lokalen Computer installieren und mit der Sie pixelgenaue paginierte Berichte in der gleichen Form wie mit SQL Server Reporting Services erstellen können. Wenn Sie z.B. etwas erstellen möchten, um die Rechnungserstellung zu automatisieren, oder lange Datenlisten für die Verteilung, können Sie dies hier tun.

Lokaler Power BI-Berichtsserver
: Wenn Sie aus Sicherheitsgründen keine Berichte im Power BI-Dienst veröffentlichen wollen, kann Ihr IT-Team eine Version dieser Software auf einem internen Server hinter der Firewall des Unternehmens bereitstellen, wobei die Ressourcen vor Ort und nicht in der Cloud genutzt werden. Power BI-Berichtsserver verfügt nicht immer über den gleichen Funktionsumfang wie der Power BI-Dienst. Das liegt daran, dass der Berichtsserver nur dreimal im Jahr aktualisiert wird: im Januar, Mai und September. Es ist auch erwähnenswert, dass Sie eine spezielle Version von Power BI Desktop verwenden müssen, die mit der installierten Version des Berichtsservers übereinstimmt, wenn Sie Berichte auf einem lokalen Berichtsserver bereitstellen möchten.

Power BI Embedded

Ermöglicht Ihnen die Integration von Power BI-Berichten und -Visuals in eigenen Anwendungen. Diese Komponenten besitzen ihre eigene Preis- und Lizenzierungsstruktur.

Nachdem ich nun die gesamte Familie vorgestellt habe, konzentriere ich mich auf die beiden Komponenten, die für dieses Buch relevant sind: Power BI Desktop und Power BI-Dienst.

1.1.2 Power BI Desktop

Power BI Desktop ist eine Software, mit der Sie Datenverbindungen erstellen und dann die Daten transformieren und visualisieren. Lassen Sie uns in ein paar Details eintauchen. Power BI Desktop besteht aus seinen eigenen Komponenten. Ich werde die beiden wichtigsten für Power BI-Einsteiger vorstellen: den Power BI-Canvasbereich, auch Power BI-Zeichenbereich genannt, und Power Query. Hier werden Sie die meiste Zeit Ihrer Arbeit mit Power BI Desktop verbringen.

In der Power BI-Arbeitsfläche erstellen Sie Visualisierungen. Den Canvasbereich, die Berichtsarbeitsfläche, kann man sich wie eine PowerPoint-Präsentation für Ihre Daten vorstellen. Hier verwenden Sie die Drag-and-Drop-Funktionalität, um Informationen in verschiedene Visualisierungen zu ziehen, um Ihre Daten zu untersuchen und Erkenntnisse zu gewinnen. Hier können Sie auch Formatierungen für die Visualisierungen vornehmen, Bilder und Textfelder hinzufügen und vieles mehr.

Power Query dient dazu, Daten zu importieren und zu manipulieren, sie also im Wesentlichen zu formen. In Power BI bearbeiten Sie, anders als beispielsweise in Excel, keine Datenzellen, sondern Datenspalten. Power Query bietet Optionen für die Erstellung benutzerdefinierter Spalten auf der Grundlage von Regeln, die Sie selbst entwerfen. Sie können verschiedene Datentabellen kombinieren oder Werte aus einer Tabelle zu einer anderen hinzufügen.

Alles in Power Query beginnt mit dem Abrufen von Daten aus Ihren Datenquellen, und Power Query unterstützt eine große Anzahl von Datenquellen. Sie möchten eine Verbindung zu einer Datenbank herstellen? SQL? Oracle? Teradata? Power Query stellt Ihnen all dies bereit. Sie möchten eine Verbindung zu einer Excel-Arbeitsmappe herstellen, um eine Tabelle zu erhalten? Auch das ist kein Problem. CSV? Kein Problem. Cloud-Datenquellen? Ebenfalls kein Problem.

Microsoft hat sich die Mühe gemacht, neue Konnektoren zu Datenquellen zu erstellen, um zu zeigen, dass Power BI nicht nur mit anderen Microsoft-Produkten verwendet werden kann, sondern überall dort, wo Ihre Daten liegen. Wenn Sie über ausreichende Kenntnisse in M (der Programmiersprache von Power Query) verfügen, können Sie theoretisch sogar Ihre eigenen benutzerdefinierten Datenkonnektoren für Datenquellen erstellen, die offiziell nicht unterstützt werden. Beachten Sie jedoch, dass in diesem Buch weder M noch fortgeschrittene DAX-Themen oder die eigentliche Programmierung behandelt werden. Ich bin hier, um Ihnen als Power BI-Anfänger zu helfen, und Sie werden auch ohne dieses Wissen über diese Themen zurechtkommen.

1.1.3 Der Power BI-Dienst

Jetzt komme ich zu den guten Dingen, die Sie von einer gewöhnlichen Person, die nur Berichte erstellt, zu jemandem machen, bei dem die Leute in Ihrer Organisation von weit herkommen, um Ihre Berichte zu sehen. Der Power BI-Dienst, die Online-SaaS-Lösung, ermöglicht es Benutzern, ihre Berichte aus Power BI Desktop mit anderen Benutzern in ihrer Organisation zu teilen. Jeder hat kostenlos Zugang zu seinem eigenen Arbeitsbereich. Sie können jedoch keine Dinge aus Ihrem persönlichen Arbeitsbereich freigeben.

Um Berichte für andere Benutzer freizugeben, erstellen Sie einen Arbeitsbereich und laden andere Benutzer zu diesem Arbeitsbereich ein. Um zu einem Arbeitsbereich eingeladen zu werden, muss ein Benutzer eine Power BI Pro-Lizenz haben, oder Ihre Organisation muss eine Power BI Premium-Kapazitätslizenz verwenden, um Berichte für Benutzer freigeben zu können, die keine Power BI Pro-Lizenz haben.

Mit dem Power BI-Dienst können andere Endbenutzer Ihre Berichte untersuchen, um Einblicke in Ihre Arbeit zu erhalten. Dieses Erkunden kann in Form von Dashboards mit kuratierten Visuals erfolgen, die Sie zusammengestellt haben. Oder es kann der Zugriff auf einen von Ihnen erstellten Bericht mit all seinen Seiten sein. Oder es kann sogar die Möglichkeit sein, mit der Q&A-Funktion Fragen in natürlicher Sprache zu stellen, um Einblicke in die Daten zu erhalten.

Der Power BI-Dienst umfasst auch verschiedene andere Funktionen, wie z.B. die Möglichkeit, spezielle Objekte, sogenannte Dataflows zu erstellen. Diese Dataflows können verwendet werden, um Informationen im Power BI-Dienst außerhalb einer Datenbank zu erhalten, während Endbenutzer auf diese Daten zugreifen und sie mit anderen Daten innerhalb eines Power BI Desktop-Datenmodells kombinieren können.

Entwickler können Bereitstellungspipelines (Deployment Pipelines) für Arbeitsbereiche für Entwicklung, Test und Produktion erstellen und verwalten. Bereitstellungspipelines ermöglichen die laufende Entwicklungsarbeit an Power BI-Projekten, ohne die Benutzererfahrung für Elemente zu beeinträchtigen, die bereits von Endbenutzern verwendet werden.

Eine neue Funktion im Power BI-Dienst ermöglicht es Benutzern, Goals (Ziele) zu erstellen. Die Goals werden anhand der Daten im Power BI-Dienst verfolgt. Die Informationen zu den Goals können dann mit den entsprechenden Benutzern geteilt werden, um einen schnellen Einblick in das Geschehen zu erhalten.

Zusammenfassend lässt sich sagen, dass der Power BI-Dienst der entscheidende Faktor ist, der Power BI von der einfachen gemeinsamen Nutzung einer Excel-Arbeitsmappe im Büro unterscheidet. Es wird ein gemeinsamer Raum geschaffen, in dem die Mitarbeiter dieselben Erkenntnisse auf sichere Weise einsehen können, während sie gleichzeitig eingeladen werden, gemeinsame Datenelemente zu erkunden, die für die spezifischen Anforderungen jedes Endnutzers zusammengestellt werden können.

1.1.4 Die Power Platform

Lassen Sie uns nun einen Schritt zurücktreten und einen Blick auf das große Ganze werfen: Was sind die »Power«-Produkte innerhalb der Microsoft-Familie? Die Power Platform ist eine umfassende Zusammenstellung von Produkten, die sich gegenseitig unterstützen, wobei Power BI nur eine Komponente darstellt. Auch wenn ich diese anderen Produkte nicht ausführlich behandle, ist es gut zu wissen, was es sonst noch gibt, falls Sie in Zukunft eines der Produkte in Ihre Power BI-Berichte integrieren möchten.

Power Apps
: Eine Entwicklungsumgebung mit wenig oder überhaupt keinem Code, in der Sie Ihre eigenen Anwendungen zur Lösung verschiedener geschäftlicher Herausforderungen entwickeln können.

Power Automate
: Ein Rahmenwerk, das es Endbenutzern ermöglicht, Flows zu erstellen, die organisatorische Prozesse automatisieren.

Power Virtual Agents
: Ein No-Code-Tool, mit dem Sie Chatbots für die Kommunikation mit Kunden und Mitarbeitern erstellen können.

Wie arbeiten die anderen Power-Produkte mit Power BI zusammen?

Jede dieser Komponenten kann von Power BI verwendet werden, um Erkenntnisse zu gewinnen, die Ihre Arbeit voranbringen. Gehen wir einige Beispiele dafür durch, wie jedes Teil mit Power BI arbeiten könnte.

In Power Apps könnten Sie beispielsweise eine Anwendung einrichten, die es einem Bauleiter ermöglicht, Notizen zu machen und diese Daten auf einen SQL-Server hochzuladen. Ein Power BI-Bericht könnte auch mit dieser SQL-Server-Datenbank verbunden werden, die von der Power App hochgeladenen Informationen abrufen und den Bericht auf der Grundlage der neuen Daten aktualisieren, die von den zahlreichen Bauleitern vor Ort mithilfe der Power App hinzugefügt werden.

Angenommen, Ihr Chef möchte, aus welchen Gründen auch immer, jeden Tag eine statische Version eines Berichts sehen. Nun, Sie könnten manuell in den Power BI-Dienst gehen und einen Export erstellen, den Bericht herunterladen, eine E-Mail verfassen und auf *Senden* klicken. Effizienter wäre es jedoch, mit Power Automate einen Flow anzulegen, der die Aufgabe für Sie automatisiert und dafür sorgt, dass Ihr Chef jeden Tag um Punkt 8 Uhr morgens eine schöne PDF-Datei mit der aktuellen Version Ihres Power BI-Berichts in seinem Posteingang hat. Wenn Ihnen das keine Punkte einbringt, weiß ich es auch nicht.

Wenn es um virtuelle Agenten geht (Software, die den Kundenservice für Menschen übernimmt und dabei einen Kundendienstmitarbeiter imitiert), werden bei der Interaktion von Endnutzern mit Ihrem Unternehmen große Datenmengen gesammelt, über die Berichte erstellt werden. Auf diese Weise entsteht eine End-to-End-Berichtslösung, die es Ihrem Unternehmen erlaubt, textbasierte Einblicke in das zu erhalten, was Ihre Kunden wirklich von Ihrem Unternehmen erwarten. Die Endnutzer können mit Chatbots arbeiten. All diese Daten werden gesammelt und gespeichert, was bedeutet, dass Power BI die tatsächlichen Daten sehen kann.

1.2 Wie sind wir zu Power BI gekommen?

Die Geschichte von Microsoft im Bereich BI ist lang und vielschichtig. Power BI ist in vielerlei Hinsicht das jüngste (und vielleicht letzte) Kapitel und stellt den Höhepunkt der Business Intelligence-Funktionen dar, die in einer Reihe von Komponenten entwickelt wurden, die Microsoft im Laufe der Jahre aufgebaut hat. Damit Sie den größtmöglichen Nutzen aus diesem Produkt ziehen, lohnt es sich, zu erörtern, wie der Business Intelligence Stack von Microsoft zu Power BI kam und was diese Reise für Sie als Endbenutzer bedeutet.

Dieser Abschnitt stellt Ihnen wichtige Hintergrundinformationen bereit. Sie erfahren, warum Power BI entwickelt wurde, warum es wichtig ist und welche Produkte miteinander verbunden sind. Wenn Sie dies im Voraus wissen, hilft es Ihnen genau so, als wenn Sie sich über ein Unternehmen informieren, bevor Sie zu einem Vorstellungsgespräch gehen. Die Klarheit, die Sie gewinnen, wird Ihnen in Zukunft von großem Nutzen sein.

1.2.1 SQL Server: Die relationale Datenbank von Microsoft

Im Jahre 1989 brachte Microsoft seine erste relationale Datenbank in Form von SQL Server für OS/2 heraus. Eine *Datenbank* ist eine Software, die große Datenmengen für verschiedene Zwecke enthält und organisiert. SQL Server war zwar der erste (und notwendige) Schritt von Microsoft in Richtung Business Intelligence, aber eine Datenbank allein reicht nicht aus, um Business Intelligence bereitzustellen.

1.2.2 SQL Server Analysis Services Multidimensional: Eine kleiner Schritt Richtung BI

Mit zunehmender Rechenleistung wurden neue Methoden zur Datenverarbeitung populär – zum Beispiel Data Cubes. 1998 brachte Microsoft seine erste OLAP-Engine (Online Analytical Processing) heraus und nannte sie *OLAP Services*, aus der später SQL Server Analysis Services wurde. Dies bezieht sich auf ein mehrdimensionales Analysedienstmodell (oder einen entsprechenden Dienst eines anderen multidimensionalen OLAP-Anbieters).

1.2.3 SQL Server Reporting Services: Pixelgenaue Berichte, automatisierte Berichte und mehr

Microsoft musste schließlich eine pixelgenaue Berichtsoption zu SQL Server hinzufügen. Im Jahr 2004 wurde SQL Server Reporting Services als Add-on zu SQL Server 2000 veröffentlicht, die zweite Version wurde zusammen mit SQL Server

2005 herausgegeben. SQL Server Reporting Services verfügte über mehrere Funktionen, die für den Einsatz in Unternehmen nützlich waren, darunter die pixelgenaue Erstellung von Berichten, die automatische Verteilung von Berichten und – in vielen Fällen – die Möglichkeit für Endbenutzer, über eine Benutzeroberfläche Abfragen an die Backend-SQL-Server-Datenbank zu erstellen.

1.2.4 Excel: Ein Self-Service-BI-Werkzeug

Alle bisher erwähnten Softwareprodukte sind das, was wir als *Business Intelligence-Tools für Unternehmen* definieren würden. Diese teuren Tools erforderten große Teams zur Verwaltung und Bereitstellung.

Während sich *Enterprise Business Intelligence* durch große Implementierungen und hohe Investitionen definiert, ist *Self-Service Business Intelligence* die Fähigkeit, Daten so zu nutzen und zu manipulieren, dass der Endbenutzer in die Lage versetzt wird, die ihm zur Verfügung stehenden Daten zu untersuchen und zu analysieren.

Microsofts Geschichte im Bereich der Self-Service Business Intelligence lässt sich auf ein Kernprodukt zurückführen, das fast jeder schon einmal gesehen oder angefasst hat: Microsoft Excel. Die erste Version von Excel kam 1985 für den Macintosh auf den Markt. Im Kern ist Excel ein Produkt, mit dem Sie Daten in einem flachen Modell darstellen und nach Bedarf manipulieren oder improvisierte Berechnungen durchführen können.

Excel ermöglichte es den Endnutzern, ihre Daten zu nutzen und daraus Erkenntnisse zu gewinnen. Das ist die Prämisse von Self-Service Business Intelligence.

1.2.5 Power Pivot

Im Jahre 2010 veröffentlichte Microsoft Power Pivot. Ursprünglich war Power Pivot ein Add-in für Excel, mit dem Endbenutzer Informationen aus einer Vielzahl verschiedener Quellen abrufen und in einem ROLAP-Modell (Relational OLAP) innerhalb der Arbeitsmappe speichern konnten. Power Pivot wird ebenfalls mit Power Query ausgeliefert. Power Query ist ein integriertes Extraktions-, Transformations- und Ladetool (ETL), das die Datenmanipulation mit der Sprache M ermöglicht.

1.2.6 Wichtige neue Features, die zu Power BI führen

Ungefähr zu dieser Zeit begann die Verschmelzung von Enterprise- und Self-Service Business Intelligence. Als Microsoft SQL Server 2012 veröffentlichte, wurde mit Analysis Services eine neue Funktion namens *tabellarisches Modell* veröffentlicht. Analysis Services konnte nun eine Methode der Datenorganisation unterstützen, die eher der eines klassischen Data Warehouse entsprach. Der Unterschied bestand darin, dass Microsoft, um die Leistung dieses tabellarischen Modells zu steigern, seine erste spaltenbasierte Datenspeichertechnologie entwickelte. Daraus wurde schließlich das, was wir heute als *VertiPaq* kennen, das tabellarische Modell der Analysis Services als spaltenbasierter In-Memory-Datenspeicher – und das bedeutet, dass es wirklich schnell ist.

Parallel zu diesem Prozess wurde eine neue Formelsprache namens *DAX* (Data Analysis Expressions) entwickelt, um diese tabellarischen Modelle zu unterstützen, die Berechnungen über diese Datenspalten hinweg ermöglichen, um die Daten verwertbar zu machen.

Die nächste Version von PowerPivot, die mit Excel 2013 veröffentlicht wurde, verwendete diese Engine als Grundlage für ihre Arbeit. PowerPivot wurde umbenannt, es wurde ein Leerzeichen hinzugefügt, sodass es aus zwei Wörtern bestand, was den anderen Produktnamen in dieser neuen Power BI-Suite von Tools entsprach.

1.2.7 Power BI Desktop ist geboren

Am 24. Juli 2015 wurde die erste allgemein verfügbare Version von Power BI Desktop der Welt vorgestellt. Power BI Desktop enthielt ein komplettes semantisches Modellierungstool auf Unternehmensebene mit der VertiPaq-Engine und der Formelsprache DAX. Es nutzte Power Query, um Informationen aus einer Vielzahl von Quellen abzurufen, sie in die Engine zu ziehen, und ermöglichte die Umwandlung dieser Daten, um sie für künftige Analysen vorzubereiten.

Abbildung 1–1 zeigt die Zeitachse der Microsoft BI-Spuren und wie sie zusammenlaufen, wobei einige der Meilensteine der letzten 30 Jahre sowohl in der Unternehmens- als auch in der Self-Service BI hervorgehoben werden.

Niemand wird Sie über diese Geschichte ausfragen, aber ich hoffe, sie hat Ihnen die Perspektive gegeben, um zu verstehen, wie wir hierhergekommen sind. Ich meine, sicher ... nicht jeder von uns hat Geschichtsbücher über Microsoft in seinem Bücherregal, aber auch nicht jeder von uns hat einen geheimen Schrein für Satya Nadella. Es ist eine Lebensentscheidung.

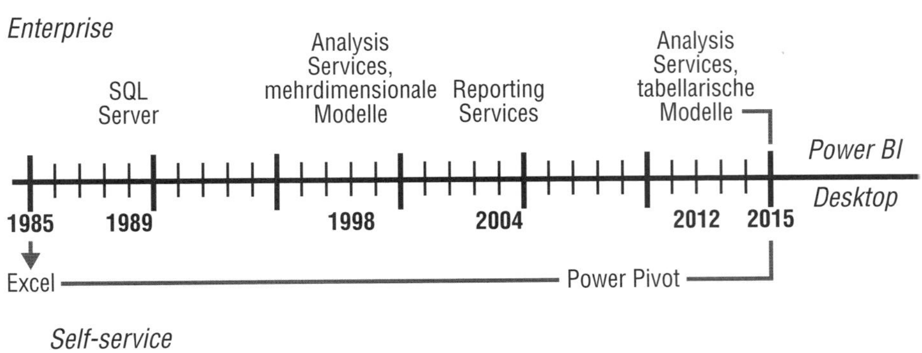

Abb. 1–1 *Diese Power BI-Zeitleiste zeigt die Entwicklung von Business Intelligence, von Excel bis zum heutigen Power BI Desktop.*

1.3 Unter der Motorhaube von Power BI Desktop

Power BI Desktop funktioniert, weil es unter der Haube zwei leistungsstarke Motoren hat. Diese sorgen dafür, dass die ganze Sache auf technischer Ebene funktioniert. Da ist zum einen die Formel-Engine, die Datenanfragen entgegennimmt, sie verarbeitet und einen Abfrageplan für die Ausführung erstellt. Dann gibt es die Speicher-Engine, die die Daten des Datenmodells speichert und die von der Formel-Engine angeforderten Daten abruft, um die Anforderungen einer Abfrage zu erfüllen.

Man kann sich die Formel-Engine auch wie das Gehirn vorstellen. Es findet heraus, wie man am besten an ein Problem herangeht; dann sendet es den entsprechenden Arbeitsauftrag an die richtigen Teile des Körpers, um die Aufgabe zu erledigen. Die Speicher-Engine ist der Körper, der diese Befehle empfängt und die Arbeiten erledigt, um alle Daten zusammenzutragen.

1.3.1 VertiPaq: Die Speicher-Engine

Lernen Sie die Speicher-Engine der tabellarischen Modells von SQL Server Analysis Services kennen; sie trägt den Namen VertiPaq. Dabei handelt es sich um ein semantisches Modellierungstool auf Enterprise-Ebene, das in jeder Kopie von Power BI Desktop enthalten ist. Wenn Sie Daten in Power BI Desktop ziehen, liest die VertiPaq-Engine die Datenquelle nach der Transformation ein und legt die Daten in einer Spaltenstruktur ab. Anschließend werden die Daten komprimiert, sodass die Dateigröße deutlich geringer ist als sonst. Anschließend wird das gesamte Datenmodell im lokalen Speicher abgelegt. Diese Ansicht kann mit den ursprünglichen Datenquellen aktualisiert werden.

Bevor Sie nun total begeistert sind und feiern, sollten Sie wissen, dass diese Datenspeicher-Engine für Benutzer, die z. B. von Excel kommen, eine große Hürde darstellt. Es lassen sich hierbei keine einzelnen Datenzellen verändern. Da die Daten für die Speicherung in Spalten konvertiert, indiziert und dann komprimiert werden, sind die Daten innerhalb des Modells praktisch unveränderbar. Sie können Spalten und Measures hinzufügen, aber die zugrunde liegenden Daten ändern sich nicht. Wenn Sie die Daten ändern möchten, müssen Sie entweder zum Transformationsschritt der Daten zurückkehren (z. B. in Power Query) oder zur Datenquelle zurückkehren, dort Ihre Änderungen vornehmen und dann Ihre Daten aktualisieren.

Lassen Sie uns zweitens die Formel-Engine und ihre Sprache, Data Analysis Expressions, erörtern. DAX ist eine Formelsprache, die in Analysis Services Tabular, Power BI und Power Pivot verwendet wird. Wenn Sie auf die Daten in Ihrem Datenmodell zugreifen möchten, wird dies mit DAX-Ausdrücken erledigt. Dies geschieht auf die gleiche Weise, wie wenn jemand SQL-Anweisungen schreiben würde, um Daten aus einer Datenbank abzurufen. Das Wunderbare an Power BI ist, dass bei einfachen Drag-and-Drop-Funktionen oder bei der Erstellung von Visuals Power BI den DAX-Ausdruck für Sie generiert und an die interne Engine weitergibt, damit der Abfrageplan erstellt und ausgeführt werden kann.

Nichts, was Sie in Power BI tun, geschieht ohne DAX. Sie sehen es vielleicht nicht, aber es ist immer da und spielt die zentrale Rolle, wenn es darum geht, herauszufinden, wie Sie die Informationen aus Ihrem Datenmodell am besten erhalten, um Ihre Anfrage zu erfüllen.

1.4 Was unterscheidet Power BI von seinen Mitbewerbern?

Um ehrlich zu sein, gab es nie eine bessere Zeit, um als Datenanalyst zu arbeiten, als heute. Viele der auf dem Markt befindlichen Tools haben eine Vielzahl von Stärken und Schwächen, und Power BI ist hier keine Ausnahme. Um zu sehen, wie viele Konkurrenten es auf diesem Markt gibt, werfen Sie einen kurzen Blick auf Abbildung 1–2, die Gartners Magic Quadrant for Analytics and Business Intelligence Platforms für das Jahr 2022 zeigt.

Abb. 1–2 *Gartners Magic Quadrant for Analytics and Business Intelligence Platforms*

Was auch immer Sie über die Position der Wettbewerber in der Analyse denken, die schiere Anzahl der Wettbewerber kann ausreichen, damit Ihnen der Kopf schwirrt. Jeder Mitbewerber hat einen Grund, warum er heute auf dem Markt ist. Beachten Sie jedoch, dass sich im Quadranten *Leaders* nur drei Akteure befinden: Qlik, Salesforce (Tableau) und Microsoft.

Das eigentliche Unterscheidungsmerkmal zwischen Microsoft und seinen Konkurrenten in diesem Bereich liegt in der Fähigkeit, den Plan für seine Software umzusetzen. Microsoft kann auf eine mehr als 30-jährige Geschichte im Bereich Business Intelligence zurückblicken, und SQL Server ist inzwischen selbst mehr als 30 Jahre alt. Microsoft ist schon sehr lange in diesem Bereich tätig und verfügt im Vergleich zu den anderen Unternehmen über die meisten unterstützenden Technologien für seine Business Intelligence-Plattform.

Alle diese großen Konkurrenten bieten Produkte an, mit denen Sie Daten in großartige Datenvisualisierungen verwandeln können, die Ihnen helfen, etwas aus Ihren Daten zu lernen, was Sie noch nicht wussten. Ich werde zum Beispiel immer neidisch auf die Fähigkeit von Tableau sein, Gruppierungen durch Klicken und Ziehen zu erstellen.

1.4.1 Warum Power BI und Beispiele für seinen weltweiten Einsatz

Ungeachtet des Glanzes von Salesforce/Tableau bietet Power BI mit Power Query ein Tool für die Datenübernahme, das in Bezug auf die Benutzerfreundlichkeit für nicht-technisch versierte Anwender unerreicht ist. Mit den Analysis Services Tabular verfügt es außerdem über eine der, wenn nicht sogar die stärkste Analyse-Engine der Welt. Diese Tools haben die Demokratisierung von Daten in vielen Unternehmen beschleunigt. Power BI hat auf der ganzen Welt Datenanalysten hervorgebracht, die Daten nutzen, um transformative Arbeit zu leisten. Indem Sie sich die Mühe machen, dieses Buch zu lesen und zu verarbeiten, unternehmen Sie die notwendigen Schritte, um dieser Gemeinschaft beizutreten!

Hier sind einige Beispiele. Die weltweit führende Naturschutzorganisation, der WWF (World Wide Fund for Nature), nutzt Power BI, um Spendern die Auswirkungen ihrer Arbeit mitzuteilen. Die Ingenieure von Cummins nutzen Power BI für eine erweiterte Kapazitätsplanung, um Motoren schneller auszuliefern. Humana nutzt Power BI zur Zentralisierung und Visualisierung von Daten aus mehr als 45 verschiedenen Datenquellen im gesamten Unternehmen; Power BI dient als Konsolidierungsplattform für Endbenutzer. Das King's College London nutzt die Power BI-Visualisierungen mit künstlicher Intelligenz, um Schlüsselfaktoren zu identifizieren, die Veränderungen in der Leistung der Studierenden erkennen lassen und eine gezielte Ansprache ermöglichen, um die Chancen für den Erfolg der Studierenden zu maximieren. Dies sind nur einige der vielfältigen Anwendungsfälle, die heute mit dieser Plattform durchgeführt werden.

Power BI kann auf jahrzehntelange Erfahrung mit Analysis Services zurückblicken und verfügt nun über ein Frontend, mit dem ihre Versprechen wahr werden. Darüber hinaus veröffentlicht Microsoft jeden Monat Updates für Power BI

Desktop mit neuen Funktionen, Konnektoren und Visualisierungen. Microsoft hat sich der Power-Plattform verschrieben, und man kann mit Sicherheit sagen, dass Microsoft auf lange Sicht dabei sein wird. Wenn 97 % der Fortune-500-Unternehmen einer Meinung sind, gibt es dafür wahrscheinlich gute Gründe.

1.5 Zusammenfassung

Power BI ist in seinem Kern mehr als nur ein Desktop-Authoring-Tool. Es handelt sich um eine ganze Plattform, auf die Microsoft seit fast drei Jahrzehnten hingearbeitet hat. Es hat die einzigartige Stärke, mit VertiPaq und DAX über zwei der am meisten in Unternehmen getesteten Speicher- und Analyse-Engines der Welt zu verfügen. Darüber hinaus verfügt Power BI über ein großartiges Tool, mit dem auch nicht-technische Benutzer ganz unterschiedliche Daten zusammenführen und mit Power Query eine echte Analyse dieser Daten durchführen können.

Power BI Desktop ist jetzt eine Unternehmenslösung, die von den größten Unternehmen der Welt, gemeinnützigen Organisationen und sogar von kleinen Unternehmen genutzt wird, um Einblicke in ihre Daten zu erhalten, die zuvor unmöglich waren.

Jetzt, da Sie wissen, was Power BI ist, können Sie die Software endlich mit einer klaren Vorstellung davon öffnen, was Sie damit machen wollen. Ich beginne hierbei mit der Ansicht *Bericht;* holen Sie sich eine Limonade, streicheln Sie Ihren Hund und lassen Sie uns loslegen. Das nächste Kapitel befasst sich mit der Benutzeroberfläche von Power BI Desktop und wie Sie diese verwenden.

2 Die Power BI-Ansichten »Bericht« und »Daten«

Power BI Desktop ist ein robustes Datenvisualisierungstool, mit dem Sie Ihre Daten auf verschiedene Weise visualisieren und so daraus Erkenntnisse gewinnen können. In diesem Kapitel beschreibe ich die Grundlagen der Benutzeroberfläche von Power BI Desktop und gehe insbesondere auf die Ansichten *Bericht* und *Daten* ein.

Die Ausführungen werden ziemlich detailliert sein, bleiben Sie dennoch bitte am Ball. Teile dieses Kapitels könnten etwas trocken sein, da ich mich darauf konzentriere, was die Benutzeroberfläche (UI, user interface) tut, und nicht unbedingt darauf, wie sie benutzt wird.

Ich werde mich vor allem auf die Ansicht *Bericht* konzentrieren, weil Sie dort die meiste Zeit verbringen werden. Außerdem enthält die Ansicht *Bericht* die meisten Elemente, mit denen Sie interagieren können. Die beiden wichtigsten Dinge, die Sie in der Benutzeroberfläche kennen sollten, sind die Funktionen der Registerkarte *Start* im Menüband sowie die Optionen im Bereich *Visualisierungen*; behalten Sie dies beim Lesen im Hinterkopf.

Microsoft erklärte, das Ziel von Power BI Desktop sei, es zu »PowerPoint für Ihre Daten« zu machen. Während ich an diesem Buch schreibe, lässt sich gut erkennen, dass Power BI viele Designprinzipien von anderen Tools der Microsoft Office-Familie, einschließlich PowerPoint, übernommen hat.

Wenn Sie schon ein anderes Microsoft Office-Produkt ab Version 2010 verwendet haben, kennen Sie eine der Versionen des Menübands (das früher auch Multifunktionsleiste genannt wurde), wie es in Word, Excel, PowerPoint und anderen Produkten benutzt wird. Diese Vertrautheit mit der Benutzeroberfläche ist ein Vorteil; jedoch weist die Power BI-Benutzeroberfläche auch einige Tücken auf. Hin und wieder werden Sie feststellen, dass Power BI in Abhängigkeit vom Kontext zum Menüband Elemente bzw. Registerkarten hinzufügt oder daraus entfernt, was sich anfangs etwas merkwürdig anfühlen kann.

Schauen Sie sich an, wie Power BI das Menüband verwendet: Ich zeige Ihnen das Erste, was Sie sehen, nachdem Sie Power BI Desktop gestartet haben (siehe Abbildung 2–1).

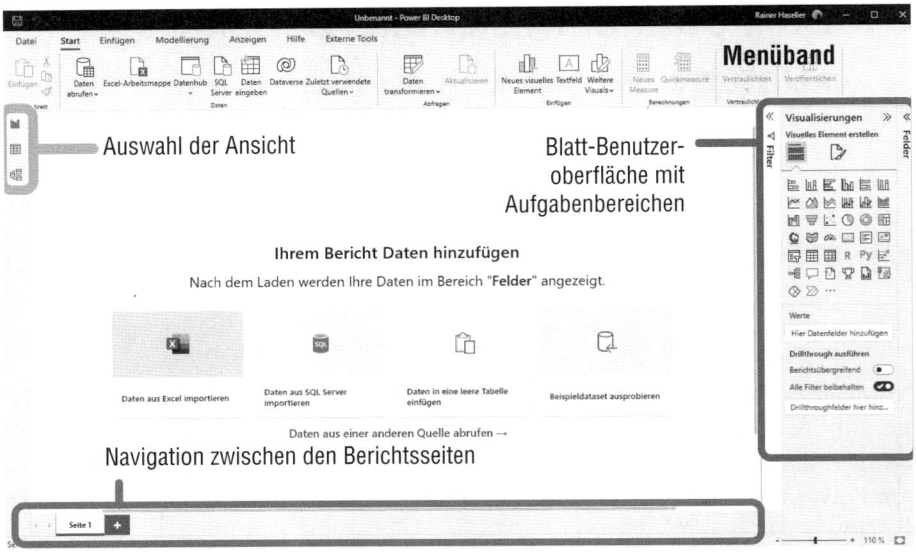

Abb. 2–1 *Das ist das Erste, was Sie sehen, wenn Sie Power BI Desktop öffnen.*

Mit den drei Symbolen in der Leiste auf der linken Seite in Abbildung 2–1 wechseln Sie zwischen den drei Ansichten, die Power BI Desktop zur Verfügung stellt: die Ansicht *Bericht*, die Ansicht *Daten* und die Ansicht *Modell.*

2.1 Ansicht »Bericht«: Registerkarte »Start« im Menüband

Beim Öffnen von Power BI wird standardmäßig die Ansicht *Bericht* angezeigt. Oben im Fenster sehen Sie ein klassisches Menüband, in dem Sie nach den verschiedenen Aktionen suchen können, die Sie durchführen möchten. Auf der rechten Seite sehen Sie die verschiedenen Aufgabenbereiche, kurz Bereiche genannt, der Benutzeroberfläche. Dieser Teil ähnelt sehr dem, was Microsoft mit der ursprünglichen Xbox 360-Oberfläche gemacht hat.

Sie können über die Registerkarte *Anzeigen* des Menübands verschiedene Bereiche einblenden und ausblenden. Außerdem können Sie Bereiche, die gerade sichtbar sind, minimieren, so wie in der Abbildung für die Bereiche *Filter* und *Felder* gezeigt; der Bereich *Visualisierungen* hingegen ist geöffnet. Zum Minimieren verwenden Sie den Doppelpfeil, der oben im Aufgabenbereich neben dem Namen angezeigt wird.

Unten am Fenster sehen Sie die Optionen für die Berichtsseitennavigation. Sie können auf einzelne Berichtsseiten klicken oder, wenn Ihr Bericht sehr umfangreich ist, mit den Pfeilen durch die Liste der Seiten blättern, ähnlich wie Sie in Excel mit den Blattregisterkarten durch die Arbeitsblätter blättern. Schließlich sehen Sie auf der linken Seite des Fensters die drei Symbole, die die Ansichtsauswahl darstellen. Die Ansichten in der Reihenfolge von oben nach unten sind *Bericht*, *Daten* und *Modell*. Das Menü oben im Menüband, das die Namen der Registerkarten anzeigt, ändert sich je nachdem, in welcher Ansicht Sie sich befinden.

Die Standardansicht im Menüband ist die Registerkarte *Start*, wie in Abbildung 2–2 zu sehen. Für die Registerkarte *Start* gibt es verschiedene Bezeichnungen, darunter Start-Ansicht, Tab Start oder Bereich Start. Im Verlauf dieses Buches werden die verschiedenen Teile des Menübands (*Start*, *Einfügen*, *Modellierung* usw.) als »Registerkarten« bezeichnet.

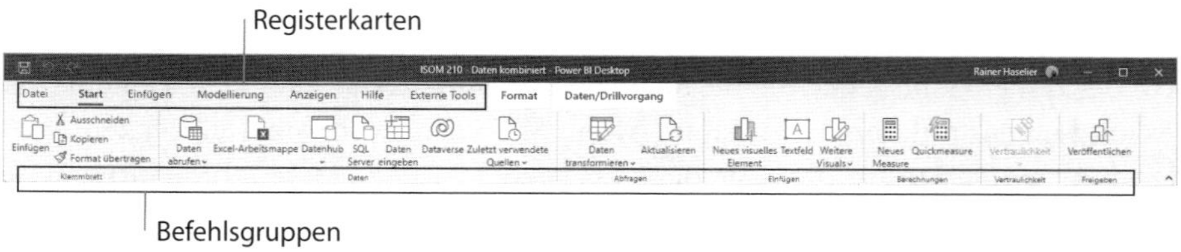

Abb. 2–2 *Die Registerkarte* Start *ist die Standardansicht von Power BI Desktop.*

Alle Registerkarten des Menübands in Abbildung 2–2 sind in Unterabschnitte unterteilt, die durch eine helle vertikale Linie voneinander getrennt sind. Diese Unterabschnitte werden auch *Gruppe* oder *Befehlsgruppe* genannt, da sie zusammengehörende Befehle in einer Gruppe zusammenfassen. Die Namen dieser Befehlsgruppen stehen in der unteren Zeile des Menübands. In Abbildung 2–2 sind die Befehlsgruppen *Klemmbrett* (Zwischenablage), *Daten*, *Abfragen*, *Einfügen*, *Berechnungen*, *Vertraulichkeit* und *Freigeben* zu sehen. Wenn ich also auf einen Unterabschnitt einer Registerkarte verweise, schauen Sie in die untere Zeile, um zu sehen, worauf ich mich beziehe.

(Mir ist klar, dass Sie dies bereits wissen, wenn Sie in den letzten Jahrzehnten gelebt und eines der Microsoft Office-Produkte verwendet haben; wichtig ist mir darzulegen, was ich meine, wenn ich mich auf eine Befehlsgruppe einer Registerkarte beziehe.) Nachdem ich nun die Registerkarte und die Befehlsgruppe identifiziert habe, wende ich mich jetzt den Schaltflächen zu.

2.1.1 Die Gruppe »Klemmbrett/Zwischenablage«

Kehren wir also zur Registerkarte *Start* zurück. Hier sehen Sie zunächst die Befehlsgruppe *Klemmbrett*, die in anderen Office-Produkten *Zwischenablage* heißt und in der Sie die Elemente für die Standardfunktionen Ausschneiden, Kopieren und Einfügen finden. Mit dem Formatpinsel können Sie die Formatierung einer Visualisierung auf eine andere anwenden, so wie Sie es bei der Formatierung in Excel oder PowerPoint tun würden.

2.1.2 Die Gruppe »Daten«

In der nächsten Befehlsgruppe, der Gruppe *Daten*, sehen Sie mehrere Befehle, mit denen Sie schnell eine Verbindung zu verschiedenen Datenquellen herstellen können. In Abbildung 2–3 sind diese zu erkennen.

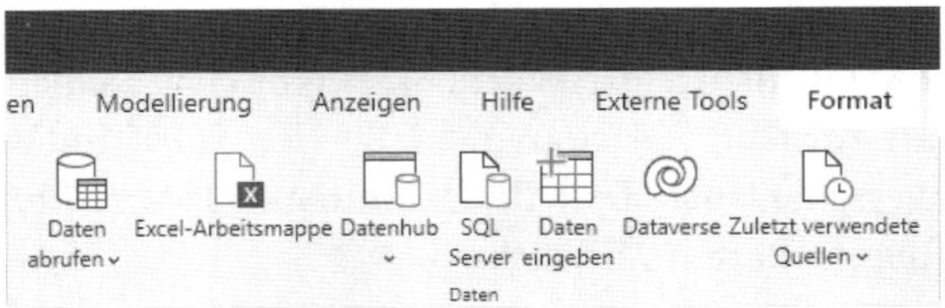

Abb. 2–3 *In der Gruppe* Daten *können Sie auswählen, woher Sie die Daten abrufen.*

Auf der linken Seite sehen Sie die Schaltfläche *Daten abrufen*, die aus einem oberen und einem unteren Teil besteht. Wenn Sie auf den oberen Teil klicken, wird das Fenster *Daten abrufen* mit der gesamten Liste der Datenkonnektoren, die Power BI unterstützt, angezeigt, wie in Abbildung 2–4 dargestellt.

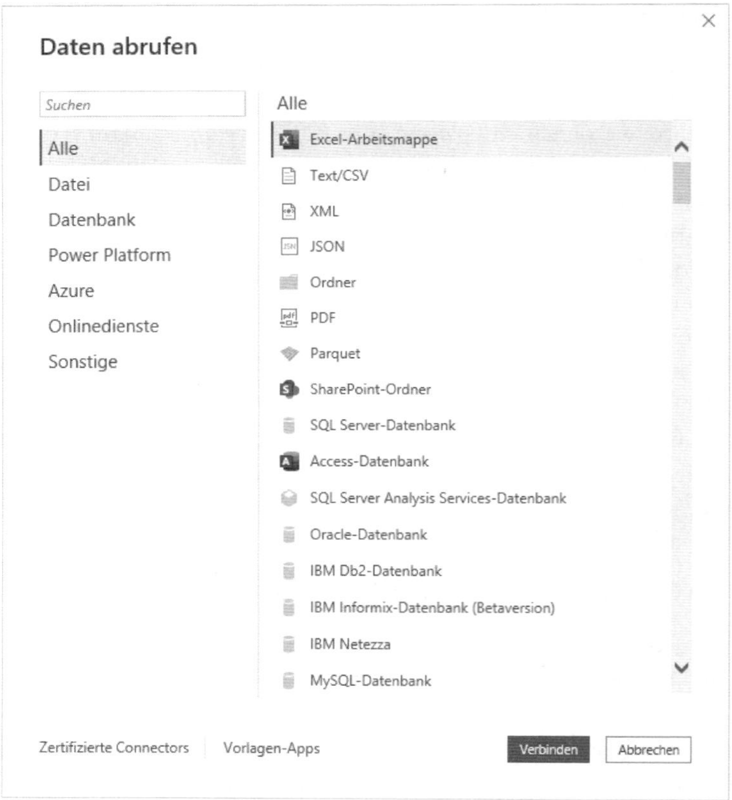

Abb. 2–4 *Hier sehen Sie das vollständige Fenster* Daten abrufen, *wenn Sie das ganze Drum und Dran, also die gesamte Liste der Datenverbindungen, benötigen.*

Wenn Sie auf den unteren Teil der Schaltfläche klicken, wird eine kleinere, verkürzte Liste der am häufigsten verwendeten Datenquellen angezeigt. Dies kann sehr praktisch sein, wenn Sie nicht die gesamte Liste der Konnektoren durchgehen wollen oder müssen. Diese verkürzte Liste zeigt Abbildung 2–5.

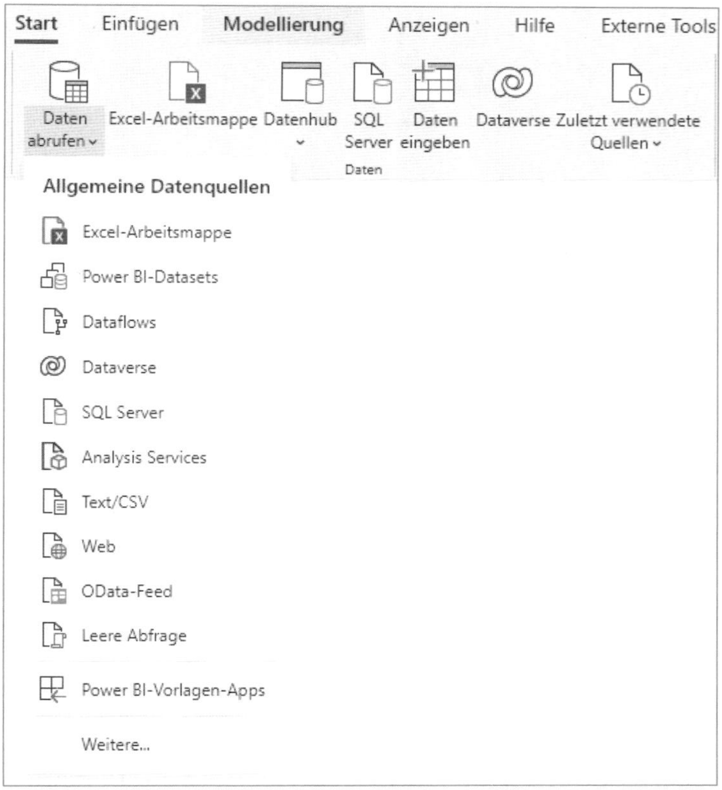

Abb. 2–5 *Bei der Schnellauswahlliste handelt es sich um eine kürzere Liste der Datenkonnektoren, die Sie verwenden können, wenn Sie einen der Klassiker verwenden wollen.*

Über die Schaltfläche *Excel-Arbeitsmappe* wird sofort das Dialogfeld *Öffnen* angezeigt, in dem Sie zu Ihrer Excel-Datei navigieren können. Wenn Sie auf die Schaltfläche *Datenhub | Power BI-Datasets* klicken, wird ein Fenster angezeigt, in dem Sie ein Dataset auswählen können, das bereits im Power BI-Dienst veröffentlicht ist und mit dem Sie sich über eine Liveverbindung verbinden möchten. Als Referenz dient das Fenster im Beispiel in Abbildung 2–6.

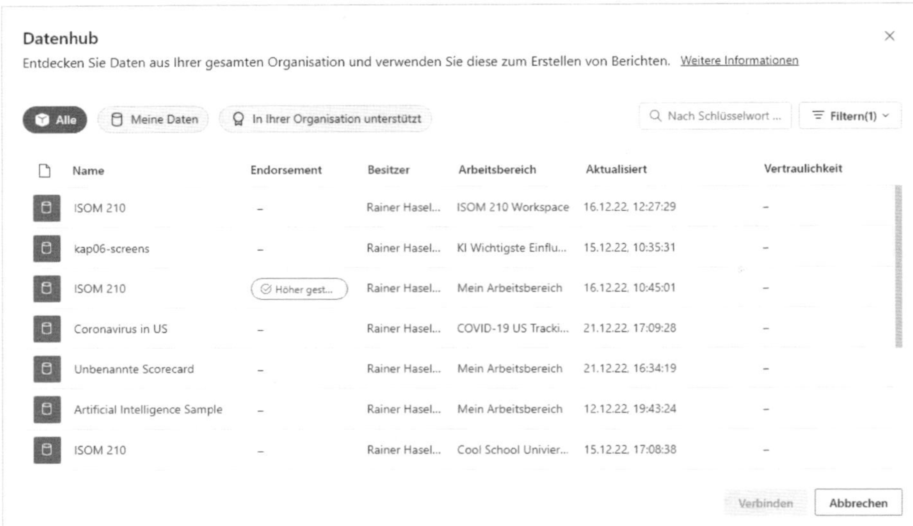

Abb. 2–6 *Verbinden mit einem bereits im Power BI-Dienst vorhandenen Dataset*

Wenn Sie auf die Schaltfläche *SQL Server* klicken, erscheint ein Fenster, in das Sie den Namen oder die Adresse des Servers sowie optional einen Datenbanknamen eingeben können. Der Server fragt Sie nach Ihren Anmeldedaten, wenn Sie versuchen, eine Verbindung herzustellen. Sie sehen auch Optionen zur Auswahl von *Importieren* oder *DirectQuery*, auf die ich später in diesem Buch noch näher eingehen werde. Dieses Fenster ist in Abbildung 2–7 dargestellt.

Im Fenster finden Sie außerdem die Schaltfläche *Erweiterte Optionen*, über die Sie sich weitere Optionen anzeigen lassen: Sie können das Befehlstimeout in Minuten hinzufügen, eine benutzerdefinierte SQL-Anweisung übergeben, Beziehungsspalten einbeziehen, über vollständige Hierarchien navigieren und die SQL Server-Failoverunterstützung aktivieren.

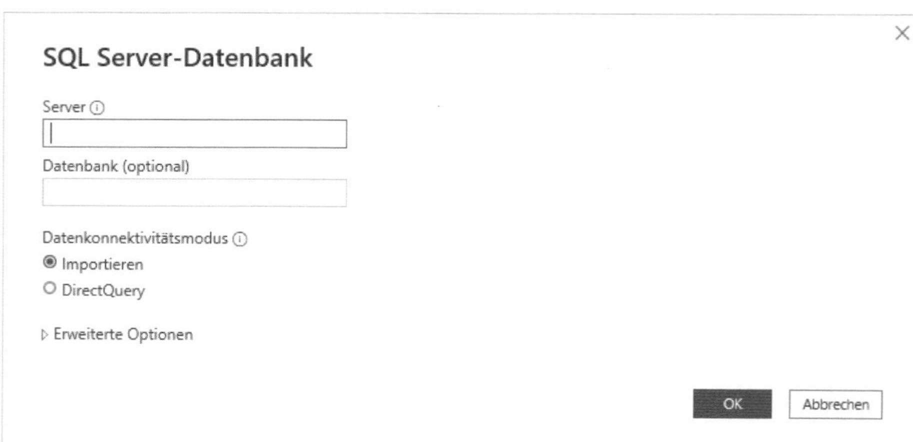

Abb. 2–7 *Sich mit einem SQL-Server in der Nähe verbinden*

Über die Schaltfläche *Daten eingeben* (siehe Abbildung 2–3) gelangen Sie zu einer Eingabemaske, die Ihnen vertraut vorkommen sollte, wenn Sie Excel verwenden, da sie eine tabellenähnliche Struktur öffnet, in der Sie Spalten hinzufügen, sie benennen und Daten in Zellen eingeben können, wie in Abbildung 2–8 dargestellt. Es ist wichtig zu beachten, dass Sie in diesem Tabellenfenster keine Formeln und Funktionen verwenden können. Die Tabelle ist nur für die einfache Dateneingabe gedacht. Sie können auch Informationen in dieses Fenster kopieren und einfügen, aber seien Sie vorsichtig, bevor Sie sich in diesem Fenster mit Kopieren und Einfügen austoben. Dies kann zu Testzwecken nützlich sein oder wenn Sie eine Nachschlagetabelle für Ihr Modell erstellen möchten, aber ich empfehle Ihnen, keine großen Mengen an Informationen in diese Art von Tabellenstruktur einzugeben, da sie manuell verwaltet werden muss.

Abb. 2–8 *Ein einfaches Dateneingabefenster für den Fall, dass Sie ein paar Daten brauchen, die sonst nirgendwo vorliegen*

Die Schaltfläche *Dataverse*, die Sie in Abbildung 2–3 gesehen haben, öffnet ein Popupfenster, in dem Sie Informationen zu Ihrer Umgebungsdomäne sowie den Datenkonnektivitätsmodus eingeben können. Wenn Sie bereits verbunden sind, wird das Fenster *Navigator* angezeigt (siehe Abbildung 2–9), in dem Sie die gewünschte Datenquelle auswählen. Je nachdem, wie vertraut Sie mit Microsoft Dynamics sind, haben Sie vielleicht schon einmal gehört, dass dies als Common Data Model bezeichnet wird.

Abb. 2–9 *Wenn Sie sich im Dynamics-Universum befinden, werden Sie wahrscheinlich eine Verbindung zu Microsoft Dataverse herstellen.*

Hinter der Schaltfläche *Zuletzt verwendete Quellen* finden Sie ein Dropdownmenü mit Ihren zuletzt verwendeten Datenquellen, sodass Sie, wenn Sie erneut eine Verbindung zu einer bereits benutzten Datenquelle herstellen müssen, diese schnell zur Hand haben. Wenn Sie in der Dropdownliste auf *Weitere* klicken, erhalten Sie eine noch größere Liste der zuletzt verwendeten Datenquellen. Abbildung 2–10 zeigt einige der von mir zuletzt in Power BI verwendeten Datenquellen.

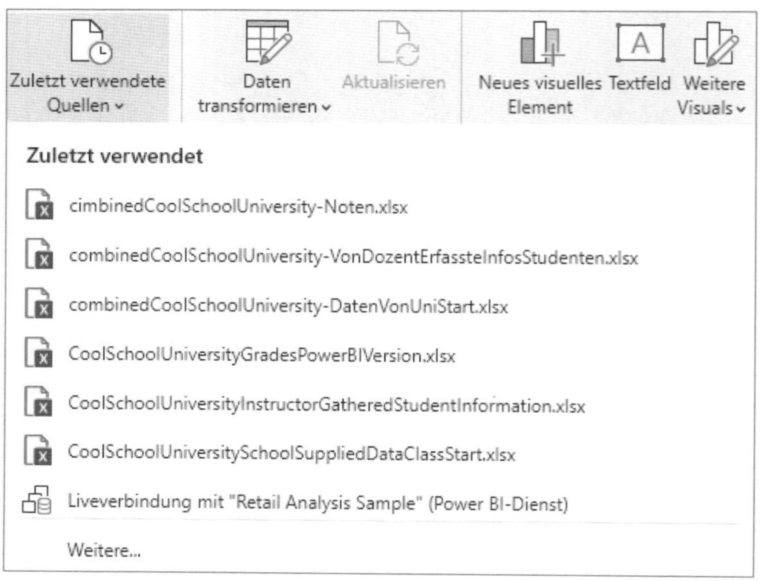

Abb. 2–10 *Liste meiner zuletzt benutzten Quellen*

2.1.3 Die Gruppe »Abfragen«

In der Befehlsgruppe *Abfragen* gibt es zwei Schaltflächen: *Daten transformieren* und *Aktualisieren*. Die Schaltfläche *Aktualisieren* ist in Abbildung 2–11 ausgegraut, da sich in meinem Modell keine Daten zum Aktualisieren befinden. Wenn diese Schaltfläche jedoch verfügbar ist und angeklickt wird, werden alle Datenquellen in Ihrem Datenmodell vollständig aktualisiert.

Daten transformieren hat zwei verschiedene Funktionen, je nachdem, ob Sie auf den oberen oder den unteren Teil der Schaltfläche klicken. Wenn Sie auf den oberen Teil klicken, gelangen Sie direkt zur Power Query-Oberfläche, auf die ich in einem anderen Kapitel noch näher eingehen werde. Wenn Sie den unteren Teil anklicken, erhalten Sie ein Dropdownmenü mit verschiedenen Optionen. Über *Datenquelleneinstellungen* gelangen Sie zu einem Popupfenster, in dem Sie die Einstellungen zu den Anmeldeinformationen, zum Speicherort von Dateien und Ähnliches ändern können. Wenn Sie Parameter und Variablen haben, können diese hier ebenfalls geändert werden.

Abb. 2–11 *Optionen zum Transformieren von Daten*

2.1.4 Die Gruppe »Einfügen«

Als Nächstes folgt die Gruppe *Einfügen*, die drei Optionen bietet. Sie können auf Ihrer Berichtsseite ein neues visuelles Element einfügen, ein Textfeld einfügen oder weitere Visualisierungen zu Ihrer Liste der Visualisierungen im Bereich *Visualisierungen* hinzufügen.

Wenn Sie auf *Neues visuelles Element* klicken, wird ein neues Visual auf der Zeichenfläche abgelegt. Das Visual, das standardmäßig auf dem Canvasbereich platziert wird, ist das gestapelte Säulendiagramm.

Die Schaltfläche *Textfeld* fügt auf dem Canvasbereich ein Textfeld ein, so wie es auch in PowerPoint erscheinen würde.

Wenn Sie auf die Schaltfläche *Weitere Visuals* klicken, sieht sie wie in Abbildung 2–12 aus. Wenn Sie *Aus eigenen Dateien* auswählen, wird das Standarddialogfeld *Öffnen* angezeigt, in dem Sie ein Visual aus einer PBVIZ-Datei auswählen können, die sich auf Ihrem lokalen Computer befindet.

Abb. 2–12 *Hinzufügen von visuellen Elementen aus zwei möglichen Quellen*

Wenn Sie *Aus AppSource* wählen, wird das in Abbildung 2–13 dargestellte Fenster angezeigt. Hier können Sie ein Visual eines Drittanbieters auswählen, um es zu Ihrer Liste der Visualisierungen hinzuzufügen.

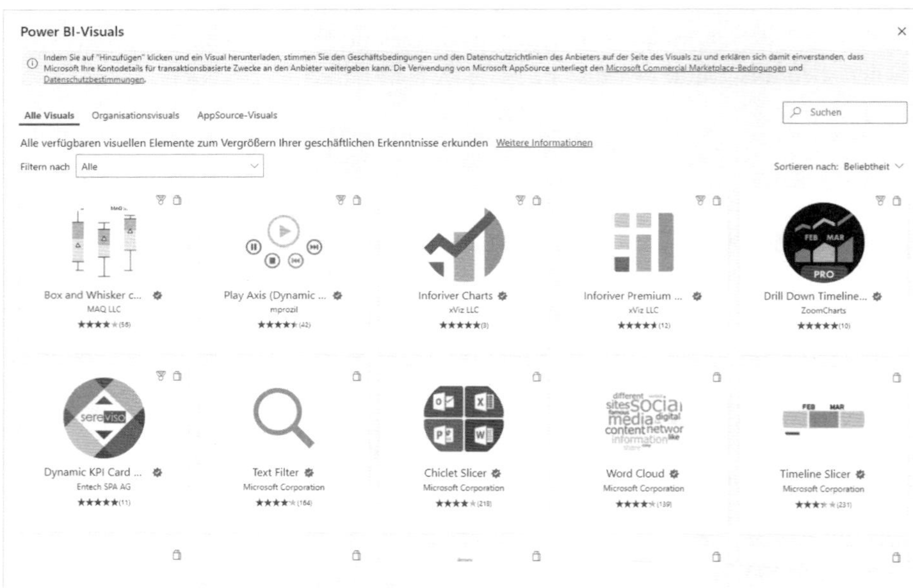

Abb. 2–13 *Power BI AppSource bietet eine Fülle von zusätzlichen Visualisierungen, die Sie für Ihre Berichte auswählen können.*

2.1.5 Die Gruppe »Berechnungen«

In der Gruppe *Berechnungen* finden Sie die Befehle *Neues Measure* und *Quickmeasure*.

Measures sind Berechnungen über Ihre Daten, die mithilfe von DAX ausgeführt werden. Ich werde später in diesem Buch näher auf Measures eingehen. Wenn Sie jedoch auf *Neues Measure* klicken, wird die Registerkarte *Mesasuretools* eingeblendet. Unterhalb des Menübands wird eine Formelleiste angezeigt, in die Sie den DAX-Ausdruck für Ihr Measure eingeben können. Dies entspricht der Formelleiste, die Sie in Excel verwenden.

Über die Schaltfläche *Quickmeasure* wird ein Popupfenster angezeigt, das Sie bei der Erstellung eines Measure mithilfe eines Assistenten mit mehreren vordefinierten Berechnungen unterstützt. Beides sehen Sie unten in Abbildung 2–14. Ein hilfreicher Tipp: Microsoft fügt in manchen Versionen neue Quickmeasures hinzu. Es lohnt sich also immer, nach einem Update nachzuschauen, ob neue Quickmeasures vorhanden sind.

Abb. 2–14 *Die DAX-Formelleiste (oben) und das Fenster* Quickmeasure *(unten). Sie werden diese verwenden. Das verspreche ich Ihnen.*

2.1.6 Die letzten Gruppen: »Vertraulichkeit« und »Freigeben«

Die letzten beiden Schaltflächen auf der Registerkarte *Start* befassen sich mit Vertraulichkeitskennzeichnungen und der Möglichkeit, Ihren Bericht im Power BI-Dienst zu veröffentlichen. Auf diese Optionen werde ich später näher eingehen.

2.2 Ansicht »Bericht«: Registerkarte »Einfügen«

Als Nächstes wechseln Sie im Menüband bei aktivierter Ansicht *Bericht* zur Registerkarte *Einfügen*, die in Abbildung 2–15 dargestellt ist.

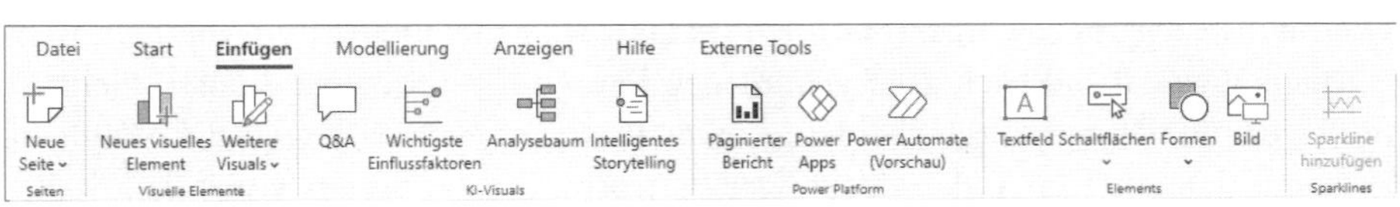

Abb. 2–15 *Die Registerkarte* Einfügen *im Menüband*

2.2.1 Die Gruppe »Seiten«

In der Gruppe *Seiten* öffnet die Schaltfläche *Neue Seite* ein Dropdownmenü, unabhängig davon, auf welchen Teil Sie klicken. Dieses Menü bietet Ihnen zwei Optionen: *Leere Seite* und *Seite duplizieren*. *Leere Seite* erstellt eine neue Seite in Ihrem Bericht, die am weitesten rechts von allen anderen Berichtsseiten liegt. Mit *Seite duplizieren* wird eine Kopie Ihrer aktuellen Berichtsseite angelegt, und zwar genau so, wie sie derzeit konfiguriert ist, d.h. mit allen visuellen Elementen, die sich derzeit im Canvasbereich befinden; diese neue Kopie befindet sich ganz rechts neben allen bereits im Bericht vorhandenen Seiten.

2.2.2 Die Gruppe »Visuelle Elemente«

Die Gruppe *Visuelle Elemente* enthält zwei der Schaltflächen, die Sie bereits auf der Registerkarte *Start* gesehen haben, nämlich die Schaltflächen *Neues visuelles Element* und *Weitere Visuals*. Auch die Funktionalität ist genau dieselbe. Sie wurden hier aus Gründen der Bequemlichkeit dupliziert. Wenn Sie also nach anderen spezifischen Elementen in dieser Gruppe des Menübands suchen, bei dem es darum geht, Dinge auf den Canvasbereich zu legen, können Sie dies auch von hier aus tun.

2.2.3 Die Gruppe »KI Visuals«

Die nächste Gruppe auf der Registerkarte *Einfügen* befasst sich mit KI-Visualisierungen (siehe Abbildung 2–15). Zum Zeitpunkt der Erstellung dieses Dokuments sind vier dieser KI-gesteuerten Visualisierungen allgemein verfügbar. Wenn Sie eine dieser Schaltflächen anklicken, wird eine leere Version dieser Visualisierung so weit wie möglich oben und links auf den Canvasbereich eingefügt. Ich werde diese Visualisierungen in Kapitel 3 ausführlicher vorstellen: Dort erhalten Sie eine vollständige Übersicht aller Visuals, die standardmäßig in Power BI verfügbar sind.

Wichtig ist dabei, dass gerade diese Visuals eine ganz besondere Funktionalität in Bezug auf die Analysefähigkeit bieten. Microsoft ist sehr daran interessiert, seine KI-Fähigkeiten in so vielen Power Platform-Produkten wie möglich zu demonstrieren, und Power BI ist da keine Ausnahme. Ich erwarte, dass im Laufe der Zeit weitere KI-gesteuerte Visualisierungen allgemein verfügbar sein werden.

2.2.4 Die Gruppe »Power Platform«

Die nächste Gruppe, *Power Platform*, befasst sich mit Elementen, die technisch gesehen Visuals sind, sich aber grundlegend von allen anderen visuellen Elementen in der Plattform unterscheiden. Power Platform Visuals bieten die Möglichkeit, mit den anderen Teilen der Power Platform, die ich bereits vorgestellt habe, zu interagieren und sie in Ihren Power BI-Bericht einzubetten. Ich werde später noch ausführlicher darauf eingehen; Sie sollten jetzt schon wissen, dass sie sehr leistungsfähig sind und dazu beitragen, den ganzheitlichen Wert der Power Platform innerhalb eines Unternehmens zu demonstrieren.

2.2.5 Die Gruppe »Elemente«

Die letzte Gruppe der Registerkarte *Einfügen*, *Elemente* befasst sich mit den Berichtselementen. Dabei handelt es sich um Elemente, die nicht unbedingt interaktiv sind wie Power BI-Visualisierungen, aber sie können Ihren Bericht verbessern oder ihm zusätzliche Klarheit verleihen. Verschiedene Steuerelemente stehen dort zur Auswahl: *Textfeld*, *Schaltflächen*, *Formen* und *Bild*.

Das Textfeld in Power BI erfüllt genau die gleiche Funktion wie in PowerPoint. Es fügt ein bearbeitbares Textfeld in den Canvasbereich ein, zusammen mit einem grundlegenden Formatierungswerkzeug für Ihren Text. Mit diesem Werkzeug können Sie die Schriftart, die Schriftgröße, die Textfarbe, die Fett- und Kursivschreibung, die Unterstreichung und die Textausrichtung ändern und Hyperlinks zu Webseiten außerhalb Ihres Berichts hinzufügen. Andere Elemente des Textfelds können im Bereich *Textfeld formatieren* bearbeitet werden, der angezeigt wird, wenn ein Textfeld ausgewählt ist. In Abbildung 2–16 sehen Sie ein Beispiel dafür, wie dieser Bereich auf der Arbeitsfläche aussieht.

Abb. 2–16 *Über die Textfeld-Schnittstelle können Sie alle möglichen Formatierungsoptionen anwenden.*

Klicken Sie auf das Element *Schaltflächen*, um eine Liste von Optionen zu erhalten, die bei der Berichtsnavigation helfen oder zusätzliche Informationen liefern. Es gibt eine ganze Reihe davon. Abbildung 2–17 zeigt die gesamte Liste, damit Sie sich überlegen können, wie Sie diese in Ihrem zukünftigen Bericht verwenden könnten.

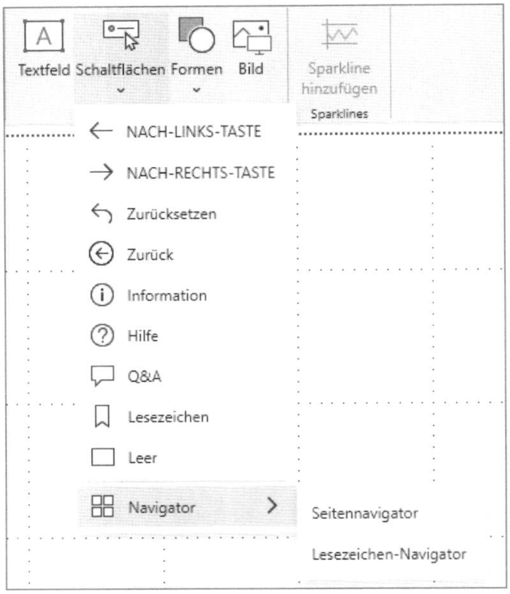

Abb. 2–17 *Schaltflächen ... Schaltflächen, so weit das Auge reicht.*

Es ist wichtig zu beachten, dass bei all diesen Schaltflächen, mit Ausnahme von *Q&A* und *Lesezeichen*, das Platzieren der Schaltfläche auf dem Canvasbereich nichts bewirkt, bis Sie Power BI den Kontext für die Verwendung der Schaltfläche mitteilen. Wenn Sie eine dieser Schaltflächen auf Ihrem Canvasbereich platzieren, wird auf der rechten Seite ein Schaltflächenfenster angezeigt, das visuelle Formatierungsoptionen enthält und angibt, welche Aktion die Schaltfläche ausführen soll.

Die Schaltflächen *Q&A* und *Lesezeichen* sind bereits mit den Standardaktionen *Q&A* bzw. *Lesezeichen* belegt. Sie können diese Aktionen jedoch auch ändern, wenn Sie der Meinung sind, dass Ihr Bericht diese Schaltfläche in einem anderen Kontext verwenden könnte.

Die Schaltfläche *Formen* zeigt Ihnen eine umfangreiche Liste von Formen an, die Sie in einen Bericht einfügen können. Wenn Sie die Form auswählen, wird sie auf dem Canvasbereich angezeigt und ist bereits mit einer Standardfarbe gefüllt, die auf dem aktiven Design basiert. Sie können sie von dort aus ändern, indem Sie die Größe des Elements auf dem Canvasbereich verändern. Die Form kann auch bearbeitet werden, wenn sie zum Formatieren ausgewählt wird, da Formen über einen eigenen Aufgabenbereich zur Formatierung verfügen.

Wenn Sie schließlich auf die Schaltfläche *Bild* klicken, öffnet sich das Dialogfeld *Öffnen*, in dem Sie ein Bild auswählen können, das Sie in Ihren Power BI-Bericht einfügen möchten. Power BI kann Bilder in den Formaten einfügen, die Sie in Abbildung 2–18 sehen.

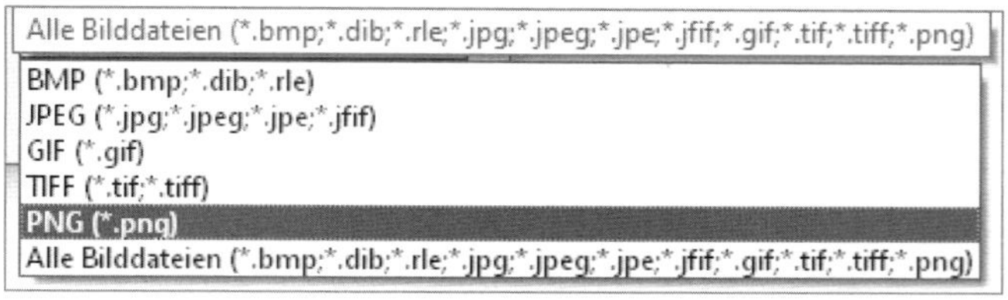

Abb. 2–18 *Im Ernst: Es gibt für fast jeden Zweck ein passendes Bildformat.*

Sobald sich Ihr Bild auf Ihrer Berichtsseite befindet, wird wie bei jedem anderen Element, das in der Gruppe *Elemente* des Menübands verfügbar ist, auf der rechten Seite ein spezielles Formatierungsfenster eingeblendet. Die Größe des Bildes kann wie bei allen anderen Power BI-Elementen im Bericht durch Klicken und Ziehen des Feldes auf die gewünschte Größe geändert werden.

2.3 Ansicht »Bericht«: Registerkarte »Modellierung«

Der dritte Teil der Menübands in der Ansicht *Bericht* ist die Registerkarte *Modellierung*. Hier finden Sie weitere Optionen für die Datenverwaltung in der Berichtsansicht. In Abbildung 2–19 gibt es viel Magie.

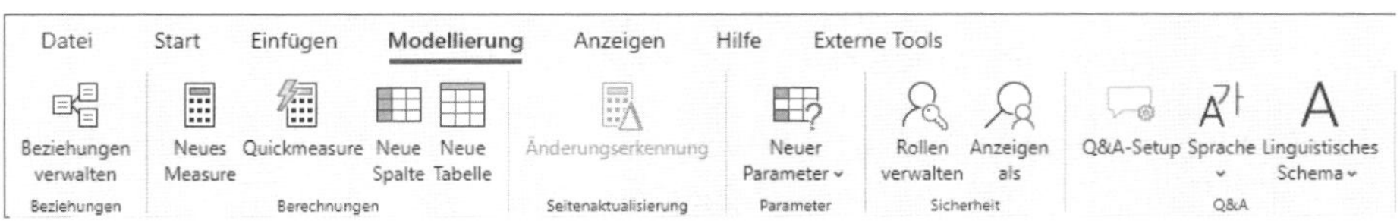

Abb. 2–19 *Die Modellierung Ihrer Daten ist entscheidend dafür, um mit Power BI erfolgreich zu sein.*

2.3.1 Die Gruppe »Beziehungen«

Die erste Schaltfläche ist mit *Beziehungen verwalten* beschriftet. Sie öffnet ein Fenster, in dem Sie alle Beziehungen in Ihrem Datenmodell sehen; von hier aus können Sie neue Beziehungen hinzufügen oder vorhandene Beziehungen bearbeiten.

Standardmäßig versucht Power BI, Beziehungen automatisch anhand von Spaltennamen zu erkennen. Dies kann nützlich sein, um einen ersten Satz von Beziehungen für Ihr Datenmodell zusammenzustellen, aber es entspricht vielleicht nicht immer der Art, wie Sie das Modell einrichten möchten. Es ist wichtig zu beachten, dass diese Schaltfläche ausgegraut ist, wenn Ihr Datenmodell weniger als zwei Tabellen enthält. Auf die Beziehungen werde ich im nächsten Kapitel näher eingehen, wenn ich die Ansicht *Modell* erkläre.

2.3.2 Die Gruppe »Berechnungen«

Die nächste Gruppe betrifft Berechnungen. Die Schaltflächen *Neues Measure* und *Quickmeasure* funktionieren genau so, wie zuvor für die Registerkarte *Start* beschrieben.

Die beiden anderen Elemente sind Eingabeaufforderungen, die den zuvor gezeigten Inline-DAX-Editor aufrufen, damit Sie entweder über die Schaltfläche *Neue Spalte* einen DAX-Ausdruck erstellen, um eine neue Spalte einzufügen, oder mit der Schaltfläche *Neue Tabelle* anhand eines DAX-Ausdrucks eine neue berechnete Tabelle erstellen können.

Bitte beachten Sie, dass die Schaltfläche *Neues Measure* eine unangenehme Eigenheit aufweist. Wenn Sie vor der Auswahl dieser Schaltfläche keine Tabelle im Feldbereich markiert haben, geht Power BI davon aus, dass das Measure in die erste Tabelle eingefügt wird, die es in diesem Bereich sieht. Theoretisch können Sie diese Objekte durch Ziehen und Ablegen im Aufgabenbereich *Felder* in eine andere Tabelle verschieben, aber seien Sie sich dieses Verhaltens bewusst.

2.3.3 Die Gruppe »Seitenaktualisierung«

Die Gruppe *Seitenaktualisierung* enthält eine Schaltfläche *Änderungserkennung*, die nur in DirectQuery-Szenarien relevant ist. Sie können festlegen, ob Ihre Seiten bei einer erkannten Änderung der Daten oder in einem festen Aktualisierungsintervall aktualisiert werden sollen. Sie können diese Funktion in Power BI Desktop mit dieser Funktion simulieren.

2.3.4 Die Gruppe »Parameter«

Mit *Parameter* können Sie einfach Was-wäre-wenn-Parameter erstellen. Diese werden in Kapitel 6 ausführlicher behandelt.

2.3.5 Die Gruppe »Sicherheit«

Diese Befehlsgruppe enthält zwei Schaltflächen, die sehr wichtig sind. Die Schaltflächen *Rollen verwalten* und *Anzeigen als* ermöglichen die Sicherheit auf Zeilenebene (row-level security, RLS) in Power BI.

RLS ist ein Feature, mit dem Sie die Art und Weise steuern, wie Personen die Daten in Ihrem Modell sehen, und zwar auf der Grundlage von Rollen, die mithilfe von DAX in Form von Formeln konstruiert werden. Ziel ist es, dass Personen die Daten nur in einer Weise sehen können, die für deren spezifischen Kontext und ihre Sicherheitseinschränkungen gefiltert ist.

Wenn Sie beispielsweise einen Bericht für mehrere Semester veröffentlicht haben, können Sie einfache DAX-Anweisungen erstellen, die beschreiben, wie die Daten gefiltert werden sollen, und dann, wie in Kapitel 9 gezeigt, diesen Rollen Benutzer zuweisen, damit die Daten so gefiltert werden, wie Sie es für sie wünschen. Ein Beispiel dafür sehen Sie in Abbildung 2–20, wo ich mit einer sehr einfachen Anweisung zur Definition einer Filterbedingung eine Rolle für Studierende des Frühjahrs 2021 erstellt habe.

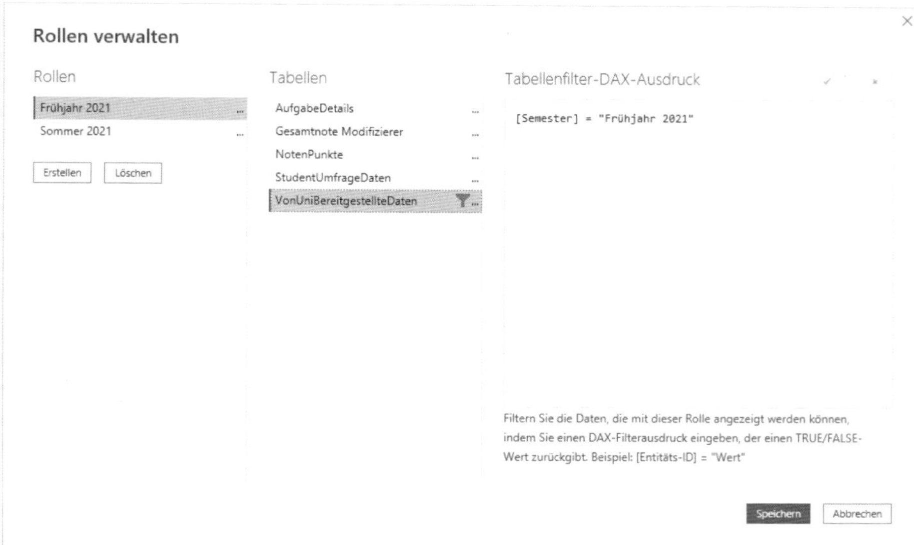

Abb. 2–20 *In diesem einfachen RLS-Beispiel würden Benutzer, die der Rolle* Frühjahr 2021 *zugewiesen sind, nur Daten sehen, für die das Feld* Semester *in der Tabelle* VonUniBereitgestellteDaten *den Wert »Frühjahr 2021« enthält.*

2.3.6 Die Gruppe »Q&A«

Schließlich gibt es noch die Gruppe *Q&A*. Über die Schaltfläche *Q&A-Setup* wird ein umfangreicher Assistent aufgerufen, der zeigt, wie Sie die Q&A-Engine so einstellen können, dass sie sich an die natürliche Sprache Ihrer Benutzer anpasst (siehe Abbildung 2–21). Damit können Sie der Engine Synonyme beibringen, sodass die Power BI-Engine weiß, was ein bestimmtes Wort im Kontext Ihres Datenmodells bedeutet, wenn Sie eine Frage mit einem bestimmten Wort stellen.

Wählen Sie die Schaltfläche *Sprache*, um eine Liste der Sprachen zu erhalten, die für Q&A infrage kommen. Derzeit (Januar 2023) kann nur Englisch als Sprache ausgewählt werden. Ich gehe davon aus, dass die Liste der Sprachen in Zukunft wachsen wird.

Schließlich öffnet die Schaltfläche *Linguistisches Schema* ein Dropdownmenü, mit dem Sie eine linguistische Schemadatei importieren oder exportieren können. Wenn Sie mehr Interesse an diesem Thema haben, schlage ich vor, dass Sie unter *https://powerbi.microsoft.com/en-us/blog/editing-q-a-linguistic-schemas* die Beispiel-Linguistikschemadatei und die Beispiel-PBIX-Datei herunterladen. Beide liegen in englischer Sprache vor.

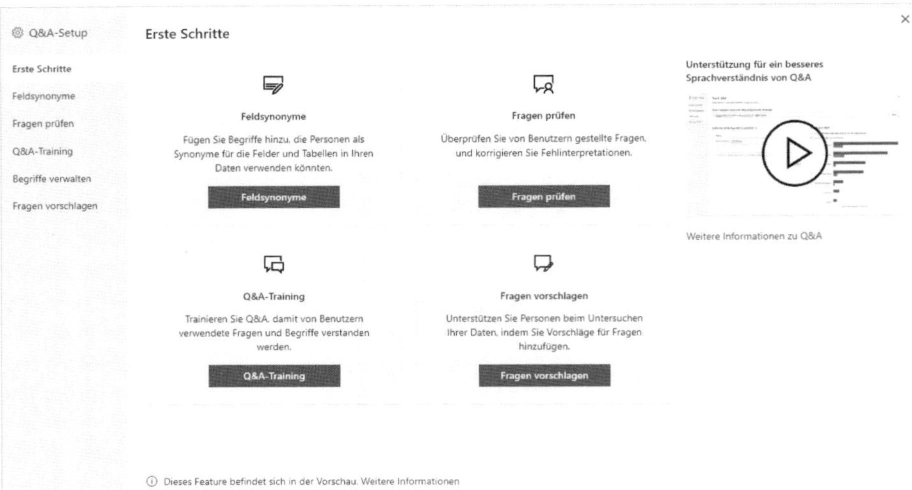

Abb. 2–21 *Der Assistent für natürliche Sprache*

2.4 Ansicht »Bericht«: Registerkarte »Anzeigen«

Der nächste wichtige Teil des Menübands ist die Registerkarte *Anzeigen*, die in Abbildung 2–22 dargestellt ist. Diese Registerkarte ist wichtig, weil Sie hier Designs auswählen, verschiedene Seitenansichten einrichten können, um zu sehen, wie Ihre Benutzer Ihren Bericht sehen könnten, und vieles mehr. Sie wollen ein wenig PowerPoint in Ihren Power BI-Berichten? Hier können Sie etwas davon umsetzen.

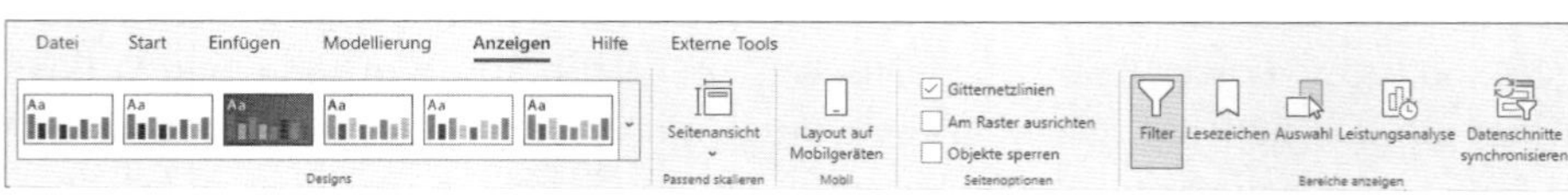

Abb. 2–22 *Fügen Sie PowerPoint über die Registerkarte* Anzeigen *in Ihr Power BI ein.*

2.4.1 Die Gruppe »Designs«

Die Gruppe *Designs* funktioniert genauso wie in PowerPoint. Es gibt einige Standarddesigns, mit denen Sie arbeiten können, oder Sie können die Schaltfläche *Weitere* auf der rechten Seite anklicken, um das zugehörige Dropdownmenü zu öffnen. Hier werden weitere Designs angeboten. Sie können nach Designs suchen, den Designkatalog ansehen oder Ihr aktuelles Design anpassen und die Änderungen speichern. Es gibt viele Designs, also experimentieren Sie ruhig!

2.4.2 Die Gruppen »Passend skalieren« und »Mobil«

In der Gruppe *Passend skalieren* bietet die Schaltfläche *Seitenansicht* die Möglichkeit, den Canvasbereich entweder an die Seite anzupassen, an die Breite anzupassen oder ihn in seiner tatsächlichen Größe anzuzeigen. Dies geht Hand in Hand mit der Schaltfläche *Layout* auf Mobilgeräten der Gruppe *Mobil*, die die Größe und die Form des Canvasbereichs so ändert, dass er für die Anzeige von Berichten auf einem mobilen Gerät geeignet ist. Die Entwicklung von Berichten für mobile Endgeräte unterscheidet sich erheblich von der Entwicklung von Standardberichten, da Sie nur eine begrenzte Fläche zur Verfügung haben.

2.4.3 Die Gruppe »Seitenoptionen«

In dieser Gruppe stehen Ihnen drei Schaltflächen zur Auswahl. Sie können die *Gitternetzlinien* einblenden/ausblenden, Sie können Elemente *Am Raster ausrichten* lassen und *Objekte sperren*.

- *Gitternetzlinien* sind hilfreich, um Ihnen einen Anhaltspunkt zu geben, wo sich Ihre Elemente im Verhältnis zu anderen Elementen befinden.
- *Am Raster ausrichten* hat nur im mobilen Layout eine Funktion und zwingt alle visuellen Elemente dazu, in eine bestimmte Pixeldichte zu passen.
- *Objekte sperren* verhindert, dass Elemente auf einer Seite verschoben werden.

2.4.4 Die Gruppe »Bereiche anzeigen«

Die Befehlsgruppe *Bereiche anzeigen* ist die letzte Gruppe auf der Registerkarte *Anzeigen*. Diese Gruppe bezieht sich auf die verschiedenen Bereiche/Aufgabenbereiche, die Sie in diesem Teil der Benutzeroberfläche jederzeit hinzufügen oder entfernen können.

Ich werde diese Benutzeroberflächen später in diesem Kapitel näher erläutern, aber als allgemeine Übersicht können Sie im Bereich *Filter* Filter auf visueller, Seiten- oder Berichtsebene ändern.

Mit *Lesezeichen* können Sie eine Berichtsseite auf eine bestimmte Reihe von Ereignissen festlegen und zu einem späteren Zeitpunkt zu diesem Zustand zurückkehren wie bei einem Web-Lesezeichen.

Der Bereich *Auswahl* zeigt Ihnen alle Objekte auf Ihrer Arbeitsfläche auf jeder Berichtsseite an und ermöglicht Ihnen die schnelle Auswahl eines bestimmten Objekts. Hier können Sie auch Objekte gruppieren und deren Anzeigereihenfolge (vorne/hinten) festlegen, wenn sie sich überschneiden.

Mit der *Leistungsanalyse* sehen Sie, was sich auf die Leistung Ihrer Berichtsseite auswirkt, und Sie können maschinengenerierte DAX-Daten extrahieren.

Im Bereich *Datenschnitte synchronisieren* legen Sie fest, welche Datenschnitte, wenn überhaupt, über verschiedene Berichtsseiten hinweg synchronisiert werden sollen.

2.5 Ansicht »Bericht«: Registerkarte »Hilfe«

Auf der Registerkarte *Hilfe* des Menübands sehen Sie, welche Version von Power BI Desktop Sie verwenden; außerdem finden Sie dort Links zu Lernhilfen, Schulungsvideos, Dokumentation und Support-Links (siehe Abbildung 2–23).

Abb. 2–23 *Die Registerkarte* Hilfe

2.5.1 Die Gruppe »Community«

Ich mache sofort bei der Gruppe *Community* weiter, da die Befehlsgruppen *Info*, *Hilfe* und *Ressourcen* selbsterklärend sind. Außerdem enthält die Gruppe *Community* sehr mächtige Optionen.

Unter *Community* finden Sie Links zum Power BI-Blog, Möglichkeiten, sich mit der breiteren Power Platform-Community zu verbinden, spezielle Dokumentation für Entwickler (Power BI für Entwickler), die Möglichkeit, eine Idee für Power BI Desktop einzureichen, und einen Link zu häufig verwendeten externen Tools.

Ich möchte das Einreichen und Abstimmen von Ideen hervorheben, denn das ist etwas, das Ihnen helfen wird. Das Microsoft Power BI-Entwicklungsteam hat bei mehreren Gelegenheiten gesagt, dass sie auf diese Ideen hören und darauf achten, worüber abgestimmt wird. Fast alle ein bis zwei Monate gibt es ein Update der Software, und auf *https://ideas.powerbi.com* wird diskutiert, wie beliebt eine bestimmte Idee war. Wenn Sie also eine Idee haben, ist dies das richtige Forum für Sie.

2.6 Ansicht »Bericht«: Registerkarte »Externe Tools«

Schließlich gibt es im Menüband noch die Registerkarte *Externe Tools*. Es gibt eine ganze Reihe von externen Werkzeugen, und sie sind nicht alle gleich. Ein Beispiel für diese Tools zeigt Abbildung 2–24. Einige der wichtigsten externen Tools werde ich in Kapitel 10 näher erläutern, aber sehen Sie sich erst einmal die Vielfalt der Werkzeuge an.

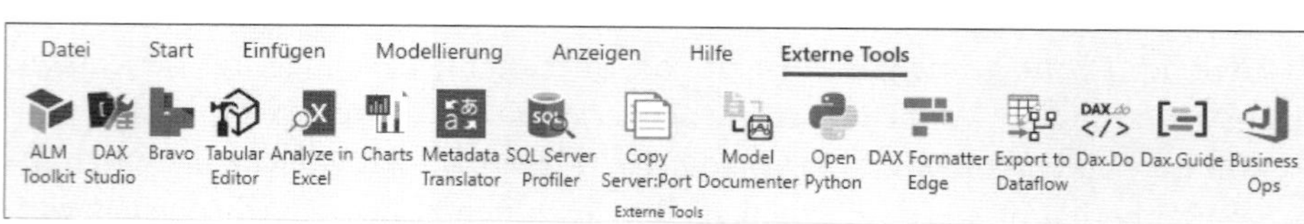

Abb. 2–24 *Das sind eine ganze Menge externer Tools!*

2.7 Die Bereiche in der Ansicht »Bericht«

Während das Menüband in jeder Ansicht in Power BI vorhanden ist, gibt es die Bereiche, wie Microsoft sie bevorzugt nennt, nur in der Ansicht *Bericht*. Es gibt sieben Bereiche, die auch Aufgabenbereiche genannt werden, auf die Sie zugreifen können, wie in Abbildung 2–25 dargestellt. Es gibt auch ein spezielles Fenster, das das Fenster *Visualisierungen* überschreibt, wenn Sie mit einem der Elemente interagieren, die bei der Vorstellung der Registerkarte *Einfügen* des Menübands beschrieben sind.

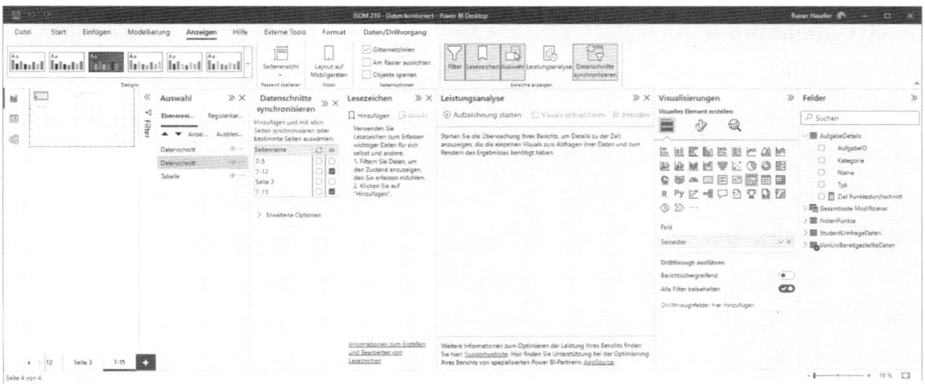

Abb. 2–25 *In diesem Fenster sind alle Bereiche sichtbar.*

Wie Sie sehen, bleibt Ihnen nicht viel Platz zum Arbeiten, wenn alle Bereiche vollständig angezeigt werden. Allerdings sind nur zwei davon immer sichtbar, nämlich die Bereiche *Visualisierungen* und *Felder*. Der Bereich *Filter* unterscheidet sich insofern von den anderen Bereichen, als er stärker mit dem Canvasbereich verbunden ist, da er das Verhalten der Elemente auf dem Canvasbereich bestimmt. Der Bereich *Filter* ist in Abbildung 2–25 minimiert dargestellt.

2.7.1 Bereich »Visualisierungen«

Im Bereich *Visualisierungen* wählen Sie die Visualisierungen aus, die Sie in einen Bericht einfügen möchten. Unterhalb der Auswahl des Visuals fügen Sie in den Bereich *Werte* die Spalten und Measures hinzu, die im derzeit auf dem Canvasbereich ausgewählten Visual angezeigt werden sollen, und vieles mehr. Ich gehe zuerst die Liste der Visualisierungen durch. Die Visuals werden von links nach rechts und dann von oben nach unten aufgelistet.

- Gestapeltes Balkendiagramm
- Gestapeltes Säulendiagramm
- Balkendiagramm (gruppiert)
- Säulendiagramm (gruppiert)
- Gestapeltes Balkendiagramm (100 %)
- Gestapeltes Säulendiagramm (100 %)

- Liniendiagramm
- Flächendiagramm
- Gestapeltes Flächendiagramm
- Linien- und gestapeltes Säulendiagramm
- Linien- und gruppiertes Säulendiagramm
- Bänderdiagramm
- Wasserfalldiagramm
- Trichter
- Punktdiagramm
- Kreisdiagramm
- Ringdiagramm
- Treemap
- Landkarte
- Flächenkartogramm
- Tachometer
- Karte
- Mehrzeilige Karte
- KPI
- Datenschnitt
- Tabelle
- Matrix
- R-Skriptvisualisierung
- Python-Skriptvisualisierung
- Wichtige Einflussfaktoren
- Analysebaum
- Q&A
- Intelligentes Storytelling
- Paginierter Bericht
- ArcGIS Maps für Power BI
- Power Apps für Power BI
- Power Automate für Power BI

Das ist eine sehr große Anzahl von Out-of-the-box-Visualisierungen, die möglicherweise ein wenig überwältigend erscheinen. Ich verspreche, dass es nicht so schlimm ist, wie es aussieht, und einige davon werden Sie vielleicht nie benutzen.

Beachten Sie, dass benutzerdefinierte oder importierte Visualisierungen, die Sie in Ihrem Power BI-Bericht verwenden, unterhalb dieser Liste angezeigt werden.

Oberhalb der Liste mit den Visualisierungen befinden sich zwei Schaltflächen. Mit der ersten Schaltfläche, *Ihrem Visual Daten hinzufügen*, zeigen Sie die Liste der Visualisierungen an, damit Sie diese in Ihren Bericht einfügen und die Daten auswählen können, die in diesem Visual dargestellt werden sollen. Die zweite Schaltfläche dient der Formatierung. Falls derzeit auf dem Canvasbereich ein Visual ausgewählt ist, dann öffnet ein Klick die Einstellungen für die Formatierung dieser Visualisierung; ist kein Visual ausgewählt, dann können Sie mit einem Klick auf diese Schaltfläche die Berichtsseite selbst formatieren.

Unterhalb der Liste mit den Visualisierungen befindet sich der Abschnitt *Datenfelder.* Im Abschnitt *Datenfelder* legen Sie fest, welche der Felder im Visual angezeigt werden sollen. Der Aufbau dieses Abschnitts unterscheidet sich davon, welches Visual ausgewählt ist, da sie unterschiedliche Eingabeparameter akzeptieren. Bei einem Säulen- oder Balkendiagramm legen Sie beispielsweise fest, welche Felder auf der X- und der Y-Achse abgebildet werden sollen. Bei einem Kreisdiagramm wählen Sie die Datenfelder für die Legende, Werte und Details aus.

Ebenso weist der Abschnitt *Formatierung* je nach Visual unterschiedliche Parameter auf, da jedes Visual einzigartige Elemente enthält, die formatiert werden können. Es gibt jedoch einige Konstanten. Wenn Sie ein Visual ausgewählt haben, wird oben im Aufgabenbereich *Visualisierungen* die Schaltfläche *Ihrem Visual weitere Analysen hinzufügen* angezeigt. Bitte beachten Sie, dass dieses Feature nur mit den standardmäßig in Power BI integrierten Visualisierungen funktioniert, und selbst dann ist es nicht für jede Visualisierung verfügbar. Sie können hier Dinge wie Trendlinien, Fehlerbalken, Bezugslinien, Durchschnittswerte usw. auswählen.

Wichtig an diesem Unterabschnitt ist, dass Sie die unzähligen verfügbaren Einstellungen in aller Ruhe ausprobieren können. Wenn Sie sich nicht sicher sind, lassen Sie Power BI mit seinen Standardeinstellungen die Arbeit für Sie erledigen. Wenn Sie bereit sind, ein wenig mehr Kontrolle zu übernehmen, bieten Ihnen die Unterabschnitte *Formatierung* und *Analyse* die erforderlichen Möglichkeiten.

Der letzte Abschnitt ganz unten im Aufgabenbereich *Visualisierungen* ist der Abschnitt *Drillthrough durchführen.* Dies ist eine sehr leistungsstarke Funktion, die es Ihnen ermöglicht, ein Drillthrough von einem Unterabschnitt Ihres Berichts zu einem anderen vorzunehmen, wobei alle Datenelemente so gefiltert bleiben, wie sie es zuvor waren – so können Sie schnell eine Geschichte mit Daten entwickeln, die es den Benutzern ermöglicht, sehr spezifische Beispiele zu finden, die für ihre Analyse relevant sind.

2.7.2 Bereiche »Felder« und »Filter«

Der Bereich *Felder* enthält eine Liste aller Tabellen, Spalten und Measures in Ihrem Bericht. Darüber hinaus enthält er auch alle Ordner, die Sie erstellen, sowie alle Hierarchien oder Gruppen, die Sie in Ihrem Datenmodell definieren. Das Hinzufügen dieser Elemente zu Ihren Visuals ist ganz einfach: Ziehen Sie die Spalte oder das Measure in den entsprechenden Abschnitt des Bereichs *Visualisierungen* oder auf die Visualisierung selbst auf dem Canvasbereich. Sie können auch auf das Kontrollkästchen klicken, damit Power BI das Element in die derzeit ausgewählte Visualisierung einfügt. Wenn Sie keine Visualisierung haben, erstellt Power BI auf dem Canvasbereich eine Visualisierung mit dem ausgewählten Datenelement. Wenn Sie mit der rechten Maustaste auf eine Tabelle in Ihrem Modell klicken, erhalten Sie ein Kontextmenü mit Befehlen zum Hinzufügen eines neuen Measure, einer neuen berechneten Spalte, eines neuen Quickmeasure, zum Aktualisieren der Daten, zum Bearbeiten der Abfrage für diese Tabelle in Power Query und mehr. Wenn Sie mit der rechten Maustaste auf eine Spalte in diesem Bereich klicken, erhalten Sie ein Kontextmenü, mit dem Sie die Spalte in Ihrem Canvas überprüfen, eine Hierarchie aus dieser ersten Spalte erstellen, ein neues Measure oder eine Spalte hinzufügen, die Spalte zu Ihrer Filterliste hinzufügen oder sie zum Drillthrough hinzufügen können. Sie haben auch die Möglichkeit, die Spalte auszublenden, falls Sie das Datenelement zu diesem Zeitpunkt nicht verwenden möchten.

Der Bereich *Filter* besitzt drei Abschnitte: *Filter für dieses Visual*, *Filter für diese Seite* und *Filter für alle Seiten*. Auch wenn Sie wahrscheinlich schon mit Filtern gearbeitet haben, hier eine kurze Erläuterung: Ein *Filter* ist eine Funktion, die eine Bedingung festlegt, die auf die Daten zutreffen muss, damit sie angezeigt werden. Wenn ich zum Beispiel einen Filter für eine Altersgruppe habe und die Gruppierung von 12 bis 18 Jahren auswähle, werden nur diese Daten angezeigt. Alle anderen Daten werden durch diesen Filter ignoriert.

Im Bereich *Filter* können Sie, wenn Sie ein bestimmtes Visual ausgewählt haben, Filter auf dieses Visual anwenden. *Filter für diese Seite* filtert alle Visuals auf dieser bestimmten Berichtsseite. *Filter für alle Seiten* legt eine Filterbedingung für den gesamten Bericht fest. Standardmäßig werden alle Felder, die in einem Visual enthalten sind, auch im Bereich *Filter* im Abschnitt *Filter für dieses Visual* angezeigt und können dort bearbeitet werden.

Es gibt drei gängige Filtertypen, die Sie im Bereich *Filter* einstellen können, jeder mit seinem eigenen Verhalten. Das einfache Filtern zeigt alle Werte für die jeweilige Spalte an und ermöglicht es Ihnen, eine beliebige Anzahl dieser Werte als wahr auszuwählen. Das ist sehr einfach. Die erweiterte Filterung bietet Ihnen eine Kombination aus zwei separaten und einzigartigen Bedingungen mit einer Logik, die darauf basiert, welche Art von Daten die Spalte repräsentiert:

- Enthält (Text)
- Enthält nicht (Text)
- Beginnt mit (Text)
- Beginnt nicht mit (Text)
- Ist (Alle)
- Ist nicht (Alle)
- Ist leer (Alle)
- Ist nicht leer (Alle)
- Ist leer (Text)
- Ist nicht leer (Text)
- Ist nach (Datum)
- Ist am oder nach (Datum)
- Ist vor (Datum)
- Ist am oder vor (Datum)
- Ist kleiner als (Anzahl)
- Ist kleiner als oder gleich (Zahl)
- Ist größer als (Zahl)
- Ist größer als oder gleich (Zahl)

Die meisten dieser Bedingungen sind eindeutig, aber es ist wichtig, daran zu denken, dass Sie den Wert selbst in den Unterabschnitt eingeben müssen, anders als bei der einfachen Filterung, bei der Sie eine Auswahl von Werten sehen können. Sie können dann das Optionsfeld *Und* oder *Oder* auswählen, um eine Und/Oder-Bedingung zu erstellen und einen zweiten Bedingungssatz festzulegen. Sie müssen keine zweite logische Bedingung festlegen, um die erweiterte Filterung zu verwenden.

Der dritte gängige Filtertyp ist ein Top-N-Filter. Hier können Sie eine bestimmte Anzahl von Top- oder Bottom-Werten festlegen, die Sie anhand eines bestimmten Wertes in Ihrem Modell anzeigen möchten, der in dieser Visualisierung enthalten sein kann, es aber nicht sein muss. Ein klassisches Beispiel hierfür wäre die Anzeige der zehn wichtigsten Kunden nach Bundesland, Land, Umsatz oder Volumen. Sie legen die Anzahl der anzuzeigenden Werte fest und bestimmen, ob in der Visualisierung die obersten oder die untersten Werte für dieses spezifische Feld angezeigt werden sollen. Sie werden feststellen, dass *Top N* nicht verfügbar ist, wenn Sie für eine ganze Seite oder einen Bericht filtern. Die Top-N-Filterung funktioniert nur, wenn sie auf der Ebene eines Visuals verwendet wird.

Für Datumsangaben gibt es noch zwei weitere Filtertypen: *Relatives Datum* und *Relative Zeit*. *Relative Zeit* wird nur angezeigt, wenn das Datumsfeld auch eine Zeitkomponente enthält. Mit diesen Filteroptionen können Sie bestimmte Zeitintervalle für ein Visual oder für den Bericht festlegen, z.B. die letzten 10 Tage, die nächste Woche oder das letzte Jahr. Mit der relativen Zeit erreichen Sie diese Detailgenauigkeit für Stunden und Minuten.

2.7.3 Ein kurzer Überblick über die anderen Bereiche

Es gibt vier Bereiche, die standardmäßig nicht sichtbar sind, aber Sie können sie auf der Registerkarte *Anzeigen* aktivieren; sie werden in der Reihenfolge angezeigt, in der Sie sie aktivieren. Es handelt sich dabei um die Bereiche *Lesezeichen*, *Auswahl*, *Leistungsanalyse* und *Datenschnitte synchronisieren*. Sie sind in Abbildung 2–26 zu sehen.

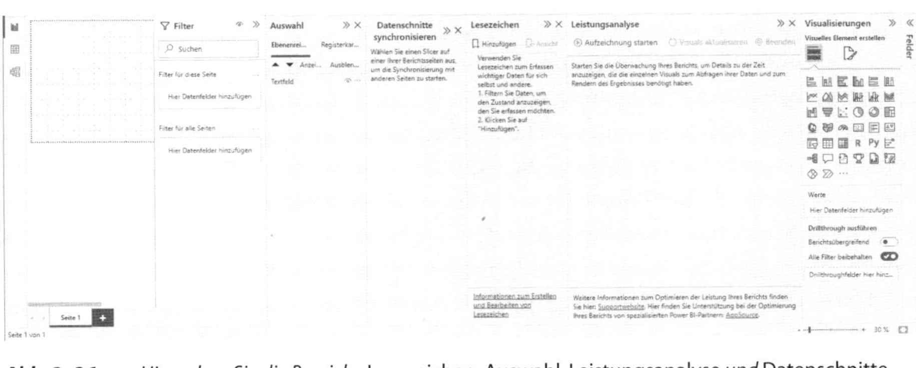

Abb. 2–26 *Hier sehen Sie die Bereiche* Lesezeichen, Auswahl, Leistungsanalyse *und* Datenschnitte synchronisieren.

Im Bereich *Lesezeichen* können Sie Filter, Drilldowns und andere Bedingungen, die Sie für eine bestimmte Berichtsseite festgelegt haben, wie ein Lesezeichen speichern, zu dem Sie zurückkehren können. Nehmen Sie an, Sie haben ein Beispiel für Ihre Berichtsseite, die alle Daten anzeigt, aber Sie möchten, dass die Endbenutzer den Bericht schnell auf eine bestimmte gefilterte Ansicht umstellen können. Sie können Lesezeichen verwenden, um die Bedingungen der Seite von einem Punkt zum anderen umzuschalten. Lesezeichen sind eine sehr leistungsfähige Funktion, auf die ich später noch näher eingehen werde.

Mit dem Bereich *Auswahl* verwalten Sie die Sichtbarkeit und die Reihenfolge der Ebenen von Objekten im Bericht. Angenommen, Sie haben ein Logo, das immer an einer ganz bestimmten Stelle im Bericht erscheinen soll. Wenn Sie jedoch Visuals auf die Arbeitsfläche legen, wird das Logo vom Rahmen des Visuals verdeckt, selbst wenn der Teil des Rahmens, der das Logo überlappt, leer ist. Um das zu beheben, müssen Sie das Logo in den Vordergrund bringen; Sie können dies und die gesamte Ebenenreihenfolge im Bereich *Auswahl* verwalten. Außerdem können Sie Objekte gruppieren, die gemeinsam behandelt und verschoben werden sollen.

Die *Leistungsanalyse* hilft Ihnen bei der Fehlersuche, wenn Sie herausfinden möchten, warum die Anzeige eines Berichts länger dauert, als Sie denken, oder warum er langsamer geladen wird als in der Vergangenheit. Sie können die *Leistungsanalyse* verwenden, um Informationen darüber zu sammeln, wie viele Millisekunden die Generierung der DAX-Abfrage, die Visualisierung der Ergebnisse und andere Elemente benötigen, einschließlich des DAX-Ausdrucks, den Power BI zur Erstellung der Visualisierung generiert hat. Auch wenn sich maschinell generierte DAX-Ausdrücke nicht unbedingt als Lehrmaterial für Einsteiger eignen, kann es nützlich sein, den gesamten Filter- und Zeilenkontext zu kennen, um zu sehen, wie Power BI den entsprechenden Code für die Visualisierung generiert, wenn Sie bereits etwas Erfahrung mit DAX-Ausdrücken haben. Ebenso können Sie bei Problemen mit Ihrem Bericht verschiedene Konfigurationen testen, um festzustellen, ob sich die Leistung Ihres Berichts verbessert oder verschlechtert.

Der letzte Bereich, den ich vorstellen möchte, ist der Bereich *Datenschnitte synchronisieren*. Wenn Sie Slicer-Visuals in einen Bericht einfügen, funktionieren diese nur für diese Seite. Mit dem Bereich *Datenschnitte synchronisieren* können Sie jedoch einen Datenschnitt auswählen und diesen Datenschnitt zu anderen Seiten hinzufügen und synchronisieren. Wenn also der Datenschnitt auf einer Seite geändert wird, ändert sich dieser Datenschnitt auch auf allen anderen Seiten. Dies kann für eine explorative Analyse von großem Nutzen sein, wenn jemand die Daten betrachtet und zum Beispiel ein bestimmtes Unternehmen findet, das er näher untersuchen möchte. Wenn dieser Filter in einem Teil des Berichts gesetzt wird, wird die Slicer-Auswahl auf alle anderen Seiten übertragen, die ebenfalls über diesen Datenschnitt verfügen. Sie können sogar festlegen, dass sie auf Seite A synchronisiert werden soll, aber nicht auf Seite B.

2.8 Ansicht »Daten«

In der Ansicht *Daten* sehen Sie die Daten auf Tabellenebene in Ihrem Bericht. Sie zeigt die Spalten in Ihrem Bericht in ihrer ordinalen statt in ihrer alphabetischen Reihenfolge an. Die ordinale Reihenfolge ist die Reihenfolge der Spalten aus der Datenquelle oder, in unserem Fall, die Reihenfolge der Spalten, wie sie in Power Query erscheinen, bevor sie in unser Datenmodell geladen werden. Werfen Sie einen Blick auf eine Beispieltabelle, um zu sehen, wie eine ganze Tabelle in der Datenansicht aussieht (siehe Abbildung 2–27).

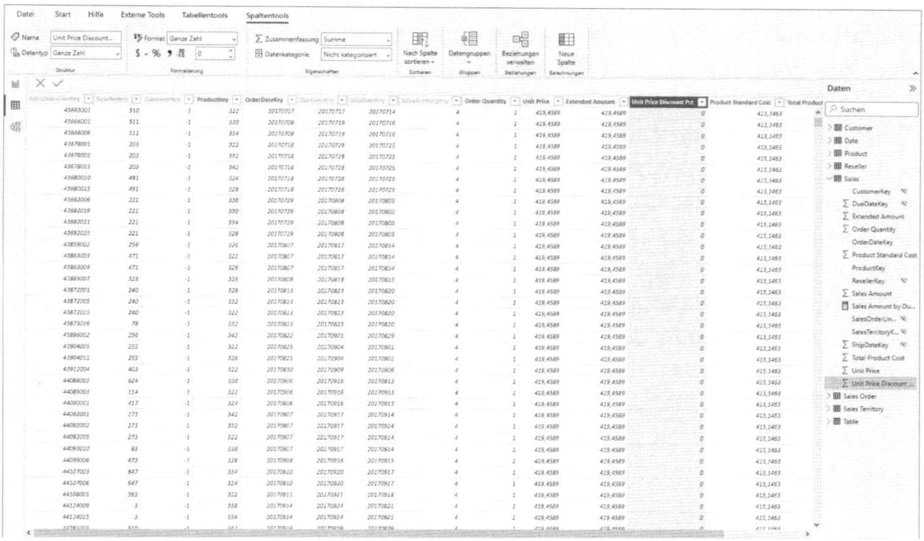

Abb. 2–27 *Eine Beispieltabelle in der Ansicht* Daten

2.8.1 Tabellentools und Spaltentools

Zunächst werden Sie feststellen, dass es im Menüband zwei neue Registerkarten gibt, mit denen Sie interagieren können. Die Registerkarte *Tabellentools* des Menübands wird angezeigt, wenn Sie eine beliebige Tabelle oder Spalte im Bereich *Felder* ausgewählt haben. Die Registerkarte *Spaltentools* wird nur angezeigt, wenn eine bestimmte Spalte ausgewählt ist. Um das zu zeigen, zoome ich in Abbildung 2–28 hinein.

Abb. 2–28 *Neue Ansicht, neue Optionen im Menüband: hier die Tabellentools*

Auf der Registerkarte *Tabellentools* können Sie den Tabellennamen ändern, die Tabelle als Datumstabelle markieren oder die Beziehungen auf dieselbe Weise betrachten, wie Sie es zuvor im Menüband getan haben. Außerdem haben Sie hier die Berechnungsoptionen für die Erstellung von Measures und Tabellen. Hier gibt es nicht allzu viel Neues, und diese Ansicht wird auch in der Ansicht *Bericht* angezeigt, wenn Sie eine Tabelle oder Spalte ausgewählt haben.

Der Befehl *Als Datumstabelle markieren* ist eine Besonderheit, die es wert ist, vorgestellt zu werden. Standardmäßig erstellt Power BI hinter den Kulissen für jede Instanz eines Datumsfelds in Ihrem Datenmodell eine Datumstabelle, die alle Daten zwischen dem ersten und dem letzten Datum für dieses Feld enthält. Dies geschieht, um im Hintergrund eine Datumshierarchie und einige andere notwendige Funktionen zu erstellen. Bei einem kleinen Modell ist das keine große Sache. Bei großen Modellen mit Dutzenden oder gar Hunderten von verborgenen Datumstabellen kann Ihr Modell jedoch sehr schnell wachsen. Power BI ermöglicht es Ihnen, diesen Prozess zu umgehen, indem Sie eine Datumstabelle in Ihrem Modell so einstellen, dass sie diesen Zweck für all diese anderen Daten erfüllt. Da ich die Beispieltabelle *Date Dimensions* nutze, werde ich genau das tun und in einem späteren Kapitel auf dieses Thema zurückkommen.

Wenn Sie eine Spalte auswählen, sehen Sie auch die Registerkarte *Spaltentools*, wie in Abbildung 2–29 gezeigt.

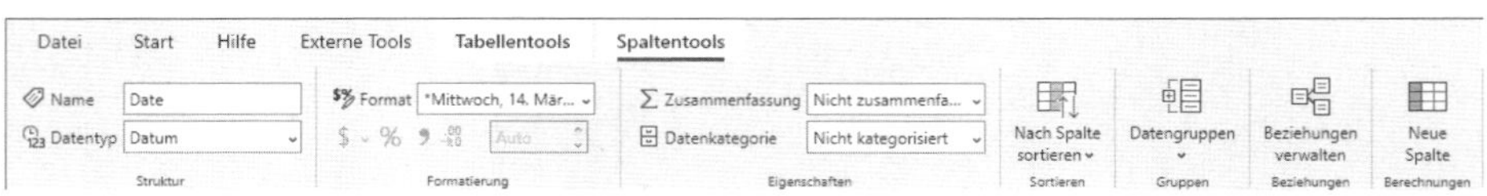

Abb. 2–29 *Die Registerkarte* Spaltentools

Auf der linken Seite werden in der Gruppe *Struktur* der Name der Spalte und deren Datentyp angezeigt. In diesem Fall handelt es sich um die Spalte *Date* mit dem Datentyp *Datum*, der sich vom Datentyp *Datum/Uhrzeit* unterscheidet. Sie können in der Gruppe *Formatierung* auswählen, wie die Daten formatiert, also dargestellt werden sollen, wenn sie in ein Visual eingefügt werden. Da es sich um ein Datum handelt, können Sie das Dropdownmenü *Format* öffnen und dort eine Vielzahl von Optionen für die Datumsanzeige sehen. Wenn Sie eine Spalte mit Zahlen ausgewählt haben, können Sie wählen, ob der Wert als *Währung*, *Dezimalzahl*, *Ganze Zahl*, *Prozentsatz* oder in *wissenschaftlicher* Notation angezeigt werden soll. Die Option *Allgemein* zeigt die Daten so an, wie sie im Datenmodell gespeichert sind. Bei einer Spalte mit einem Datum oder einem Text sind die Schaltflächen *Währung*, *Prozentsatz*, *Tausendertrennzeichen* und das Feld für das Festlegen der Anzahl der Dezimalstellen ausgegraut und damit deaktiviert.

Als Nächstes können Sie der Gruppe *Eigenschaften* die Methode für die Zusammenfassung der Werte dieser Spalte festlegen und bestimmen, wie Power BI diese Daten kategorisieren soll. Standardmäßig werden nicht-numerische Spalten nicht zusammengefasst. Sie können jedoch für jede Spalte eine Standardzusammenfassung festlegen und hierzu *Anzahl* oder *Anzahl (eindeutig)* auswählen. Die

Standardzusammenfassung für numerische Spalten ist die Summe, was jedoch nicht immer sinnvoll ist. Bei numerischen Spalten können Sie zwischen den folgenden Optionen für die Zusammenfassung wählen: *Summe, Mittelwert, Minimum, Maximum, Anzahl* und *Anzahl (eindeutig)*. Sie können jede Spalte so einstellen, dass sie standardmäßig nicht zusammengefasst wird, indem Sie die Option *Nicht zusammenfassen* wählen.

Die *Datenkategorie* ist eine Beschreibung des Kontexts für diese Daten. Standardmäßig wird fast jeder Spalte keine Datenkategorie zugewiesen und sie bleibt unkategorisiert. Für Zahlen gibt es nicht viele Optionen, es sei denn, Sie möchten festlegen, dass ein numerischer Wert beispielsweise als Postleitzahl oder Barcode erkannt wird. Für Datumswerte gibt es keine Optionen für Datenkategorien. Für Text gibt es jedoch eine große Anzahl an Optionen, und wenn diese für die entsprechenden Spalten ausgewählt sind, kann die Arbeit mit diesen Daten in bestimmten Visualisierungen viel einfacher sein. Diese Optionen sind *Adresse, Ort, Stadt, Landkreis, Bundesland oder Kanton, Postleitzahl, Land, Kontinent, Breitengrad, Längengrad, Web-URL, Bild-URL* und *Barcode*.

In der nächsten Gruppe, *Sortieren*, gibt es nur eine Schaltfläche: *Sortieren nach Spalte*. Diese Einstellung ist etwas versteckt, aber sie ist ein Juwel. Damit können Sie eine Regel für eine Spalte festlegen, nach der sie automatisch sortiert wird, wenn sie in ein Visual eingefügt wird. Ich habe einige Beispieldaten für eine nicht existierende Universität, Cool School University. Diese Daten sind speziell für den Kurs ISOM 210, Einführung in die Datenvisualisierung, gedacht. Was ist, wenn ich eine Spalte nach einem anderen Wert sortieren möchte? Zum Beispiel die Nachnamen nach ihrer Studenten-ID sortieren? Genau das können Sie mit *Sortieren nach Spalte* tun. Ich werde dieses Beispiel später in diesem Buch ausführlicher darstellen.

Mit *Datengruppen* fassen Sie Kombinationen oder Klassen von Daten für eine schnelle Analyse zusammen. Einige offensichtliche Beispiele hierfür sind Altersgruppen oder ethnografische Gruppierungen. Wahrscheinlich fallen Ihnen aber noch viele weitere Möglichkeiten ein, um Gruppen zu erstellen. Sie haben eine komplizierte Produktliste? Gruppieren Sie sie in überschaubare Gruppen. Möchten Sie einen bestimmten Patientenzustand von den anderen als Kontrollgruppe abgrenzen? Erstellen Sie eine spezifische Gruppe. Im weiteren Verlauf des Buches werde ich die Gruppierung im Detail erläutern.

2.9 Zusammenfassung

Das Ziel dieses Kapitels war es, Ihnen ein besseres Verständnis der Benutzeroberfläche für die Registerkarten *Bericht* und *Daten* des Menübands und der verschiedenen Bereiche in der Oberfläche zu ermöglichen. Sie haben gesehen, dass es eine Menge Möglichkeiten gibt, mit Ihren Daten in der Ansicht *Daten* zu interagieren, die Ihnen später hilfreich sein werden. Bevor Sie jedoch irgendetwas anderes tun können, müssen Sie die Daten in Ihre Power BI-Datei übertragen. Zu diesem Zweck werde ich im nächsten Kapitel erörtern, wie Sie Daten in Ihr Modell bringen und wie Sie die Ansicht *Modell* verwenden.

3 Importieren und Modellieren der Daten

Im vorigen Kapitel habe ich mich ausführlich mit den Benutzeroberflächenfunktionen der Ansichten *Bericht* und *Daten* befasst. Dieses Kapitel erörtert die Benutzeroberfläche von Power Query und der Ansicht *Modell*. Am Ende dieses Kapitels werde ich die Daten des Kurses an der (fiktiven) Cool School University in eine Power BI Desktop-Datei importiert haben und dann diese Daten verwenden, um einige der grundlegenden Funktionen von Power Query zur Datenmanipulation und -gestaltung zu demonstrieren.

Bei der Vorstellung der Ansicht *Modell* werde ich zeigen, was Beziehungen in einem Datenmodell sind und was sie bewirken. Zum Schluss gehe ich die Daten durch und probiere aktiv etwas damit aus. Wenn Sie praktisch veranlagt sind, empfehle ich Ihnen, die Beispieldaten zu nehmen und mir zu folgen, um die Schritte und die Ergebnisse nachzuvollziehen.

3.1 Die Daten abrufen

Für diese Übung werde ich mit drei Microsoft Excel-Dateien arbeiten, die Sie von der Website zum Buch herunterladen können (siehe den Abschnitt »Über die Begleitdateien« in der Einleitung dieses Buches). Wir versetzen uns in die Lage des Dozenten eines Kurses zur Datenvisualisierung an der Cool School University. Wir haben Dateien mit den Informationen, die uns die Uni zur Verfügung gestellt hat, Dateien mit Informationen, die wir selbst von unseren Studierenden erhalten haben, und Dateien mit den Noten, die die Studierenden für ihre Arbeiten und Aufgaben erhalten haben.

Ich beginne auf der Registerkarte *Start* im Menüband der Ansicht *Bericht* und verwende die Schaltfläche *Excel-Arbeitsmappe*, um die erste Datei mit dem Namen `CoolSchoolUniversity-DatenVonUniStart.xlsx` zu öffnen. Wenn Sie die Schaltfläche *Excel-Arbeitsmappe* anklicken, zeigt Power BI das Dialogfenster *Öffnen* an, in dem Sie zu dieser Excel-Datei navigieren. Wählen Sie die Datei aus und klicken Sie auf *Öffnen*.

Es öffnet sich das Fenster *Navigator*, das in der Regel so aussieht wie das in Abbildung 3–1. Ich schreibe »in der Regel«, denn wenn Sie eine Datenbank als Datenquelle verwenden, sehen Sie wahrscheinlich eine größere Anzahl von auswählbaren Datenelementen, abhängig von Ihrer Zugriffsebene auf die Datenbank.

Wenn Sie eine Verbindung zu einer Excel-Arbeitsmappe herstellen, sollten Sie alle Arbeitsblätter der Arbeitsmappe sehen.

Abb. 3–1 *Das* Navigator-*Fenster sollte sich öffnen, sobald Sie die Datei mit den von der Uni bereitgestellten Daten geöffnet haben.*

Von hier aus möchte ich Ihre Aufmerksamkeit auf die untere rechte Ecke lenken, wo Sie Wenn Sie im Menü auf der linken Seite ein Datenelement auswählen, in unserem Fall *Tabelle1*, wird eine Vorschau der Daten angezeigt, wie in Abbildung 3–2 zu sehen. Beachten Sie, dass ich auf das Kästchen neben *Tabelle1* geklickt und es damit für den Import ausgewählt habe. Nur damit Sie es wissen: Sie müssen das Kontrollkästchen nicht aktivieren, um die Vorschau zu sehen.

sehen, dass die Schaltflächen *Laden* und *Daten transformieren* nicht mehr ausgegraut sind. Dies geschieht, nachdem ein Datenelement durch Anklicken des Kästchens ausgewählt wurde. Diese Datei hat zwar nur ein Arbeitsblatt, aber wenn die Arbeitsmappe mehrere Arbeitsblätter hätte, könnten Sie gleichzeitig mehrere Arbeitsblätter zum Importieren auswählen. Wie ich jedoch einmal von zwei weisen glatzköpfigen Männern gelernt habe, die praktischerweise in Würfeln leben, sollten Sie immer *Daten transformieren* wählen. Wenn Sie auf *Laden* klicken, werden die Daten genau so übernommen, wie sie in der Vorschau angezeigt werden, und in das Datenmodell geladen. Nichts hindert Sie daran, später zu Power Query zurückzukehren und die Tabelle zu bearbeiten, aber sobald Sie *Laden* wählen, werden alle anderen Prozesse angehalten, damit Power BI die Daten in den VertiPaq-Datenspeicher bringen kann.

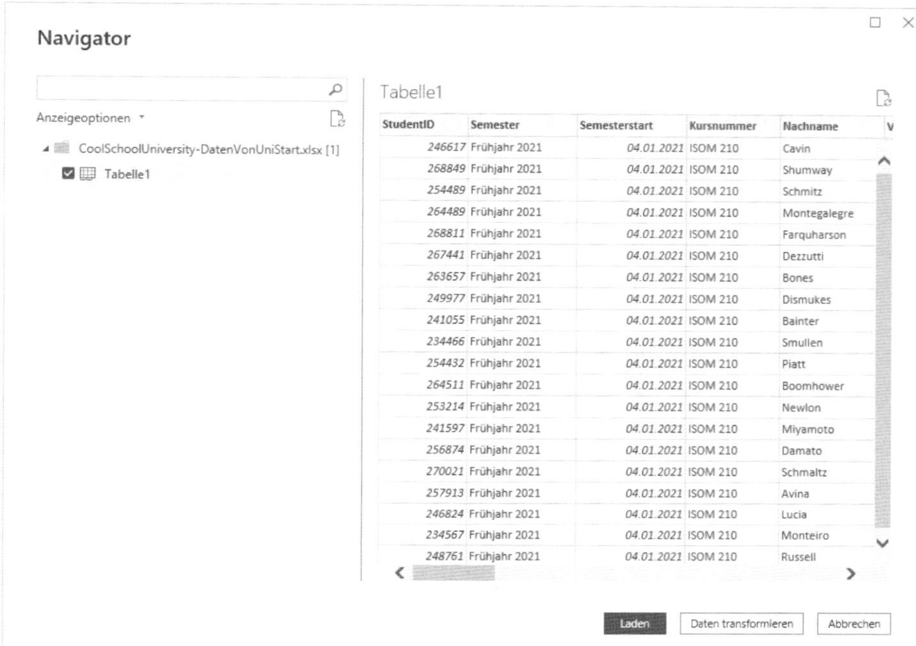

Abb. 3-2 *Sobald Sie im Menü auf der linken Seite ein Datenelement auswählen, sehen Sie auf der rechten Seite eine Vorschau der Daten.*

Meine Faustregel lautet, dass es nie schadet, sich eine zusätzliche Sekunde Zeit zu nehmen, auf *Daten transformieren* zu klicken und in Power Query noch einmal zu überprüfen, ob die Daten so geformt und eingegeben sind, wie Sie es erwarten. Schauen Sie sich an, was passiert, wenn Sie auf *Daten transformieren* klicken (siehe Abbildung 3-3).

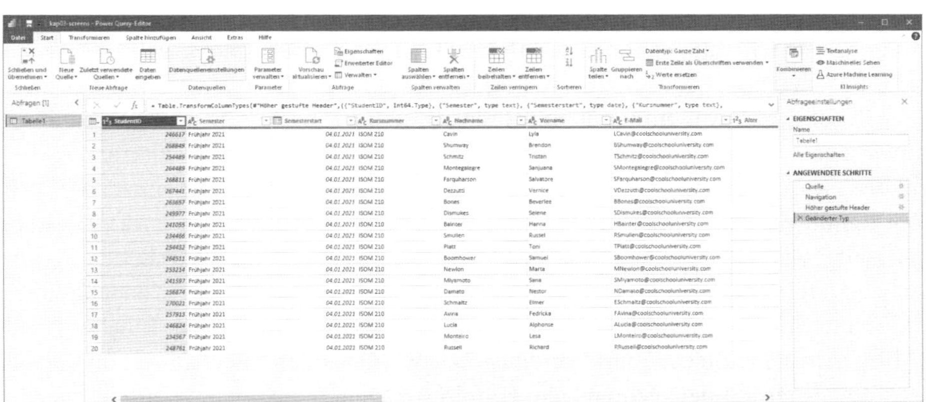

Abb. 3-3 *In Power Query werde ich die Daten an unsere Bedürfnisse anpassen.*

Ein neues Fenster erscheint. Es zeigt eine Menge Dinge an: unsere zukünftige Tabelle (derzeit *Tabelle1*), eine Vorschau der Daten, eine ganze Reihe von Datenumwandlungsoptionen und die derzeit angewandten Umwandlungsschritte für das, was Power BI jetzt eine Abfrage nennt. Eine *Abfrage* ist ein Datenelement, das in unser Datenmodell importiert werden soll.

Bevor ich mich mit dem ganzen Schnickschnack von Power Query beschäftige, möchte ich die beiden anderen Excel-Dateien in Power Query einbinden und ihnen Namen geben, die sinnvoller sind als *Tabelle1* und *Tabelle2*. Ohne das Power Query-Fenster zu verlassen, wählen Sie *Neue Quelle | Excel-Arbeitsmappe* und fügen Sie `CoolSchoolUniversity-VonDozentErfassteInfosStudenten.xlsx` hinzu. Sind Sie fertig? Wiederholen Sie dies nun mit der Arbeitsmappe `CoolSchoolUniversity-Noten.xlsx`, um so die Noten für das Semester zu erhalten.

Es ist erwähnenswert, dass beim Hinzufügen von Datenquellen aus Power Query heraus im Fenster *Navigator* keine Optionen zum *Laden* und *Transformieren von Daten* angezeigt werden. Es gibt nur eine einzige *OK*-Schaltfläche und die Schaltfläche *Abbrechen*. Aber keine Sorge: Wenn Sie im *Navigator*-Fenster von Power Query aus auf *OK* klicken, verhält es sich so, als hätten Sie *Daten transformieren* gewählt.

An dieser Stelle haben Sie wahrscheinlich bemerkt, dass die Datei mit den Noten anders ist als die ersten beiden! Tut mir leid, ich musste hier ein wenig die Kurve kriegen. Diese Datei hat in der Tat zwei Arbeitsblätter. Sie wissen von früher, dass Sie beide Arbeitsblätter einbinden können, indem Sie beide auswählen und auf *OK* klicken.

Schauen Sie sich jedoch die *NotenPunkte*-Datenvorschau an, und Sie werden feststellen, dass sie zusätzliche Spalten enthält, die nicht benannt und null sind. Ich habe absichtlich ein wenig an dieser Datei herumgepfuscht, um Ihnen das Feature *Vorgeschlagene Tabellen* zu zeigen. Im *Navigator*-Fenster sehen Sie ein Dropdownmenü mit *Vorgeschlagenen Tabellen*. Wenn Sie sie auswählen und die Daten in der Vorschau anzeigen, sehen Sie, dass sie ohne die zusätzlichen Spalten, die Null-Werte enthalten, korrekt aussehen. Wählen Sie nun die *AufgabeDetails* von oben und *Tabelle1* von unten aus und fügen Sie beide ein. Wenn Sie herausfinden, was ich getan habe, um das Excel-Blatt zu verunstalten, gebe ich Ihnen 100 Punkte.

Bevor dieser Abschnitt endet, sollten Sie die Abfragen umbenennen, damit sie einen Sinn ergeben. Die Abfrage *AufgabeDetails* hat ihren Arbeitsblattnamen behalten, was hilfreich ist, aber die anderen sollten Sie noch umbenennen. Denken Sie daran, dass die Umfragedaten aus der Datei `CoolSchoolUniversity-VonDozentErfassteInfosStudenten.xlsx` stammen und die von der Uni bereitgestellten demografischen Daten aus der Datei `CoolSchoolUniversity-DatenVonUniStart.xlsx`. Benennen Sie diese um, indem Sie entweder mit der rechten Maustaste auf die Tabelle in der Abfrageansicht klicken und *Umbenennen* wählen oder den Namen im Eigenschaftsfenster auf der rechten Seite von Power Query anpassen, während die Abfrage ausgewählt ist. Benennen Sie sie in **Demografische Daten**, **Umfragedaten** und **Noten** um.

Wenn Sie alles richtig gemacht haben, sollte Power Query so aussehen, wie es Abbildung 3–4 zeigt. Wenn es bei Ihnen anders aussieht, schlage ich vor, mit der rechten Maustaste auf jedes Objekt zu klicken, *Löschen* zu wählen und von vorne zu beginnen, um herauszufinden, wo Sie einen Fehler gemacht haben. Wenn Sie alles zusammenhaben, klicken Sie auf die Schaltfläche *Schließen & übernehmen*, um die Daten zu laden. Um von der Ansicht *Bericht* in Power BI Desktop zum Power Query-Fenster zurückzukehren, klicken Sie auf der Registerkarte *Start* auf die Schaltfläche *Daten transformieren*. Sobald Sie auf *Schließen & übernehmen* klicken, werden die Daten geladen und dann in der Speicher-Engine komprimiert.

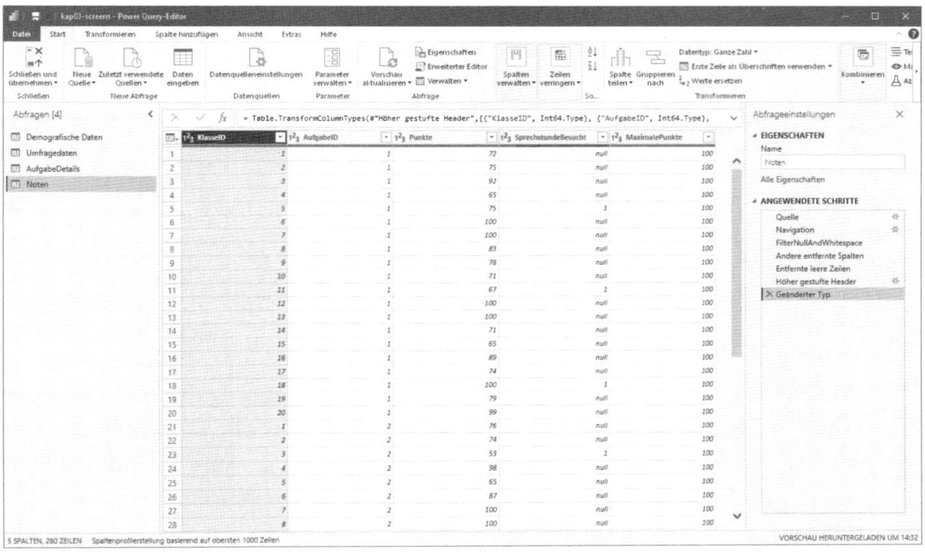

Abb. 3–4 *Wenn Sie die einzelnen Schritte nachverfolgen, dann befinden Sie sich an dieser Stelle.*

3.2 Das Menüband von Power Query-Editor

Jetzt haben Sie die Daten in Power Query importiert. Wenn Sie sich ein wenig im Menüband umsehen, werden Sie feststellen, dass es viele Möglichkeiten gibt, Ihre Daten zu transformieren. In dieser Einführung konzentriere ich mich im Menüband von Power Query auf die Registerkarten *Start, Transformieren* und *Spalte hinzufügen*. Wenn Sie eine Datentransformation durchführen möchten, diese aber nicht im Menüband finden, können Sie sie möglicherweise durch manuelle Codierung anstoßen. Das würde den Rahmen dieser Übung sprengen, aber wenn Sie mehr über M, die Power Query-Formelsprache, erfahren möchten, finden Sie die Dokumentation von Microsoft zu dieser Sprache unter *https://learn.microsoft.com/de-de/powerquery-m*.

Bevor ich fortfahre, hier noch kurz dies: Im folgenden Abschnitt wird häufig auf ausgewählte Spalten verwiesen. Sie können eine Spalte auswählen, indem Sie auf den Spaltentitel klicken. Wie Sie in Abbildung 3–4 sehen, habe ich die Spalte *KlasseID* ausgewählt. Wenn Sie mehrere Spalten auswählen möchten, können Sie eine Spalte auswählen, die [⇧]-Taste gedrückt halten und auf eine andere Spalte klicken. Dadurch werden alle Spalten zwischen diesen beiden Spalten ausgewählt. Um mehrere, nicht nebeneinander stehende Spalten auszuwählen, drücken Sie `Strg` und klicken Sie, um mehrere einzelne Spalten auszuwählen.

3.2.1 Die Registerkarte »Start«

Im Großen und Ganzen ist die Registerkarte *Start* in Power Query sehr übersichtlich. In Abbildung 3–5 sehen Sie alle Schaltflächen in ihren Gruppen; ich werde sie durchgehen und Ihnen einige Beispiele für ihre Verwendung geben.

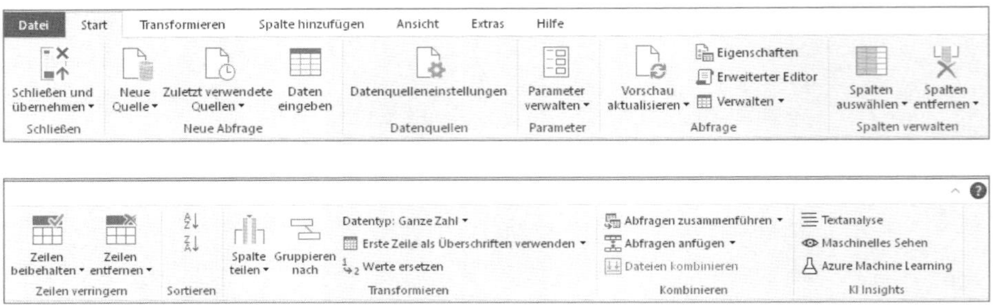

Abb. 3–5 *Die Registerkarte* Start *ist der Ort, an dem sich das Herz befindet … oder das Gehirn?*

Die Schaltfläche *Schließen & übernehmen* übernimmt alle Änderungen, die Sie bis zu diesem Zeitpunkt vorgenommen haben, und wendet alle an, wobei alle Datenelemente, die davon betroffen sind, aktualisiert werden. Wenn Sie auf den Pfeil der Schaltfläche klicken, wird ein Dropdownmenü angezeigt, das Ihnen drei Optionen bietet:

- *Schließen & übernehmen*;
- *Übernehmen*, wodurch, wie zu erwarten, die Änderungen übernommen, Power Query aber nicht geschlossen wird; und
- *Schließen*, wodurch keine Änderungen übernommen werden. Wenn Sie sich für *Schließen* entscheiden, werden Sie von Power BI Desktop gewarnt, dass Sie noch nicht übernommene Änderungen haben.

In der Gruppe *Neue Abfrage* können Sie mit der Schaltfläche *Neue Quelle* neue Daten hinzufügen. Wenn Sie auf das Symbol klicken, wird das gesamte Menü zur Auswahl der Datenquelle angezeigt, während Sie durch Klicken auf den Pfeil ein Dropdownmenü mit den am häufigsten verwendeten Daten erhalten.

Mit der Schaltfläche *Zuletzt verwendete Quellen* können Sie schnell eine Verbindung zu allen Datenquellen herstellen, mit denen Sie in letzter Zeit gearbeitet haben, nicht nur zu denen, die sich in Ihrer aktuellen Power BI Desktop-Datei befinden. Dies kann nützlich sein, wenn Sie Tests durchführen und eine zweite Datei generieren und schnell Verbindungen herstellen möchten oder wenn Sie an einem neuen Modell arbeiten und es um etwas ergänzen möchten, mit dem Sie zuvor gearbeitet haben.

Mit *Daten eingeben* wird eine einfache Tabellenstruktur angezeigt, in der Sie Daten manuell einfügen und Spaltennamen erstellen. Ich empfehle Ihnen, *Daten eingeben* nicht sehr ausgiebig zu verwenden, aber es kann nützlich sein, um eine Mapping-Tabelle anzulegen, wenn Sie unterschiedliche Datenquellen haben, oder um eine schnelle zusätzliche Dimension zu erstellen, die möglicherweise an anderer Stelle in Ihren Daten nicht vorhanden ist. Die Oberfläche von *Daten eingeben* sieht zwar ein wenig so aus wie ein Arbeitsblatt in Excel, bietet aber keine Formelunterstützung und keine Regeln zur Datenüberprüfung. Es handelt sich lediglich um Zeilen und Spalten, und je mehr Daten Sie eingeben, desto mehr müssen Sie manuell verwalten. Deshalb warne ich generell davor, *Daten eingeben* zu verwenden, wenn es möglich ist, aber es ist da, wenn Sie es brauchen.

Über die Schaltfläche *Datenquelleneinstellungen* wird ein Fenster wie das in Abbildung 3–6 angezeigt. Von hier aus können Sie die Quellen ändern, eine PBIDS-Datei exportieren (was im Grunde eine Power BI Desktop-Verknüpfung für diese Datenquelle ist, die Sie in einer anderen Power BI-Datei öffnen können), Berechtigungen bearbeiten und Berechtigungen löschen.

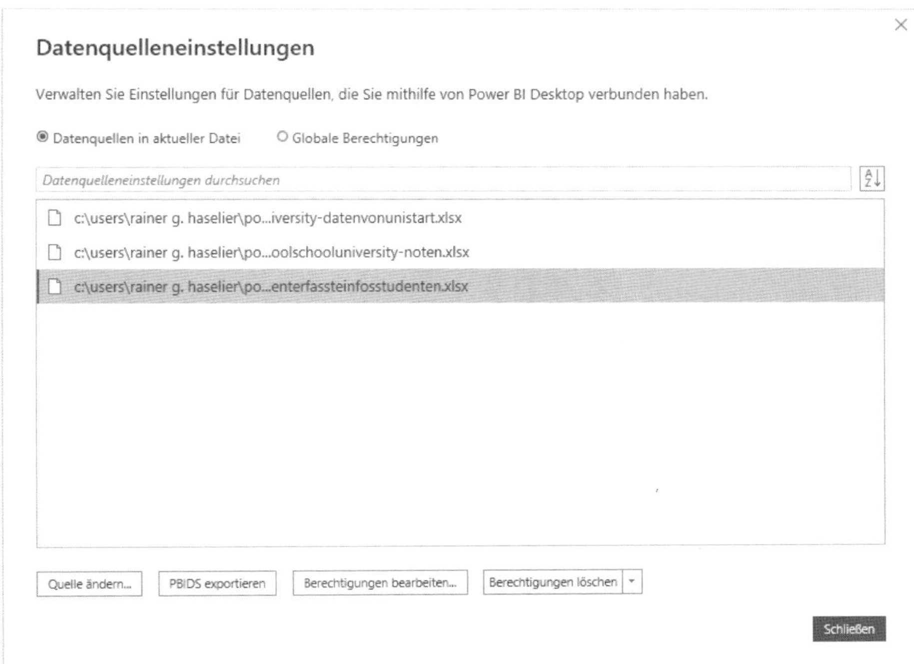

Abb. 3–6 Datenquelleneinstellungen – *Dieser Befehl scheint nicht so wichtig zu sein, bis Sie ihn doch mal brauchen.*

Mit *Parameter verwalten* können Sie neue Parameter erstellen sowie alle vorhandenen Parameter anzeigen und bearbeiten. In Power Query sind *Parameter* Werte, die in bestimmten Kontexten aufgerufen werden können, um die Art und Weise zu ändern, wie mit bestimmten Daten interagiert wird. Parameter haben eine Vielzahl von Einsatzmöglichkeiten, die ich später in Verbindung mit Was-wäre-wenn-Analysen, Parameterregeln in Bereitstellungspipelines und mehr erörtern werde. Für den Augenblick reicht es, wenn Sie wissen, dass in Parametern viel Macht steckt und dass ich später darauf zurückkommen werde.

In der Gruppe *Abfrage* der Registerkarte *Start* können Sie die Vorschau aktualisieren, die Eigenschaften anzeigen, den erweiterten Editor öffnen oder eine Abfrage verwalten, wobei nicht ganz offensichtlich ist, was sich dahinter verbirgt.

Mit der Schaltfläche *Vorschau aktualisieren* können Sie die Abfrage, die Sie gerade markiert haben, in einer aktualisierten Vorschau der Daten anzeigen lassen. Dies kann hilfreich bei sich häufig ändernden Datasets sein und Sie sich vergewissern möchten, dass Sie immer noch das gewünschte Transformationsverhalten erhalten, obwohl sich die Daten ändern. Sie können auch auf den Dropdownpfeil klicken, um die Vorschau aller aktuellen Abfragen in Ihrem Modell zu aktualisieren.

Die Schaltfläche *Eigenschaften* öffnet ein Dialogfeld, in dem Sie den Namen der Abfrage, die Beschreibung der Abfrage und die beiden Kontrollkästchen *Laden in Bericht aktivieren* und *In Berichtsaktualisierung einbeziehen* einschalten können; standardmäßig sind diese Optionen immer aktiviert. Im Feld *Beschreibung* ist nichts zu sehen, bis eine Beschreibung hinzugefügt wurde; es kann hilfreich sein, eine Abfrage zu beschreiben.

Wenn *Laden in Bericht aktivieren* ausgeschaltet ist, wird die gesamte Tabelle so behandelt, als ob sie nicht existiert, und alle Visualisierungen, die sich auf diese Tabelle stützen, gehen verloren. Betrachten Sie dies als eine Art sanftes Löschen einer Tabelle aus Ihrem Datenmodell. Die Tabelle ist in Power Query weiterhin vorhanden, wenn Sie sie wieder aktivieren möchten, aber ansonsten behandelt Power BI sie so, als würde sie nicht existieren.

Die Aktualisierungsfunktion *In Berichtsaktualisierung einbeziehen* ist nicht ganz so intuitiv, wie sie sein sollte. Wenn *Laden aktivieren* deaktiviert ist, können Sie diese Tabelle nicht in die Aktualisierung des Berichts einbeziehen. Wenn diese Funktion deaktiviert ist, werden die Daten so belassen, wie sie derzeit im Modell vorhanden sind, aber die Abfrage wird nicht aktualisiert, wenn die Daten neu aktualisiert werden. Ich verwende dies im Allgemeinen, wenn eine Tabelle sehr groß ist und ich einige andere Änderungen bei einer Datenaktualisierung testen möchte, ohne die größte Tabelle hierfür neu zu laden. In anderen Anwendungsfällen werden bestimmte Daten zu einem bestimmten Zeitpunkt für Prüfungszwecke usw. aufbewahrt.

Im *Erweiterten Editor* sehen Sie den tatsächlichen M-Code, der bei jeder von Ihnen vorgenommenen Transformation erzeugt wird! Ich persönlich finde es toll, dass es eine Möglichkeit gibt, den Code zu sehen, der erstellt wird, wenn man eine Änderung vornimmt, vor allem, wenn man daran interessiert ist, die Sprache selbst zu lernen. M als Sprache ist meiner Meinung nach leicht zu erlernen, aber schwer zu beherrschen. Wenn Sie versuchen wollen, M direkt vom Editor aus zu ändern, sollten Sie eine Kopie Ihres aktuellen Codes in einer Textdatei oder einem anderen Backup anlegen, bevor Sie Änderungen vornehmen. Der Grund dafür ist, dass die Änderungen, die Sie im Editor vornehmen, wenn Sie auf *Fertig* klicken, das ergeben, was Sie erhalten, egal ob Ihr Code funktioniert oder nicht. Eine gute Faustregel ist wie immer bei der Programmierung, dass man ein Backup haben sollte!

Die Schaltfläche *Verwalten* schließlich hat keinen sehr guten und aussagekräftigen Namen. Wenn Sie auf diese Schaltfläche klicken, sehen Sie drei Optionen: *Löschen*, *Duplizieren* und *Verweis*.

Beim *Duplizieren* einer Abfrage wird die Abfrage in ihrer aktuellen Form dupliziert. Das ist einfach und bedeutet tatsächlich, dass Sie die Daten zweimal speichern.

Verweis macht etwas ganz anderes. Dieser Befehl erstellt eine neue Abfrage, die auf den ersten Blick wie ein Duplikat aussieht, es aber nicht ist. Sie übernimmt die Abfrage, auf die sie verweist, in ihrer endgültigen Form und ermöglicht es Ihnen, von dort aus weiterzuarbeiten. Wenn Sie Änderungen an der übergeordneten Abfrage vornehmen, wird sich auch die referenzierte Abfrage ändern, was zu Fehlern in dieser Abfrage führen kann; seien Sie also vorsichtig.

Die Gruppe *Spalten verwalten* hat zwei Schaltflächen: *Spalten auswählen* und *Spalten entfernen*. Beide bringen Sie zum gleichen Ziel, aber auf unterschiedliche Weise.

Wenn Sie auf die Schaltfläche *Spalten auswählen* klicken, wird ein Dialogfeld angezeigt, in dem Sie auswählen können, welche Spalten Sie in der Abfrage behalten möchten; die anderen werden verworfen. Wenn Sie auf den Pfeil der Schaltfläche *Spalten auswählen* klicken, können Sie das eben erwähnte Dialogfeld *Spalten auswählen* aufrufen oder zu einer bestimmten Spalte in der Abfrage wechseln. Diese zweite Funktion kann nützlich sein, wenn Sie viele Spalten in einer Abfrage haben und sich nicht sicher sind, wo sie sich in der Spaltenreihenfolge befinden.

Wenn Sie auf die Schaltfläche *Spalten entfernen* klicken, wird die Spalte einfach entfernt. Sie erhalten kein Dialogfeld. Es werden alle ausgewählten Spalten in den Abgrund geworfen. Wenn Sie auf den Pfeil der Schaltfläche *Spalten entfernen* klicken, öffnet sich ein Menü, das eine zweite Option anbietet: *Andere Spalten entfernen*. Dabei werden alle nicht markierten Spalten entfernt.

Die Gruppe *Zeilen verringern* enthält zwei Schaltflächen: *Zeilen beibehalten* und *Zeilen entfernen*. Für jede dieser Schaltflächen gibt es eigene Anwendungsfälle für entweder die oberste Anzahl X Zeilen oder für einen Bereich von Zeilen ab Zeile X bis zur Zeile Y. Ich möchte Sie in dieser Gruppe vor der Möglichkeit warnen, mit dem entsprechenden Befehl der Schaltfläche *Zeilen entfernen* Duplikate zu entfernen. Es ist wichtig zu wissen, dass Duplikate auf der Grundlage der von Ihnen ausgewählten Spalten entfernt werden. Wenn Sie also lediglich eine Spalte ausgewählt haben und Duplikate entfernen, könnten Sie Daten verlieren, die Sie ursprünglich behalten wollten. In der Gruppe *Sortieren* können Sie eine Spalte markieren und dann in aufsteigender oder absteigender Reihenfolge sortieren. Dies funktioniert nicht, wenn mehrere Spalten ausgewählt sind.

Als Nächstes komme ich zur Befehlsgruppe *Transformieren*, die Ihnen einige grundlegende Transformationsoptionen anbietet. Mit *Spalten aufteilen* teilen Sie eine ausgewählte Spalte anhand eines von Ihnen gewählten Trennzeichens in mehrere Spalten auf. Ein klassischer Anwendungsfall ist eine Spalte, die Vor- und Nachnamen enthält, die aber getrennt werden müssen.

Mit *Gruppieren nach* erstellen Sie eine Art Aggregation über Ihre aktuelle Abfrage. Dies kann nützlich sein, wenn Sie z.B. eine große Menge an Daten haben und eine Art Voraggregation vornehmen möchten, um die Anzahl der Zeilen zu reduzieren. In Abbildung 3–7 sehen Sie eine Beispielgruppierung, die unsere Notendaten verwendet, um den Mittelwert pro Aufgabe zu ermitteln.

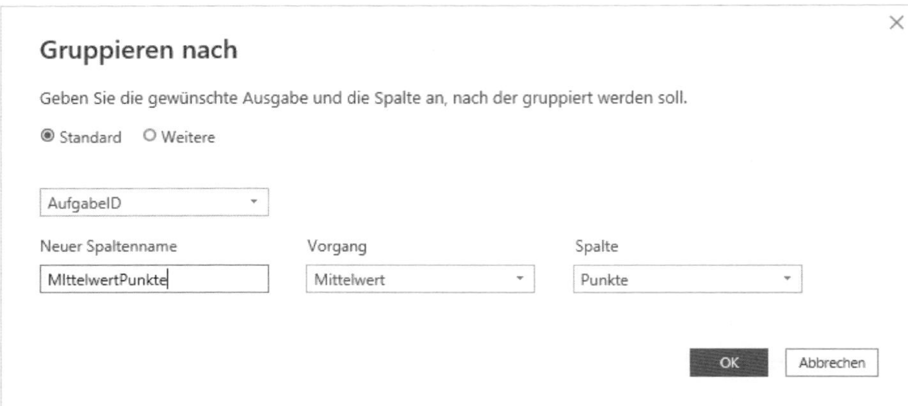

Abb. 3–7 Gruppieren nach *ermöglicht es, Daten mit einer Vielzahl von Operationen zu aggregieren.*

Über die Schaltfläche *Datentyp* können Sie den Datentyp einer ausgewählten Spalte ändern. Es gibt viele verschiedene Datentypen und Power BI versucht, diese automatisch zu erkennen, wenn die Daten zum ersten Mal in Power Query eingegeben werden. Power BI erkennt die Datentypen sehr gut, aber manchmal ist es nicht perfekt. Wenn Sie also eine manuelle Anpassung vornehmen müssen, können Sie das hier tun. Den Datentyp einer Spalte erkennen Sie übrigens an dem Symbol in der Spaltenüberschrift sowie durch eine schnelle Überprüfung.

Erste Zeile als Überschriften verwenden ist ziemlich selbsterklärend, und Power BI wird je nach Datenquelle versuchen zu erkennen, ob die erste Zeile Spaltenüberschriften enthält. Wenn Sie auf den Pfeil neben der Schaltfläche *Erste Zeile als Überschriften verwenden* klicken, wird auch eine Option angezeigt, mit der Sie die Überschriften zur ersten Zeile machen, also den umgekehrten Vorgang auslösen.

Mit der Schaltfläche *Werte ersetzen* können Sie Werte in einer bestimmten Spalte suchen und ersetzen. Ein üblicher Anwendungsfall wäre hier, je nach Ihrer Analyse entweder die Zahl Null als Null-Wert oder Null-Werte wie die Zahl Null zu behandeln. Es ist wichtig zu beachten, dass Sie keine einzelnen Zellen bearbeiten können, weil Zellen ein Konzept sind, das Power Query nicht kennt; Power Query versteht nur Spalten.

In der Gruppe *Kombinieren* können Sie *Abfragen zusammenführen*, *Abfragen anfügen* und *Dateien kombinieren*. *Abfragen zusammenführen* funktioniert wie eine SQL JOIN-Anweisung. Angenommen, Sie haben Spalte A in Tabelle A und Spalte A in Tabelle B und Sie möchten Spalte N aus Tabelle B zu Tabelle A hinzufügen. Eine JOIN-Anweisung besagt, dass, wenn der Wert in Spalte A von Tabelle A und Spalte A von Tabelle B gleich ist, der Wert von Spalte N ausgegeben und dieser hinzugefügt werden soll. Ich mache hier das Gleiche.

Der Verwendungszweck von *Abfragen anfügen* besteht darin, mehrere Abfragen, bei denen die Daten die gleiche Form und das gleiche Format haben, zu einer längeren Abfrage zusammenzufassen, ähnlich wie bei einer UNION-Anweisung in SQL.

Mit dem Befehl *Dateien kombinieren* können Sie dem Problem der Anfügeabfragen zuvorkommen, indem Sie mehrere Dateien in einer einzigen Ansicht vorkombinieren. Wenn Sie Spalten haben, die für jede Tabelle eindeutig sind, wird dieser Befehl alles zusammenführen, um ein einziges Ergebnis zu erhalten, das alle Spalten und Werte zwischen den beiden Tabellen umfasst. Achten Sie also beim Anhängen von Tabellen darauf, dass Sie das gewünschte Ergebnis erhalten.

Schließlich enthält die Gruppe *KI Insights* Elemente, die Ihr Unternehmen verwenden kann, um eine Verbindung zu Azure KI-Diensten herzustellen. Beachten Sie, dass für diese Funktionen Power BI Premium verwendet werden muss, damit sie aktualisiert werden können. Es ist sehr wahrscheinlich, dass Ihr Unternehmen nicht über diese Ressourcen verfügt. Daher werde ich keine Zeit darauf verwenden, außer zu erwähnen, dass es sie gibt. Fragen Sie Ihren Azure-Administrator, ob Ihr Unternehmen Azure Machine Learning Studio oder Cognitive Services verwendet, um mehr zu erfahren.

3.2.2 Die Registerkarte »Transformieren«

Die Registerkarte *Transformieren* enthält einige zusätzliche Optionen für die Transformation Ihrer Daten, die über das hinausgehen, was Sie in der Befehlsgruppe *Transformieren* auf der Registerkarte *Start* gesehen haben. Wie Sie im vorigen Kapitel gesehen haben, hat Microsoft jedoch auch hier einige Redundanzen in das Menüband eingebaut, auf die ich im Folgenden näher eingehen werde. Doch zunächst werfen Sie einen Blick auf Abbildung 3–8, die die gesamte Registerkarte *Transformieren* zeigt.

Zunächst sehen Sie in der Gruppe *Tabelle* die Befehle *Gruppieren nach* und *Erste Zeile als Überschriften verwenden*. Diese sind selbsterklärend.

Vertauschen nimmt Ihre Spalten und macht sie zu Zeilen (ein Vorgang, der auch Transponieren genannt wird). *Zeilen umkehren* nimmt die Reihenfolge der Daten nach Zeilen und dreht sie um, sodass der letzte Datensatz zuerst erscheint und der erste Datensatz der letzte wird. *Zeilen zählen* zeigt Ihnen, wie viele Zeilen Sie in dieser Abfrage haben.

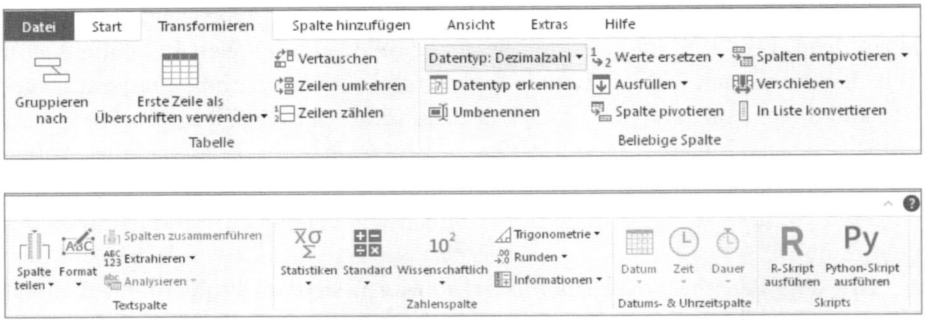

Abb. 3–8 *Transformieren Sie Ihre Daten.*

Die Gruppe *Beliebige Spalte* bietet die Möglichkeit, den Datentyp einer Spalte zu bearbeiten, wie Sie bereits gesehen haben. Sie können auch Werte ersetzen, wie zuvor beschrieben.

Mit der Funktion *Spalten entpivotieren* werden ausgewählte Datenspalten in eine Attributspalte und eine Wertspalte umgeformt. Manchmal möchten Sie Ihre Daten auf diese Weise umgestalten, wenn Sie beispielsweise viele Spalten in eine kleinere Anzahl von Spalten mit einer größeren Anzahl von Datensätzen konsolidieren möchten.

Die Schaltfläche *Datentyp erkennen* geht jede Spalte durch und versucht, ihr auf der Grundlage der Vorschau der Daten einen geeigneten Datentyp zuzuweisen. Power BI tut dies oft automatisch, wenn Sie die Daten das erste Mal in Power Query hineinholen; aber Sie können dies erneut ausführen lassen, wenn Sie eine Reihe von Transformationen vornehmen, die die Datentypen mehrerer Spalten ändern könnten.

Mit der Schaltfläche *Ausfüllen* können Sie fehlende Werte entweder von oben oder von unten mit einem Wert auf der Grundlage anderer Werte in der Spalte ausfüllen. Ich will ganz ehrlich sein, ich habe diese Funktion noch nie benutzt.

Mit der Schaltfläche *Verschieben* verschieben Sie die Position einer Spalte in einer Tabelle. Sie können sie nach links, rechts, an den Anfang oder an das Ende verschieben. Sie können dies auch mit mehreren ausgewählten Spalten tun.

Umbenennen ermöglicht Ihnen, eine ausgewählte Spalte umzubenennen.

Mit *Spalte pivotieren* können Sie die Werte einer Spalte nehmen, diese Werte in Spalten umwandeln und die Werte über die neue Kombination neu berechnen. Dies kann nützlich sein, wenn Sie Attribute in einer Spalte und Werte in einer anderen Spalte haben und Sie die Werte mit den Attributen als Spalten sehen möchten.

In Liste konvertieren ist eine einzigartige Funktion. Sie nimmt eine Spalte und wandelt sie in einen speziellen Tabellentyp in Power Query um, der Liste genannt wird. Listen können sozusagen als Parameter an spezielle benutzerdefinierte Funktionen übergeben werden. In diesem Buch werde ich mir nicht allzu viele Gedanken über Listen machen.

Die Gruppe *Textspalte* hat einen etwas seltsamen Namen, weil Sie diese Funktionen nicht nur für Textspalten verwenden können. Zum Glück sind sie größtenteils recht einfach.

Mit *Spalte teilen* können Sie eine Spalte auf der Grundlage eines ausgewählten Trennzeichens in zwei Spalten aufteilen.

Mit *Format* können Sie den Datentyp nicht bearbeiten. Sie können jedoch beispielsweise alle Daten in Klein- oder Großbuchstaben umwandeln oder Präfixe oder Suffixe hinzufügen. Mit dieser Funktion wird diese Spalte in eine Textspalte umgewandelt.

Spalten zusammenführen fügt zwei oder mehr Spalten zusammen und ermöglicht es Ihnen, ein Trennzeichen zu wählen.

Mit *Extrahieren* können Sie eine oder mehrere Spalten ändern, damit in der Spalte nur noch bestimmte Zeichen übrig bleiben. Ich verwende diese Funktion nicht sehr oft, aber wenn, dann meist, um Nicht-Unicode-Zeichen zu entfernen.

Analysieren macht etwas anderes als alle anderen Befehle in diese Gruppe. *Analysieren* nimmt eine JSON- oder XML-Datei, also semistrukturierte Daten, und bringt sie für die Analyse in ein klassisch strukturiertes Format. Ich verwende in den Beispielen keine JSON- oder XML-Dateien, aber wenn Sie mit NoSQL-Datenbanken arbeiten oder Ergebnisse von API-Aufrufen erhalten, müssen Sie diese Daten möglicherweise parsen, bevor Sie sie analysieren, und der Befehl *Analysieren* übernimmt diese Aufgabe.

Mit den Funktionen für *Zahlenspalten* können Sie Statistiken über eine Spalte als separaten Wert abrufen, Standardberechnungen mit einer Spalte durchführen, um deren Werte zu bearbeiten, wissenschaftliche Berechnungen mit einer Spalte durchführen, trigonometrische Funktionen mit einer Spalte durchführen, eine Spalte runden oder feststellen, ob ein Wert gerade oder ungerade ist, oder das Vorzeichen der Zahl ermitteln. Mit Ausnahme der Befehle, die sich hinter der Schaltfläche *Statistiken* verbergen, empfehle ich, eine Spalte zu duplizieren, bevor Sie Änderungen an den Daten vornehmen; dann steht Ihnen ab da sowohl der unveränderte Originalwert als auch der geänderte Wert zur Verfügung.

Die Gruppe *Datums- und Uhrzeitspalte* funktioniert auf die gleiche Weise wie die Gruppe *Zahlenspalte*, stellt jedoch zahlreiche Datums- und Zeittransformationen zur Verfügung.

Die letzte Gruppe auf der Registerkarte *Transformieren* ist die Gruppe *Skripts*, die die Möglichkeit bietet, sowohl R- als auch Python-Skripte auf Ihre Daten anzuwenden. Um diese Funktionen zu nutzen, müssen Sie R oder Python installiert haben und Power BI muss wissen, wo sich Ihre Installation dieser Sprachbibliotheken befindet. Wenn Sie mit Data Frames in R oder Python besser zurechtkommen und Transformationen lieber dort durchführen und diese in einem einzigen Schritt verwenden möchten, können Sie das tun. Sie können die Arbeit auch in Power Query vorbereiten, eine Skriptaufgabe anwenden und dann weitere Änderungen in Power Query vornehmen. Sie können diese Funktionen miteinander kombinieren, und wenn Sie beide verwenden möchten, geht das auch. Das Erlernen von R und Python würde den Rahmen dieses Buches sprengen, aber wenn Sie eine Karriere im Bereich Data Analytics anstreben, könnten sich diese beiden Sprachen als sehr nützlich erweisen.

3.2.3 Die Registerkarte »Spalte hinzufügen«

Das Erste, was auf der Registerkarte *Spalte hinzufügen* zu beachten ist, ist, dass Sie bis auf die Gruppe *Allgemein* alle anderen Funktionen bereits an anderen Stellen des Menübands gesehen haben. Die Gruppe *Allgemein* enthält jedoch so viel Features, dass sie einen eigenen Abschnitt im Buch verdient. Ein Blick auf Abbildung 3–9 macht dies ein wenig deutlicher.

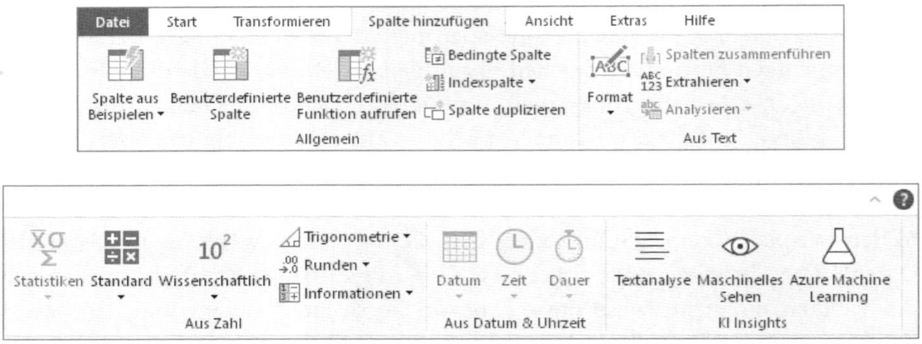

Abb. 3–9 *Das Power Query-Menüband hat oft mehrere Stellen, an denen bestimmte Funktionen zu finden sind, aber zumindest sind sie immer nach Themen sortiert.*

Spalte aus Beispielen ist tatsächliche, faktische, Schwarze Magie. Sie können eine oder mehrere Spalten auswählen, aus denen Sie Daten abrufen möchten. Dann müssen Sie einige Beispiele für die Ausgabe angeben, und Power BI versucht, die Spalte automatisch auszufüllen, während Sie Beispiele zur Verfügung stellen, mit denen Sie arbeiten. In unsere Abfrage *Noten* füge ich eine Spalte mit *Spalte aus Beispielen* hinzu, die, wenn die Spalte *SprechstundeBesucht* null ist, *nein* enthält und anderenfalls *ja*. Sie sehen dies in Abbildung 3–10. Als weiteren Bonus sehen Sie die Logik in M, die sich hinter dem Befehl verbirgt. Dies ist eine weitere Möglichkeit, zu sehen, wie die Formelsprache M die verschiedenen Dinge behandelt.

Benutzerdefinierte Spalte öffnet ein Dialogfeld, in dem Sie eine benutzerdefinierte Spalte mit M erstellen. Dies kann nützlich sein, wenn Sie Transformationen durchführen möchten, die vielleicht nicht von der Benutzeroberfläche unterstützt werden oder die Sie effizienter mittels Code durchführen könnten. Das Dialogfeld zeigt Ihnen zumindest an, ob ein Syntaxfehler im Code vorliegt, aber wenn Sie M gerade erst lernen, sind die Fehler nicht unbedingt sehr hilfreich.

Benutzerdefinierte Funktion aufrufen ist ein unglaublich leistungsfähiges Werkzeug, mit dem Sie eine Funktion nehmen und darüber für eine bestimmte Spalte iterieren, um einen bestimmten Wert zu finden und dann eine Art von Logik anzuwenden. Ein einfaches Beispiel ist die Erstellung einer Funktion, die eine neue Spalte erstellt und dann den Wert einer Spalte mit einem anderen Wert multipliziert, um einen dritten Wert zu erhalten, der in diese neue Spalte eingefügt wird. Haben Sie diese Logik verstanden? Dies ist ein sehr leistungsfähiges Werkzeug, aber es kann auch schwierig sein, die Funktionen zu verstehen, wenn Sie zum ersten Mal damit arbeiten.

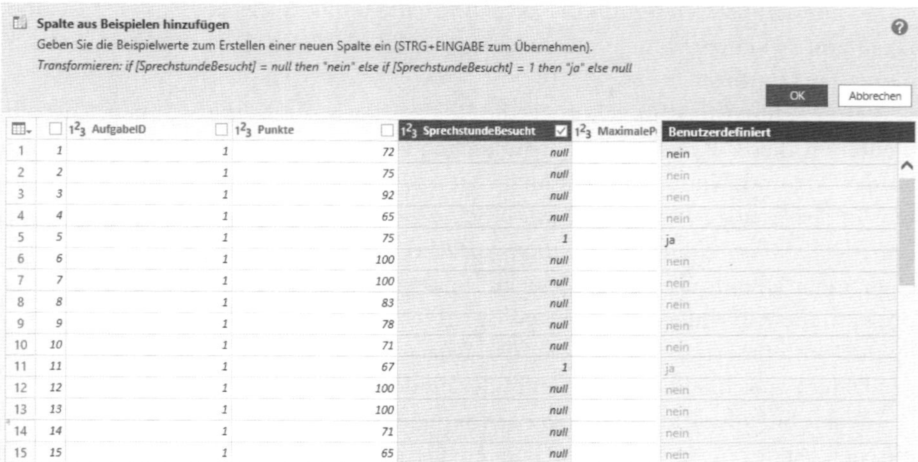

Abb. 3–10 *Ein paar Beispiele für das, was ich will, ein bisschen KI, und voilà, eine neue Spalte!*

Mit der Funktion *Bedingte Spalte* können Sie eine Spalte nach dem Muster einer Wenn-dann-sonst-Anweisung erstellen. Wenn Spalte X kleiner als Spalte Y ist, dann Ja, sonst Nein. Sie können auch mehrere Klauseln für kompliziertere oder iterative Wenn-Funktionen haben. Falls Sie mit SQL vertraut sind, können Sie sich dies wie eine CASE WHEN-Anweisung vorstellen. Abbildung 3–11 zeigt das Dialogfeld zum Hinzufügen einer bedingten Spalte.

Abb. 3–11 *Manchmal brauchen wir nur eine IF-Anweisung.*

Mit *Indexspalte* wird eine Spalte erstellt, die bei 0 oder 1 beginnt und die eine eindeutige Liste von Werten anlegt, die in der Regel der Zeilennummer entspricht. Das Wichtigste an einer Indexspalte ist, dass sie völlig eindeutig ist und bei Bedarf als improvisierter Schlüsselwert verwendet werden kann. Sie können diese Spalte möglicherweise mit anderen zusammenführen, um den Index- oder Schlüsselwert an andere Tabellen weiterzugeben, um so Beziehungen zu erstellen. Im Idealfall haben Ihre Daten bereits Schlüssel, und ein Index ist nicht erforderlich. Wenn Sie jedoch eine Indexspalte erstellen müssen, ist das sehr einfach.

Spalte duplizieren nimmt die aktuelle Spalte und kopiert sie. Das war's schon. Dazu gibt es keinen witzigen Kommentar. Es handelt sich hierbei einfach um Kopieren und Einfügen.

Zum Schluss möchte ich noch die Registerkarte *Ansicht* erwähnen. Die Elemente auf dieser Registerkarte ermöglichen es Ihnen, einige kleine Anpassungen an der Art und Weise vorzunehmen, wie Sie mit Power Query-Editor interagieren. In der Gruppe *Datenvorschau* möchte ich die Kontrollkästchen *Spaltenqualität*, *Spaltenverteilung* und *Spaltenprofil* hervorheben, da sie es Ihnen ermöglichen, mehr Details über Ihre Daten auf Spaltenebene zu sehen. Dazu gehören eine prozentuale Aufschlüsselung der gültigen, fehlerhaften und leeren Werte in einer Spalte, die numerische Verteilung der Werte in einer Spalte und eine Verteilung der Daten, einschließlich der Anzahl der eindeutigen Werte in einer Spalte.

Wenn Sie alle Änderungen vorgenommen haben und bereit sind, Ihre Daten mit den Änderungen zu laden, klicken Sie auf die Schaltfläche *Schließen und übernehmen*. Dadurch wird Ihr Power Query-Fenster geschlossen und Sie kehren zur Power BI Desktop-Arbeitsfläche zurück.

3.3 Die Ansicht »Modell« in Power BI Desktop

Kehren wir zu Power BI zurück und werfen Sie einen Blick auf die dritte Ansicht in Power BI Desktop, die Ansicht *Modell*. Warum sind Beziehungen wichtig? Was bewirken sie eigentlich? Kann ich Beziehungen einfach ignorieren und eine große Tabelle erstellen, die den Welthunger löst? In diesem Abschnitt werde ich mich mit diesen Fragen beschäftigen.

Werfen Sie einen kurzen Blick auf die Ansicht *Modell* der aktuellen Datei in Abbildung 3–12.

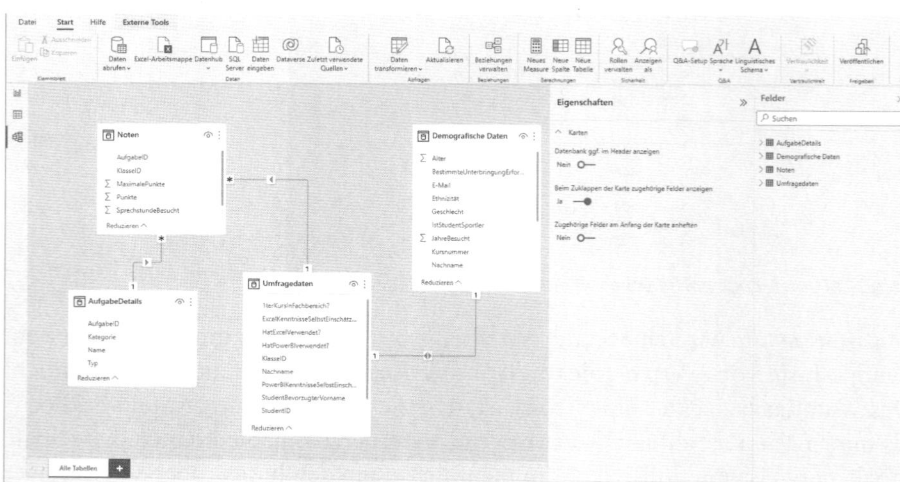

Abb. 3–12 *Das ist es, unser Datenmodell.*

Standardmäßig versucht Power BI, Beziehungen zu erkennen, wenn Daten importiert werden und die Daten so aufgebaut sind, dass es die Beziehungen richtig erkennt. Leider gelingt dies nicht immer gut. Daher sollten Sie die Beziehungen nach dem Datenimport immer noch einmal überprüfen, ob Ihr Modell wirklich so aufgebaut ist, wie Sie es sich vorgestellt haben. Ihr Modell sieht nach dem ersten Importvorgang vielleicht nicht so aus wie in Abbildung 3–12, wenn Power BI zum ersten Mal versucht, Beziehungen zu erkennen. Wie Sie hier und in Kapitel 6 sehen werden, kommt es wirklich darauf an, welche Form die Beziehungen annehmen!

3.3.1 Was ist eine Beziehung?

Eine Beziehung ist, einfach ausgedrückt, eine Möglichkeit, Power BI mitzuteilen, welche Tabellen miteinander verbunden sind und wie. Eine Beziehung sollte so aufgebaut sein, dass die Werte einer Spalte in einer Tabelle mit den Werten einer anderen Tabelle übereinstimmen, sodass Sie bei einer Abfrage sinnvolle Ergebnisse erhalten. Eine Beziehung ist eine Kombination aus mehreren Faktoren – Spalten, Richtung und Kardinalität. Wenn Sie den Mauszeiger über die Linien in unserem Datenmodell bewegen, werden sie leuchtend gelb, und wenn Sie darauf doppelklicken, sehen Sie das Dialogfeld *Beziehung bearbeiten* wie in Abbildung 3–13. In diesem Beispiel zeige ich die Beziehung zwischen *AufgabeDetails* und *Noten*.

Lassen Sie uns dieses Dialogfeld genauer ansehen und erörtern, was es dort gibt. Zunächst sehen Sie, dass zwei Tabellen ausgewählt sind. Da ich in diesem Fall die Beziehung in der Ansicht *Modell* ausgewählt habe, wurden die betreffenden Tabellen bereits ausgefüllt. Sie sehen, dass in jeder Tabelle eine Spalte hervorgehoben dargestellt wird. Dies ist die Spalte, die der Beziehung zugrunde liegt.

Hier teilen Sie Power BI Folgendes mit: »Wenn du eine Abfrage ausführst und Daten sowohl aus *Noten* als auch aus *AufgabeDetails* abrufen musst, kannst du die Tabellen über diese Spalte verknüpfen.« Dies ist in jedem Datenbanksystem wichtig, und bei Power BI ist es nicht anders. Was allerdings anders ist, ist, dass Sie nicht mehrere Spalten auswählen können, um eine Beziehung herzustellen.

»Aber Jeremey!« Ich kann schon hören, wie einige von Ihnen beim Lesen laut rufen: »Ich kann eine SQL-Anweisung schreiben, die mehrere Verknüpfungsbedingungen zwischen zwei Tabellen enthält!« Ja, das können Sie. Power BI führt jedoch keine SQL-Anweisungen aus, wenn es seine interne Datenbank abfragt: Es führt DAX aus. Wenn Sie eine Beziehung zwischen zwei Tabellen mit mehreren Spalten anlegen müssen, schlage ich vor, eine Spalte mit einem zusammengesetzten Wert der Spalten zu erstellen, die Sie in beiden Tabellen verbinden möchten, und dann Ihre einzelne Beziehung mit Ihrer neuen zusammengesetzten Spalte zu erstellen.

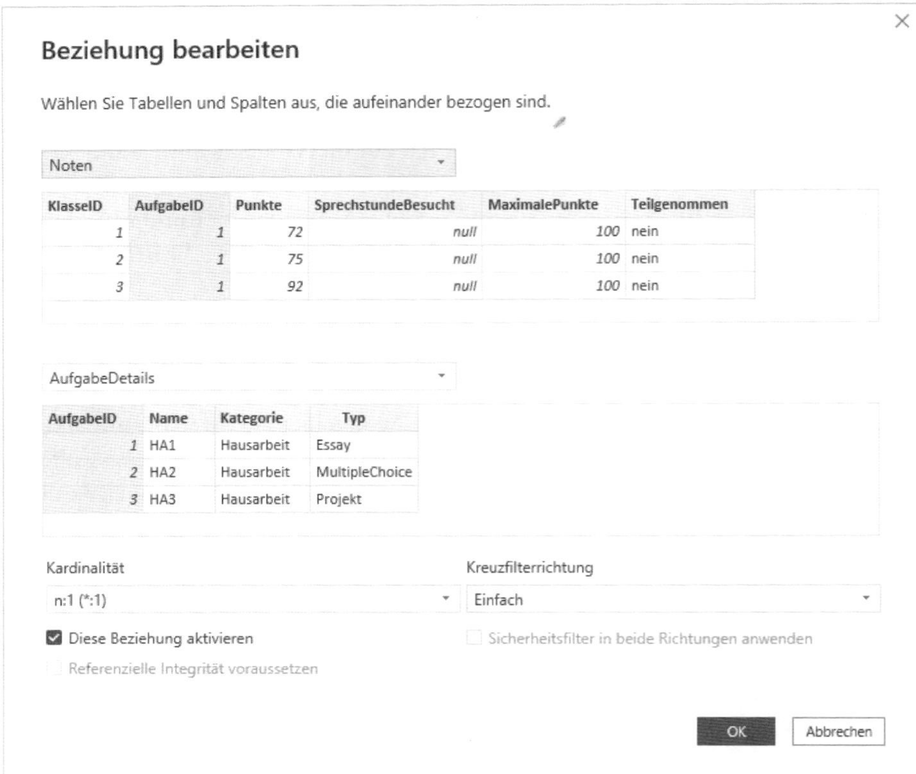

Abb. 3–13 *Das ist kein Zufall: Beziehungen sind grundlegend.*

Lassen Sie mich nun über Kardinalität und Richtung schreiben. Diese beiden Dinge gehen Hand in Hand. Sie können in Power BI drei Arten von Beziehungen erstellen: Eins-zu-eins-Beziehungen, Eins-zu-viele-Beziehungen und Viele-zu-viele-Beziehungen.

Ich mag keine Viele-zu-viele-Beziehungen. Bei der Erstellung eines Datenmodells werden Viele-zu-viele-Beziehungen nach Möglichkeit vermieden, da sie nicht leistungsfähig sind und manchmal zu merkwürdigen Ergebnissen im Vergleich zu dem, was Sie erwarten, führen. Viele-zu-viele-Beziehungen sind eher mit einem FULL OUTER JOIN vergleichbar, wie Sie es von SQL kennen. Sie erkennen schnell, dass es sich um eine Viele-zu-viele-Beziehung handelt, wenn Sie sich die Linie ansehen, die die beiden Tabellen verbindet, und prüfen, ob sich an beiden Linienenden Sternchen befinden.

Bei einer Eins-zu-eins-Beziehung sind alle Werte in Spalte A von Tabelle A eindeutig, und außerdem sind alle Werte in Spalte A von Tabelle B eindeutig. Sie erkennen eine Eins-zu-eins-Beziehung schnell, wenn Sie an den Enden der Linien, die die beiden Tabellen verbindet, eine 1 sehen.

Bei einer Eins-zu-viele-Beziehung sind alle Werte in Spalte A von Tabelle A eindeutig, jedoch sind die Werte in Spalte A von Tabelle B nicht eindeutig. Sie erkennen diese Art von Beziehung in Ihrem Modell schnell daran, dass in der Ansicht *Modell* das eine Ende der Linie, die die Tabellen verbindet, mit einer 1 und das andere Ende mit einem Sternchen versehen ist. Der Vorteil dieser beiden Arten von Beziehungen ist, dass ich nach einem Wert suche und diese Werte in der anderen Spalte vergleiche, anstatt nach jeder Kopie dieses Wertes zu suchen und sie mit jeder anderen Kopie dieses Wertes zu vergleichen.

Wenn es um die Richtung einer Beziehung geht, geht es darum, welche Tabelle die andere filtern kann. Können sie in beide Richtungen filtern oder nur in eine? Eine Eins-zu-eins-Beziehung hat standardmäßig die Filterrichtung *Beide*. Dies wird in der Mitte der Verbindungslinie zwischen zwei Tabellen durch Pfeile dargestellt, die in beide Richtungen zeigen. Eine Viele-zu-viele-Beziehung kann nur die Filterrichtung *Beide* verwenden. Eine Eins-zu-viele-Beziehung hat standardmäßig die Filterrichtung *Einfach*, die von der Tabelle mit dem eindeutigen Wert zu der Tabelle mit den nicht eindeutigen Werten führt. Eine einfach gerichtete Beziehung ist daran zu erkennen, dass ein Pfeil auf die Tabelle zeigt, die gefiltert wird.

Lassen Sie mich anhand einiger Beispiele zeigen, was passiert. Zunächst werde ich eine Tabelle anzeigen, die Werte aus diesen beiden Tabellen enthält, ohne dass eine Beziehung besteht, und dann mit der bestehenden Beziehung, um zu zeigen, wie die Richtung funktioniert. Abbildung 3–14 zeigt, was passiert, wenn keine Beziehung definiert ist.

AufgabeID	Durchschnitt von Punkte
1	77,13
2	77,13
3	77,13
4	77,13
5	77,13
6	77,13
7	77,13
8	77,13
9	77,13
10	77,13
11	77,13
12	77,13
13	77,13
14	77,13
Gesamt	**77,13**

Abb. 3–14 *Sie sind noch kein Experte, aber Sie wissen, dass hier etwas nicht stimmt, und die Beziehung ist der Grund dafür.*

Hier, in Abbildung 3–14, habe ich die *AufgabeID* der Aufgabe aus der Tabelle *AufgabeDetails* genommen und den Mittelwert der Punktzahl für diese Aufgaben berechnet. Der Wert 77,13 ist der Mittelwert der Punktzahl für alle, aber nicht die durchschnittliche Punktzahl pro Aufgabe. Ohne eine Beziehung weiß Power BI nicht, wie es eine Abfrage erstellen soll, die das Gesuchte liefert.

Jetzt füge ich die Beziehung wieder ein und erhalte die Ausgabe, die Abbildung 3–15 zeigt.

AufgabeID	Durchschnitt von Punkte
1	82,75
2	79,60
3	82,30
4	79,60
5	78,20
6	80,50
7	78,25
8	81,50
9	79,45
10	79,60
11	77,90
12	80,60
13	78,55
14	41,00
Gesamt	**77,13**

Abb. 3–15 *Das ergibt mehr Sinn, sehr viel mehr Sinn, denn die Beziehung macht die internen Abfragen funktional.*

Sie werden feststellen, dass der Gesamtmittelwert immer noch korrekt ist; dieser Wert erfordert keine Interaktion mit *AufgabeID*. Für jede einzelne *AufgabeID* kann ich jedoch eine Abfrage erstellen, die im Grunde besagt: »WHERE AufgabeID = 1 ist, ignoriere alle anderen Werte in der Tabelle Noten, bei denen die AufgabeID nicht 1 ist, und berechne dann die Durchschnittspunkte für genau diese AufgabeID und führe das dann für jede AufgabeID erneut durch.« Beziehungen machen dies möglich.

Lassen Sie mich nun zu den Filterrichtungen kommen. In Abbildung 3–16 habe ich einen Datenschnitt (eine Art von Visualisierung, die andere Visuals auf der Berichtsseite filtert, indem sie einen oder mehrere Werte auf die anderen Visuals anwendet, ähnlich wie eine WHERE-Klausel in SQL) auf Punkte, und ich möchte sehen, welche *AufgabeID* diese Punkte enthalten.

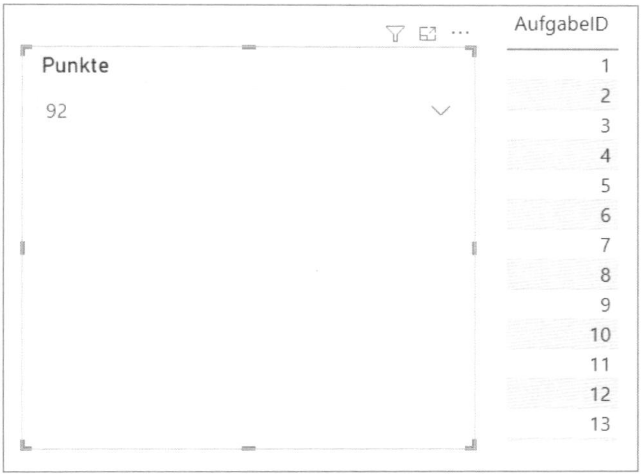

Abb. 3–16 *Ein nutzloser Filter ist nutzlos. Kardinalität und Beziehungsrichtung sind wichtig!*

Denken Sie daran, dass unser Datenmodell eine Eins-zu-viele-Beziehung zwischen *AufgabeDetails* und *Noten* enthält und nur in eine Richtung filtert, nämlich von der einen in *AufgabeDetails* zu den vielen in der Tabelle *Noten*. Die Punktezahl aus *Noten* kann also nicht nach *AufgabeDetails* filtern.

Drehen Sie das Ganze nun um und setzen Sie die *AufgabeID* auf den Slicer und die Liste der *Punkte* in die Tabelle. Dann sehen Sie, was Sie in Abbildung 3–17 erhalten. Anschließend sehen Sie in Abbildung 3–18, was passiert, wenn die Kreuzfilterrichtung auf beide eingestellt ist.

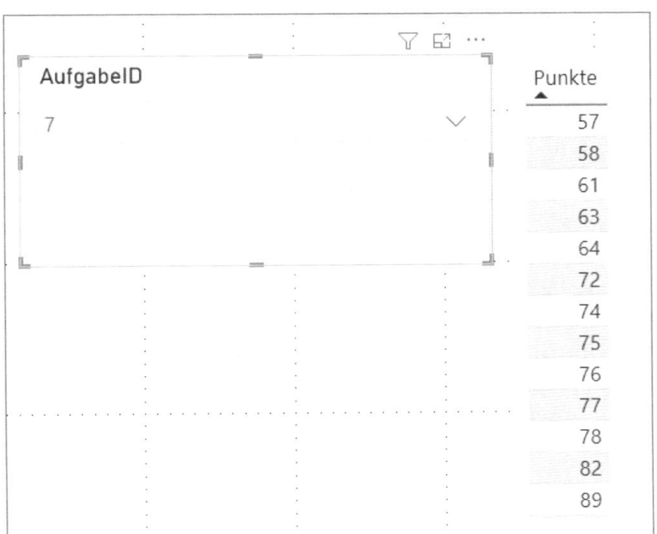

Abb. 3–17 *Ein nützlicher Filter ist nützlich!*

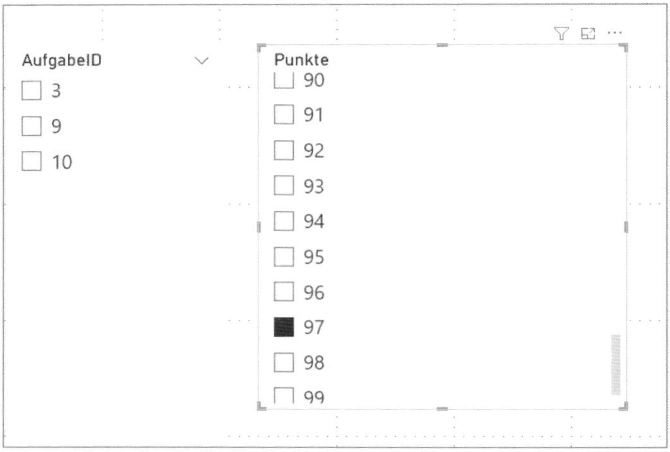

Abb. 3–18 *Bidirektionale Filterung*

Ich höre schon wieder die Rufe aus dem Äther: »Aber Jeremey, wenn die bidirektionale Filterung das kann, warum machen wir das nicht einfach immer zum Standard?« Die kurze Antwort ist, dass dies nicht so performant ist und dass Sie Beziehungen schaffen können, bei denen *Mehrdeutigkeit* auftreten kann, was die Verwendung anderer Beziehungen verhindert. Im Allgemeinen wäre die beste Datenmodellierungspraxis ein *Sternschema*, bei dem Sie eine Tabelle mit Ihren Fakten haben und dann andere kleinere Tabellen, die sie umgeben wie ein Stern, der diese Tabelle filtert.

Okay, was ist mit der einen Tabelle, die den Welthunger löst? Wäre das nicht auch in Ordnung? Nun, die kurze Antwort lautet nein. Eine große Einzeltabelle nutzt nicht die Vorteile eines dimensionalen Modells, das mehrere Vorteile für die Datenverwaltung und die Benutzerfreundlichkeit bietet. Außerdem kann eine einzelne große Tabelle schnell unhandlich werden, da Sie viele komplexe Bearbeitungen in Power Query durchführen, um die Erstellung dieser einzelnen Tabelle zu erleichtern. Es ist wirklich einfacher, mit einer Tabelle mit 5 Spalten und einer Tabelle mit 10 Spalten als mit einer einzigen Tabelle mit 15 Spalten umzugehen.

Außerdem sind Einzeltabellen anfälliger dafür, bei einzelnen Problemen zu zerbrechen, im Gegensatz zu einem Ansatz mit mehreren einzelnen Tabellen, die ihrerseits mehrere einfachere Elemente enthalten. Wenn Sie nach der Kurzversion eines guten Datenmodells suchen, dann ist das eine Tabelle, die Ihre Fakten enthält und von Tabellen umgeben ist, die diese Fakten mit mehrfachen Eins-zu-viele-Beziehungen filtern können. Wenn Sie das tun, sind Sie auf dem richtigen Dampfer.

3.3.2 Der Arbeitsbereich »Eigenschaften«

Der Arbeitsbereich *Eigenschaften* in der Ansicht *Modell* ist sehr kontextbezogen. Sie finden den Arbeitsbereich *Eigenschaften* immer auf der rechten Seite des Fensters. Je nachdem, welches Datenelement Sie ausgewählt haben, ändert sich der Arbeitsbereich *Eigenschaften* entsprechend dem Typ des ausgewählten Datenobjekts.

Wenn eine Tabelle ausgewählt ist, sehen Sie den Namen, die Beschreibung, die Synonyme, die Zeilenbeschriftung, die Schlüsselspalte, die Flags *Ist verborgen* sowie *Ist eine empfohlene Tabelle*. Im Abschnitt *Erweitert* zeigt dieser Arbeitsbereich den *Speichermodus* an. Der *Speichermodus* kann *Importieren*, *DirectQuery* oder *Dual* sein. Beachten Sie, dass der Modus *Importieren* nicht mehr geändert werden kann, wenn er einmal eingestellt ist. Ein Beispiel für den Bereich *Eigenschaften* in Aktion finden Sie in Abbildung 3–19.

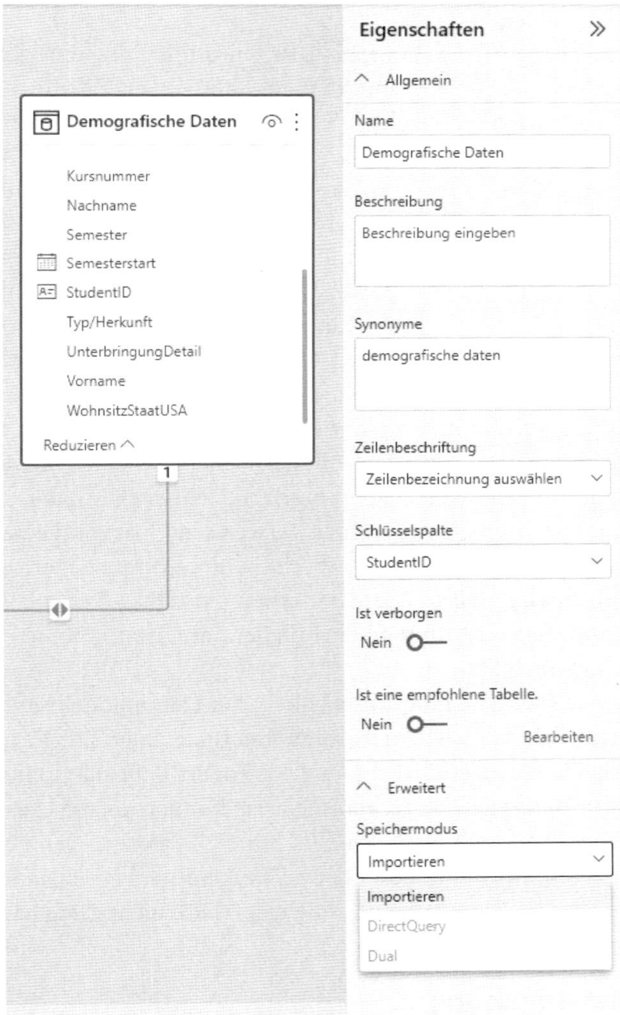

Abb. 3–19 *Der Bereich* Eigenschaften *enthält Informationen, die für die Organisation, die Linguistik, die Schlüssel und den Speichermodus einer Tabelle nützlich sind.*

Das Feld *Name* ist selbsterklärend. Das Feld *Beschreibung* ist leer und kann mit einer Zusammenfassung des Tabelleninhalts oder seines Zwecks in Ihrem Datenmodell ausgefüllt werden. Die *Synonyme* werden zum Zweck der Frage- und Antwortfunktion aufgelistet, die ich bereits kurz angeschnitten habe, aber später in diesem Buch noch ausführlicher behandeln werde. Die *Zeilenbeschriftung* ermöglicht es Ihnen, eine Spalte zu identifizieren, die als vorgeschlagene Spalte bei der Durchführung von Q&A mit einer bestimmten Tabelle dient.

Die *Schlüsselspalte* ermöglicht es Ihnen, eine Spalte zu identifizieren, die nur eindeutige Werte enthält. Ich hebe gerne die Spalte hervor, die als Grundlage für die Beziehungen dieser Tabelle zu anderen Tabellen dient. Wenn eine Spalte als Schlüsselspalte identifiziert wird, erhält sie außerdem ein spezielles Symbol im Aufgabenbereich *Felder*.

Wenn *Ist verborgen* auf *Ja* eingestellt ist, wird die Tabelle in der Ansicht *Bericht* ausgeblendet, sodass Sie keine Elemente aus dieser Tabelle zu Berichtselementen hinzufügen können. Beachten Sie, dass, wenn Sie bereits Objekte mit dieser Tabelle erstellt haben, diese Objekte sichtbar bleiben, aber Sie können keine Datenelemente aus dieser Tabelle zu neuen Visualisierungen hinzufügen.

Wenn es sich bei einer Tabelle um eine ausgewählte (empfohlene) Tabelle handelt, können Personen in einer Organisation, in der ausgewählte (empfohlene) Tabellen aktiviert sind, über den Power BI-Dienst nach dieser Tabelle suchen.

Wenn eine einzelne Spalte ausgewählt ist, werden die Felder *Name*, *Beschreibung*, *Synonyme*, *Anzeigeordner* und *Ist verborgen* angezeigt. Im Abschnitt *Formatierung* des Aufgabenbereichs sehen Sie den Datentyp der Spalte und das Format der Daten. Im Abschnitt *Erweitert* schließlich können Sie eine andere Spalte auswählen, nach der sortiert werden soll, gegebenenfalls eine Datenkategorie angeben (denken Sie an diese Kennzeichnungen für sehr spezifische Datentypen, die Power BI in sehr spezifischen Situationen verwenden muss) und eine Standardzusammenfassung festlegen. In diesem Abschnitt des Aufgabenbereichs geben Sie auch an, ob eine Spalte NULL-Werte enthalten darf. Es gelten alle Hinweise aus dem vorangegangenen Abschnitt über Tabellen, aber ich möchte ein wenig auf die Anzeigeordner eingehen.

Anzeigeordner sind eine gute Möglichkeit, ein Datenmodell sauber zu halten, indem Datenelemente in einem Unterordner innerhalb einer Tabelle gruppiert werden. Hier werden keine eigentlichen Daten verändert oder manipuliert; dies dient ausschließlich der optischen Aufgeräumtheit. Sie können auch Measures in Anzeigeordnern ablegen, was sich als besonders hilfreich erweist, wenn Sie bestimmte Elemente gruppieren möchten, die in der größeren alphabetischen Sortierung, die Power BI im Fenster *Felder* vornimmt, möglicherweise nicht geeignet sind.

3.4 Zusammenfassung

Zusammenfassend lässt sich sagen, dass Sie in diesem Kapitel eine ganze Menge geschafft haben. Sie haben Ihre ersten Schritte in Power Query unternommen, Daten in ein Modell geladen, Beziehungen zur Unterstützung der Analyse erstellt und nun kann ich mit der Erstellung des Dashboards beginnen, das dabei helfen wird, mehr über die Leistungen der Studierenden im Laufe des Semesters im Kurs zu erfahren.

Um dies zu erleichtern, werde ich im nächsten Kapitel die Visualisierungsoptionen in Power BI näher erläutern und Anwendungsfälle für jede Art von Visualisierung vorstellen. Sie werden auch üben, aus diesen Visualisierungen Rückschlüsse auf die Daten zu ziehen, um ein wenig mehr über die Studierenden zu erfahren. Gut, dass Sie mir bis hierher gefolgt sind. Sie sind definitiv auf dem besten Weg, sich ein Cool-School-University-Sweatshirt zu verdienen.

4 Lassen Sie uns ein paar Bilder machen: das Einmaleins der Datenvisualisierung

In den ersten Kapiteln des Buches habe ich die Grundlagen der Power BI-Benutzeroberfläche beschrieben und dabei die Ansichten *Bericht*, *Daten* und *Modell* sowie den Power Query-Editor behandelt. Im vorherigen Kapitel habe ich die ersten Daten aus dem Cool-School-University-Dataset importiert.

In diesem Kapitel werde ich einige grundlegende Überlegungen darüber anstellen, warum Daten visualisiert werden. Anschließend werde ich anhand der Daten aus dem vorherigen Kapitel die verschiedenen Visualisierungen vorstellen, die standardmäßig in Power BI verfügbar sind.

4.1 Warum Daten visualisieren?

Stellen Sie sich Folgendes vor. Wir schreiben das Jahr 1950, und Sie sind Buchhalter in einem kleinen Produktionsbetrieb im Mittleren Westen der USA. Sie haben im Zweiten Weltkrieg als Buchhalter im Kriegsministerium gedient und dafür gesorgt, dass die Kriegsanleihegelder effizient ausgegeben wurden, um die Kriegsanstrengungen der Alliierten zu unterstützen.

Um Ihre Arbeit zu erledigen, verwendeten Sie ein Hauptbuch. Das war alles. Jeden Tag mussten Sie Ihre Transaktionen von einem Konto zum anderen aufzeichnen und sicherstellen, dass das ganze Geld dort war, wo es sein sollte.

Eines Tages kommt der Abteilungsleiter in die Buchhaltung, um Ihnen ein paar einfache Fragen zu stellen. »Hallo, ich bin neugierig und habe ein paar Fragen. Welches unserer Produkte bringt uns derzeit eigentlich das meiste Geld ein? Bei welchem Produkt ist der Gewinn pro Stück am größten? Und handelt es sich um dasselbe Produkt?«

Würden Sie als Buchhalter in den 1950er-Jahren Ihr Hauptbuch einfach so aus der Hand geben? Auf keinen Fall. Niemals. Das Hauptbuch war das Lebenselixier eines Buchhalters, und damals hätte es Ihnen jemand aus den kalten, toten Händen reißen müssen, bevor Sie es aus der Hand gegeben hätten.

Anhand der gesammelten Daten würden Sie eine Tabelle erstellen, die die Liste der Produkte, den Gesamtgewinn pro Produkt und für jedes Produkt den Gewinn pro Stück enthält. Man könnte diese Tabelle als eine sehr einfache Datenvisualisierung bezeichnen.

Nehmen wir einmal an, ein anderer Buchhalter (nicht Sie, Sie sind zu schlau) würde sein Hauptbuch aushändigen und sagen: »Klar, das können Sie selbst herausfinden. Hier sind die Unterlagen.«

Würde das Sinn machen? Nein. Es ist aus zwei Gründen nicht sinnvoll. Erstens sind der Abteilungsleiter und sein Team mit den Daten nicht so vertraut. Sie haben sie nicht zusammengetragen. Sie haben nicht alle Berechnungen durchgeführt, und sie sind wahrscheinlich keine Buchhalter. Selbst wenn ein Buchhalter das Hauptbuch aushändigen würde, könnten der Abteilungsleiter und sein Team der Logik nur schwer folgen. Zweitens hat der Buchhalter all diese Arbeit bereits erledigt, warum sollte man also jemanden bitten, sie noch einmal zu erledigen? Das ist einfach nicht effizient.

Kehren wir zu unserem Beispiel und den Daten zurück. Sie stellen fest, dass Dingsbums A die höchste Gesamtrentabilität und Dingsbums B die höchste Rentabilität pro Einheit aufweist. Die Folgefrage lautet: »Gilt das nur für das aktuelle Jahr oder auch für die Vergangenheit?«

Ich könnte eine noch kompliziertere Tabelle erstellen. Ich könnte Spalten für jedes Jahr haben und die Berechnung nach Produkten vornehmen und eine schöne Matrix zusammenstellen. Manche Leute können sich die Matrix zwar ansehen und ihr folgen, aber ein Teil des Publikums versteht die Bedeutung der Daten nicht mehr.

Ich möchte die Daten so verständlich wie möglich machen, also erstelle ich ein einfaches Diagramm mit einer x-Achse für das Jahr und einer y-Achse für die Rentabilität. Ich trage die Punkte ein und zeichne eine sehr einfache Linie, die den Trend für diese Produkte zeigt, und erstelle für sie der Übersichtlichkeit halber ein eigenes Diagramm.

Was glauben Sie, was bleibt besser im Gedächtnis der Menschen? Die Matrix oder die Diagramme?

Beantworten Sie diese Frage für sich selbst. Wahrscheinlich waren Sie schon einmal in einer Besprechung oder Präsentation, in der jemand Daten in Form einer umfangreichen, langatmigen Tabelle präsentierte, und vielleicht haben Sie dabei gemerkt, wie Sie ein wenig abschweiften. Ein anderer Referent hat Daten anhand von Grafiken und Diagrammen dargestellt. Was fanden Sie ansprechender?

Ich bin bereit zu wetten, dass die überwältigende Mehrheit der Menschen den visuellen Ansatz viel ansprechender findet. Ich bin davon überzeugt, weil wir uns von Natur aus zu Geschichten hingezogen fühlen. Wir fühlen uns zu Geschichten hingezogen, weil wir von Natur aus eher in der Lage sind, aus einer Geschichte Lehren zu ziehen, als aus einer Liste von Fakten.

Die Tatsache, dass es uns leichter fällt, uns mit diesen Anekdoten zu identifizieren, als mit harten Daten, wird ausgenutzt. Es ist zum Beispiel möglich, dass Sie eine schlechte Erfahrung mit einem Einwanderer ohne Papiere gemacht haben. Diese Anekdote hat einen Eindruck hinterlassen, und wenn eine neue Organisation einzelne Geschichten von Missetaten verbreitet, fällt es leichter, sich an diese qualitative Geschichte zu klammern, als an die Unmengen von Daten, die zeigen, dass Arbeiter ohne Papiere weitaus seltener Straftaten begehen als Bürger, die in den USA geboren sind.

Wir haben alle möglichen Vorurteile, mit denen wir zu kämpfen haben, und wir müssen in der Lage sein, die Fakten zu sehen und zu verstehen, um sie zu überwinden. Aber wenn wir die Wahl haben zwischen Daten, die keine Geschichte erzählen, und einer Geschichte, die unsere Voreingenommenheit bedient, wird diese Geschichte gewinnen.

Die Datenvisualisierung nutzt im Grunde dieses Phänomen des Geschichtenerzählens als Lehrmittel zu unserem Vorteil. Datenvisualisierung enthält auf eine einzigartige Weise alle drei altgriechischen Überzeugungsmittel nach der Rhetorik des Aristoteles, also die drei Arten, wie eine Überzeugung zustande kommen kann: Ethos, Pathos und Logos. Die Kunst, die Visualisierung zu erstellen, beweist, dass Sie die Daten beherrschen, und verleiht Ihnen damit Glaubwürdigkeit in Form von Ethos. Die Darstellung der Daten in Form von Bildern, die leicht verständlich sind und es Ihnen ermöglichen, eine Geschichte zu erzählen, ist der Kern des Pathos oder der emotionalen Ansprache. Schließlich sollten die Daten selbst, vorausgesetzt, sie wurden ordnungsgemäß erhoben und verwaltet, nur die Wahrheit sagen. Im Kern sind die Datenelemente die Fakten, und die Fakten machen den Logos-Appeal des Arguments aus.

Wir visualisieren Daten, weil wir Geschichtenerzähler sind. Unsere Geschichten basieren nicht einfach aus unserer blühenden Fantasie. Wir erzählen unsere Geschichten auf der Grundlage von Fakten, um unsere Glaubwürdigkeit und unser Verständnis für diese Fakten zu untermauern. Von dort aus machen wir die Geschichte so verdaulich wie möglich. Und noch einmal: Die Geschichte basiert auf Tausenden, Millionen oder Milliarden von Datenpunkten, nicht nur auf ein paar Anekdoten; dies kommt der Glaubwürdigkeit zugute.

Ein Bild sagt mehr als tausend Worte, und eine gute Visualisierung kann so viel wert sein wie Millionen oder Milliarden von Datenzeilen. Sie sind ein Geschichtenerzähler, und Sie sind die beste Art von Geschichtenerzähler, einer, der dem, was wirklich passiert, einen Sinn gibt. Egal, ob Sie die Antwort oder die wirklich wichtige Frage, die beantwortet werden muss, finden wollen, Storytelling mit Datenvisualisierung kann Ihnen dabei helfen, dieses Ziel zu erreichen.

Lassen Sie mich also über die Visualisierungstools schreiben, die Power BI zur Verfügung stellt, um diese Geschichte mit unseren Daten zu erzählen. Stellen Sie sich diese Tools wie das Alphabet vor. Sobald Sie sich mit ihnen vertraut gemacht haben, lernen Sie, wie Sie aus ihnen Wörter bilden können, und mit der Zeit und etwas Übung werden Sie herausfinden, wie Sie jede Visualisierung optimal nutzen. Lassen Sie mich nun darüber schreiben, wo das alles beginnt, nämlich im Aufgabenbereich *Visualisierungen*.

4.2 Der Bereich »Visualisierungen«

Der Bereich *Visualisierungen* ist die erste Anlaufstelle, um Visuals hinzuzufügen, sie durch Hinzufügen der erforderlichen Datenpunkte zu modifizieren, die Visualisierungen zu formatieren oder zusätzliche Analysefunktionen hinzuzufügen, die Power BI für einige dieser Visualisierungen unterstützt. Der Bereich *Visualisierungen* besteht aus drei Hauptteilen: *Datenfelder*, *Formatierung* und *Analysen*. Der Bereich *Visualisierungen* ist in Abbildung 4–1 dargestellt.

Abb. 4–1 *Der Bereich* Visualisierungen *ist unser Werkzeugkasten für die Visualisierung.*

4.2.1 Datenfelder der Visualisierung

Es ist wichtig zu beachten, dass sich jede Visualisierung im Bereich *Datenfelder* von anderen Visuals unterscheidet, da alle unterschiedliche Formate annehmen. Ein Kartenvisual ist nicht dasselbe wie ein Balkendiagramm, das nicht dasselbe wie eine Matrix ist. Wenn Sie einem Visual bereits Datenfelder hinzugefügt haben und den Typ dieses Visuals in einen anderen ändern möchten, versucht Power BI, die ausgewählten Felder und Measures dem neuen Visual zuzuordnen; es ist jedoch nicht garantiert, dass dies wie gewünscht funktioniert. Sie ändern den Typ einer Visualisierung, die sich bereits auf der Arbeitsfläche befindet, indem Sie sie auswählen und im Aufgabenbereich *Visualisierungen* auf eine andere Visualisierung klicken. Das war's schon.

Zu den gemeinsamen Elementen, die bei vielen Visuals im Bereich *Datenfelder* erscheinen, gehören *Achse*, *Legende* und *Werte*. Eine *Achse* definiert, wie Sie Ihre Daten kategorisieren. Eine *Legende* unterteilt die Daten in Unterabschnitte und hebt diese Unterscheidungen hervor. *Werte* sind die tatsächlichen Werte, die Sie über diese Gruppierungen aggregieren möchten.

Im Abschnitt *Datenfelder* gibt es am unteren Rand immer einen Abschnitt für *Drillthrough*-Optionen. Dieses coole Feature ermöglicht es Ihnen, ein Visual zu nehmen und die Filter, die derzeit für dieses Visual festgelegt sind, auf ein anderes Visual auf einer anderen Seite anzuwenden, wodurch Sie direkt zu dieser Berichtsseite und ihrem Satz von Visuals gelangen. Die Drillthrough-Funktion ist eine großartige Möglichkeit, Einblicke von einem Teil Ihres Berichts auf einen anderen zu übertragen und dabei den Kontext aufrechtzuerhalten.

4.2.2 Formatierung

In früheren Versionen wurde der Abschnitt *Formatierung* durch das Symbol einer Farbrolle dargestellt. Wenn jetzt kein Visual ausgewählt ist, erscheint es als Pinsel. Wenn jedoch auf dem Canvasbereich ein Visual ausgewählt ist, sieht es wie ein Pinsel über einem Balkendiagramm aus. Mit *Formatierung* passen Sie das Aussehen und die Darstellung einer bestimmten Visualisierung an Ihre spezifischen Erfordernisse an.

Ähnlich wie bei den Datenfeldern hängen die Optionen, die Sie bei Formatierung auswählen können, von der Visualisierung ab, die Sie derzeit bearbeiten. Es stehen viele Optionen zur Verfügung, und wenn Sie schon einmal mit PowerPoint gearbeitet haben, sollten Ihnen viele davon bekannt vorkommen. Jeder Abschnitt in *Formatierung* besitzt eine Pfeilschaltfläche, mit dem er geöffnet oder geschlossen werden kann. Dies kann bei der Navigation hilfreich sein. Einige Funktionen unter *Formatierung* haben unterschiedliche Funktionen, aber für diese Übung ist es lediglich wichtig zu wissen, dass *Formatierung* der Ort ist, mit dem Sie Ihre Visualisierungen richtig zur Geltung bringen können.

4.2.3 Analysen

Die Analysefunktionen, auf die Sie durch Klicken auf das Lupensymbol, das ein Diagramm vergrößert, zugreifen, funktionieren nicht bei allen Visualisierungen, und es ist wichtig zu beachten, dass der Analysebereich von benutzerdefinierten Visualisierungen nicht genutzt werden kann. Für Visuals, bei denen die Analyse funktioniert, können Sie diese Funktion jedoch nutzen, um Bezugslinien für einen Vergleich, Mindestwertlinien zur Erkennung von Unterschreitungen eines bestimmten Schwellenwerts, eine Linie für den Maximalwert für den gegenteiligen Zweck, eine Durchschnittslinie, eine Linie für den Medianwert, eine Linie für

Perzentil oder eine Trendlinie hinzuzufügen oder sogar eine Anomalieerkennung (Fehlerbalken) durchzuführen.

Es gibt so viele Funktionen unter *Analysen*, aber ihre effektive Nutzung ist kontextabhängig. Scheuen Sie sich also nicht, Dinge auszuprobieren, um zu sehen, was für Sie und Ihr Projekt funktioniert oder nicht.

4.3 Interaktivität zwischen Visuals

Bevor ich mich mit den Details der tatsächlichen Visualisierungen befasse, sollte ich eine der leistungsstärksten Funktionen auf einer Power BI-Berichtsseite vorstellen: die visuelle Interaktivität. Standardmäßig kann jede Visualisierung, die Sie auf einer Berichtsseite einfügen, jede andere Visualisierung auf der Seite filtern. Auf diese Weise kann ein Benutzer schnell bestimmte Datenkombinationen erhalten, nach denen er möglicherweise sucht.

In Abbildung 4–2 sehen Sie eine einfache Berichtsseite mit zwei Visualisierungen. Die eine ist eine Karte, die die Anzahl der Studierenden in meinem Kurs aus jedem Bundesstaat der USA anzeigt, und die zweite ist ein einfaches Säulendiagramm, das die durchschnittliche Punktzahl aller Aufgaben anzeigt.

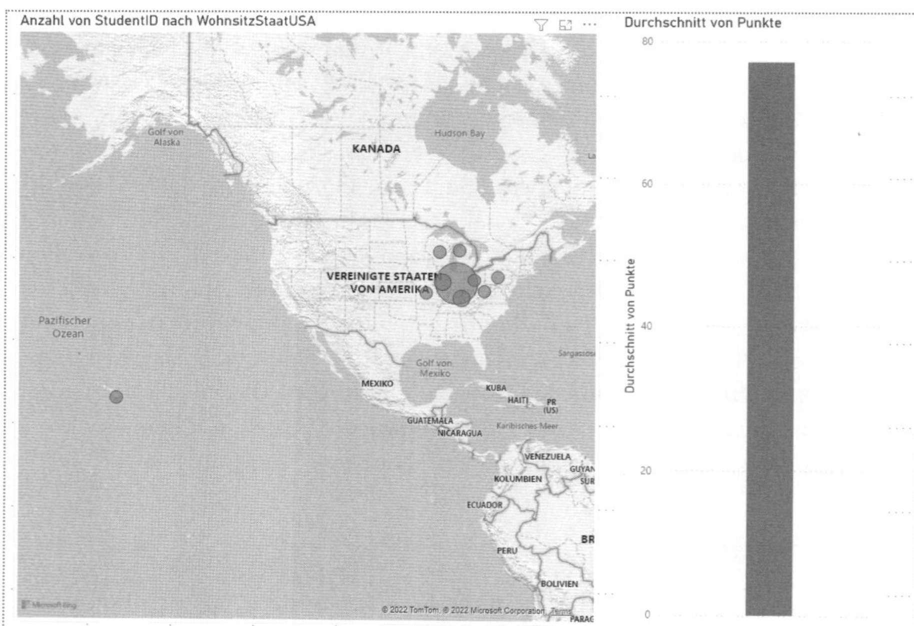

Abb. 4–2 *Diese Berichtsseite zeigt eine Kombination von Daten, aus denen hervorgeht, woher die Studierenden kommen.*

Wenn ich in der Karte eine dieser Bubbles anklicke, ändert sich die Darstellung der durchschnittlichen Punktzahl, um die spezifische Untergruppe widerzuspiegeln, die ich in der Kartenansicht ausgewählt habe. Wenn ich mir die Karte ansehe, kann ich sehen, dass viele meiner Studierenden aus Indiana kommen. Ich möchte jedoch sehen, wie meine Studierenden aus anderen Bundesstaaten im Vergleich zum Durchschnitt abschneiden. Wenn ich die Bubble in Michigan auswähle, erhalte ich das in Abbildung 4–3 gezeigte Ergebnis. Zur Veranschaulichung habe ich das Bild aufgenommen, während ich mit dem Mauszeiger auf das Ergebnis des Säulendiagramms gezeigt habe.

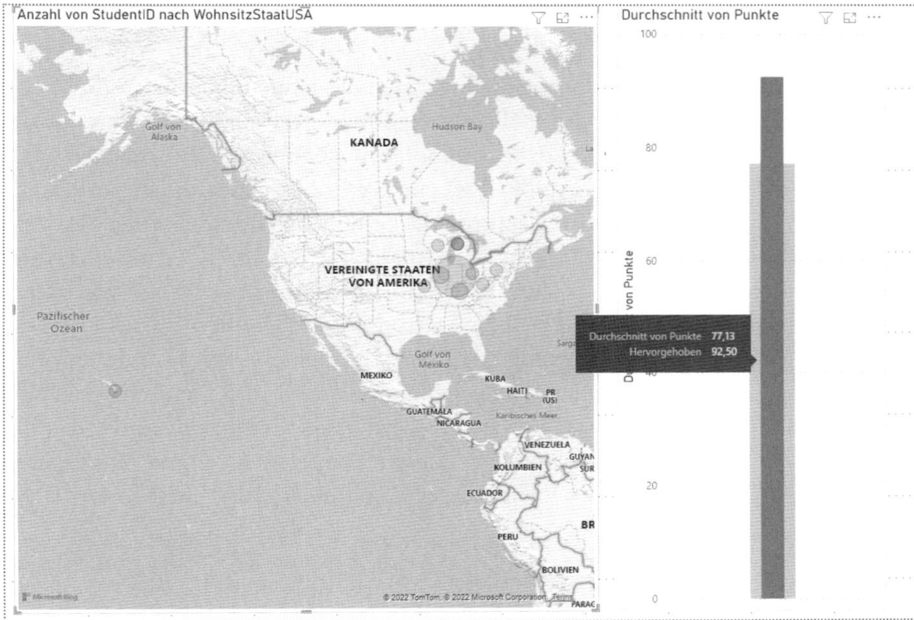

Abb. 4–3 *Hier demonstriere ich das wechselseitige Filtern von Visuals. Sie erkennen, dass die Noten der Studierenden aus Michigan über dem Durchschnitt der übrigen Studierenden der Klasse liegen.*

Wie Sie im Kartenvisual sehen, sind alle anderen Blasen jetzt transparent, was bedeutet, dass ich eine Blase ausgewählt habe. Rechts sehen Sie nun, dass das Säulendiagramm ein neues Ergebnis anzeigt. Es wird eine hervorgehobene Spalte angezeigt, und hinter dieser hervorgehobenen Spalte ist das ursprüngliche Ergebnis zu sehen. Daran kann ich schnell erkennen, dass die durchschnittliche Punktzahl für meine Studierenden aus Michigan höher ist als der Durchschnitt für die gesamte Gruppe der Studierenden. Sie werden jedoch feststellen, dass ich nicht sofort den ursprünglichen Durchschnitt ohne die Schüler aus Michigan erhalte. Diese Art der Querfilterung, bei der ein Wert hervorgehoben wird, verschiebt die Auswahl nicht vom ursprünglichen Wert.

Hier wird also der Durchschnitt der Studierenden aus Michigan mit dem Durchschnitt aller Studierenden verglichen, der auch die aus Michigan umfasst. Wenn Sie etwas anderes machen wollten, könnten Sie das mit einigen benutzerdefinierten Measures tun, und ich werde das im Kapitel über die DAX-Grundlagen genauer erläutern.

Manchmal möchten Sie vielleicht nicht, dass ein bestimmtes Visual übergreifend gefiltert wird, und nicht alle Visuals verfügen über dieselben Anzeigeoptionen für die übergreifende Filterung. Wenn Sie ein Visual ausgewählt haben, finden Sie im Menüband auf der Registerkarte *Format* die Schaltfläche *Interaktionen bearbeiten*. Im Gegensatz zu anderen Schaltflächen, die ich vorgestellt habe, ist diese Schaltfläche entweder aktiviert oder deaktiviert. Wenn sie aktiviert ist, sehen Sie auf Ihrer Berichtsseite in der Ecke jedes Visuals verschiedene Symbole; auch hier gilt, dass nicht jedes Symbol in jedem Visual vorhanden ist.

Nehmen wir als Beispiel das Säulendiagramm aus den vorangegangenen Abbildungen. Wenn die Schaltfläche *Interaktionen bearbeiten* aktiviert und das Visual der Karte ausgewählt ist, sehen Sie im Visual des Säulendiagramms drei Symbole, wie in Abbildung 4–4 dargestellt. Die Symbole sind sehr klein. Ich wünschte, Microsoft würde diese Interaktionssymbole ein wenig deutlicher machen, aber das tun sie nicht. Wenn ich schreibe, dass ein Symbol ausgewählt ist, wird es als »ausgefüllt« und nicht als »durchsichtig« dargestellt. Im Beispiel sehen Sie, dass die mittlere Schaltfläche ausgefüllt ist. Das ist also die Art von Kreuzfilterung, die vom Visual der Karte gegen das Visual des Säulendiagramms vorgenommen wird.

Auf der linken Seite befindet sich die Option *Filtern*. Damit wird das Ergebnis streng gefiltert, sodass nur das gefilterte Ergebnis angezeigt wird; in diesem Fall würden Sie also nur das Ergebnis der Michiganer sehen und nicht das Ergebnis für den gesamten Durchschnitt. Die zweite Option ist *Hervorheben*, die das bewirkt, was Sie in Abbildung 4–3 gesehen haben. Die letzte Option ist *Keine*, was bedeutet, dass das ausgewählte Visual dieses Visual überhaupt nicht filtert.

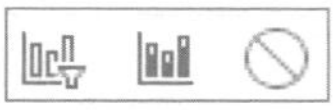

Abb. 4–4 *Von links nach rechts:* Filtern, Hervorheben *und* Keine

4.4 Säulen- und Balkendiagramme

Säulen- und Balkendiagramme weisen in der Regel ein sehr einfaches X-/Y-Achsen-Design auf. Man nimmt die Werte und vergleicht sie über zwei Dimensionen hinweg, um daraus Erkenntnisse zu gewinnen. Bei einigen Diagrammen kann eine zweite Y-Achse hinzugefügt werden, um einen Wert mit einem anderen zu überlagern. In der Kategorie der Säulen- und Balkendiagramme verfügt Power BI standardmäßig über die folgenden Visuals (in der Reihenfolge im Bereich *Visualisierungen*, von links nach rechts, von oben nach unten, wobei Visuals übersprungen werden, die für diesen Teil des Textes nicht relevant sind):

- Gestapeltes Balkendiagramm
- Gestapeltes Säulendiagramm
- Balkendiagramm (gruppiert)
- Säulendiagramm (gruppiert)
- Gestapeltes Balkendiagramm (100 %)
- Gestapeltes Säulendiagramm (100 %)
- Wasserfalldiagramm

4.4.1 Gestapelte Balken- und Säulendiagramme

Die gestapelten Balken- und Säulendiagramme erreichen das gleiche Ziel mit unterschiedlicher Vertikalität. Welches ist Ihre X-Achse und welches Ihre Y-Achse? Als Faustregel gilt: Verwenden Sie Balkendiagramme, wenn Sie diskrete Werte vergleichen, und Säulendiagramme, wenn Sie kontinuierliche Werte wie z. B. die Zeit messen. Dies ist jedoch keine feste Regel.

Für dieses Diagramm möchte ich den Unterschied zwischen den Studierenden, für die dies der erste Kurs im Fachbereich ist, und denen, für die dies nicht der Fall ist, untersuchen. Ich möchte wissen, wie hoch die Durchschnittspunktzahl ist und wie viele Sprechstunden die einzelnen Gruppen besucht haben.

In Abbildung 4–5 sehen Sie sowohl das gestapelte Balken- als auch das gestapelte Säulendiagramm. Beachten Sie, dass bei diesen beiden Diagrammen die Werte, die Sie übereinanderlegen, die Summe der Werte darstellen, aus denen sich die Visualisierung zusammensetzt – in diesem Fall die durchschnittliche Punktzahl und die Anzahl der Sprechstundenbesuche jeder Gruppe. Auf diese Weise erhalten Sie einen kombinierten Wert, mit dem Sie schnell mehrere Spalten vergleichen und Ergebnisse finden, die auf den ersten Blick vielleicht nicht intuitiv sind.

Beide Diagramme zeigen im Bereich *Visualisierungen* die gleichen Eingabedaten an. Sie definieren eine Achse. Sie erweitern die Diagramme um eine Legende, Smalll Multiples und um QuickInfos, indem Sie die gewünschten Datenfelder auf die betreffenden Felder ziehen.

Die QuickInfo ist das, was Sie sehen, wenn Sie mit dem Mauszeiger auf einen bestimmten Teil der Visualisierung zeigen. Wenn die QuickInfo nicht konfiguriert ist, stellt Power BI eine Liste von Werten in der QuickInfo zusammen, die auf dem Inhalt der Visualisierung basiert. Stellen Sie sich das wie eine schnelle Tabelle vor, die Sie für ein bestimmtes Dataset anzeigen lassen können, um Ihnen das Lesen der Visualisierung zu erleichtern. Sie können auch Informationen in die QuickInfo einfügen, die nicht unbedingt in der Visualisierung enthalten sind.

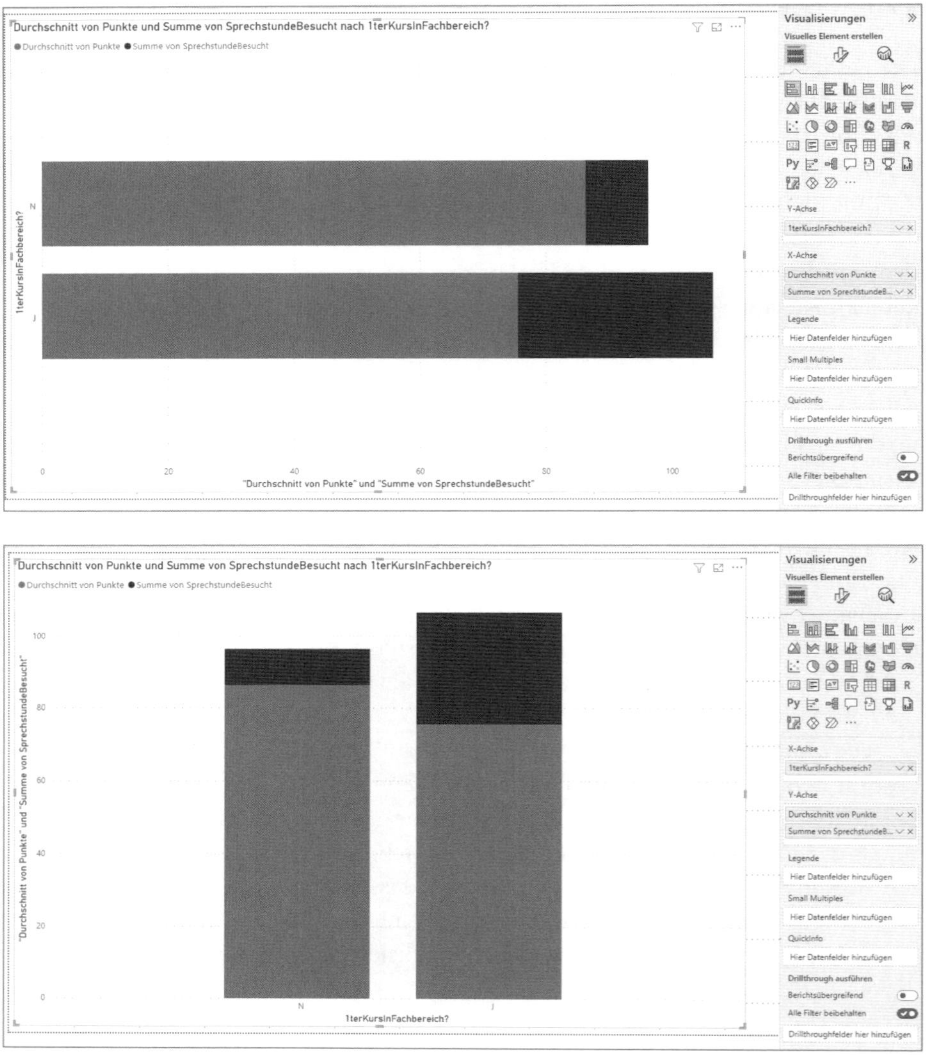

Abb. 4–5 *Balken versus Säulen*

4.4.2 Gruppierte Balken- und Säulendiagramme

Bei einem gruppierten Balken- oder Säulendiagramm werden die Werte nicht aggregiert, sondern in einzelne Elemente auf einer Achse aufgeteilt. Bei den gestapelten Diagrammen gibt es im Grunde nur einen Balken oder eine Säule, in der alle Werte zusammengefasst sind. Im gruppierten Diagramm erhalten Sie für jeden Wert auf der X-Achse einen eigenen Balken oder eine eigene Säule.

Im Beispiel in Abbildung 4–6 möchte ich untersuchen, ob es eine echte Diskrepanz zwischen den Durchschnittswerten nach ethnischer Zugehörigkeit und nach Alter gibt. Ich möchte jede ethnische Zugehörigkeit separat hervorheben, aber ich möchte auch auf einer vergleichbaren Basis sehen, wie die Altersgruppen im Vergleich zueinander stehen und wie die durchschnittliche Punktzahl aussieht. Dies kann ich erreichen, indem ich die Werte für das Durchschnittsalter und die Durchschnittspunkte voneinander trenne. Abbildung 4–6 zeigt, wie dies sowohl in Balken- als auch in Säulenform aussieht.

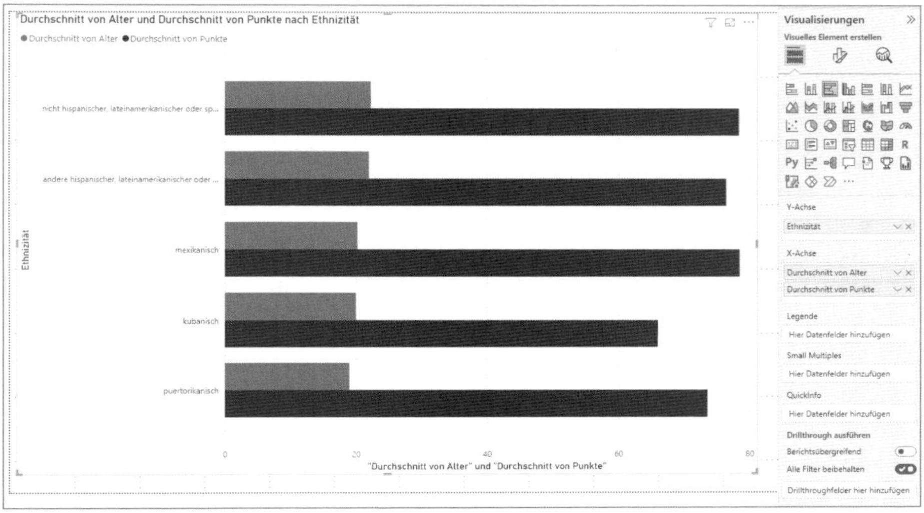

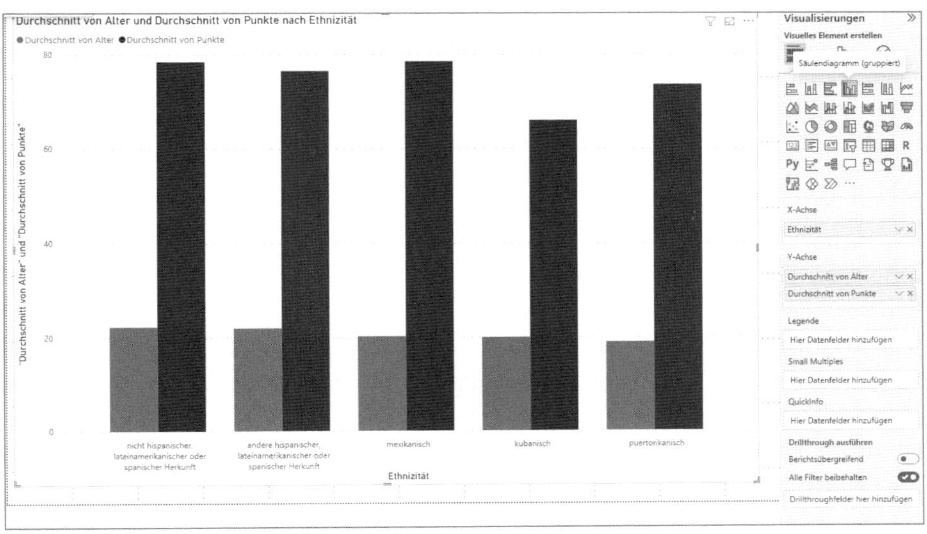

Abb. 4–6 *Gruppierte Diagramme werden aufgeteilt und nicht zusammengefasst.*

Dieser Satz von Diagrammen zeigt sehr schön, dass es auf die Art der Darstellung von Daten ankommt. Wenn Sie sich den oberen Teil von Abbildung 4–6 ansehen, ist es einfacher, den Unterschied im Durchschnittsalter der einzelnen ethnischen Gruppen zu erkennen. Ich denke, dass dies im Säulendiagramm etwas schwieriger zu erkennen ist. Sowohl die Säulen- als auch die Balkendiagramme zeigen den Unterschied in der durchschnittlichen Punktzahl jedoch gut auf.

Manchmal macht es einen großen Unterschied, ob ein Wert auf der X- oder der Y-Achse dargestellt wird. Denken Sie außerdem daran, dass Achsen standardmäßig dynamisch sind. Das sollten Sie bedenken, wenn Sie sich für Balken- oder Säulendiagramme entscheiden oder wenn Sie die Achsenwerte manuell festlegen möchten (was Sie im Abschnitt der Datenfelder für diese Gruppe von Visualisierungen unterhalb der entsprechenden Achsenkategorie tun können).

4.4.3 Gestapelte Balken- und Säulendiagramme (100 %)

Die gestapelten Balken- und Säulendiagramme (100 %) nehmen einen gegebenen Satz von Werten über Dimensionen hinweg und ermitteln für diese Gesamtsumme, welcher Prozentsatz der Gesamtsumme zu jedem spezifischen Abschnitt der Gruppierung gehört. Hierdurch wird das Ergebnis über die Kategorien hinweg normalisiert, da es auf Prozentsätzen und nicht auf absoluten Werten basiert.

In unserem Kurs gibt es zum Beispiel viel weniger Studierende, die Sport treiben, als solche, die sich nicht sportlich betätigen. Wenn Sie die Gesamtzahl der von jeder Gruppe besuchten Sprechstunden betrachten würden, würden die Nicht-Sportler einfach als eine viel größere Gruppe erscheinen. Was aber, wenn ich herausfinden will, ob es für eine bestimmte Aufgabe in einer Gruppe mehr Sprechstundenbesuche gab als in einer anderen? Das ist ein Beispiel, bei dem die Normalisierung der Daten nützlich sein kann, was in Abbildung 4–7 zu sehen ist.

Hier gibt es 13 Aufgaben, für die Sprechstunden abgehalten wurden. Sie sehen, dass unsere sportlichen Studierenden nur bei den Aufgaben 5, 6, 7 und 12 Sprechstunden besucht haben. Bei Aufgabe 12 waren es 20 % mehr Sprechstundenbesuche als bei den anderen Aufgaben. Bei den Nicht-Sportlern ist die Verteilung über die Aufgaben ziemlich gleichmäßig. Nicht vollkommen gleichmäßig, aber annähernd.

Wenn Sie diesen Kurs unterrichten würden, könnten Sie einige zusätzliche Fragen stellen. Gab es ein Problem mit den Sportterminen, das die Teilnahme an den Sprechstunden erschwerte? War das zusätzliche Interesse am Ende des Semesters darauf zurückzuführen, dass die sportlichen Studierenden keine guten Leistungen erbrachten, oder war das nur ein Zufall? Einige dieser Fragen kann ich anhand der Daten beantworten, andere wahrscheinlich nicht, aber ich hoffe, Sie erkennen einige Beispielfragen, die ich bei der Ausarbeitung meines Berichts oder bei meinen Nachforschungen zu diesem Thema stellen möchte.

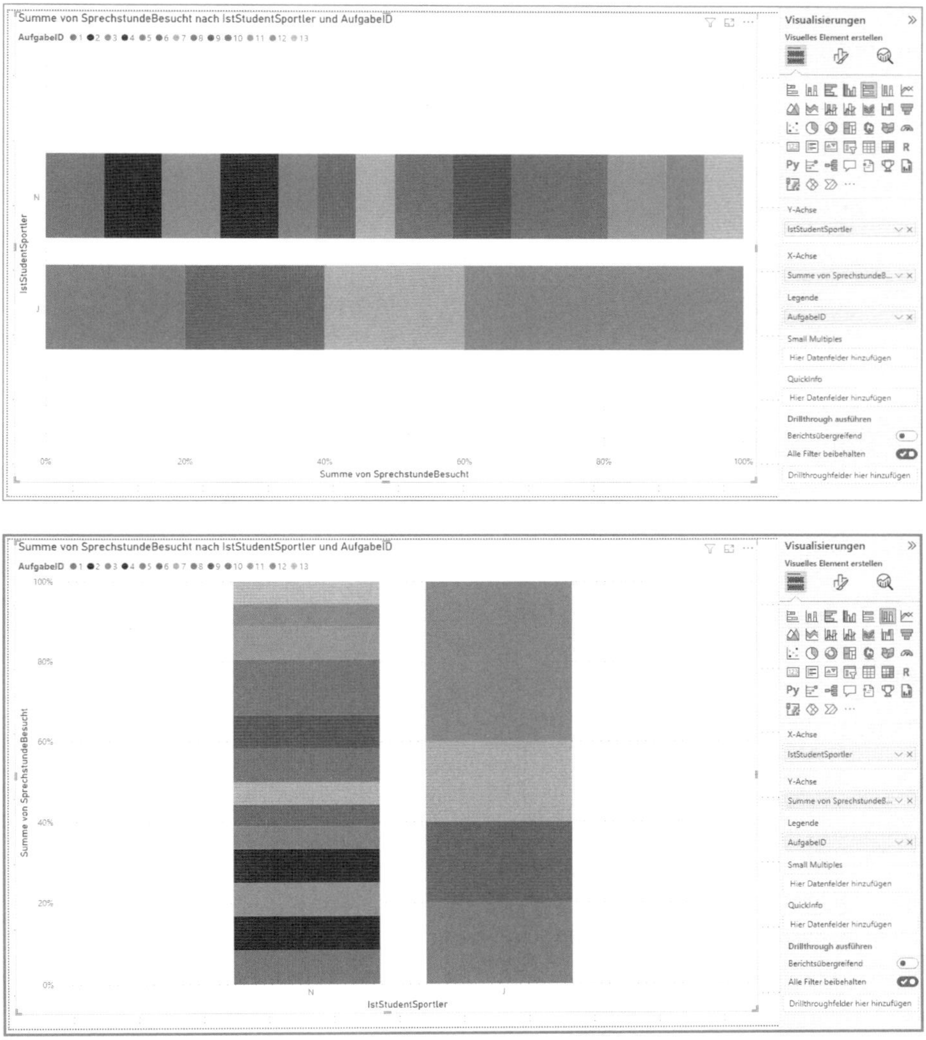

Abb. 4–7 *Prozentuale Vergleiche können nützlich sein; bei vielen Kategorien können sie jedoch unübersichtlich werden.*

4.4.4 Small Multiples

Small Multiples ist eine Funktion, mit der Sie die Visualisierung unter Beibehaltung gemeinsamer Achsen in Datenschnitte aufteilen können. Nehmen wir an, ich möchte dies in vier Quadrate unterteilen, indem ich das Merkmal »Ist Student Sportler?« und das Geschlecht verwende. Ich könnte dies für alle vier Kombinationen aufschlüsseln – kein Sportler und weiblich, kein Sportler und männlich, ist Sportler und weiblich, ist Sportler und männlich – und dabei den Wert meiner Kernachse beibehalten. So erhalte ich die in Abbildung 4–8 dargestellte Ansicht, die auch ein Beispiel für einen QuickInfo-Wert enthält, der nicht an anderer Stelle in der Grafik zu finden ist (in diesem Fall das Durchschnittsalter für diese Datengruppe).

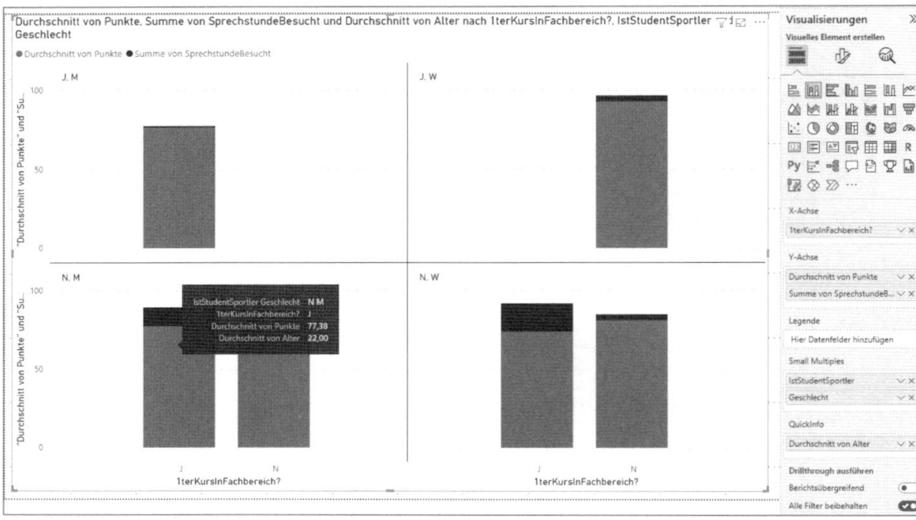

Abb. 4–8 *Small Multiples sind ein großartiges Beispiel für die »Power« in Power BI.*

Nehmen Sie sich einen Moment Zeit, um über die Schlussfolgerungen nachzudenken, die Sie ziehen können. Sie wissen, dass es keine männlichen Sportler gibt, für die dies nicht der erste Kurs ist. Sie wissen, dass das Gegenteil für weibliche Athleten zutrifft. Sie sehen, dass die durchschnittliche Punktzahl in allen Gruppen bei denjenigen höher ist, für die es nicht der erste Kurs ist. Und im Allgemeinen wissen Sie, dass diejenigen, die ihren ersten Kurs im Fachbereich belegen, mehr Sprechstunden besucht haben, aber diese Sprechstunden haben die Erstsemester nicht ganz auf das Niveau der erfahreneren Studierenden in der Abteilung gebracht.

4.4.5 Wasserfalldiagramm

Ein Wasserfalldiagramm stellt für eine bestimmte Kategorie zusammen, wie sich ein Wert in dieser Kategorie verändert hat, bis er den endgültigen Gesamtwert anzeigt. Dies kann nützlich sein, wenn Sie eine Kombination aus positiven und negativen Merkmalen haben, die zu einem Gesamtwert beitragen, sodass Sie sie aufschlüsseln und miteinander vergleichen können. Es gibt keine negativen Noten für irgendjemanden, daher zeigt Abbildung 4–9 ein Wasserfalldiagramm mit nur einer Richtung, das die Berechnung der besuchten Sprechstunden nach *AufgabeID* zeigt, bevor die Gesamtzahl der besuchten Sprechstunden für das Semester angezeigt wird.

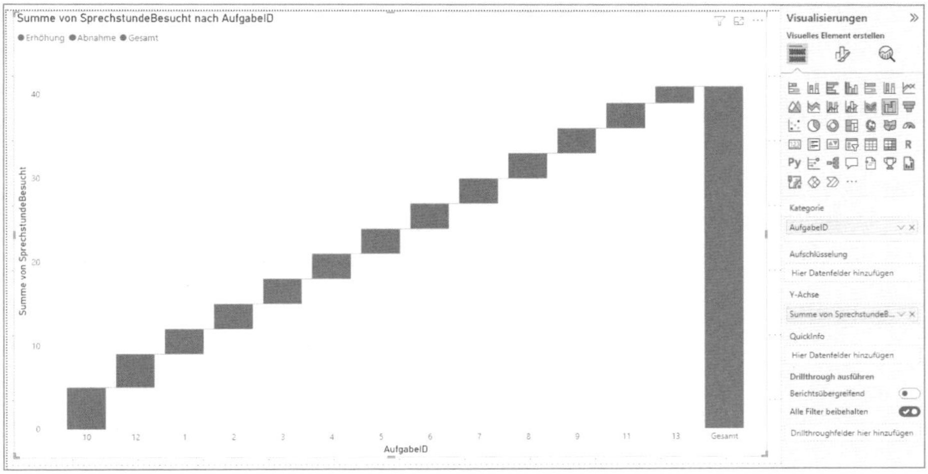

Abb. 4–9 *Das Wasserfalldiagramm*

4.5 Linien- und Flächendiagramme

Linien- und Flächendiagramme sind wie Säulen- und Balkendiagramme sehr auf die X- und Y-Achse ausgerichtet. Der Unterschied besteht oft darin, dass es einfacher ist, Trends zu erkennen oder Vergleiche mit Linien oder Flächen anzustellen, um zu sehen, wo sich Daten in einer Zeitreihe überschneiden oder wo bestimmte Kategorien ineinander übergehen können.

Power BI verfügt auch über eine Reihe von Diagrammen, die Säulendiagramme mit Liniendiagrammen kombinieren, die ich in diesem Abschnitt erklären werde. Auch hier wird die Liste der Visualisierungen in dieser Kategorie von links nach rechts und von oben nach unten gelesen, wobei Visualisierungen, die nicht in diesem Abschnitt enthalten sind, übersprungen werden:

- Liniendiagramm
- Flächendiagramm
- Gestapeltes Flächendiagramm
- Linien- und gestapeltes Säulendiagramm
- Linien- und gruppiertes Säulendiagramm
- Bänderdiagramm

4.5.1 Liniendiagramm

Ein Liniendiagramm unterscheidet sich nicht wirklich von einem Säulendiagramm, außer dass es mit Linien einfacher ist, Trends zu erkennen, als mit Säulen. Liniendiagramme funktionieren auch am besten mit einer kontinuierlichen Achse, da das Liniendiagramm bei einer Lücke die Linie unterbricht und sie für den nächsten Wert in der Achsenreihe wieder aufnimmt. Wenn Sie sich die Optionen im Bereich *Visualisierungen* für Säulen- und Liniendiagramme ansehen, werden

Sie feststellen, dass sie sehr ähnlich aussehen, mit einer Ausnahme, dass das Liniendiagramm eine zusätzliche Option für eine sekundäre Y-Achse hat. Dieser Abschnitt ist für den Fall vorgesehen, dass Sie zwei Y-Achsen gegeneinanderstellen wollen, was die Besonderheit von Liniendiagrammen ist. Dies kann nützlich sein, wenn Sie die Entwicklung zweier Werte vergleichen möchten, die jedoch sehr unterschiedliche Größenordnungen haben.

Ein gutes Beispiel dafür ist der Vergleich des durchschnittlichen Produktpreises mit dem Gesamtgewinn. Der Durchschnittspreis für Ihre Produkte wird niedriger sein als Ihr Gesamtgewinn (oder er sollte es zumindest sein, sonst haben Sie viel größere Probleme, als dieses Buch wirklich lösen kann). Wenn Sie diese Werte auf dieselbe Achse legen – z.B. den Gewinn in Millionen und den Durchschnittspreis in Hunderten –, sieht die Durchschnittspreislinie im Vergleich zu den Millionengewinnen praktisch flach und nahe null aus. Wenn Sie sie jedoch auf verschiedene Achsen legen, wobei jede Y-Achse ihre eigene Größenordnung misst, können Sie dieses Problem lösen und die Trends besser zusammen sehen.

In Abbildung 4–10 habe ich ein Liniendiagramm erstellt, das die durchschnittliche Punktzahl nach *AufgabenID* und die Anzahl von *StudentID* für jede Aufgabe zeigt. Selbst in dem angegebenen Beispiel erreicht die Anzahl der Schüler bei keiner Aufgabe die Höhe der Durchschnittspunktzahl, auch nicht bei der mit der niedrigsten Punktzahl.

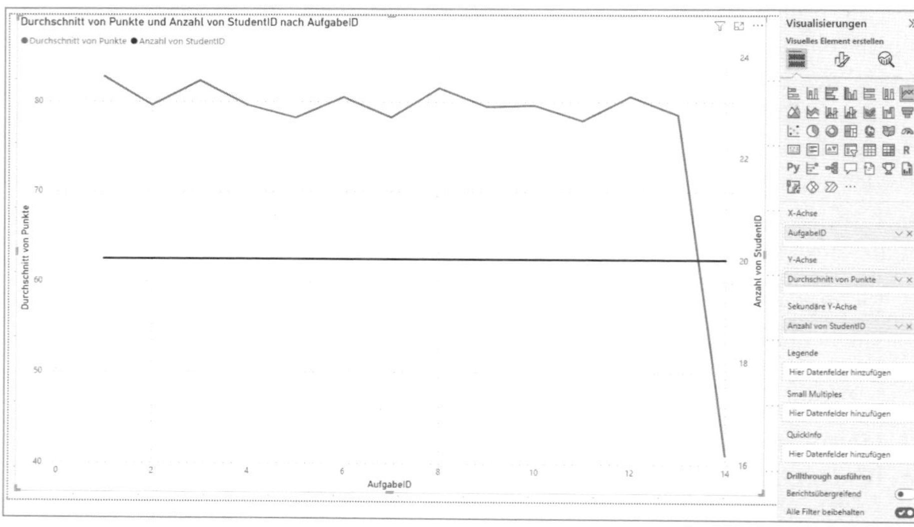

Abb. 4–10 *Was geschah bei Aufgabe 14? Bleiben Sie dran und finden Sie es heraus.*

4.5.2 Flächendiagramm

Ein Flächendiagramm verfügt über die gleichen Kategorieoptionen wie ein Liniendiagramm. Stellen Sie sich ein Flächendiagramm als ein Liniendiagramm vor, bei dem die Werte unterhalb der Linie ausgefüllt sind. Voilà, Flächendiagramm! Das Flächendiagramm bietet meiner Meinung nach zwei gute Anwendungsfälle.

Der erste Anwendungsfall ist, wenn Sie Daten haben, die sich im Laufe der Zeit ändern, und Sie dem Leser ein Gefühl für die Größenordnung dieser Änderungen vermitteln wollen. Ein gutes Beispiel dafür ist die Betrachtung der Bevölkerungsentwicklung im Laufe der Zeit.

Sie können ein Flächendiagramm auch verwenden, um leichter zu erkennen, wo sich zwei oder mehr Werte überschneiden oder – was für mich meist interessanter ist – wo sie sich nicht überschneiden. Abbildung 4–11 ist identisch mit Abbildung 4–10, nur dass es sich um ein Flächendiagramm handelt. Ganz am Ende des Diagramms, für Aufgabe 14, sehen Sie, dass der Bereich, der unter der Zeile mit der Anzahl der Schüler ausgefüllt ist, nicht auch von der Durchschnittspunktzahl ausgefüllt wird, weil die Durchschnittspunktzahl gesunken ist. Dieser ausgefüllte Bereich ist ein hervorragender visueller Indikator dafür, dass etwas anormal ist oder eine weitere Untersuchung wert sein könnte.

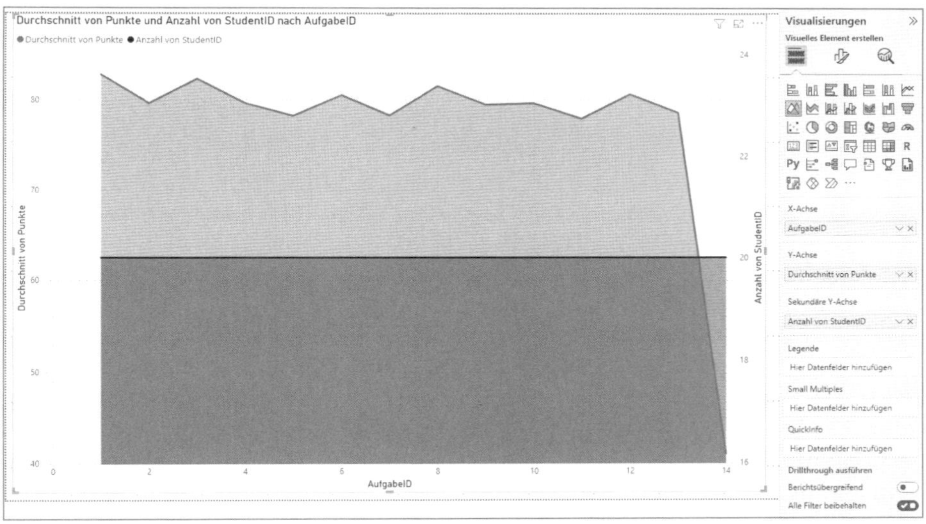

Abb. 4–11 *Das kleine Dreieck am Ende wirft so viele Fragen auf!*

4.5.3 Gestapeltes Flächendiagramm

Ein gestapeltes Flächendiagramm unterscheidet sich insofern von einem Flächendiagramm, als dass es nicht nur die einzelnen Werte in einem Bereich anzeigt, sondern auch ein Aggregat der Werte des Bereichs erstellt, sodass Sie gleichzeitig sowohl die einzelnen Teile einer Summe als auch die Gesamtsumme sehen.

Stellen Sie sich vor, Sie haben ein Unternehmen, das mehrere Abonnementmodelle anbietet: Silber, Gold und Platin. Das gestapelte Flächendiagramm kann in einem solchen Beispiel sehr hilfreich sein, da es die Bereiche Silber, Gold und Platin übereinander anzeigt, sodass Sie sowohl die kombinierten Abonnements als auch deren Anteile sehen.

Abbildung 4–12 zeigt ein gestapeltes Flächendiagramm, in dem die durchschnittliche Punktzahl pro Aufgabe nach der Anzahl der Studienjahre eines Studenten dargestellt ist. Wenn Sie sich *AufgabeID 3* ansehen, erkennen Sie, dass die Studierenden mit einem Jahr Studienzeit aus irgendeinem Grund Schwierigkeiten mit dieser Aufgabe haben. Vielleicht haben sie sich schon daran gewöhnt, auszuschlafen?

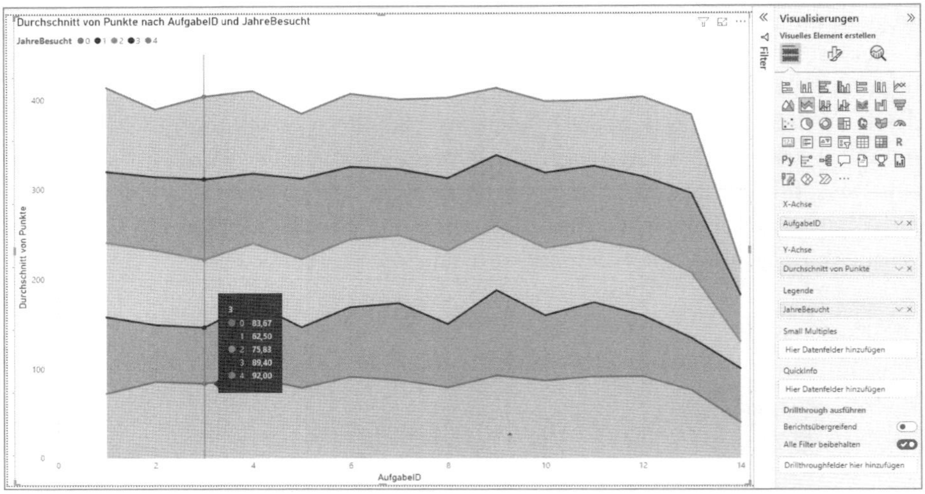

Abb. 4–12 *Studierende, die die Uni ein oder zwei Jahre besuchten, scheinen hier Schwierigkeiten zu haben.*

4.5.4 Linien- und gestapeltes/gruppiertes Säulendiagramm

Ich habe bereits weiter vorne in diesem Kapitel über gestapelte und gruppierte Säulendiagramme geschrieben. Was bedeutet das Hinzufügen einer Linie für diese Diagramme? Eine ganze Menge, wie sich herausstellt! Die Möglichkeit, ein Säulendiagramm zu nehmen und dann einen Wert als Linie dargestellt auf einer anderen Achse zu überlagern, kann die Analyse erheblich erweitern.

In Abbildung 4–13 habe ich zum Beispiel den Mittelwert der Punkte nach Typ/Herkunft als Linie dargestellt, aber die Gesamtsumme aller Punkte als gruppierte Säule zusammengefasst. Diese Ansicht zeigt mir sehr schnell, dass die Weißen in meinem Kurs in der Mehrheit sind, aber die schwarzen bzw. afroamerikanischen Studierenden die höchste Durchschnittspunktzahl haben. Die Einbeziehung der zweiten Y-Achse zeigt mir jedoch auch, dass der Unterschied in der Durchschnittsnote zwischen meinen Typ/Herkunft-Gruppen nicht so groß ist und von etwa 76 bis zu einem Höchstwert von 80 reicht. Wäre ich ein Dozent, der darauf bedacht ist, dass sein Kurs pädagogisch auf die Bedürfnisse aller seiner Studierenden abgestimmt ist, würde ich dieses Ergebnis sehr positiv aufnehmen!

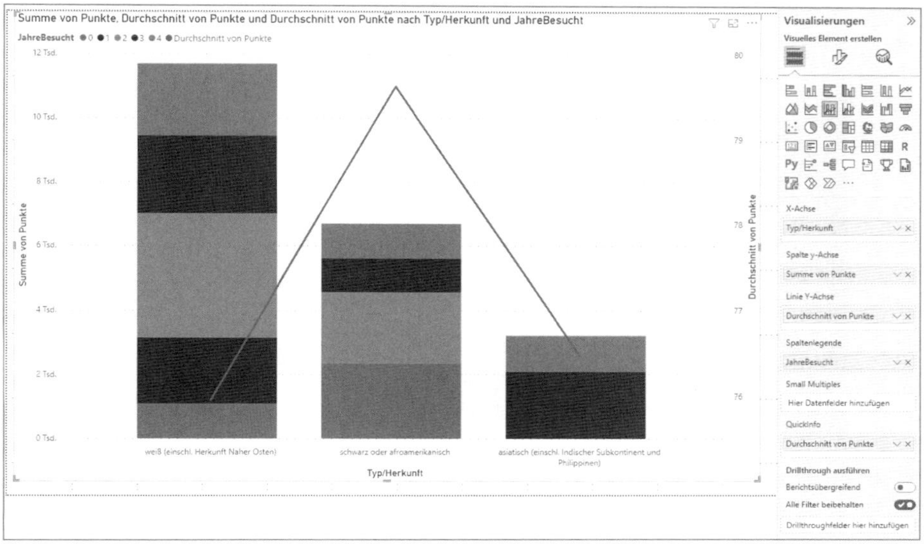

Abb. 4–13 *Manchmal kann eine zusätzliche Linie und Achse so viel aussagen.*

4.5.5 Bänderdiagramm

Ein Bänderdiagramm ähnelt einem Flächendiagramm, aber es zeigt vor allem, wie die Dinge zueinander stehen. Sie sehen, wie das Bänderdiagramm über die Kategorie fließt. Die Tooltips für Bänderdiagramme sind auch besonders detailliert, wenn Sie den Mauszeiger über den »Übergangsteil« des Bandes bewegen. So nenne ich den Teil der Diagramme, der nicht die zu vergleichenden Spalten darstellt.

Einen guten Eindruck von einem einfachen Bänderdiagramm erhalten Sie in Abbildung 4–14, wo Sie den Rang der durchschnittlichen Punktzahl derjenigen, die an den Sprechstunden teilgenommen haben, gegenüber denen, die nicht teilgenommen haben, betrachten. Sie sehen, dass zu Beginn des Semesters diejenigen, die nicht an den Sprechstunden teilnahmen, besser abschnitten, aber das ändert sich in Woche 5, sodass diejenigen, die die Sprechstunden besuchten, besser abschnitten. Welche Fragen wirft dies in Ihrem Kopf auf?

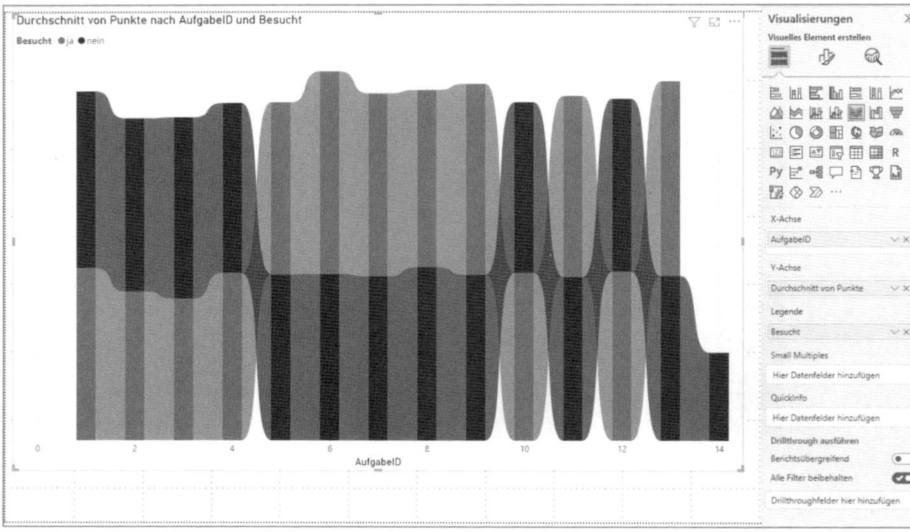

Abb. 4–14 *Ich möchte wissen, wann Sprechstundenbesuche die größte Wirkung haben.*

4.6 Kreisdiagramme, Punkte und Karten

Dieser nächste Abschnitt der Diagramme deckt ein etwas breiteres Spektrum ab als die beiden vorherigen Kategorien. Ich fasse diese Dinge gerne zusammen, weil sie für mich nicht unbedingt so gut in andere Kategorien passen. Hier geht es eher darum, die Wirkung von Kategorien zu demonstrieren, als einen Wert in einer Kategorie zusammenzufassen. Anders ausgedrückt: Was bedeutet eine bestimmte Kategorie für etwas? Dies führt zu der folgenden Liste von Diagrammen, die wiederum in ihrer Reihenfolge im Bereich *Visualisierungen* von rechts nach links und von oben nach unten aufgeführt sind:

- Trichter
- Punktdiagramm
- Kreisdiagramm
- Ringdiagramm
- Treemap

4.6.1 Trichter

Ein *Trichterdiagramm* ist eine flexible Visualisierung. Im Kern geht es bei einem Trichterdiagramm darum, eine Sammlung von Daten mit einer anderen Sammlung von Daten zu vergleichen, um zu sehen, wie nah oder weit entfernt sie ist.

Eines meiner Lieblingsbeispiele für ein Trichterdiagramm stammt aus der Zeit, als ich in einem Callcenter in der Betriebsanalytik arbeitete. Dieses Callcenter führte telefonisches Coaching durch, und es war wichtig zu wissen, wie oft wir erfolgreich eine Verbindung herstellen oder ein Gespräch führen würden. Ich benutzte ein Trichterdiagramm, um die Anzahl der infrage kommenden Personen darzustellen und dann die Anzahl der Personen, die wir einmal, zweimal, dreimal usw. erreicht haben. Jede weitere Kontaktaufnahme war schwieriger, und man konnte niemanden ein drittes Mal erreichen, wenn man ihn nicht schon ein zweites Mal erreicht hatte. Auf diese Weise konnten wir unsere Konversionsrate auf jeder Ebene der Kundeninteraktion schnell nachvollziehen.

In dem Beispiel in Abbildung 4–15 sehen Sie einen anderen Anwendungsfall für den Trichter: eine vorsortierte Liste der Durchschnittsnoten nach Schülern. Achten Sie besonders auf die QuickInfo, die Informationen in dem schwarzen Kasten im oberen Teil in Abbildung 4–15. Sie zeigt den prozentualen Anteil des hervorgehobenen Wertes im Vergleich zum Spitzenwert an. Herr Schmitz mit einer Durchschnittsnote von 85,36 % hat eine Durchschnittspunktzahl, die 92,28 % der Spitzenpunktzahl (Montegalegre) und eine Durchschnittspunktzahl, die 97,47 % der Punktzahl des Vorherigen (Boomhower) beträgt.

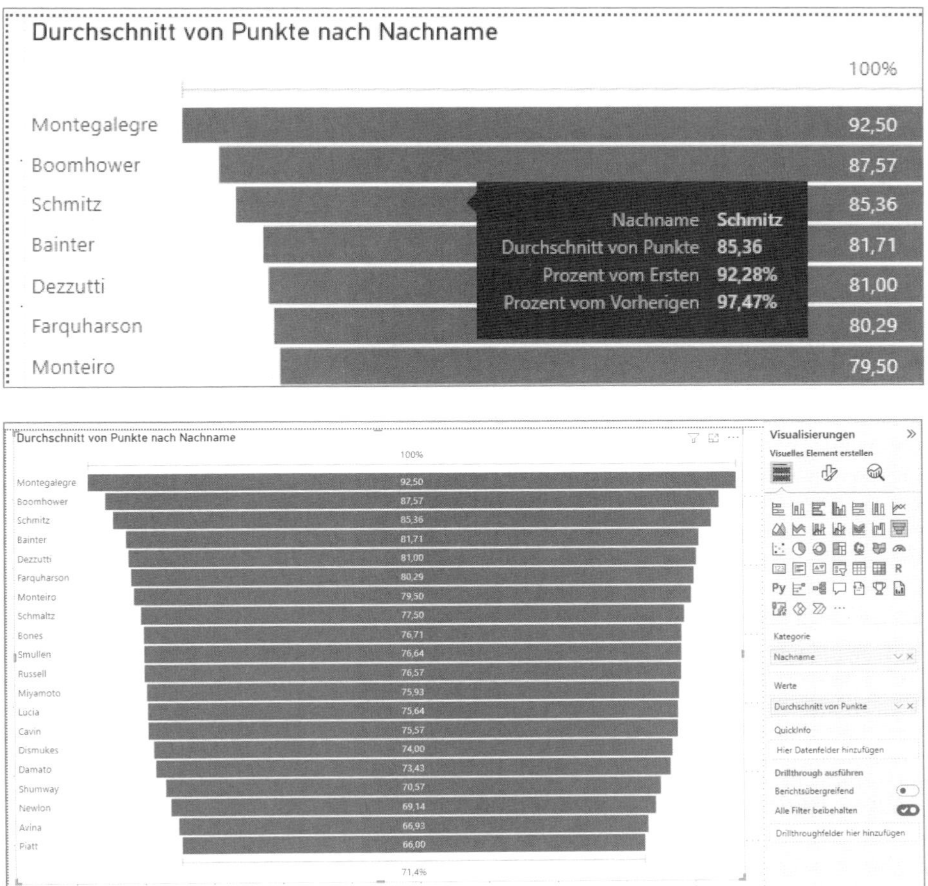

Abb. 4–15 *Visualisierung des Rangs*

4.6.2 Punktdiagramm

Das *Punktdiagramm* ist eine der nützlichsten und zugleich verwirrendsten Grafiken in Power BI. Ich will es ganz offen gestehen: Es ist unbeständig. Es gibt viel zu viele Möglichkeiten, bei der Erstellung dieses Diagramms einen Fehler zu machen. Wenn Sie Daten haben, die Sie gut als X- und Y-Paare darstellen können, ist das Punktdiagramm fantastisch. Es kann unter anderem dazu verwendet werden, die Veränderung von Werten im Laufe der Zeit darzustellen. Noch ein Hinweis: Die Y-Achse muss immer numerisch sein; sie kann nicht kategorisch sein. Die X-Achse kann entweder numerisch oder kategorisch sein.

In dem Beispiel in Abbildung 4–16 sehen Sie die durchschnittliche Punktzahl der Studierenden, die Sportler und Nicht-Sportler sind. Die Besonderheit des Punktdiagramms ist die Wiedergabeachse, die es ermöglicht, einige kategoriale Filter nacheinander zu durchlaufen, um zu sehen, wie sich diese Werte im Laufe der Zeit verändern. Dies kann sehr gut mit kontinuierlichen Daten funktionieren, die Zeitdaten verwenden, oder, wie in diesem Fall, verwende ich die *AufgabeID*, die numerisch ist, um die Änderung in Bezug auf die Reihenfolge der *AufgabeID* durchzuspielen.

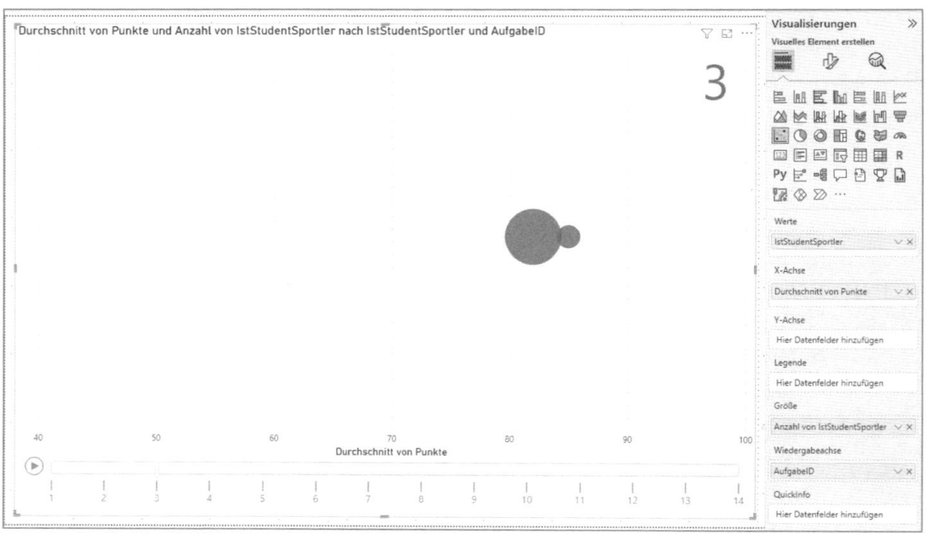

Abb. 4–16 *Bewegte Bilder. Es ist etwas seltsam, aber ich wette, sie werden eines Tages groß rauskommen.*

4.6.3 Kreis- und Ringdiagramm

Oh, ich kann die Schreie der Finanzfachleute überall hören: »Jeremey! Warum tauchen diese gemeinsam in einem Abschnitt auf? Das ist doch überhaupt nicht dasselbe!« Ich möchte, dass sich alle darüber im Klaren sind. Ein Ringdiagramm ist ein Kreisdiagramm mit einem Loch in der Mitte. Sie haben genau dieselbe

Funktion, nämlich den prozentualen Anteil einer bestimmten Kategorie an einem Gesamtwert darzustellen.

Sehen Sie mich an, und mit »ansehen« meine ich, dass Sie aufhören zu lesen, hoch zum Himmel blicken und meine körperlose Stimme in Ihrem Kopf hören. Kreis- und Ringdiagramme werden überbewertet und überstrapaziert. Bedeutet das, dass sie schlecht sind? Nein, natürlich nicht. Allerdings ist es natürlich einfacher, Linien und Säulen miteinander zu vergleichen als »Flächen« von Werten.

Hat Ihr Kreisdiagramm 74 Werte, die es vergleicht? Das ist schlecht. Handelt es sich um eine echte Zuckercremetorte aus Zionsville, Indiana? Dann ist alles gut. Ist Ihr Donut aus einem veganen, glutenfreien Mehlersatz aus einer Hintergasse in Portland, Oregon, hergestellt? Wahrscheinlich nicht gut. Im Ernst, gehen Sie zu Coco's. Voodoo ist überbewertet. Abbildung 4–17 und Abbildung 4–18 zeigen gute Kreis- und Ringdiagramme im Vergleich zu schlechten.

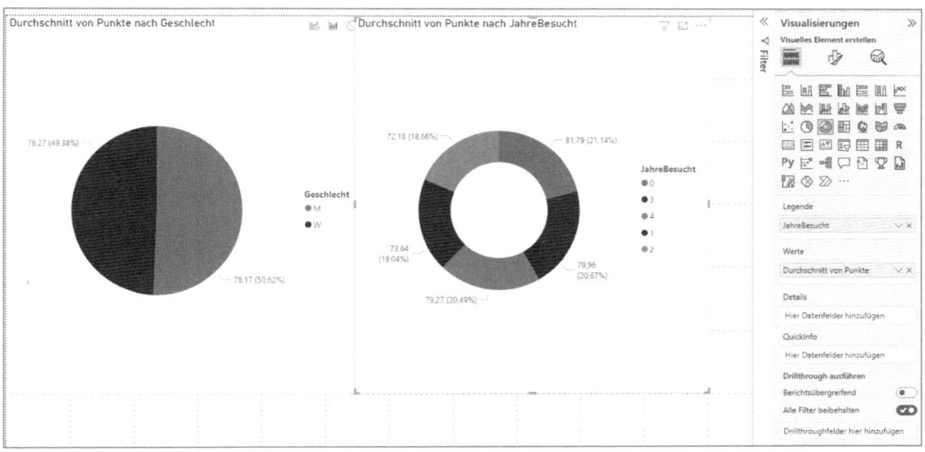

Abb. 4–17 *Guter Kreis, guter Ring. Und warum? Weil sie beide lesbar sind.*

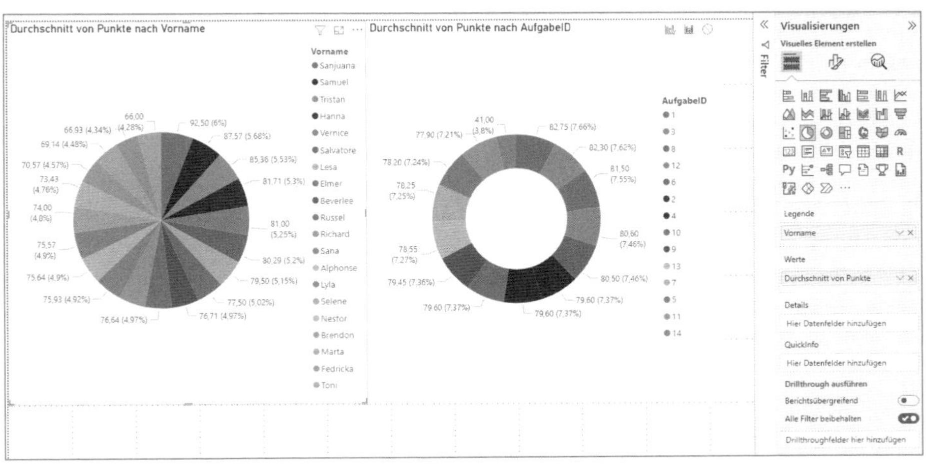

Abb. 4–18 *Tun Sie das nicht! Hier ist ein Beispiel für Kreis- und Ringdiagramme, die nicht lesbar sind.*

4.6.4 Treemap

Die Treemap ist das Kreisdiagramm des 21. Jahrhunderts, das heißt, sie kann gut genutzt werden, aber auch durch zu viele Kategorien, die sie ausfüllen, zerstört werden. Ein Vorteil der Treemap gegenüber den Kreis- und Ringdiagrammen ist jedoch, dass es einfacher ist, zwischen großen und kleinen Rechtecken zu unterscheiden. Ich verwende Treemaps gerne als Querfilter auf vielen Berichtsseiten, auf denen Kategorien und Unterkategorien vorhanden sind, um bestimmte Unterabschnitte von Daten für weitere Analysen hervorzuheben.

Eine größere Treemap wie die in Abbildung 4–19 ist hilfreich, um große Gruppen auf einen Blick zu erkennen. In diesem Fall betrachten Sie die Kombinationen von Geschlecht und ethnischer Zugehörigkeit, um zu sehen, welche Gruppen die meisten Sprechstunden besucht haben. Sie erkennen leicht, dass Frauen mehr Sprechstunden besucht haben als Männer, und Sie sehen, welche ethnischen Gruppen diese Sprechstunden besucht haben.

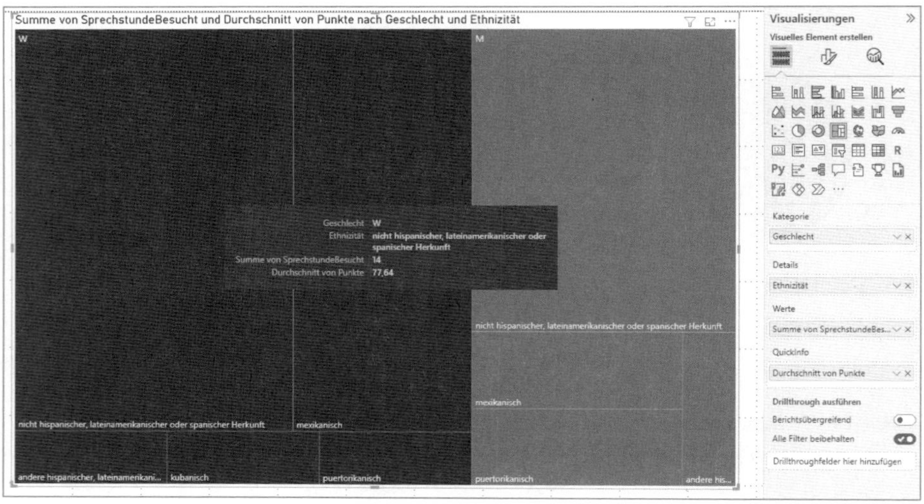

Abb. 4–19 *Gruppen- und Detailunterteilungen lassen Treemaps erstrahlen.*

4.6.5 Kartenvisualisierungen

Kartenvisualisierungen tun genau das, was man sich darunter vorstellt: Sie ordnen Daten geografischen Kategorien zu und zeigen Ihnen Details zu den Daten in diesen Kategorien. Ziemlich einfach. Power BI verfügt über mehrere Kartenvisuals, die Ihnen helfen, Ihr Ziel zu erreichen.

Die einfache Landkarte ermöglicht, einen Standort zu definieren oder Datenpunkte für Breiten- und Längengrad anzubieten, um Ihre Kartenparameter zu definieren. Die ausgefüllte Karte ist im Grunde dasselbe wie die einfache Karte, nur dass sie die relevanten geografischen Kategorien ausfüllt, anstatt Punkte in der Größe einzufügen.

Wenn Sie dieses Buch in Händen halten, ist die Visualisierung »Visuelles Formzuordnungselement« vielleicht endlich aus der Beta-Phase heraus (in der sie sich seit Jahren befindet). Das Formzuordnungselement nutzt nicht Bing oder Azure, sondern verwendet benutzerdefinierte TopoJSONs, um die Form und Struktur der Karte zu definieren. Ein TopoJSON ist ein spezielles Dateiformat, das semistrukturierte geografische Daten enthält. Wenn Sie eine benutzerdefinierte Karte benötigen, prüfen Sie, ob Sie intern eine TopoJSON erstellt haben, oder suchen Sie eine der vielen großartigen Online-Ressourcen, um eine TopoJSON der von Ihnen benötigten Karte zu erhalten.

Das Azure-Kartenvisual ermöglicht es Ihnen, Breiten- und Längengrade zu definieren, die an TomTom weitergegeben werden können, um eine Karte zu erstellen, die dem Formzuordnungselement ähnelt. Bei der Kartenvisualisierung schlage ich vor, jedes Kartenvisual auszuprobieren und zu schauen, welches für Sie und Ihre Anforderungen am besten geeignet ist.

Falls sich die beiden zuletzt genannten Visuals noch immer in der Vorschauphase befinden, müssen Sie diese Features zuerst aktivieren. Wählen Sie in Power BI-Desktop *Datei | Optionen und Einstellungen | Optionen*. Öffnen Sie im Dialogfeld *Optionen* die Kategorie *Vorschaufeatures* und schalten Sie die Kontrollkästchen vor den Features ein, die Sie aktivieren möchten.

4.7 Die flachen Visuals

Flache Visuals dient dazu, einfache, geradlinige Informationen anzuzeigen, die der Leser sehen soll. Diese Grafiken werden in der Regel nicht durch andere gefiltert, sondern sind selbst gefiltert, mit einer offensichtlichen Ausnahme: dem Visual Datenschnitt (Slicer). Diese Visualisierungen mögen einfach erscheinen, aber sie fügen einem Bericht oft dieses magische, kleine Extra an Kontext hinzu, das die Daten in eine sinnvolle Story verwandelt. Sie heben genau die Dinge hervor, die Ihr Publikum unbedingt verstehen soll. In dieser Kategorie stehen Ihnen die folgenden Visuals zur Verfügung:

- Tachometer
- Karte
- Mehrzeilige Karte
- KPI
- Datenschnitt
- Tabelle
- Matrix

4.7.1 Tachometer

Tachometer, also Messgeräte sind eine der ältesten Formen der Datenvisualisierung, die wir kennen. Sie werden seit fast dem gesamten 20. Jahrhundert in Maschinen und Technik verwendet. Ein Tachometer zeigt im Wesentlichen an, wie sich ein Wert im Vergleich zu seinen Minimal- und Maximalwerten neben einem Ziel verhält. Die Anzeige ist hilfreich, um Ziele zu setzen und schnell zu sehen, ob man über oder unter dem Zielwert liegt. Es kann auch nützlich sein, wenn Sie einen Wert in einem bestimmten Bereich halten wollen: Etwas soll nicht zu heiß oder nicht zu kalt sein.

In dem Beispiel in Abbildung 4–20 vergleiche ich die durchschnittliche Punktzahl mit der Zielvorgabe für die durchschnittliche Punktzahl. *Ziel Punkte Durchschnitt* ist ein Measure, das ich weiter hinten in Kapitel 6 definiere, und das den Wert 75 enthält.

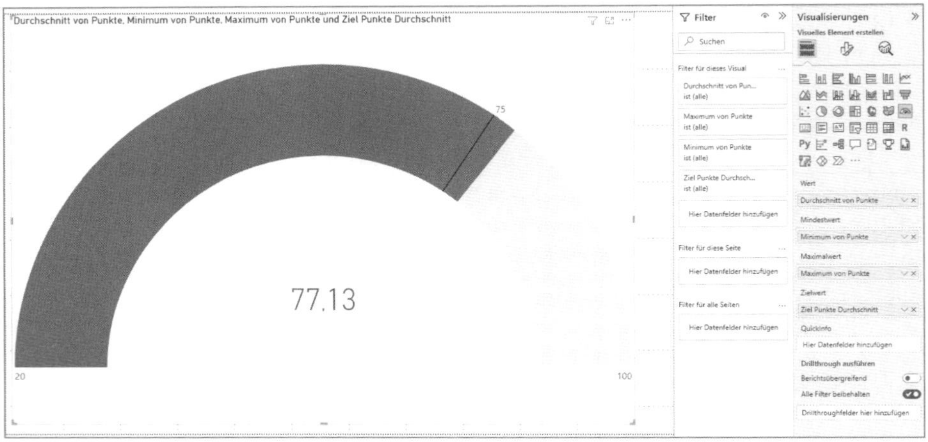

Abb. 4–20 *Tachometer und Messgeräte gibt es schon lange; Messgeräte haben schon einiges gesehen. Das liegt daran, dass Messgeräte zu den frühesten Datenvisualisierungen gehören.*

4.7.2 Karte/Mehrzeilige Karte

Das Visual *Karte* ist eins der einfachsten Visuals von Power BI. Es ist auch eins der selbsterklärenden. Wenn ein Wert angegeben wird, wird er mit einer kurzen Anmerkung versehen in eine rechteckige Karte eingefügt.

Meiner Meinung nach erfüllt die Karte zwei Dinge gut. Erstens ist sie so einfach, dass man leicht versteht, was man da liest. Kombiniert man dies mit der Querfilterung, kann die Karte schnell und einfach einen bestimmten Wert für eine beliebige Kombination von Daten hervorheben. Zweitens unterstützt sie den Erzählprozess, indem sie die Leser auf bestimmte Werte hinweist, die Ihrer Meinung nach für sie von Bedeutung sind, entweder weil sie für sich genommen wichtig sind oder weil sie den notwendigen Kontext liefern, der die anderen Visuals auf Ihrer Berichtsseite aussagekräftiger macht.

Die mehrzeilige Kartenvisualisierung ist wie der Cousin des Kartenvisuals, den Ihre Tante und Ihr Onkel beim Erntedankfest ständig anhimmeln, aber Sie sind sich nicht sicher, ob sie wirklich so toll ist. Bei der mehrzeiligen Karte werden mehrere Werte auf unauffällige Weise in einem einzigen kartenähnlichen Feld dargestellt. Wenn es sich bei allen Werten um Aggregate handelt, sieht es ziemlich sauber aus. Wenn Sie jedoch Aggregate haben, die anschließend kategorisiert werden, erzeugt die mehrzeilige Karte mehrere Zeilen auf der Karte, und führt die aggregierten Werte für jeden kategorisierten Wert auf.

In Abbildung 4–21 sehen Sie auf der linken Seite eine einfache Karte und zwei mehrzeilige Karten auf der rechten Seite: eine mit nur Aggregationen oben und eine nach *StudentID* unterteilt unten, um den Unterschied leichter zu erkennen. Beachten Sie, dass das zweite mehrzeilige Visual auch eine Bildlaufleiste enthält, um die Navigation zu erleichtern, da es nun länger ist als der ihm zugewiesene Platz.

Abb. 4–21 *Diese Abbildung zeigt den Unterschied zwischen einer Karte und einer mehrzeiligen Karte.*

4.7.3 KPI

Die Visualisierung von Leistungsindikatoren (KPI; Key Performance Indicator) gehört zu den Dingen, die oberflächlich betrachtet großartig klingen, aber unweigerlich zur Frustration führen. Es ist nicht so schlimm wie das Punktdiagramm, aber das KPI-Visual ist anfangs nicht wirklich intuitiv.

Es gibt ein Indikatorfeld, und das zeigt das an, was Sie tatsächlich messen. Es gibt eine Trendachse, auf der die Ergebnisse auf einer nicht angezeigten X-Achse dargestellt werden. Dann gibt es das Ziel, das Sie entweder überschreiten oder unterschreiten sollten.

Ein klassisches Beispiel für den Einsatz eines KPI ist der Vergleich des Umsatzes des laufenden Jahres mit dem Umsatz des Vorjahres nach Geschäftsmonat. In dem Beispiel betrachten Sie die durchschnittliche Punktzahl im Vergleich zum Zieldurchschnitt von 75. Die Grafik zeigt dann, wie Sie im Vergleich zu diesem Ziel abgeschnitten haben.

Das Ärgerliche an KPI ist, dass es immer den Wert für den letzten Wert auf der Achse anzeigt, unabhängig davon, was davor passiert ist, auch wenn es diese

Werte im Diagrammteil visualisiert. In Abbildung 4–22 habe ich den Filterbereich geöffnet gelassen, damit Sie sehen, wie das Diagramm in zwei Szenarien aussieht: eines, bei dem ich die spezielle Aufgabe 14 ignoriere, und eines, bei dem ich das nicht tue, damit Sie den Unterschied in der Art und Weise erkennen, wie das KPI-Visual diese Ergebnisse visualisiert.

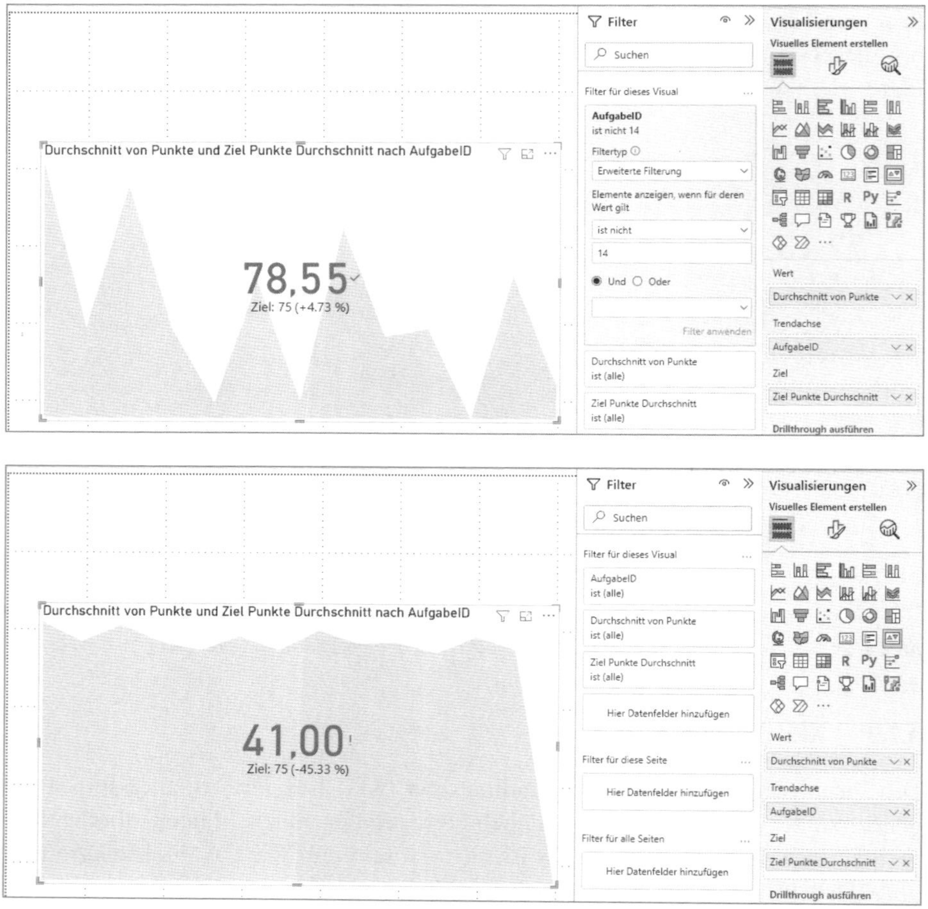

Abb. 4–22 *Manchmal wünschte ich, ich könnte dem KPI-Visual eine Rote Karte zeigen.*

4.7.4 Tabelle/Matrix

So, ich muss mich kurz entschuldigen, weil ich dieses eine Mal von der Reihenfolge abweiche und den Datenschnitt überspringe. Ich komme nach den Tabellen- und Matrixvisuals darauf zurück. Diese sind leicht zu verstehen, wenn Sie mit Excel oder Google Sheets gearbeitet oder sich eine Datenbanktabelle angesehen haben.

Die *Tabelle* ist genau das, wonach es klingt. Hier gibt es keinen Schnickschnack. Das Tabellenvisual besitzt im Bereich *Visualisierungen* nur ein einziges

Feld, in dem Sie Datenfelder ablegen können, und zwar das Feld *Spalten*. Alles ist ein Feld (eine Spalte), und alle Werte werden dieser Spalte zugewiesen. Es mag kontraintuitiv erscheinen, ein Tabellenvisual in einem Datenvisualisierungstool zu haben, aber das Tabellenvisual kann einige spezifischere Details liefern, die zusätzlichen Kontext bieten.

In vielen Szenarien würde ich eine Tabelle einer mehrzeiligen Karte vorziehen, um bestimmte Datenpunkte hervorzuheben. Mit Tabellenvisualisierungen habe ich noch eine weitere coole Sache gemacht, nämlich sie an das Ende von Berichten zu stellen, um eine einfache Datenextraktion für Analysten zu ermöglichen, die die Daten dieser Tabelle für andere Analysen verwenden möchten.

Die *Matrix* ist eher mit einer PivotTable in Excel vergleichbar, mit der Möglichkeit, mehrere Ebenen von Zeilenmerkmalen zu unterteilen. Matrizen können auch überstrapaziert werden, aber wenn sie verwendet werden, um bestimmte Datasets oder Datenkombinationen hervorzuheben, können sie dazu beitragen, bestimmte Elemente für die Leser zu erhellen. Außerdem können sie Analysten zusätzlichen Kontext bieten, damit sie wissen, welche Fragen sie schnell beantworten müssen.

Viele Jahre lang ging beim Exportieren von Daten aus einer Matrixdarstellung die Matrixformatierung verloren, da Power BI die Daten zunächst in eine Tabelle einfügte und dann exportierte. Das ist jedoch nicht mehr der Fall. Wenn Sie also Daten in einem Matrixformat exportieren müssen, z. B. für eine Präsentation, können Sie auch das tun. Abbildung 4–23 zeigt auf der linken Seite eine Tabelle und auf der rechten Seite eine Matrix.

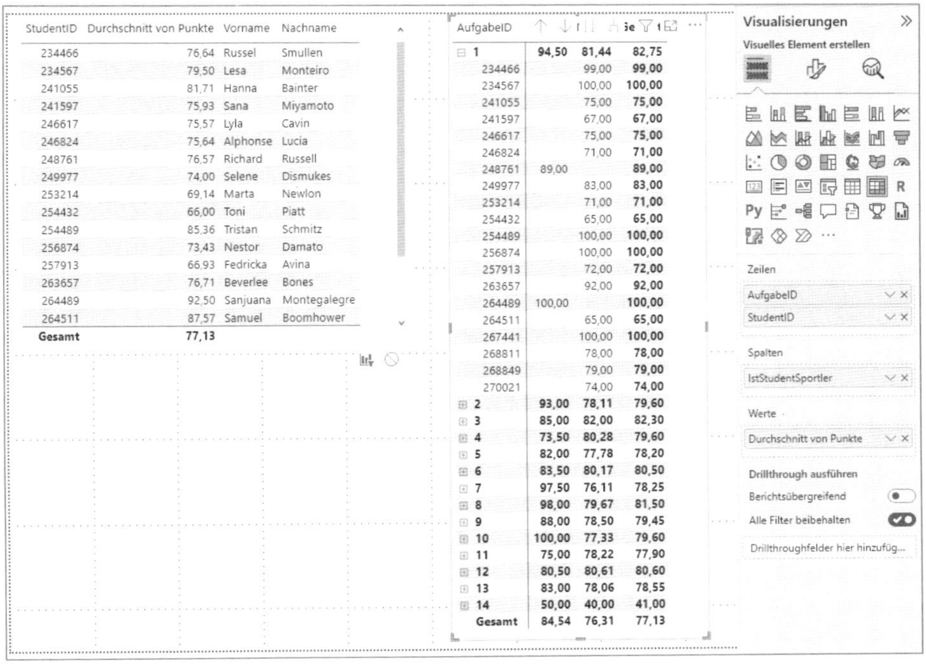

Abb. 4–23 *Gut, Sie wollen Tabellen? Hier haben Sie ein paar Tabellen.*

4.7.5 Datenschnitt

Den *Datenschnitt (Slicer)* habe ich mir für den Schluss aufgespart, weil sich seine Funktionalität grundlegend von allen anderen Visuals, die ich vorgestellt habe, unterscheidet, aber das bedeutet nicht, dass er weniger wichtig ist. Ein Datenschnitt nimmt die Visuals auf einer Berichtsseite und filtert sie in Übereinstimmung mit dem/den ausgewählten Wert(en) auf dem Datenschnitt.

Ein Datenschnitt unterscheidet sich nicht allzu sehr von einer Spalte, die über das Feld *Filter auf dieser Seite* im Bereich *Filter* festgelegt wird. Der Unterschied besteht jedoch darin, dass er sich als Visual auf einer Berichtsseite befindet und Sie die Interaktion mit allen anderen Visualisierungen auf dieser Seite über die Schaltfläche *Interaktionen bearbeiten* auf der Registerkarte *Format* des Menübands bearbeiten können. Außerdem können Datenschnitte mithilfe des Bereichs *Datenschnitte synchronisieren* mit anderen Seiten Ihrer Wahl synchronisiert werden. Dadurch werden die Datenschnitte für die Adressaten der Berichte viel flexibler und intuitiver. Ihnen als Autor steht so eine weitere Möglichkeit zur Verfügung, die Dimensionen zu bestimmen, die Sie für wichtig halten, damit Ihre Leser verstehen, wie sie über die Daten denken sollten.

In der linken unteren Ecke von Abbildung 4–24 sehen Sie, dass das Visual *Datenschnitt* ausgewählt und als Feld *AufgabeID* eingestellt wurde. Beachten Sie, wie sich die Werte ändern, wenn ich verschiedene Kombinationen von *AufgabeID* auswähle, die ich betrachten möchte.

Abb. 4–24 *Der Datenschnitt*

4.8 Zusammenfassung

Ja, der Bereich *Visualisierungen* enthält einige weitere Visualisierungen, aber das sind nicht wirklich Visualisierungen, die sich für ein Einmaleins-Kapitel eignen. Wenn Sie in der Lage sind, R- oder Python-Skripte zu schreiben, wissen Sie bereits, wie Sie die R- und Python-Visualisierungen verwenden können, und ich werde die KI-gestützten Visualisierungen in Kapitel 7 etwas ausführlicher behandeln. Power Apps, Power Automate und paginierte Berichte würden den Rahmen dieses Buches sprengen, aber wenn Sie sich für diese Themen interessieren, stehen Ihnen zahlreiche Ressourcen zur Verfügung.

In diesem Kapitel habe ich die Grundlagen der Visualisierung in Power BI erörtert und Sie haben sich dabei viele der Visualisierungen angesehen, die in Power BI Desktop standardmäßig verfügbar sind. Außerdem habe ich einige Anwendungsfälle für die verschiedenen Visuals vorgestellt. In vielen Beispielen zur Visualisierung habe ich ein einfaches Measure, den Durchschnittswert, als Bezugspunkt verwendet, aber wie habe ich dieses Maß erstellt? Hier kommt DAX ins Spiel, und das werde ich als Nächstes vorstellen. Aufgeregt? Das sollten Sie sein.

5 Aggregate, Measures und DAX

In Kapitel 1 haben Sie sich ausführlich mit der Speicher-Engine und der Formel-Engine von Power BI beschäftigt. In Kapitel 3 habe ich erörtert, wie die Speicher-Engine funktioniert und was es bedeutet, Daten in Ihrer eigenen persönlichen Analysis Services-Instanz zu speichern. Jetzt tauchen Sie in die andere Hälfte dessen ein, was Power BI so besonders macht: die Formel-Engine.

Lassen Sie uns eine kleine Bestandsaufnahme vornehmen. Sie haben die Daten in Power BI importiert und sich die meisten der in Power BI verfügbaren Visualisierungen angesehen. Sie haben per Drag-and-Drop Werte in die Visualisierungen gezogen, um Ergebnisse zu erhalten, aber woher wusste Power BI, was angezeigt werden sollte?

In diesem Kapitel wird die Funktion von Aggregaten, Measures und DAX im Zusammenhang mit Visualisierungen erläutert. Was ist ein Aggregat? Was ist ein Measure? Was genau ist DAX? Ich beantworte all diese Fragen und erkläre, was Sie wissen müssen.

5.1 Eine Einführung in die Formelsprache DAX

Data Analysis Expressions (DAX) ist die Sprache der Formel-Engine der Analysis Services Tabular und Power BI. Es handelt sich dabei um eine multifunktionale Abfragesprache, die verwendet werden kann, um bestimmte Ergebnisse zu erhalten oder berechnete Tabellen oder Spalten anzulegen. Jedes Mal, wenn Sie in Power BI ein Visual erstellen, wird im Hintergrund ein DAX-Ausdruck erzeugt, um die Daten aus der Power BI-Speicher-Engine abzurufen.

DAX ist unglaublich leistungsfähig, aber wie alles andere in Power BI wird es auf Spalten- oder Tabellenebene definiert. Das ist ein Unterschied zu Software wie Excel, wo Dinge auf der Ebene einzelner Zellen definiert werden. DAX kann nicht wie Excel einzelne Punkte im Raum oder Zellen verändern. Es muss eine Tabelle oder Spalte von Daten ändern. Denken Sie daran, dass unsere zugrunde liegende Datenbank aus Spalten besteht. Sie brauchen also eine Sprache, die Spalten ändern und abfragen kann, nicht einzelne Datenzellen. Die Möglichkeit, Spalten zu ändern und abzufragen, ist viel leistungsfähiger, weil dies schneller ist und man nicht den ganzen Overhead hat, der durch die Notwendigkeit entsteht, Formeln für bestimmte Zellen zu schreiben.

5.1.1 Measures

Ein Measure (eine Kennzahl) ist das Ergebnis einer DAX-Formel, die zu einem Ergebnis führt, das aus einem Wert besteht. Dieses Ergebnis kann entweder durch Zeilen- oder Filterkontext verändert werden. Sie werden feststellen, dass Zeilen- und Filterkontext zwei der wichtigsten Konzepte in DAX sind, daher werde ich sie im weiteren Verlauf des Kapitels näher erläutern. Die Kurzversion ist, dass der Zeilenkontext auftritt, wenn Sie mit Datensätzen in einer Tabelle arbeiten; der Filterkontext tritt auf, wenn Dinge versuchen, sich gegenseitig zu beeinflussen, wie beispielsweise bei der Verwendung eines Slicer-Visuals (Datenschnitt).

In Power BI kann dieser Kontext implizit durch andere Faktoren in einer Visualisierung weitergegeben werden. Weiter vorne habe ich beispielsweise die »durchschnittliche Punktzahl« erläutert; dies war ein Measure. Es handelt sich um eine DAX-Anweisung, die den Durchschnittswert auf der Grundlage des vorhandenen Kontexts zurückgibt, entweder explizit im DAX-Ausdruck selbst oder implizit durch den impliziten Kontext der Visualisierung.

Stellen Sie sich das anhand einer einfachen Tabellenvisualisierung vor. Ohne Kontext und nur mit dem Measure erhalte ich die durchschnittliche Punktzahl für alle Aufgaben aller Studierenden. Wenn ich der Tabelle die Aufgaben hinzufüge, erhalte ich die durchschnittliche Punktzahl für alle Studierenden für jede einzelne Aufgabe. Wenn ich den Nachnamen des Schülers zu dieser Tabelle hinzufüge, erhalte ich die Durchschnittsnote für einen einzelnen Studenten für eine einzelne Aufgabe. Diese Beispiele zeigen, wie ein Measure kontextabhängig sein kann.

5.1.2 Berechnete Spalten

Eine *berechnete Spalte* ist das Ergebnis eines DAX-Ausdrucks, der ein Ergebnis für jede einzelne Zeile in einer bestimmten Tabelle liefert. Ein einfaches Beispiel hierfür ist die Verkettung von Nachnamen und Vornamen in einer einzigen Spalte. Sie würden eine DAX-Anweisung schreiben, die für jeden Datensatz (jede Zeile) in einer neuen Spalte einen Wert zurückgibt.

Wenn Sie in Power BI Desktop mit der rechten Maustaste auf den Bereich *Felder* klicken, werden die Optionen zum Erstellen neuer Measures oder berechneter Spalten angezeigt. Anhand dieser Optionen kann Power BI erkennen, wie der DAX-Ausdruck behandelt werden soll. Wenn Power BI weiß, dass das Ziel die Erstellung einer berechneten Spalte ist, wird es die DAX-Anweisung in diesem Kontext auswerten, und dasselbe gilt für ein Measure.

Ein typisches Beispiel ist der Wunsch, den Nachnamen und den Vornamen zu verketten. DAX kennt eine Verkettungsanweisung, aber wenn ich versuche, dies mit einem Measure zu erledigen, erlauben es die IntelliSense-Funktion in Power BI nicht, die Spalten auszuwählen.

Ich habe jedoch die Möglichkeit, dies mittels einer berechneten Spalte zu erledigen. Ich empfehle Ihnen, Spalten in Power Query zu erstellen und mit einem DAX-Ausdruck berechnete Spalten nur als letzten Ausweg zu verwenden. Meine allgemeine Regel ist, dass ich meine Daten immer so nah wie möglich am Quellsystem verändern möchte. Eine mit DAX berechnete Spalte ist immer der von der Datenquelle am weitesten entfernte Punkt.

5.1.3 Berechnete Tabellen

Eine *berechnete Tabelle* gibt eine Tabelle mit Werten, Zeilen und Spalten zurück, die auf einer DAX-Anweisung basiert, die auf andere Tabellen im gleichen Datenmodell verweist. Sie können sich eine berechnete Tabelle fast wie das Ergebnis einer SQL-Abfrage vorstellen. Sie fragen in SQL eine Datenbank ab und erhalten das Ergebnis in Form einer Tabelle zurück, und zwar abhängig davon, welche Spalten Sie ausgewählt haben.

Eine berechnete Tabelle entspricht der gleichen Idee, nur dass sie im Speicher existiert und im Datenmodell als eigenes, eindeutiges Objekt referenziert werden kann. Sie kann auch in Beziehungen verwendet werden. Wenn Sie ein Power BI-Dataset oder eine Analysis Services-Instanz abfragen, ist es hilfreich, in diesem Kontext DAX zu bedenken.

Im Rahmen der Power BI-Entwicklung werden berechnete Tabellen häufig im Rahmen des »Rollenspiels« mit Dimensionen verwendet. In einem typischen Beispiel haben Sie eine Faktentabelle mit mehreren Datumswerten. Je nach Berichtsanforderung müssen Sie in der Lage sein, mit verschiedenen Datumswerten zu interagieren. Ihre Tabellen mit den Datumswerten kann nur eine aktive Beziehung haben. Sie können also eine berechnete Tabelle verwenden, um einen weiteren Satz von Datumswerten zu erstellen und eine weitere Beziehung zu dieser Faktentabelle einzurichten. Dann haben Sie zwei verschiedene Tabellen mit Datumswerten, die Sie verwenden können, je nachdem, welches Datum Sie aus einer bestimmten Faktentabelle verwenden müssen.

5.1.4 Arten von Funktionen

DAX-Funktionen sind in Familien oder *Typen* gruppiert, die das Ziel angeben, das sie erreichen sollen. Eine DAX-Formel ist eine Konstruktion aus einer oder mehreren DAX-Funktionen.

Ich verwende in den Beispielen in diesem Buch sicherlich nicht jede verfügbare DAX-Funktion, einfach weil es Hunderte davon gibt. Aus diesem Grund kann es hilfreich sein, wenn Sie wissen, wie die DAX-Funktionen gruppiert sind, falls Sie schnell die Details zur Funktionsweise einer bestimmten Funktion nachschlagen müssen oder versuchen, eine Funktion zu finden, die zu der Art von Analyse oder Datenmanipulation passt, die Sie durchführen möchten. Im Folgenden finden Sie eine Liste der Typen, in denen die DAX-Funktionen gruppiert sind:

- Aggregatfunktionen
- Datums- und Uhrzeitfunktionen
- Filterfunktionen
- Finanzfunktionen

- Informationsfunktionen
- Logische Funktionen
- Mathematische und trigonometrische Funktionen
- Andere Funktionen
- Übergeordnete und untergeordnete Funktionen
- Beziehungsfunktionen
- Statistische Funktionen
- Funktionen zur Tabellenmanipulation
- Textfunktionen
- Zeitintelligenzfunktionen

Beispiele für die Syntax einiger häufig verwendeter Funktionen finden Sie in Anhang A.

5.2 Aggregate, mehr als nur ein paar Summen

Die Geheimnisse der Komplexität der Datenbankspeicherung sind für den Endbenutzer nicht wirklich wichtig, aber herauszufinden, wie man die gespeicherten Daten zu etwas Sinnvollem macht, schon. Und genau das können Sie mit DAX tun. Es nimmt die Daten und ermöglicht es, sie zu Erkenntnissen zu verdichten, mit denen Sie eine Geschichte darüber erzählen können, was passiert ist.

Ich weiß nicht, wie es Ihnen geht, aber ich kann keine 5000 Datensätze lesen, geschweige denn 5 Millionen. Ich kann jedoch einen Durchschnittswert für eine bestimmte Spalte dieser Daten ermitteln, das früheste oder jüngste Aktivitätsdatum angeben, den ersten oder letzten relevanten Wert für eine bestimmte Datenkombination nennen oder die Anzahl der Datensätze angeben, die einer bestimmten Datensammlung entsprechen. Diese sind alle Aggregate, und Power BI ermöglicht es, jede von ihnen mit bestimmten Datentypen zu verwenden.

Aggregate sind mehr als nur Summen. Tabelle 5–1 veranschaulicht die Zusammenfassungstypen von Aggregaten und die Datentypen, für die diese Aggregation gelten kann, und schließlich, ob sie als Standardaggregat festgelegt werden kann. Auf Standardaggregate gehe ich etwas später in diesem Kapitel ein, aber jetzt möchte ich erst einmal die Aggregationsarten auf einer hohen Ebene durchgehen und über mögliche Anwendungsfälle für einige von ihnen schreiben. Wenn Sie in der Tabelle ein X sehen, bedeutet das, dass diese Art der Zusammenfassung für diesen Datentyp nicht sinnvoll und daher nicht verfügbar ist.

Verwendete Aggregatfunktion	Numerisch	Text	Datum	Als Standard auswählbar
Summe	Ja	X	X	Ja
Mittelwert	Ja	X	X	Ja
Minimum	Ja	X	X	Ja
Maximum	Ja	X	X	Ja
Anzahl (eindeutig)	Ja	Ja	Ja	Ja (nur für numerische Werte)
Anzahl	Ja	Ja	Ja	Ja (nur für numerische Werte)
Standardabweichung	Ja	X	X	X
Varianz	Ja	X	X	X
Median	Ja	X	X	X
Früheste	X	X	Ja	X
Neueste	X	X	Ja	X
Erste	X	Ja	Nein	X
Letzte	X	Ja	Nein	X
Nicht zusammenfassen	Ja	Standardmäßig aktiviert	Standardmäßig aktiviert	Ja (nur für numerische Werte)

Tab. 5–1 *Die in Power BI auswählbaren Aggregierungen (nach Datentyp)*

5.2.1 Summe

Das ist eine gute alte Bekannte. Wir alle wissen, was eine Summe ist. Es ist die Addition. Sie haben schon immer gewusst, wie man Zahlen addiert. Wenn Sie dieses Buch lesen, lehne ich mich weit aus dem Fenster und behaupte, dass Sie wahrscheinlich schon die Summenfunktionen in Excel oder ähnlichen Produkten verwendet haben. Die gute Nachricht ist, dass Summe in Power BI auf die gleiche Weise funktioniert. Für eine bestimmte Zahlenspalte erhalten Sie eine Summe oder Addition dieser numerischen Werte für jede gegebene Datenkombination, die in einer Visualisierung dargestellt ist.

Wie bei so vielen Datenkonzepten ist es einfacher, diese visuell zu verstehen. Da hier Daten visualisiert werden sollen, ist es nur fair, Ihnen zu zeigen, was ich meine, anstatt es Ihnen zu erklären. In Abbildung 5–1 sehen Sie zwei Tabellen. Beide enthalten die Summe der besuchten Sprechstunden. Beide ergeben die gleiche Gesamtsumme, aber enthalten unterschiedliche Werte für jede Kombination der Daten.

Kursnummer	Semesterstart	StudentWunschpronomen	HatPowerBIverwendet?	Summe von SprechstundeBesucht
ISOM 210	Montag, 4. Januar 2021	er / ihm	J	6
ISOM 210	Montag, 4. Januar 2021	er / ihm	N	8
ISOM 210	Montag, 4. Januar 2021	sie / ihr	J	4
ISOM 210	Montag, 4. Januar 2021	sie / ihr	N	22
ISOM 210	Montag, 4. Januar 2021	they / them	N	1
Gesamt				**41**

Nachname	AufgabeID	Summe von SprechstundeBesucht
Avina	12	1
Bainter	8	1
Bainter	9	1
Bainter	10	1
Bones	2	1
Bones	6	1
Bones	7	1
Bones	11	1
Boomhower	4	1
Boomhower	8	1
Cavin	1	1
Cavin	5	1
Cavin	13	1
Damato	10	1
Dezzutti	3	1
Dezzutti	7	1
Dezzutti	11	1
Dezzutti	12	1
Dismukes	8	1
Farquharson	9	1
Farquharson	13	1
Lucia	4	1
Lucia	10	1
Gesamt		**41**

Abb. 5–1 *Ja, wir haben eine Summe!*

Die Tabelle oben in Abbildung 5–1 zeigt die Summe der Sprechstunden, die von verschiedenen kategorialen Gruppierungen besucht wurden. In diesem Fall haben die Teilnehmer des Kurses ISOM 210, der am 4. Januar 2021 begann, und die das Pronomen sie/ihr bevorzugen und die vor Beginn des Kurses Power BI noch nie verwendet haben, 22 der insgesamt 41 Sprechstundenbesuche gemacht. Hier ist die Gesamtanzahl die Summe der Werte in der Spalte *SprechstundeBesucht*.

Die Tabelle am unteren Rand ist ganz anders. Sie zeigt die Aufschlüsselung nach dem Nachnamen des Schülers und, für eine bestimmte *AufgabeID*, die Anzahl der von ihm besuchten Sprechstunden. Sie sehen, dass Sie die gleiche Gesamtzahl an Sprechstundenbesuchen erhalten, jedoch ist die Verteilung anders.

Wenn Sie sich die Tabelle *Noten* ansehen, werden Sie feststellen, dass kein Student für eine bestimmte *AufgabeID* mehr als eine Sprechstunde in Anspruch genommen hat. In diesem Fall berechnet die Summe immer noch eine Summierung; sie ist nur zufällig eine Summierung, die sich auf die Daten einer Zelle bezieht.

Der Grund, warum ich dieses Beispiel zeigen wollte, ist, um zu demonstrieren, dass Power BI standardmäßig keine Datensammlungen anzeigt, die keinen Wert für eine bestimmte Summierung liefern. Sie wissen also, dass Frau Avina nur an einer Sprechstunde teilgenommen hat, und das war für die *AufgabeID 12*. Sie können das viel schneller feststellen, wenn Sie nur Daten sehen, die einen tatsächlichen Wert zurückgeben, im Gegensatz zu den Ergebnissen, die keine Daten zurückgeben.

5.2.2 Mittelwert/Durchschnitt

Es gibt viele Arten von Durchschnittswerten. Zur Beschreibung der Standardaggregation, die in den Optionen unter dem Bereich *Visualisierungen* angezeigt wird, erstellt Power BI einen einfachen Mittelwert. Dieses arithmetische Mittel kann definiert werden als die Summe eines bestimmten Satzes von Werten, gefiltert nach allen relevanten Kategorien in einer Visualisierung und dann geteilt durch die Anzahl der Datensätze, die ebenfalls nach allen relevanten Kategorien in einer Visualisierung gefiltert sind. Wenn Sie also für eine bestimmte Datenkombination eine Gesamtpunktzahl von 240 hätten und drei Datensätze diese 240 Punkte ausmachen würden, hätten Sie einen Mittelwert von 80.

Wie bei der Summe gilt auch hier: Wenn eine Kombination von Kategorien nur einen Datensatz ergibt, ist ein durch eins geteilter Wert immer 1; technisch gesehen handelt es sich immer noch um einen Durchschnitt. In Abbildung 5–2 habe ich zwei neue Tabellen mit Durchschnittswerten erstellt, aber ich habe auf der linken Seite die Summe der besuchten Sprechstunden, die Sie in Abbildung 5–1 gesehen haben, ergänzt und auf der rechten Seite den Durchschnitt der besuchten Sprechstunden eingefügt.

Kursnummer	HatExcelVerwendet?	HatPowerBIverwendet?	Punktedurchschnitt	SprechstundeBesucht
ISOM 210	J	J	88,48	8
ISOM 210	J	N	77,30	22
ISOM 210	N	J	77,50	2
ISOM 210	N	N	69,87	9
Gesamt			**77,13**	**41**

Nachname	AufgabeID	Durchschnitt von Punkte	Durchschnitt von SprechstundeBesucht
Avina	1	72,00	
Avina	2	76,00	
Avina	3	72,00	
Avina	4	71,00	
Avina	5	90,00	
Avina	6	94,00	
Avina	7	61,00	
Avina	8	74,00	
Avina	9	54,00	
Avina	10	66,00	
Avina	11	66,00	
Avina	12	55,00	1,00
Avina	13	66,00	
Avina	14	20,00	
Bainter	1	75,00	
Bainter	2	74,00	
Bainter	3	99,00	
Bainter	4	100,00	
Bainter	5	93,00	
Bainter	6	100,00	
Bainter	7	64,00	
Gesamt		**77,13**	**1,00**

Abb. 5–2 *Seien Sie immer vorsichtig mit Durchschnittswerten und vermeiden Sie auf jeden Fall Durchschnittswerte von Durchschnittswerten.*

Zwei Dinge in Abbildung 5–2 werden Ihnen vielleicht auffallen. Erstens: Genau wie die Summe in Abbildung 5–1 ist der Gesamtdurchschnitt der Punktzahl in beiden Tabellen derselbe. Zweitens: Sieht der Durchschnitt von *SprechstundeBesucht* auf der rechten Seite nicht seltsam aus? Es ist ein Durchschnitt von 1, aber es gibt leere Werte. Was hat das zu bedeuten? Warum gibt es leere Werte? Hatte ich nicht gerade behauptet, dass standardmäßig keine Werte angezeigt werden, wenn es keine Daten gibt? Die Tabelle am unteren Rand von Abbildung 5–1 zeigt, dass in der Tat niemand für eine bestimmte Aufgabe mehr oder weniger als eine Sprechstunde in Anspruch genommen hat. Fehlende Werte sind jedoch etwas anderes als die Zahl 0. Echte leere oder fehlende Werte, oder NULL-Werte im Datenbankjargon, sind in vielen Datensätzen nicht ungewöhnlich.

Wichtig ist, dass Power BI NULL-Werte nicht wie die Zahl 0 behandelt und sie ignoriert, wenn Werte gezählt werden. Wenn NULL-Werte bei der Ermittlung der Anzahl ignoriert werden, gilt meine Berechnungsbeschreibung für den Durchschnitt in Power BI immer noch, und der Gesamtdurchschnitt in der rechten Tabelle in Abbildung 5–2 ist immer noch sinnvoll.

Die große Frage ist nun, wie man den Durchschnitt für Frau Avina berechnet. Soll es 1 Stunde geteilt durch 1 Teilnahme an der Sprechstunde sein oder soll es 1 Stunde geteilt durch 14 Möglichkeiten zur Teilnahme an der Sprechstunde sein, mit 13 NULL-Werten? Diese Frage können Sie nur für sich selbst beantworten, also als Analyst oder Verfasser des Berichts, und das hängt wirklich davon ab, was Sie mit Ihrem Durchschnittswert erreichen wollen.

Die zweite Frage lautet: Warum werden für den Durchschnitt von *SprechstundeBesucht* in der rechten Tabelle in Abbildung 5–2 NULL-Werte (also fehlende Werte) zurückgegeben? Ich habe behauptet, dass standardmäßig keine Werte zurückgegeben werden, wenn keine Daten angezeigt werden können. Wenn es aber in einem Visual eine zweite Aggregation gibt, die für eine bestimmte Kombination von Daten einen Wert zurückgibt, werden alle Aggregate angezeigt, und zwar auch dann, wenn sie einen leeren, einen NULL-Wert zurückgeben.

Nachname	AufgabeID	Durchschnitt von SprechstundeBesucht
Avina	12	1,00
Bainter	8	1,00
Bainter	9	1,00
Bainter	10	1,00
Bones	2	1,00
Bones	6	1,00
Bones	7	1,00
Bones	11	1,00
Boomhower	4	1,00
Boomhower	8	1,00
Cavin	1	1,00
Cavin	5	1,00
Cavin	13	1,00
Damato	10	1,00
Dezzutti	3	1,00
Dezzutti	7	1,00
Dezzutti	11	1,00
Dezzutti	12	1,00
Dismukes	8	1,00
Farquharson	9	1,00
Farquharson	13	1,00
Lucia	4	1,00
Lucia	10	1,00
Miyamoto	1	1,00
Miyamoto	2	1,00
Miyamoto	11	1,00
Montegalegre	5	1,00
Gesamt		**1,00**

Nachname	AufgabeID	Durchschnitt von Punkte	Durchschnitt von SprechstundeBesucht
Avina	1	72,00	
Avina	2	76,00	
Avina	3	72,00	
Avina	4	71,00	
Avina	5	90,00	
Avina	6	94,00	
Avina	7	61,00	
Avina	8	74,00	
Avina	9	54,00	
Avina	10	66,00	
Avina	11	66,00	
Avina	12	55,00	1,00
Avina	13	66,00	
Avina	14	20,00	
Bainter	1	75,00	
Bainter	2	74,00	
Bainter	3	99,00	
Bainter	4	100,00	
Bainter	5	93,00	
Bainter	6	100,00	
Bainter	7	64,00	
Bainter	8	89,00	1,00
Bainter	9	77,00	1,00
Bainter	10	88,00	1,00
Bainter	11	68,00	
Bainter	12	100,00	
Bainter	13	57,00	
Gesamt		**77,13**	**1,00**

Abb. 5–3 *Leere, fehlende Werte? Wir brauchen keine fehlenden Werte! Die Einbeziehung einer zweiten Aggregation führt jedoch dazu, dass im Visual die NULL-Werte erscheinen.*

Abbildung 5–3 ist eine einfache Darstellung, bei der die rechte Tabelle aus Abbildung 5–2 verwendet und hiervon eine zweite Kopie erstellt wurde, aber ohne den Durchschnittswert. Wenn Sie beide Tabellen zusammen betrachten, werden Sie feststellen, dass es in der Tat die Einbeziehung der zweiten Aggregation ist, die die leeren Werte im Visual erscheinen lässt. Dies verdeutlicht auch den vorherigen Punkt, dass bei der Durchschnittsberechnung leere Werte ignoriert werden.

5.2.3 Minimum und Maximum

Minimum und Maximum können kniffelig sein, weil sie nicht immer zu den gewünschten Ergebnissen führen. Es handelt sich um zwei verschiedene Zusammenfassungen, die sich jedoch gegenseitig umkehren.

Wir alle waren schon einmal in einer Situation, in der wir für eine bestimmte Kategorie die höchsten und niedrigsten Werte wissen mussten. Stellen Sie sich vor, Sie wären ein Ingenieur, der die Daten zur Leistung einer neuen Maschine überprüft. Sie kennen die Toleranzen, sagen wir mal für die Innentemperatur der Maschine. Es gibt einen Sensor, der die Innentemperatur misst und die Daten an Ihr Data Warehouse schickt, wo Sie sie in Power BI betrachten. Sie müssen wissen, ob die Maschine jemals zu heiß oder zu kalt wird. Eine kurze Überprüfung der Minimum- und Höchsttemperaturen könnte Ihnen dabei helfen.

In dem Uni-Szenario möchte ich die höchste und die niedrigste Punktzahl für jede einzelne Aufgabe wissen. Obwohl ich diesen Kurs nicht nach dem Prinzip »grading on a curve[1]« benote, ist es hilfreich zu wissen, wie groß der Abstand zwischen den besten und den schlechtesten Leistungen war. Sie können sich vorstellen, dass ein Dozent wissen möchte, ob der Abstand konstant ist. Gab es eine bestimmte Aufgabe, die möglicherweise zu schwer oder zu leicht war? Das Verständnis des lokalen Minimums und des lokalen Maximums kann helfen, diese Fragen zu beantworten.

Denken Sie daran, dass das Minimum und das Maximum wie bei allen Aggregaten kontextabhängig sind. Wenn ich dem Minimum den Nachnamen oder den Vornamen hinzufüge, wird der Minimalwert dieser Person angezeigt. Verwechseln Sie das Minimum und Maximum nicht mit dem globalen Minimum oder globalen Maximum! Wenn Sie zusätzliche Spalten hinzufügen oder einen Datenschnitt verwenden, denken Sie daran, dass Ihr neuer Minimal- oder Maximalwert der Minimal- oder Maximalwert in dem von Ihnen angegebenen Kontext ist. Ein Beispiel hierfür sehen Sie in Abbildung 5–4. Auf der linken Seite werden die kleinsten und höchsten Punktzahlen nach *AufgabeID* angezeigt. Auf der rechten Seite mache ich dasselbe, nur dass ich Nachnamen hinzufüge. Dies liefert

---

1. A.d.Ü.: Mit »grading on a curve« (Benotung anhand einer Kurve) ist gemeint, dass die Ergebnisse/Benotungen einer Aufgabe angepasst werden. Hierbei wird meist die Glockenkurve verwendet. Die Dozenten/Professoren gehen in einer typischen Klasse davon aus, dass sich die Mehrheit der Noten in der Nähe des Klassendurchschnitts befinden. Daneben gibt es eine kleinere Anzahl Bestnoten bzw. Noten, mit denen die Aufgabe als nicht bestanden bewertet ist.

   Falls nach Auswertung des Tests festgestellt wird, dass die Durchschnittsnote deutlich niedriger ist – wenn also die Durchschnittsnote nicht bestanden lautet –, wird eine Kurve erstellt und dann wird die Note jedes Schülers geändert, um so den Durchschnitt anzuheben.

jedoch nicht das gewünschte Ergebnis. Stattdessen wird das Feld *Nachname* als Kategorie zum Visual hinzugefügt.

Für das Beispiel muss ich nun eine Möglichkeit schaffen, den Ergebniswert zu nehmen, und diesen mit den Kriterien verknüpfen, die ich über das Minimum oder Maximum herausfinden möchte. Ich habe hierzu ein DAX-Measure erstellt, das mir den Namen des Punkteinhabers anzeigt, wenn eine Person übereinstimmt, und die mir sagt, dass es mehrere sind, wenn mehrere Personen diese Kombination aus Mindestpunktzahl und Zuordnung aufweisen.

AufgabeID	Minimum von Punkte	Student mit MIN Punkten	Maximum von Punkte
1	59	Cavin	100
2	53	Bones	100
3	50	mehrere	100
4	54	mehrere	100
5	50	mehrere	100
6	55	mehrere	100
7	57	mehrere	100
8	55	mehrere	100
9	54	mehrere	100
10	56	mehrere	100
11	51	Piatt	100
12	55	mehrere	100
13	56	mehrere	100
14	20	mehrere	100
Gesamt	**20**		**100**

AufgabeID	Minimum von Punkte	Maximum von Punkte	Nachname
1	72	72	Avina
1	75	75	Bainter
1	92	92	Bones
1	65	65	Boomhower
1	75	75	Cavin
1	100	100	Damato
1	100	100	Dezzutti
1	83	83	Dismukes
1	78	78	Farquharson
1	71	71	Lucia
1	67	67	Miyamoto
1	100	100	Montegalegre
1	100	100	Monteiro
1	71	71	Newlon
1	65	65	Piatt
1	89	89	Russell
1	74	74	Schmaltz
1	100	100	Schmitz
1	79	79	Shumway
1	99	99	Smullen
2	76	76	Avina
2	74	74	Bainter
2	53	53	Bones
2	98	98	Boomhower
2	65	65	Cavin
2	87	87	Damato
2	100	100	Dezzutti
2	100	100	Dismukes
Gesamt	**20**	**100**	

Abb. 5–4 *Die Antwort auf der linken Seite zu erhalten ist schwieriger, als es sein sollte.*

Für diese Art von Beispielen ist es vielleicht besser, wenn Sie versuchen, Ihre Daten so zu gestalten, dass sie Ihnen bei der Suche nach dem gewünschten Ergebnis helfen. Sie könnten auf die Quelldaten (ein Excel-Arbeitsblatt) zurückgreifen und dort einige Berechnungen durchführen, die diese Daten im Vorfeld hinzufügen, vielleicht eine Power Query-Transformation durchführen, um den Namen des Schülers in die Tabelle *Noten* zu übertragen. Oder Sie könnten ein DAX-Measure schreiben, das einen bestimmten Wert zurückgibt. Denken Sie daran, dass unsere allgemeine Regel für die Datentransformation lautet, die Transformation so nah wie möglich an der Datenquelle durchzuführen.

Sie können in Excel keine komplexe Datenstrukturierung vornehmen, aber Sie könnten wahrscheinlich einige Spalten zu dem Arbeitsblatt Noten mit einigen MINWENNS- und MAXWENNS-Funktionen (MINIFS, MAXIFS) hinzufügen und dann mit diesen Werten einige SVERWEIS-Magie (VLOOKUP) anwenden. Aber in Excel würde das nur den ersten Wert zurückgeben, auf den die Bedingungen zutreffen, nicht alle, und es würde nicht erkennen, ob es mehrere gibt. Könnten Sie tiefer in den Excel-Kaninchenbau hineinklettern, bis Sie zu einem Punkt kommen, an dem es funktioniert? Sicher. Werde ich Ihnen sagen, dass es falsch ist, wenn Sie das tun? Ganz und gar nicht.

Wenn dies in einer SQL Server-Datenbank wäre und Sie eine Abfrage für die Tabelle schreiben wollten, die die Minimal- und Maximalwerte gruppiert nach *AufgabeID* ermittelt, dann eine Art Unterabfrage schreiben, um diese Ergebnisse zu verknüpfen, und dann den Namen oder die Namen der Personen ermitteln, die diese Werte haben, würde ich Ihnen dann sagen, dass dies nicht die richtige Vorgehensweise ist? Auch hier gilt: nein. Da es sich hier um das Kapitel »Aggregate, Measures und DAX« handelt, habe ich mich für ein Beispiel mit einem DAX-Measure entschieden. Wenn Sie das Gefühl haben, dass Sie die Form der Daten ändern müssen, um ein gewünschtes Ergebnis zu erhalten, sollten Sie Ihre Arbeit und Änderungen für später dokumentieren!

5.2.4 Standardabweichung, Varianz und Median

In Abbildung 5–1 sind Standardabweichung, Varianz und Median die letzten der rein numerischen Aggregate, die nicht als Standardaggregate ausgewählt werden können. Diese Aggregate sind eher statistischer Natur und haben in der Regel spezifischere Anwendungsfälle, weshalb sie nicht als Standardaggregierungen verfügbar sind. Microsoft hilft uns sogar ein wenig, indem es diese Aggregate an das Ende der Liste setzt, um die Aufmerksamkeit nicht auf sie zu lenken und um Verwirrung vorzubeugen, was Sie in Abbildung 5–5 sehen.

Von diesen drei Aggregaten ist der Median (auch Zentralwert genannt) der bekannteste. Bei einer gegebenen Datenreihe von N Zahlen, die nach der Größe geordnet ist, ist der Median der Wert, der genau in der Mitte der Datenreihe liegt. Falls N gerade ist, dann ist der Median der Durchschnitt der beiden Werte, die sich in der Mitte der Datenreihe befinden. In Kurzform wäre es in Ordnung, den Median als die mittlere Zahl eines Arrays zu bezeichnen.

Varianz und Standardabweichung gehen Hand in Hand. Die Varianz misst, wie weit eine Reihe von Zahlen vom Durchschnittswert dieser Reihe abweicht. Um die Varianz zu berechnen, ermittelt man den Durchschnittswert für eine Reihe von Zahlen und nimmt dann für jeden einzelnen Wert in diesem Dataset das Quadrat dieses Wertes abzüglich des Durchschnitts und addiert alle diese Varianzen, um die Gesamtvarianz zu erhalten. Die Standardabweichung ist die Quadratwurzel aus der Varianz. Die Standardabweichung wird häufig verwendet, um zu beschreiben, wie nahe die Werte am Durchschnitt dieses Datasets liegen.

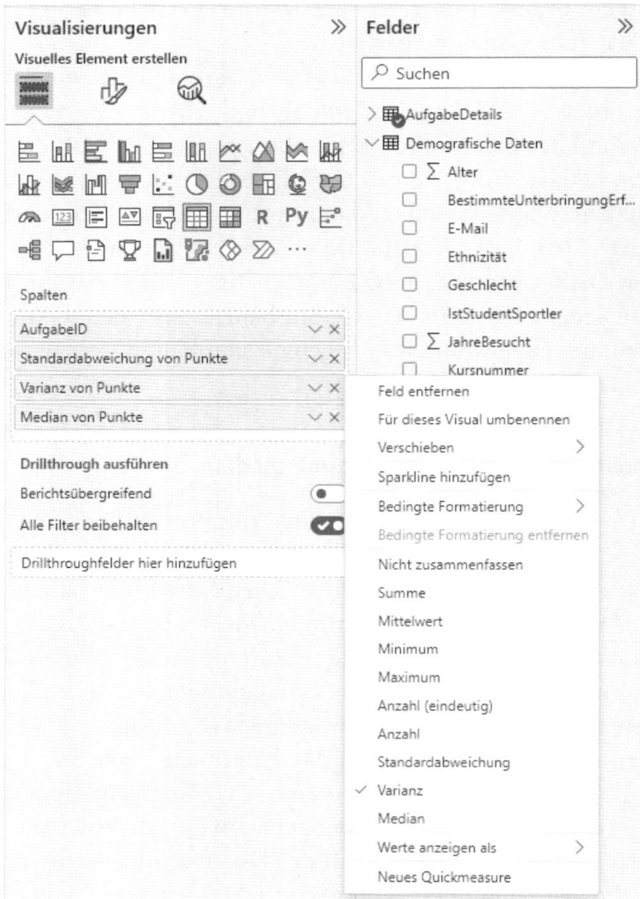

Abb. 5–5 *Die Auswahl einer Aggregation ist ganz einfach. Beachten Sie, dass Standardabweichung, Varianz und Median nicht als Standardwerte festgelegt werden können.*

5.2.5 Anzahl und Anzahl (eindeutig)

Anzahl und Anzahl (eindeutig) sind zwei sehr nützliche Aggregate, die für jeden Datentyp verwendet werden können. Sie können sie verwenden, um die Häufigkeit von Text, Datumswerten oder numerischen Instanzen von Daten zu zählen. Der Unterschied zwischen den Optionen *Anzahl* und *Anzahl (eindeutig)* besteht darin, dass *Anzahl* doppelte Vorkommen dieser Daten zählt, während *Anzahl (eindeutig)* dies nicht tut. Diese Zählung wird für die Spalte der Daten durchgeführt, auf die verwiesen wird.

Oben links befindet sich eine Liste der Punktzahlen für alle Aufgaben. Für diese Tabelle aggregiere ich die Punktzahl nicht, sondern ermittle die Rohwerte und lasse dann die Anzahl der Punkte und die eindeutige Anzahl der Punkte durch, um zu sehen, wie oft die Punktzahl für diese Aufgabe vorkam.

Bei den meisten Aggregaten erstellt Power BI einen Alias, um den Lesern zu helfen, die Aggregation zu identifizieren, wenn es sich nicht um die Summe handelt. Power BI erstellt jedoch für *Anzahl (eindeutig)* den gleichen Alias wie für *Anzahl*, nämlich Anzahl. In der Visualisierung lässt sich so nicht gut erkennen, welche Aggregatfunktion verwendet wurde. Daher habe ich für die Visualisierungen den Alias **Anzahl (eindeutig)** von Hand eingegeben. Sie können jedes Objekt in einer Visualisierung mit einem Alias versehen, indem Sie auf das Element im Abschnitt *Werte* des Visualisierungsbereichs doppelklicken und einen neuen Namen eingeben.

Punkte	Anzahl von Punkte	Anzahl (eindeutig) von Punkte
20	8	1
40	6	1
50	2	1
51	1	1
53	1	1
54	2	1
55	5	1
56	4	1
Gesamt	**280**	**52**

Semesterstart	Anzahl von Semesterstart	Anzahl (eindeutig) von Semesterstart
Montag, 4. Januar 2021	20	1
Gesamt	**20**	**1**

Anzahl von Punkte	Anzahl (eindeutig) von Punkte
280	52

Vorname	Anzahl von Vorname	Anzahl (eindeutig) von Punkte
Alphonse	1	11
Beverlee	1	14
Brendon	1	12
Elmer	1	11
Fedricka	1	11
Hanna	1	12
Lesa	1	10
Lyla	1	14
Marta	1	14
Nestor	1	12
Richard	1	13
Gesamt	**20**	**52**

Abb. 5–6 *Anzahl und Anzahl (eindeutig) sind fantastisch, solange man weiß, welche dieser Aggregationen man betrachtet.*

Im Beispiel oben links sehen Sie den Rohwert, die Anzahl, wie oft dieser Wert im Datensatz vorkommt, und dann die Anzahl der eindeutigen Werte, die für jeden Wert 1 beträgt. Die Gesamtzahl zeigt 52 eindeutige Werte an. In der Visualisierung, in der jeder Wert aufgelistet ist, ist die Anzahl der eindeutigen Werte für diesen einzelnen Wert immer 1. Unten links ist das gleiche Bild zu sehen, nur ohne den Wert der Punktzahl, und Sie erkennen die Gesamtzahl der Punktwerte, 280, und die Anzahl der eindeutigen Punktzahlen, die 52 beträgt.

Das Beispiel oben rechts zeigt, wie oft ein bestimmter Datumswert vorkommt, in diesem Fall das Datum des Semesterbeginns. Derzeit befinden sich im Dataset lediglich die Daten eines Semesters, also gibt es nur ein einziges Datum für den Semesterbeginn. Dieser Wert taucht 20 Mal in der Tabelle auf, aus der er stammt. Denken Sie daran, dass wegen der Art und Weise, wie diese Tabelle aufgebaut ist, der Wert Anzahl (eindeutig) immer 1 wäre, da die Tabelle einen Wert ausgibt und die eindeutige Anzahl dieses Werts immer 1 ist.

Das Beispiel unten rechts zeigt die Szenarien, die Sie sich angesehen haben, in einem etwas anderen Licht. Es gibt eine Liste mit den Vornamen der Schüler und die Anzahl dieser Namen, die alle 1 sind. Es handelt sich nicht um eine eindeutige Zählung; es gibt einfach keine Namen, die zweimal vorkommen. Dann können Sie aber Anzahl (eindeutig) der Punkte nehmen und sehen, wie viele eindeutige

Punkte jeder Einzelne erhalten hat. Bei 14 Aufgaben würde man erwarten, dass die Anzahl der eindeutigen Ergebnisse pro Person hoch ist, aber es ist auch nicht gleichmäßig 14. Einige Studierende haben im Laufe des Semesters mehr als einmal die gleiche Punktzahl erreicht.

5.2.6 Erster, Letzter, Frühester und Neuester

Ich habe diese zusammengefasst, weil es sich nicht um Aggregate im klassischen Sinne handelt. Sie gruppieren nicht zusammen, sondern tun genau das Gegenteil. Sie tun auch nicht das, was man von ihnen erwartet, nämlich als Filter dienen (oder zumindest tun sie das nicht ohne zusätzlichen Kontext oder eine bidirektionale Beziehung). Wie Sie in Abbildung 5–1 sehen, sind Erster und Letzter eindeutig für Felder des Typs *Text* vorgesehen, während Frühester und Neuester eindeutig für Datums- und Uhrzeitfelder vorgesehen sind.

Erster liefert den ersten Wert in alphabetischer Reihenfolge, der einer bestimmten Gruppe von Datenkriterien entspricht, wie sie im Visual aufgeführt sind. Wenn es allein verwendet wird, liefert Erster den ersten alphanumerischen Wert in der Spalte.

Letzter macht das Gegenteil davon. Es liefert den letzten Wert, alphabetisch geordnet, der den angegebenen Kriterien entspricht. Ein paar Beispiele hierzu sehen Sie in Abbildung 5–7. Auf der linken Seite sehen Sie eine Liste der Schüler mit ihren Nachnamen und ihren Durchschnittspunkten für die Aufgaben. Beachten Sie jedoch, dass die Durchschnittspunktzahl von Frau Avina in der Tabelle in der Mitte nicht mit der auf der linken Seite übereinstimmt. Tatsächlich sind die Durchschnittspunkte in der Tabelle auf der Mitte nur die Durchschnittspunkte der ganzen Klasse. Das liegt daran, dass die Beziehung zwischen der Tabelle *UmfrageDaten* und der Tabelle *Noten* unidirektional ist. Das Gleiche passiert, wenn Sie den letzten Nachnamen verwenden würden. Beachten Sie jedoch, dass Sie das erwartete Ergebnis erhalten, wenn Sie nur ein wenig zusätzlichen Kontext angeben, wie es ganz rechts in Abbildung 5–7 der Fall ist.

Bitte beachten Sie, dass in der deutschen Version von Power BI die Übersetzung der Alias für *Erster* und *Letzter* nicht ganz glücklich ist. In beiden Fällen wird an den Namen der Zusammenfassung *Datum* angehängt, wie es exemplarisch in den beiden Visuals in der Mitte zu sehen ist: *Erstes Datum: Nachname* und *Letztes Datum: Nachname*. Sie können jedoch auch hier den Spaltentitel ändern, indem Sie im Abschnitt *Werte* des Bereichs *Visualisierungen* den Namen doppelt anklicken und einen neuen Namen eingeben. Ich habe dies für *Erster Nachname* in der Tabelle ganz rechts gemacht.

In der Abbildung sind die Durchschnittspunkte der Schüler zu sehen, dann die seltsamen Vorgänge bei *Erster* und *Letzter*, wenn dies nicht angepasst wird. Ganz rechts sehen Sie dann, was passiert, wenn *Erster* und/oder *Letzter* mit zusätzlichem Kontext versehen werden. Meine allgemeine Faustregel bei der Verwendung von *Erster* und *Letzter* lautet, sie nicht als Filterbedingungen zu verwenden, sondern sie eher wie Werte zu behandeln, die Sie finden möchten. Was ist der erste Wert, bei dem die Bedingungen A, B und C erfüllt sind? Welches ist der letzte Wert, auf den diese Bedingungen zutreffen?

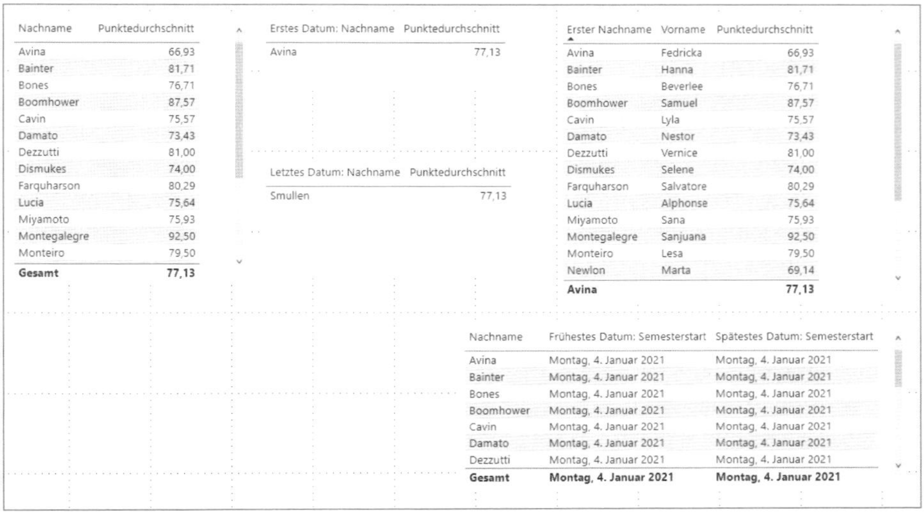

Nachname	Punktedurchschnitt
Avina	66,93
Bainter	81,71
Bones	76,71
Boomhower	87,57
Cavin	75,57
Damato	73,43
Dezzutti	81,00
Dismukes	74,00
Farquharson	80,29
Lucia	75,64
Miyamoto	75,93
Montegalegre	92,50
Monteiro	79,50
Gesamt	**77,13**

Erstes Datum: Nachname	Punktedurchschnitt
Avina	77,13

Letztes Datum: Nachname	Punktedurchschnitt
Smullen	77,13

Erster Nachname	Vorname	Punktedurchschnitt
Avina	Fedricka	66,93
Bainter	Hanna	81,71
Bones	Beverlee	76,71
Boomhower	Samuel	87,57
Cavin	Lyla	75,57
Damato	Nestor	73,43
Dezzutti	Vernice	81,00
Dismukes	Selene	74,00
Farquharson	Salvatore	80,29
Lucia	Alphonse	75,64
Miyamoto	Sana	75,93
Montegalegre	Sanjuana	92,50
Monteiro	Lesa	79,50
Newlon	Marta	69,14
Avina		**77,13**

Nachname	Frühestes Datum: Semesterstart	Spätestes Datum: Semesterstart
Avina	Montag, 4. Januar 2021	Montag, 4. Januar 2021
Bainter	Montag, 4. Januar 2021	Montag, 4. Januar 2021
Bones	Montag, 4. Januar 2021	Montag, 4. Januar 2021
Boomhower	Montag, 4. Januar 2021	Montag, 4. Januar 2021
Cavin	Montag, 4. Januar 2021	Montag, 4. Januar 2021
Damato	Montag, 4. Januar 2021	Montag, 4. Januar 2021
Dezzutti	Montag, 4. Januar 2021	Montag, 4. Januar 2021
Gesamt	**Montag, 4. Januar 2021**	**Montag, 4. Januar 2021**

Abb. 5–7 *Erster und Letzter sind nicht so intuitiv, wie sie sein sollten.*

Frühester und *Neuester* (was aber mit *Spätester* beschriftet wird, siehe Tabelle unten in Abbildung 5–7) funktionieren genau gleich, aber sie arbeiten mit Datumsangaben anstelle von Text und ordnen die Elemente chronologisch an. Es ist wichtig anzumerken, dass es auch eine DAX-Funktion `EARLIEST` gibt, die nicht ganz mit der hier stattfindenden Aggregation Frühester identisch ist. Wenn also jemand Earliest erwähnt, können Sie fragen, ob er die Standardaggregationsoptionen für Daten meint oder die DAX-Funktion.

5.3 Measures und DAX-Grundlagen

Wir aggregieren Daten, damit wir die darunter liegenden Datenpunkte verstehen können. Manchmal wollen wir die Berechnung auf eine bestimmte Art und Weise durchführen oder zukünftigen Benutzern in unserem Datenmodell eine explizite Berechnung zeigen. Manchmal reicht unser Spaltenname aus, um zu verstehen, was eine Aggregation bewirkt. Es wird aber oft nicht verstanden, dass, gleichgültig ob Sie eine Spalte in den Wertebereich des Bereichs *Visualisierungen* ziehen und ablegen, um eine Summe oder einen Durchschnitt zu erhalten, oder ob Sie ein DAX-Measure erstellen, um eine Berechnung durchzuführen, in beiden Szenarien ein Measure für die gewünschte Aggregation verwendet wird.

5.3.1 Implizite und explizite Measures

Da Power BI hinter den Kulissen DAX-Ausdrücke schreibt, um die verschiedenen Visuals zu unterstützen, und da nicht jedes Measure von Hand erstellt werden muss, lässt sich ableiten, dass es sowohl implizite Measures als auch explizite Measures gibt.

Ein *implizites Measure* ist nicht genau definiert, bevor es in ein Visual aufgenommen wird. Dies geschieht, wenn Sie eine Spalte hineinziehen und sie summieren, oder Sie sagen ihr, dass sie den Durchschnitt bilden oder eine andere Aggregierung durchführen soll.

Ein *explizites Measure* hingegen ist ein spezifisches DAX-Measure, das Sie in Ihrem Datenmodell mit einer vordefinierten Berechnung erstellen und das Sie dann in ein Visual einfügen. Implizite Measures sind praktisch, beschränken sich aber auf die Aggregate, die ich weiter vorne beschrieben habe. Explizite Measures ermöglichen kompliziertere Berechnungen oder spezifische Gruppierungen, die ohne zusätzliche Felder oder Spaltenkontext schwer zu erreichen sind.

Es ist auch durchaus möglich, den DAX-Ausdruck zu sehen, der erzeugt wird, wenn Sie ein implizites Measure verwenden. Sie können in der Tat den DAX-Ausdruck sehen, der in Power BI ein komplettes Visual erzeugt! Wie in Kapitel 3, als ich die Verwendung des erweiterten Editors zur Anzeige von M, das in Power Query generiert wird, beschrieben habe, können Sie den Aufgabenbereich *Leistungsanalyse* verwenden, um den DAX-Ausdruck zu sehen, der generiert wird, wenn ein Visual aktualisiert wird.

Ich habe eine einfache Tabelle erstellt, die die durchschnittliche Punktzahl nach *AufgabeID* anzeigt (Abbildung 5–8). Das haben Sie schon einmal gesehen. Hier verwende ich jedoch sowohl das Measure *Punktedurchschnitt* als auch das implizite Measure, indem ich die Spalte *Punkte* nutze und die Aggregatfunktion auf *Mittelwert* einstelle. Sie werden feststellen, dass sie die gleichen Ergebnisse liefern. Das ist ein gutes Zeichen!

AufgabeID	Durchschnitt von Punkte	Punktedurchschnitt
1	82,75	82,75
2	79,60	79,60
3	82,30	82,30
4	79,60	79,60
5	78,20	78,20
6	80,50	80,50
7	78,25	78,25
8	81,50	81,50
9	79,45	79,45
10	79,60	79,60
11	77,90	77,90
12	80,60	80,60
13	78,55	78,55
14	41,00	41,00
Gesamt	**77,13**	**77,13**

Abb. 5–8 *Wenn es aggregiert wird, dann ist es irgendwann ein Measure.*

Wenn Sie nun im Aufgabenbereich *Leistungsanalyse* auf den Link *Abfrage kopieren* klicken, können Sie den generierten DAX-Ausdruck kopieren. In Abbildung 5–9 habe ich den DAX-Ausdruck kopiert und in mein bevorzugtes Tool zum Erstellen von DAX-Ausdrücken, DAX Studio (siehe Kapitel 10), eingefügt.

Ich möchte, dass Sie sich auf die Zeilen 6 und 7 konzentrieren. Die anderen Zeilen sind im Moment nicht so wichtig. Zeile 6 ruft ein implizites Measure auf, meine gewählte Aggregation des Typs Mittelwert für die Spalte *Punkte*. In Zeile 7 wird mein explizites Measure, der *Punktedurchschnitt*, aufgerufen.

```
1 // DAX Query
2 DEFINE
3   VAR __DSOCore =
4     SUMMARIZECOLUMNS(
5       ROLLUPADDISSUBTOTAL('Noten'[AufgabeID], "IsGrandTotalRowTotal"),
6       "AveragePunkte", CALCULATE(AVERAGE('Noten'[Punkte])),
7       "Punktedurchschnitt", 'Noten'[Punktedurchschnitt]
8     )
9
10  VAR __DSOPrimaryWindowed =
11    TOPN(502, __DSOCore, [IsGrandTotalRowTotal], 0, 'Noten'[AufgabeID], 1)
12
13 EVALUATE
14   __DSOPrimaryWindowed
15
16 ORDER BY
17   [IsGrandTotalRowTotal] DESC, 'Noten'[AufgabeID]

100 %
```

Abb. 5–9 *Der DAX-Generator von Power BI kennt die Macht von* CALCULATE *und bald werden auch Sie sie kennenlernen.*

Wenn Power BI ein Measure erstellen muss, um die implizite Anforderung zu erfüllen, wird ein expliziter Code erstellt, um dieses Measure für die interne Berechnungsmaschine zu generieren. In diesem Fall sieht das wie folgt aus:

```
CALCULATE(AVERAGE('Noten'[Punkte]))
```

Wenn Sie die PBIX-Datei für Cool School University ISOM 210 aufrufen und sich das bereits vorhandene Measure für den Durchschnittswert ansehen, werden Sie feststellen, dass sie genau dieselbe Syntax aufweist. *Average_Punkte* und *Punktedurchschnitt* aus den Zeilen 6 und 7 sind eigentlich identisch, außer dass in Zeile 7 das explizite Measure aufgerufen wird, das ich erstellt habe, und in Zeile 6 ein implizites Measure erstellt wird, um dieselbe Aufgabe zu erfüllen. Power BI hat zufällig auch denselben Code generiert, den ich zum Erstellen meines Measures verwendet habe.

In Abbildung 5–9 passiert eine ganze Menge, und nicht alles davon ist für die Erstellung von Daten in DAX relevant, aber Sie können generierten Code auswerten und versuchen, daraus zu lernen, wie die DAX-Syntax funktioniert.

5.3.2 Grundlagen der DAX-Syntax

Um die Grundlagen der DAX-Syntax zu erlernen, beginne ich mit einer einfachen Berechnung unter Verwendung der Funktion AVERAGE für eine einzelne Spalte. Dem einfachen Beispiel füge ich dann die Funktion CALCULATE hinzu, die wie Zeile 6 in Abbildung 5–9 aussehen wird. Schauen Sie sich Abbildung 5–10 an, um einen Überblick für die Berechnung des einfachen Durchschnitts mittels DAX zu erhalten.

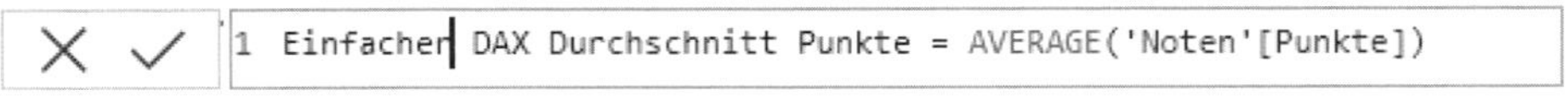

Abb. 5–10 *Die DAX-Syntax sieht beängstigend aus, aber ich verspreche, sie ist es nicht.*

Hier gibt es von links nach rechts zunächst den Titel oder Namen des Measures, in diesem Fall **Einfacher DAX Durchschnitt Punkte**. Das Gleichheitszeichen trennt den Titel von der eigentlichen Berechnung, die nun folgen wird. AVERAGE ist unsere Funktion. Die Funktion akzeptiert dann bestimmte Kriterien, Parameter, in unserem Fall einen Spaltenbezug.

Die erste runde Klammer trennt den Funktionsnamen von den Argumenten oder Kriterien, nach denen sie sucht. Dann folgt der Tabellenname in einfachen Anführungszeichen und danach der Spaltenname in eckigen Klammern; dies ist der Verweis auf die Spalte, die ich an die Funktion übergeben möchte.

Die schließende runde Klammer gibt an, dass alle Argumente für die vorangehende Funktion vorhanden sind. Fügen Sie das alles zusammen und lassen es ein wenig mehr nach Deutsch klingen.

Ich habe ein DAX-Measure namens **Einfacher DAX Durchschnitt Punkte**. Dieses DAX-Measure nutzt die Funktion AVERAGE, die wiederum die Spalte *Punkte* aus der Tabelle *Noten* als Parameter für die Berechnung verwendet. In unserem Fall gibt dies die durchschnittliche Punktzahl aus der Tabelle *Noten* zurück, die in jedem beliebigen Kontext geändert werden. Zu Ihrer Information: Alle Tabellennamen, die ein Leerzeichen enthalten, werden immer in einfache Anführungszeichen gesetzt, und alle Spaltennamen werden in eckigen Klammern eingeschlossen. Es ist bewährte Praxis beim Schreiben von eigenen DAX-Ausdrücken, die Tabellennamen immer in einfachen Anführungszeichen einzuschließen, unabhängig davon, ob sie Leerzeichen enthalten oder nicht.

Technisch gesehen haben alle einfachen Aggregate, die Sie zuvor betrachtet haben, die gleiche grundlegende DAX-Syntax für ihre Funktion. SUM, AVERAGE, COUNT, DISTINCTCOUNT, MIN und MAX sind alle identisch. FIRST, LAST, EARLIEST und LATEST sind lediglich Berechnungen von MIN oder MAX. Diese Syntax lautet wie folgt.

```
FUNCTION('TABELLE'[SPALTE])
```

Das war's. So erhalten Sie ein einfaches explizites Measure, das durch alle anderen Kontexte in der Grafik und alle anwendbaren Datenschnitte auf Ihrer Berichtsseite gefiltert wird. Wenn Sie diesen grundlegenden Zusammenhang verstanden haben, können Sie von hier aus einen Schritt weitergehen und zur vollständigen Version von Zeile 6 aus Abbildung 5–9 zurückkehren. Jetzt ist es an der Zeit, sich CALCULATE zu widmen.

5.3.3 CALCULATE

Die Funktion CALCULATE ist in vielerlei Hinsicht das Schweizer Taschenmesser unter den DAX-Funktionen. Wie bei vielen Dingen im Leben können 80 % der DAX-Probleme mit 20 % an Können gelöst werden. Wenn Sie CALCULATE beherrschen, sind Sie auf dem besten Weg zu dieser frühen Stufe des Könnens.

Die Funktion CALCULATE ist sehr einfach. Sie ist ein Wrapper, der einen Ausdruck in einem geänderten Filterkontext auswertet. Was bedeutet das? Sie können Funktionen auswerten und dann Filterkontexte voreinstellen.

Stellen Sie sich vor, Sie könnten eine WHERE-Klausel in SQL verwenden. Sie möchten beispielsweise die Ergebnisse auf die Fälle beschränken, in denen X = Y oder Z > 100 ist. Mit CALCULATE können Sie diese WHERE-Klausel-Parameter explizit an Ihre DAX-Formel übergeben, was bedeutet, dass sie immer gelten, unabhängig von jedem anderen Kontext. Wahrscheinlich fallen Ihnen eine Menge Anwendungsfälle ein, in denen dies hilfreich ist.

Möchten Sie die bisherigen Umsätze des laufenden Jahres mit den Umsätzen des vergangenen Jahres vergleichen? Mit CALCULATE können Sie das tun. Vielleicht möchten Sie sehen, wie die Verkaufszahlen eines anderen Produkts im Vergleich zu einer anderen Gruppe von Produkten sind? Das können Sie tun. Möchten Sie eine dynamische Berechnung bereitstellen, die den Filterkontext auf der Grundlage der Ergebnisse einer anderen Berechnung, z. B. des Datums des Vortages, weitergibt? Das können Sie tun.

Sehen Sie sich also Zeile 6 in Abbildung 5–9 an und ich stelle den DAX-Ausdruck vor, den Power BI bei der Erstellung dieses impliziten Measures zusammengestellt hat:

```
"AveragePunkte", CALCULATE(AVERAGE('Noten'[Punkte]))
```

AveragePunkte ist der Name des impliziten Measures. Sie wissen aus dem vorherigen Abschnitt, wie man die Funktion AVERAGE liest. CALCULATE packt diese Funktion in eine größere Funktion ein. Das ist es, was die Klammern vor AVERAGE und auf der anderen Seite der ersten runden Klammer tun.

Nehmen wir an, Sie wollen die Durchschnittswerte der Schüler vergleichen, aber Sie wollen sie schnell mit den Ergebnissen einer anderen Gruppe vergleichen. Ein gutes Beispiel dafür ist, eine Kategorie zu nehmen und dann zu sehen, wie die Teilnehmer im Vergleich zu anderen in dieser Kategorie abgeschnitten haben. Schauen Sie sich die durchschnittliche Punktzahl der Studenten an, die nach eigenen Angaben über mittlere Excel-Kenntnisse verfügen, und sehen Sie sich an, wie jeder dieser Studierenden im Vergleich zum Durchschnitt seiner Kohorte abgeschnitten hat.

Wie Sie gesehen haben, ist es nicht schwer, den individuellen Durchschnitt aller Personen in einem Visual zu ermitteln, aber nehmen wir an, Sie wollen diesen Wert mit dem Durchschnitt einer bestimmten Kategorie vergleichen. Ist zum Beispiel die durchschnittliche Punktzahl höher oder niedriger als die durchschnittliche Punktzahl der Personen mit mittleren Excel-Kenntnissen? Die Funktion CALCU-

LATE hilft dabei, indem sie erlaubt, den Filterkontext zu definieren. Sehen Sie sich den Code für das neue Beispiel in Abbildung 5–11 an und lassen Sie mich ihn aufschlüsseln.

```
1 Fortgeschrittene*r Anfänger*in Excel Durchschnittspunkte =
2 CALCULATE (
3     AVERAGE ( 'Noten'[Punkte] ),
4     'UmfrageDaten'[ExcelKenntnisseSelbstEinschätzung] == "Fortgeschrittene*r Anfänger*in"
5 )
```

Abb. 5–11 *Ah, die Schönheit von richtig formatiertem DAX!*

Da ich eine kompliziertere DAX-Anweisung aufschlüsseln werde, wollte ich, dass der Code so formatiert wird, dass er leichter zu lesen ist. Mehrere DAX-Formatierungsoptionen sind online und über das bereits erwähnte DAX Studio verfügbar. Lassen Sie mich den Code zeilenweise untersuchen.

In Zeile 1 steht der Name des Measures, in diesem Fall *Fortgeschrittene*r Anfänger*in Excel Durchschnittspunkte*.

In Zeile 2 habe ich den Calculate-Wrapper erstellt und die erste runde Klammer der CALCULATE-Funktion gesetzt, um zu verdeutlichen, dass es sich bei der nächsten Funktion um diejenige handelt, die aufgerufen wird.

In Zeile 3 rufe ich die Funktion AVERAGE auf, wie ich es bereits in dem einfachen Beispiel getan habe. Beachten Sie auch hier, dass ich innerhalb der Klammern der Funktion AVERAGE den Tabellennamen in einfachen Anführungszeichen und den Spaltennamen in eckigen Klammern angebe. Dann, am Ende von Zeile 3, steht das erste neue Element, und das ist das Komma nach der schließenden, runden Klammer.

Lassen Sie mich zuerst die allgemeine Syntax der Funktion CALCULATE zeigen, damit Sie verstehen, was gleich passieren wird. Die Syntax von CALCULATE folgt immer dem folgenden Format:

```
CALCULATE (Funktion(), Filteranweisung 1, Filteranweisung 2, ...,
   Filteranweisung N)
```

Beachten Sie, dass das erste Komma innerhalb der runden Klammern die Funktion, die aufgerufen werden soll, von der ersten Filteranweisung trennt, und dann werden Kommas verwendet, um jede Filteranweisung, die nach der ersten kommt, von der letzten zu trennen. Ja, das ist richtig, CALCULATE kann mehrere Filterbedingungen durchlaufen. Aber jetzt, wo Sie verstehen, was das Komma in Zeile 3 bewirkt, nämlich die Trennung der eingeschlossenen Funktion von der nachfolgenden Filterbedingung, kann ich zu Zeile 4 übergehen.

In Zeile 4 steht eine sehr einfache boolesche Aussage, die TRUE/FALSE ergibt. In der Tabelle *UmfrageDaten* gibt es eine Spalte namens *ExcelKenntnisseSelbstEinschätzung*. Ich möchte die durchschnittliche Punktzahl nur für die Personen berechnen, die über ein selbst beschriebenes mittleres Kompetenzniveau verfügen. Daher gebe ich nach dem Komma in Zeile 3 einen Tabellennamen und einen Spaltennamen an und setze ihn auf einen Wert. Beachten Sie, dass *Fortge-*

*schrittene*r Anfänger*in* in doppelte Anführungszeichen eingeschlossen ist. Text muss immer von doppelten Anführungszeichen eingeschlossen sein. Wenn etwas in diese doppelten Anführungszeichen eingeschlossen ist, behandelt Power BI den Wert so, als wäre er Text. Ich werde auf dieses Problem in Kürze zurückkommen.

In Zeile 5 schließlich befindet sich die letzte schließende runde Klammer, die die `CALCULATE`-Funktion darüber informiert, dass nun alles verpackt und einsatzbereit ist. Schauen Sie sich Abbildung 5–12 an, um zu sehen, wie das in einer Tabelle mit den Studierenden, ihrer Excel-Selbsteinschätzung und der durchschnittlichen Punktzahl aussieht.

Nachname	ExcelKenntnisseSelbstEinschätzung	Punktedurchschnitt	Fortgeschrittene*r Anfänger*in Excel Durchschnittspunkte
Avina	Keine	66,93	
Bainter	Fortgeschrittene*r Anfänger*in	81,71	81,71
Bones	Keine	76,71	
Boomhower	Fortgeschrittene*r Anfänger*in	87,57	87,57
Cavin	Fortgeschrittene*r Anfänger*in	75,57	75,57
Damato	Anfänger*in	73,43	
Dezzutti	Anfänger*in	81,00	
Dismukes	Fortgeschrittene*r Anfänger*in	74,00	74,00
Farquharson	Anfänger*in	80,29	
Lucia	Anfänger*in	75,64	
Miyamoto	Anfänger*in	75,93	
Montegalegre	Fortgeschrittene*r Anfänger*in	92,50	92,50
Monteiro	Fortgeschrittene*r	79,50	
Newlon	Keine	69,14	
Piatt	Keine	66,00	
Russell	Anfänger*in	76,57	
Schmaltz	Keine	77,50	
Schmitz	Fortgeschrittene*r	85,36	
Shumway	Keine	70,57	
Smullen	Anfänger*in	76,64	
Gesamt		**77,13**	**82,27**

Abb. 5–12 *CALCULATE kann seinen eigenen Filterkontext erzwingen.*

Wenn Sie diese einfache Tabelle betrachten, dann sehen Sie die durchschnittliche Punktzahl, die Sie schon mehrfach gesehen haben, aber beachten Sie, dass unser neues Measure für die durchschnittliche Punktzahl von Excel für fortgeschrittene Anfänger nur Werte für die Personen anzeigt, die sich selbst mittlere Kompetenz bescheinigt haben! Dies ist ein großartiges Beispiel für ein einfaches DAX-Wrapping in `CALCULATE`, um Ihnen zu zeigen, wie das funktioniert.

Wie wäre es jedoch, wenn Sie in dieser Tabelle die Durchschnittspunkte *Fortgeschrittene*r Anfänger*in Excel* für alle anzeigen würden, damit Sie schnell sehen, wie jeder im Vergleich zu diesem Wert von 82,27 abgeschnitten hat, unabhängig von seinen Kenntnissen?

5.3.4 Ich habe gehört, dass Sie DAX mögen, also habe ich etwas DAX hineingetan

Wie bereits erwähnt, kann die Funktion `CALCULATE` mehrere Filterkontextbedingungen annehmen. Diese Filterbedingungen können jedoch auch selbst DAX-Funktionen sein. In Abbildung 5–12 haben Sie gesehen, dass Sie `CALCULATE` verwenden können, um den spezifischen Durchschnitt für unsere Excel-Benutzer, die sich als fortgeschrittene Anfänger*innen einstufen, zu ermitteln, aber Sie sind nicht ganz so weit gekommen, um einen schönen und einfachen Vergleich dieser Benutzer zu ermöglichen.

Ich möchte wirklich alle mit dem Wert 82,27 vergleichen, also der Durchschnittspunktzahl aller Teilnehmer mit mittleren Excel-Kenntnissen. Was ich brauche, ist eine Berechnung, die die durchschnittliche Punktzahl dieser Excel-Nutzer mit mittleren Excel-Kenntnissen nimmt und alle anderen Kontexte oder Filter ignoriert. Sie können dies mit der `ALL`-Anweisung tun.

`ALL` ist eine Funktion, die alle Datensätze zurückgibt und dabei eventuell angewandte Filter ignoriert. `ALL` gibt es in verschiedenen Ausprägungen. Für dieses Beispiel werde ich die einfachste Variante verwenden, aber die `ALL`-Anweisung kann einen Tabellenwert oder einen Spaltenwert akzeptieren, um einen bestimmten Kontext zu bestimmen, aus dem die Filter entfernt werden sollen. Sie können in der `ALL`-Anweisung auch keinen Wert übergeben, um so den gesamten Filterkontext zu entfernen. Wie in Abbildung 5–11 sehen Sie sich nun in Abbildung 5–13 an, wie Sie `CALCULATE` mit einer zweiten Filterfunktion modifizieren können, indem Sie eine andere DAX-Anweisung als Filterbedingung verwenden.

```
Fortgeschrittene*r Anfänger*in Excel Durchschnittspunkte ALL =
CALCULATE (
    AVERAGE ( 'Noten'[Punkte] ),
    ALL(),
    'UmfrageDaten'[ExcelKenntnisseSelbstEinschätzung] == "Fortgeschrittene*r Anfänger*in"
)
```

Abb. 5–13 *Nur ein Schritt weiter hinunter in den DAX-Kaninchenbau*

Vielleicht fällt Ihnen auf, dass sich Abbildung 5–13 nur unwesentlich von Abbildung 5–11 unterscheidet. Ich habe eigentlich nur eine Zeile hinzugefügt, aber denken Sie daran, sie in den Kontext der Funktionsweise von `CALCULATE` zu stellen:

```
CALCULATE( Funktion (), Filter1, Filter2, ..., FilterN)
```

Jetzt füge ich einen Filter hinzu. Ich ersetze den alten *Filter1* durch `ALL()` und mache aus dem alten *Filter1* den neuen *Filter2*. Für das Beispiel in Abbildung 5–13 spielt die Reihenfolge der Filter keine Rolle, aber in komplizierteren Beispielen könnte sie eine Rolle spielen. Die Funktion `ALL` dient nun als *Filter1*, und da der Funktion `ALL` in den runden Klammern keine Parameter übergeben werden, bedeutet dies, dass der gesamte Filterkontext für das Ergebnis entfernt wird.

Stellen Sie sich die DAX-Anweisung umgangssprachlich wie folgt vor: Ich möchte die durchschnittliche Punktzahl der fortgeschrittenen Excel-Benutzer berechnen. Wenn ich diesen Wert anzeige, möchte ich, dass er den Durchschnitt aller fortgeschrittenen Excel-Benutzer anzeigt, unabhängig von jedem anderen Kontext, der im Visual vorhanden ist, oder von anderen Datenschnitten oder Filtern, die normalerweise angewendet werden könnten. Um zu sehen, wie sich dieses Ergebnis unterscheidet, betrachten Sie Abbildung 5–14.

Nachname	ExcelKenntnisseSelbstEinschätzung	Punktedurchschnitt	Fortgeschrittene*r Anfänger*in Excel Durchschnittspunkte	Fortgeschrittene*r Anfänger*in Excel Durchschnittspunkte mit ALL
				82,27
Avina	Keine	66,93		82,27
Bainter	Fortgeschrittene*r Anfänger*in	81,71	81,71	82,27
Bones	Keine	76,71		82,27
Boomhower	Fortgeschrittene*r Anfänger*in	87,57	87,57	82,27
Cavin	Fortgeschrittene*r Anfänger*in	75,57	75,57	82,27
Damato	Anfänger*in	73,43		82,27
Dezzutti	Anfänger*in	81,00		82,27
Dismukes	Fortgeschrittene*r Anfänger*in	74,00	74,00	82,27
Farquharson	Anfänger*in	80,29		82,27
Lucia	Anfänger*in	75,64		82,27
Miyamoto	Anfänger*in	75,93		82,27
Montegalegre	Fortgeschrittene*r Anfänger*in	92,50	92,50	82,27
Monteiro	Fortgeschrittene*r	79,50		82,27
Newlon	Keine	69,14		82,27
Piatt	Keine	66,00		82,27
Russell	Anfänger*in	76,57		82,27
Schmaltz	Keine	77,50		82,27
Schmitz	Fortgeschrittene*r	85,36		82,27
Shumway	Keine	70,57		82,27
Gesamt		**77,13**	**82,27**	**82,27**

Abb. 5–14 *Schauen Sie sich all diese 82,27er-Werte an.*

Was macht das neue Measure? Es berechnet die durchschnittliche Punktzahl aller Personen mit mittleren Excel-Kenntnissen und wendet diesen Wert dann auf alle Datenkombinationen in der Visualisierung an, unabhängig von deren Filterkontext. Wenn Sie sich den Excel-Durchschnittswert für Fortgeschrittene Anfänger*innen ansehen, den ich für Abbildung 5–12 zusammengestellt habe, erkennen Sie , dass er keine Ergebnisse für Benutzer liefert, die keine fortgeschrittenen Kenntnisse haben. Das macht auch Sinn. Die Berechnung wird durch den Kontext des Visuals gefiltert.

Ebenso sehen Sie in Abbildung 5–12 zwar den Gesamtpunktedurchschnitt, aber für alle, die Anwender mit mittleren Kenntnissen sind, wird der individuelle Durchschnitt zurückgegeben, und Sie sehen, dass der individuelle Durchschnitt mit Gesamtpunktedurchschnitt identisch ist. Das hilft aber nicht, das Ergebnis zu vergleichen.

Mit diesem konsistenten Wert könnte ich jedoch etwas sehr Einfaches tun, wie das Visual beispielsweise in ein Linien- und Säulendiagramm umzuwandeln, um schnell zu erkennen, welche meiner Studierenden über oder unter dieser neuen Durchschnittslinie liegen. Ein Beispiel dafür sehen Sie in Abbildung 5–15, zusammen mit einem Datenschnitt, der es ermöglicht, verschiedene Gruppierungen zu betrachten, um mögliche Unterschiede zu erkennen.

In diesem Fall betrachten Sie die Studierenden, die sich als fortgeschrittene Excel-Kenner einstufen, und sehen sich an, wie sie im Vergleich zum Punktedurchschnitt der fortgeschrittenen Anfänger*innen abschneiden. Beachten Sie in Abbildung 5–15, dass die Linie für 82,27 Punkte nicht davon betroffen ist, dass im Datenschnitt *Fortgeschrittene*r* ausgewählt ist, da die `ALL`-Anweisung innerhalb des `CALCULATE`-Filters diesen Filterkontext ignoriert.

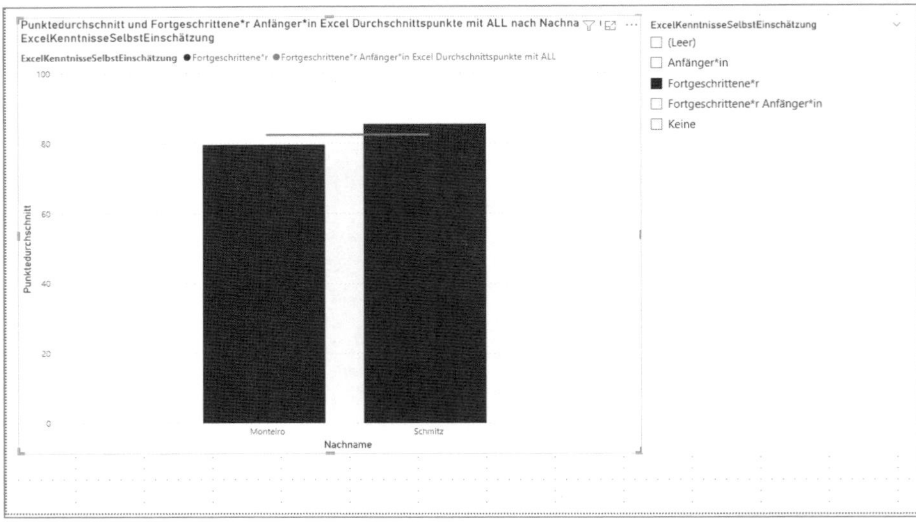

Abb. 5–15 *Es dreht sich alles um den Filterkontext.*

5.3.5 Zeilen- und Filterkontext

Das Wichtigste, was Sie bei der Entwicklung Ihrer DAX-Fähigkeiten lernen, ist das Verständnis des Zeilenkontextes und des Filterkontextes. In vielerlei Hinsicht ist dies die am wenigsten intuitive, aber wichtigste Lektion über DAX, die Sie erlernen können und die Ihre Einsatzmöglichkeiten von DAX auf die nächste Stufe heben wird.

DAX ist eine Formelsprache zur Abfrage von Spalten. Analysis Services Tabular und Power BI speichern ihre Daten in Datenbanken mit spaltenbasierten Datenspeichern. DAX-Statements fragen Spalten ab, um Ergebnisse für Measures zu erhalten oder andere Spalten zu referenzieren, wenn berechnete Spalten erstellt werden.

Wenn Sie Ihre Daten in der Ansicht *Daten* betrachten, sehen Sie, dass die Daten immer noch eine Sammlung von Zeilen und Spalten sind, und wenn Sie sich die Tabellenvisualisierungen ansehen, die ich zur Darstellung unserer DAX-Beispiele erstellt habe, sind es Tabellen mit Zeilen und Spalten. Diese Zeilenwerte wirken sich auf die Ergebnisse des Measures aus.

Zurück zu Abbildung 5–12: Der Durchschnittswert für fortgeschrittene Anfänger wurde nur dann angezeigt, wenn die Zeile einen Datensatz enthielt, in dem für die Selbsteinschätzung des Benutzers der Wert *Fortgeschrittene*r Anfänger*in* enthalten war. Dies wäre auch dann der Fall, wenn Sie das spezifische Feld, das die Excel-Kenntnisse anzeigt, aus dem Visual entfernen würden. Der Grund dafür ist, dass das Feld *Nachname* aus derselben Tabelle stammt und implizit den Status der Excel-Kenntnisse angibt, da es sich nur um ein anderes Feld in derselben Tabelle handelt.

Dies bringt uns zum Zeilenkontext. Zeilenkontext tritt immer dann auf, wenn eine Tabelle iteriert wird, oder anders ausgedrückt, immer dann, wenn eine Formel das zeilenweise Durchlaufen einer Tabelle verlangt. Dies kann sowohl explizit geschehen, wie in Abbildung 5–12 zu sehen, als auch implizit, wie im vorherigen Szenario beschrieben. Zeilenkontext gilt immer, wenn Sie mit DAX berechnete Spalten erstellen, da die Ergebnisse eines bestimmten Datensatzes für eine berechnete Spalte immer auf Zeilenebene berechnet werden.

Bestimmte DAX-Funktionen iterieren immer über eine Tabelle. Diese Funktionen können daher nützlich sein, wenn Sie mehr als nur eine einfache Aggregation für eine Spalte erhalten möchten, denn was Sie wirklich wollen, ist eine Aggregation, die auf einer Kombination von Daten für jede Datenzeile basiert. Sie möchten einen Wert zurückgeben, der ein Ausdruck für jede Zeile in einer Tabelle ist. Ich nenne diese Funktionen gerne die *X-Funktionen*: `SUMX`, `AVERAGEX`, `COUNTX`, `MINX`, `MAXX` und `PRODUCTX`.

Sie können sich diese X-Funktionen so vorstellen, dass sie implizit berechnete Spalten bilden und dann die gewünschte Aggregation dieser berechneten Spalten vornehmen. Ein klassisches Beispiel für die Verwendung einer solchen Funktion ist eine Verkaufstabelle mit Preis und verkaufter Menge. Wenn Sie versuchen, die Summe der Menge mit der Summe der Preise zu multiplizieren, erhalten Sie ein Ergebnis, das nicht sehr sinnvoll ist.

Was Sie eigentlich wollen, ist eher so etwas wie die Summe der Preise der einzelnen Datensätze multipliziert mit der Menge. Genau das tut `SUMX`, und zwar mit Zeilenkontext. Zeilenkontext wird oft auf der Ebene der Visualisierung gesehen, kommt aber immer auf der Ebene der Datenspeicherung vor. Nur weil Power BI seine Daten als Spalten speichert und seine Daten als Spalten berechnet, heißt das nicht, dass Zeilen und Zeilenkontext keine Rolle spielen!

Nachdem Sie nun wissen, wie der Zeilenkontext funktioniert, kann ich mich dem Filterkontext zuwenden. Als Erstes ist zu beachten, dass, der Filterkontext bei der Berechnung an erster Stelle steht, obwohl ich ihn erst an zweiter Stelle behandle. Filter werden auf die Daten angewendet, bevor eine DAX-Berechnung durchgeführt wird. Dies hat den Vorteil, dass eine Berechnung für eine kleinere Datenmenge durchgeführt werden kann, anstatt jedes Mal für die gesamte Spalte. Es ist einfacher, 50 von 100 Datensätzen herauszufiltern und dann die 50 Datensätze zu addieren, als die 100 Datensätze zu addieren, dann jeden nicht relevanten Datensatz herauszufiltern und dann diese Datensätze von der Gesamtsumme zu subtrahieren.

Filter für Tabellen gelten für alle Zeilen der Tabelle, die die Filterbedingung erfüllen. In unserem Beispiel in Abbildung 5–12 besagt die Berechnung, dass die durchschnittliche Punktzahl für Personen mit mittleren Kenntnissen berechnet werden soll. Zunächst wird die Tabelle auf die Personen mit mittleren Kenntnissen gefiltert, und dann wird das Ergebnis berechnet. Gäbe es außer Nachname und diesem Measure keine weiteren Spalten, würden Sie nur die Nachnamen sehen, die Werte zurückgeben würden, da die Tabelle zuerst gefiltert wird und dieser Filter dann auf Basis der Beziehung zu der anderen Tabelle weitergegeben wird.

Wenn mehr als ein Filter aktiviert ist, werden nur die Datensätze angezeigt, die alle Filterkriterien erfüllen. Wenn Sie sich das wie ein Venn-Diagramm mit Filter A und Filter B vorstellen, erhalten Sie, wenn beide Filter aktiviert sind, nur das Ergebnis, das beide Bedingungen erfüllt, oder den überlappenden Teil des Diagramms. In der SQL-Terminologie könnte man sich dies als INNER JOIN vorstellen, bei dem nur die Datensätze angezeigt werden, bei denen beide Bedingungen erfüllt sind. Denken Sie daran, dass Filter immer zuerst angewendet werden und nicht mit dem Zeilenkontext interagieren.

5.3.6 Ein abschließendes DAX-Beispiel

Mit diesen Überlegungen im Hinterkopf möchte ich nun versuchen, ein weiteres DAX-Measure zu erstellen, das ein paar Stufen schwieriger ist als die bisherigen. Ich beginne mit dem Measure, das ich für Abbildung 5–13 erstellt habe, und baue es von dort aus weiter aus. In diesem Beispiel werden einige einzigartige DAX-Funktionen verwendet, aber ich möchte nicht, dass Sie sich speziell mit ihnen befassen, sondern dass Sie erkennen, wie Kontext und Syntax gemeinsam dafür sorgen, dass Sie eine lesbare DAX-Anweisung erstellen.

In diesem Beispiel möchte ich die Analyse erweitern. Ich möchte nicht jeden mit der Kohorte der fortgeschrittenen Anfänger vergleichen. Ich möchte jeden mit seiner eigenen Kohorte vergleichen. Dazu muss ich jedoch einen Weg finden, um einen bestimmten Wert – in diesem Fall die Excel-Kenntnisse einer Person – mittels der Funktion `CALCULATE` zu übergeben.

Das nächste Problem ist, dass es vier mögliche Werte gibt, und ich möchte, dass jeder korrekt aufgerufen wird, aber auch, dass die Funktion funktioniert, wenn kein Wert ausgewählt wird. Es gibt sicherlich eine Reihe von Möglichkeiten, dieses Problem zu lösen. Ich habe mich jedoch absichtlich für die unangenehmste entschieden, um zu zeigen, wie Kontext und Syntax zusammenkommen, um die DAX-Anweisung verständlich zu machen. Schauen Sie sich das Beispiel in Abbildung 5–16 an.

```
1 Gefilterter Punktedurchschnitt nach Excel-Kenntnissen =
2 IF (
3     HASONEVALUE ( 'UmfrageDaten'[ExcelKenntnisseSelbstEinschätzung] ) = TRUE (),
4     CALCULATE (
5         AVERAGE ( 'Noten'[Punkte] ),
6         ALL (),
7         'UmfrageDaten'[ExcelKenntnisseSelbstEinschätzung]
8             = SELECTEDVALUE ( 'UmfrageDaten'[ExcelKenntnisseSelbstEinschätzung] )
9     ),
10    CALCULATE ( AVERAGE ( 'Noten'[Punkte] ), ALL () )
11 )
```

100 %

Abb. 5–16 *Es ist nicht so schlimm, wie es aussieht, ich verspreche es!*

Das Erste, was Sie hier sehen, wird den Excel-Anwendern vertraut vorkommen. In Zeile 2 gibt es eine `IF`-Anweisung. `IF`-Anweisungen in DAX sind der Funktionsweise in Excel sehr ähnlich:

```
IF (Bedingung, Ergebnis wenn Bedingung wahr ergibt,
    Ergebnis wenn Bedingung falsch ergibt)
```

Ich weiß sofort, dass ich sehen will, was die Bedingung ist, die ausgewertet werden soll, und was die Ergebnisse sind, je nachdem, ob die Bedingung wahr oder falsch ist. Gehen wir zu Zeile 3.

Hier befindet sich die Bedingung, die ausgewertet werden soll. Die Bedingung hier besagt, dass, wenn die Spalte *ExcelKenntnisseSelbstEinschätzung* aus irgendeinem Grund einen Wert zurückgibt, die erste Sache zu tun ist; andernfalls ist die zweite Sache zu tun. Eine bedingte Anweisung muss eine Bedingung enthalten, die untersucht werden muss. In diesem Fall prüft die `HASONEVALUE`-Anweisung also, ob die Spalte mehr als einen Wert hat, und gibt dann entweder `TRUE` oder `FALSE` zurück.

In den Zeilen 4 bis 9 wird definiert, was geschehen soll, wenn die Bedingung wahr ergibt. Die Zeilen 4 bis 6 kennen Sie schon aus den anderen Beispielen in diesem Abschnitt. Zeile 7 ist neu. Hier füge ich dem `CALCULATE`-Wrapper eine weitere Filterbedingung hinzu und sage, dass die Funktion auch einen Filter für die Spalte haben sollte, die der tatsächlich ausgewählte Wert aus dieser Spalte ist. Warum funktioniert das? Denken Sie daran, dass der Filterkontext zuerst angewendet wird, und dann erst der Zeilenkontext!

Wenn ich einen Datenschnitt verwende, um den auszuwählenden Wert zu bestimmen, oder dieses Feld in den Ergebnissen meines Visuals enthalten ist, muss es diese Filterbedingung an die Funktion weitergeben, und zu diesem Zeitpunkt gebe ich für diese spezielle Version der Berechnung einen bestimmten Wert zurück.

Wenn Sie sich aus irgendeinem Grund in einer Situation befinden, in der Sie nicht den Durchschnittswert nach Excel-Kenntnissen oder nach einem Feld in derselben Tabelle wie Excel-Kenntnisse betrachten, aus dem ein Filterkontext abgeleitet werden könnte (z.B. für die Gesamtzeile), machen Sie in der IF-Anweisung bei dem Fall weiter, dass dies nicht zutrifft. Dazu verwenden Sie eine einfache `CALCULATE`-Funktion für den Durchschnitt und entfernen alle Filterbedingungen mit der Funktion `ALL`.

Wenn Sie sich diese DAX-Anweisung in Power BI oder einem anderen DAX-Bearbeitungstool ansehen, gibt es eine Funktion namens IntelliSense, mit der Sie erkennen können, welche der Klammern in einer bestimmten DAX-Anweisung zusammengehören. Aber diese Anweisung ist nicht allzu weit von dem entfernt, was ich bisher beschrieben habe. Wenn Sie das können, können Sie auch die meisten anderen DAX-Probleme lösen. Mit der vorangehenden DAX-Anweisung erhalten Sie das Ergebnis, wie es in der Spalte ganz rechts in der Tabelle in Abbildung 5–17 zu sehen ist.

Nachname	ExcelKenntnisseSelbstEinschätzung	Punktedurchschnitt	Gefilterter Punktedurchschnitt nach Excel-Kenntnissen
Damato	Anfänger*in	73,43	77,07
Dezzutti	Anfänger*in	81,00	77,07
Farquharson	Anfänger*in	80,29	77,07
Lucia	Anfänger*in	75,64	77,07
Miyamoto	Anfänger*in	75,93	77,07
Russell	Anfänger*in	76,57	77,07
Smullen	Anfänger*in	76,64	77,07
Monteiro	Fortgeschrittene*r	79,50	82,43
Schmitz	Fortgeschrittene*r	85,36	82,43
Bainter	Fortgeschrittene*r Anfänger*in	81,71	82,27
Boomhower	Fortgeschrittene*r Anfänger*in	87,57	82,27
Cavin	Fortgeschrittene*r Anfänger*in	75,57	82,27
Dismukes	Fortgeschrittene*r Anfänger*in	74,00	82,27
Montegalegre	Fortgeschrittene*r Anfänger*in	92,50	82,27
Avina	Keine	66,93	71,14
Bones	Keine	76,71	71,14
Newlon	Keine	69,14	71,14
Piatt	Keine	66,00	71,14
Schmaltz	Keine	77,50	71,14
Shumway	Keine	70,57	71,14
Gesamt		**77,13**	**77,13**

Abb. 5–17 *Sehen Sie? Wir haben es herausgefunden.*

Mit dem, was Sie hier gelernt haben, können Sie ein Measure oder eine berechnete Spalte erstellen, das/die Ihnen das liefert, was Sie für Ihre Analyse benötigen. Denken Sie nur daran, dass jede DAX-Anwendung, die Sie zum Erstellen einer berechneten Spalte verwenden, immer zeilenkontextabhängig ist, da Sie Ihrem Datenmodell Daten hinzufügen. Jetzt sind Sie bereit für die echte Datenanalyse.

5.4 Zusammenfassung

An diesem Punkt haben Sie die Daten in das Datenmodell eingefügt, Sie haben die Beziehungen aufgebaut, Sie haben die benötigten Visuals, und schließlich wissen Sie genug über DAX, um die expliziten Measures zu erstellen, die Sie benötigen, wenn ein implizites Measure nicht ausreicht.

Im nächsten Kapitel werde ich alles, was ich beschrieben habe, in einem realen Arbeitsablauf mit dem Dataset umsetzen. Ich werde mit Power Query Daten für einen weiteren Kurs an das Datenmodell anhängen, einige Bereinigungstransformationen durchführen, einige Measures erstellen und so werden Sie ein wenig mehr über die Cool School University erfahren.

6 Die Puzzleteile zusammensetzen: von den Rohdaten zum Bericht

In den ersten fünf Kapiteln dieses Buches habe ich die Grundlagen für die Verwendung von Power BI gelegt. In diesem Kapitel erfahren Sie, wie Sie von den Rohdaten, die in Form von Excel-Arbeitsmappen vorliegen, zu einem Power BI-Bericht gelangen.

Um dies zu erledigen, werden Sie die Daten der Cool School University, mit denen Sie bereits gearbeitet haben, einbeziehen und dann Daten und Noten eines zweiten Kurses mithilfe von Power Query hinzufügen; dann bringen Sie die Daten in die gewünschte Form. Anschließend definieren Sie die Beziehungen, die Sie brauchen, damit die Daten zusammenpassen. Danach erstellen Sie verschiedene Measures, die Ihnen helfen, tiefere Einblicke zu gewinnen.

Schließlich erstellen Sie Ihre erste Berichtsseite mit einigen einfachen, sofort einsetzbaren Visuals, um etwas mehr über die Leistungen der Studierenden zu erfahren. Dieser erste, einfache Bericht sollte es den Nutzern ermöglichen, wertvolle Einblicke in die Kurse zu gewinnen und die helfen, eine Geschichte zu erzählen, die die zukünftige Entscheidungsfindung unterstützen wird.

6.1 Erster Datenimport

Beginnen wir damit, die benötigten Daten zu importieren. Suchen Sie zunächst die sechs Excel-Dateien in der ZIP-Datei, die Sie in den Begleitdateien zu diesem Buch finden und die Sie von der Website zum Buch herunterladen können (siehe Einleitung dieses Buches). Ich konzentriere mich zunächst auf drei Dateien und ignoriere die anderen drei, deren Dateinamen mit dem Text *Kap06Ergänzung* aufhören. Keine Sorge, ich komme im nächsten Abschnitt auf diese drei anderen Dateien zurück.

Bevor Sie beginnen, sollten Sie sich mit den Daten vertraut machen, indem Sie die Arbeitsmappen öffnen und sich ein wenig umsehen. Ich empfehle Ihnen, Kopien der Dateien zu speichern, damit Sie verschiedene Dinge mit den Daten in Excel ausprobieren und auf eigene Faust versuchen können, mit Excel dieselben Antworten wie aus Power BI zu erhalten. Ich empfehle Ihnen außerdem, einige der Daten in diesen Dateien zu ändern, um zu sehen, wie sich dies auf die Ergebnisse auswirken könnte, nachdem Sie sich mit dem in diesem Kapitel beschriebenen Prozess vertraut gemacht haben. Dieser Schritt wird Ihnen helfen, sich mit der Funktionalität vertraut zu machen, und könnte Sie zu einem Cool-School-Star machen.

Wenn Sie also die spezifischen Ergänzungen für das sechste Kapitel außer Acht lassen, bleiben diese drei Dateien übrig:

- *CoolSchoolUniversity-DatenVonUniStart.xlsx*
- *CoolSchoolUniversity-Noten.xlsx*
- *CoolSchoolUniversity-VonDozentErfassteInfosStudenten.xlsx*

6.1.1 Wählen und transformieren Sie die Daten, wenn Sie importieren

Lassen Sie uns diese in Power BI importieren. Ich gehe die Dateien eine nach der anderen durch, aber denken Sie daran, die Daten nicht nur zu importieren, sondern auch zu transformieren, auch wenn Sie nicht unbedingt sofort eine Transformation vornehmen müssen. Dies ist derselbe Prozess, der in Kapitel 3 vorgestellt wurde: *Daten abrufen* → *Excel-Arbeitsmappe* → zur Datei navigieren, die Sie importieren wollen → Datei auswählen → im Fenster *Navigator* die gewünschten Tabellen auswählen und dann die Schaltfläche *Daten transformieren* anklicken.

Klicken Sie dazu im Menüband auf der Registerkarte *Start* auf die Schaltfläche *Excel-Arbeitsmappe*, um zunächst einen Blick auf die von der Uni bereitgestellten Daten zu werfen. Es ist Semesterbeginn, und die Universität stellt uns einen bestimmten Satz von Daten über unsere Studeirenden für den Kurs zur Verfügung.

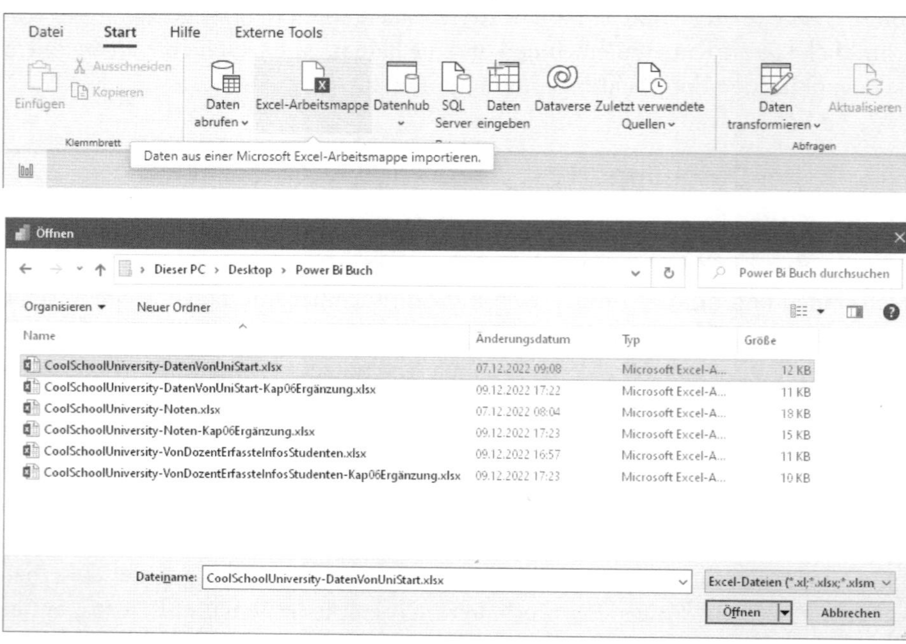

Abb. 6–1 *Öffnen Sie Ihre ersten Daten.*

Im Dialogfeld *Öffnen* (unten in Abbildung 6–1) können Sie zum Ordner navigieren, in dem sich die Excel-Arbeitsmappen befinden.

Wählen Sie nun die Datei *CoolSchoolUniversity-DatenVonUniStart* aus und klicken Sie auf *Öffnen*. Das Fenster *Navigator* wird geöffnet.

Im Fenster *Navigator* wird bei einer Excel-Arbeitsmappe im Menü auf der linkten Seite jedes Arbeitsblatt als eigenes Element angezeigt, ebenso wie alle benannten Tabellen. Diese ausgewählte Arbeitsmappe enthält nur ein Arbeitsblatt mit dem Namen *Tabelle1*. Klicken Sie *Tabelle1* an. Auf der rechten Seite des Fensters sehen Sie nun eine Vorschau der Daten, wie es Abbildung 6–2 zeigt. Klicken Sie dann auf *Daten transformieren*.

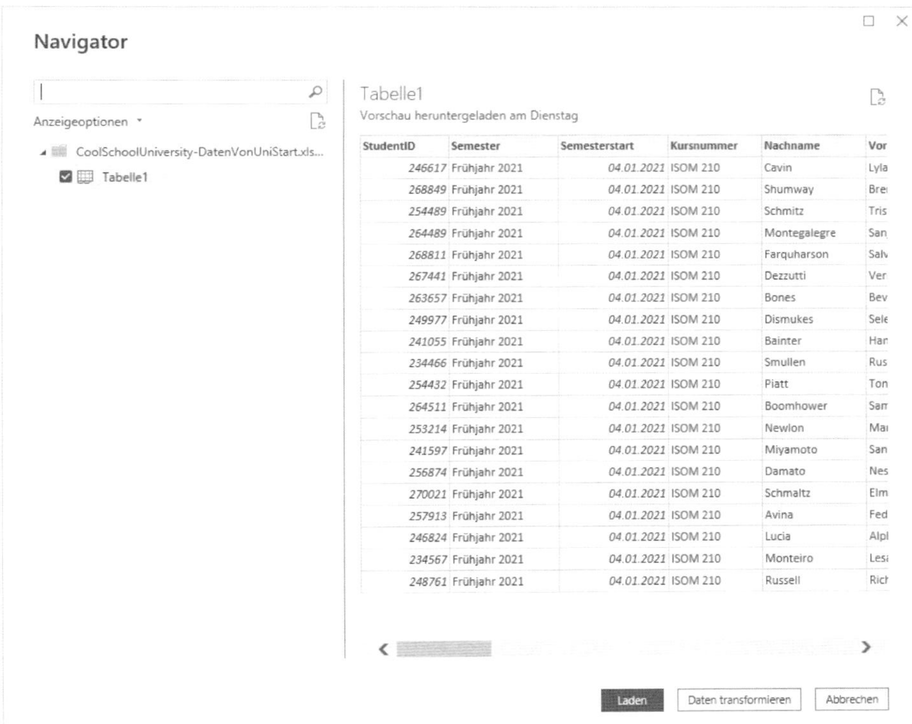

Abb. 6–2 *Das Fenster* Navigator *eignet sich hervorragend für eine schnelle Vorschau der Daten.*

6.1.2 Transformationen in Power Query

Nach der Auswahl von *Daten transformieren* werden Sie zu Power Query weitergeleitet. In Abbildung 6–3 sehen Sie, dass Power Query sich die Freiheit genommen hat, einige grundlegende Transformationen anzuwenden, um die Arbeit zu beschleunigen – in diesem Fall die Schritte *Quelle*, *Navigation*, *Höher gestufte Headers* und *Geänderter Typ*. Sie werden feststellen, dass Power Query standardmäßig die Daten so anzeigt, wie sie nach der letzten Transformation vorliegen; im Bereich *Angewendete Schritte* auf der rechten Seite ist jetzt der Eintrag *Geänderter Typ* hervorgehoben.

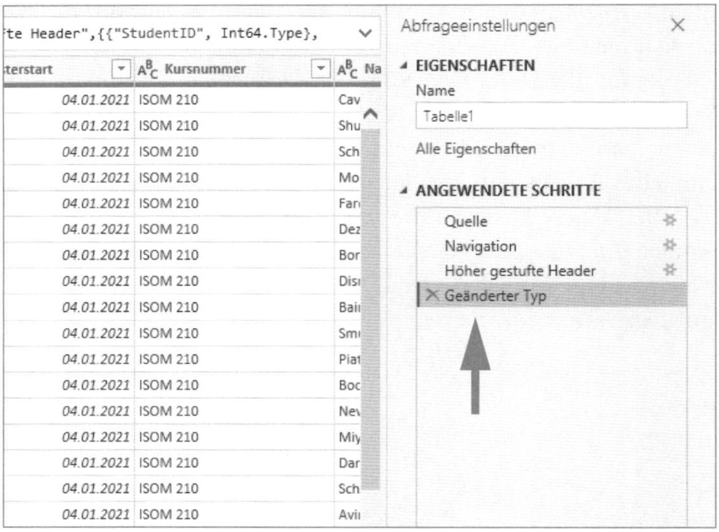

Abb. 6–3 *Power Query hilft, einen Anfang zu machen, indem es einige grundlegende Transformationen vornimmt.*

Unter *Angewendete Schritte* auf der rechten Seite ist der Schritt *Quelle* fast universell für alle Arten von Daten. Er wird von Power BI verwendet, um die Datenquelle zu identifizieren, damit das Programm weiß, wie es auf die Daten zugreifen kann. Bei einer Excel-Arbeitsmappe sieht dies wie eine Liste von Arbeitsblatt- und Tabellennamen aus der Arbeitsmappe aus, die Sie gerade betrachten. Bei einer Datenbankquelle handelt es sich um eine Liste von Tabellen und Ansichten, auf die Sie Zugriff haben.

Wenn Sie das Fenster *Navigator* verwenden, durchlaufen Sie die ersten beiden Schritte: *Quelle* und *Navigation*. Auf diese Weise baut Power Query eine Art Karte auf, die es ihm ermöglicht, sich zu merken, welche Daten abzurufen sind und wo in diesem Dataset die gesuchten Informationen zu finden sind. Bei einer Datenbank wäre die *Quelle* eine bestimmte Datenbank, aber die Navigation würde Sie zu einer bestimmten Tabelle mit Daten führen. Bei Excel gibt die *Quelle* an, um welche Excel-Datei es sich handelt, aber die *Navigation* gibt an, in welchem Arbeitsblatt oder benannten Tabellenbereich sich die gesuchten Daten befinden.

Apropos Navigation: Dies ist die erste Ansicht der Daten, die Power Query erhält. Wenn Sie sich das Power Query-Fenster ansehen und im Bereich *Angewendete Schritte* den Eintrag *Navigation* auswählen, werden Sie feststellen, dass die Daten überhaupt nicht sehr sauber aussehen. Abbildung 6–4 zeigt, dass die Spaltennamen fehlen und die Daten selbst nicht gut definiert sind, da jede Spalte den Datentyp *Beliebig* hat.

Power Query ist hier jedoch hilfreich und erkennt, dass in der ersten Zeile eigentlich Spaltenüberschriften stehen sollten. Power Query passt die Datentypen automatisch an, basierend auf einer Überprüfung der Daten in den Spalten selbst. Aus diesem Grund werden in Abbildung 6–4 unter *Angewendete Schritte* noch die Einträge *Höher gestufte Header* und *Geänderter Typ* angezeigt.

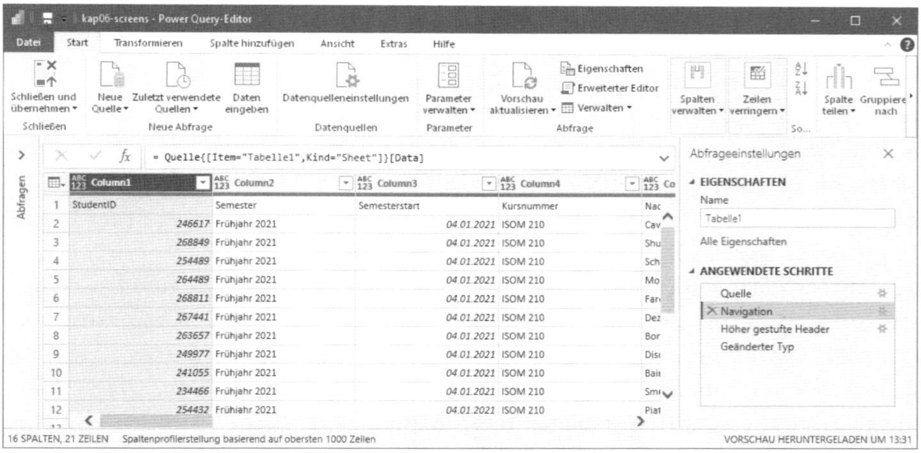

Abb. 6–4 *Der Schritt* Navigation *ist nur der Anfang, denn er ist die erste Ansicht der Daten in einem unsauberen Format.*

Auch wenn die Genauigkeit von Power Query bei diesen beiden Schritten unglaublich hoch ist, heißt das nicht, dass Power Query immer perfekt ist. Daher werfe ich immer gerne einen flüchtigen Blick auf diese Schritte, nachdem sie angewendet wurden, um zu verifizieren, dass diese tatsächlich zum gewünschten Ergebnis führen.

Außerdem kann es vorkommen, dass diese Schritte nicht angezeigt werden, wenn Power Query sie aus irgendeinem Grund nicht intuitiv erkennen kann. In diesem Fall können Sie sie in Power Query manuell anwenden, wie in Kapitel 3 beschrieben.

Es gibt auch Daten, für die der Schritt *Höher gestufte Header* nicht erforderlich ist, weil die Datenquelle diese Metadaten im Voraus bereitstellt. Dies trifft am häufigsten auf Datenbankdatenquellen zu, kann aber auch auf andere Datenquellen zutreffen, wie z.B. benannte Excel-Tabellen.

Wenn Sie möchten, sehen Sie sich im erweiterten Editor das von Power Query generierte M an, aber ich glaube, dass Sie als Nächstes besser den Namen der Tabelle in etwas Sinnvolleres ändern. *Tabelle1* ist einfach nicht sehr aussagekräftig. Sie können die Tabelle benennen, wie Sie wollen, aber ich werde es einfach halten und sie **VonUniBereitgestellteDaten** nennen. Wenn Sie lieber einen anderen Namen verwenden, dann müssen Sie die in diesem Kapitel verwendeten DAX-Ausdrücke entsprechend anpassen.

Sie könnten auch Leerzeichen in den Namen einfügen, aber ich bin kein Freund davon, in Tabellennamen Leerzeichen zu verwenden. Aus der Perspektive der Metadaten ist dies im Allgemeinen keine optimale Datenbankpraxis. Außerdem neigt DAX IntelliSense meiner Erfahrung nach dazu, bei Tabellennamen, die Leerzeichen enthalten, seltsam zu reagieren. Deshalb habe ich die Leerzeichen entfernt und Großbuchstaben am Anfang jedes Wortes verwendet, damit die Leser wissen, wie der Tabellenname zu lesen ist. Das ist eher eine stilistische Entscheidung als eine technische Auswirkung, aber meiner Meinung nach ist es hilfreich.

Damit haben Sie Ihre ersten Daten in Power BI importiert! Herzlichen Glückwunsch!

Lassen Sie uns nun die beiden anderen Dateien holen und sehen Sie sich einige spezielle Fälle an, in denen der Prozess von dem abweichen könnte, was Sie getan haben. Über die Schaltfläche *Neue Quelle* können Sie in Power Query weitere Daten hinzufügen. Denken Sie daran, dass der Dropdownpfeil der Schaltfläche eine kürzere Liste der am häufigsten verwendeten Datenquellen anzeigt, und *Excel-Arbeitsmappe* ist der erste Eintrag in dieser Liste.

Als Nächstes folgen die Daten der Studentenumfrage vom Beginn des Semesters. Dies ist in unserer Dateiliste die Datei namens *CoolSchoolUniversity-VonDozentErfassteInfosStudenten.xlsx*. Es handelt sich um eine weitere Excel-Arbeitsmappe mit einem einzigen Arbeitsblatt, sodass die *Angewendeten Schritte* mit denen des ersten Arbeitsblatts, das Sie importiert haben, identisch sein werden. Benennen Sie diese Tabelle in **StudentUmfrageDaten** um und machen Sie mit Ihrem letzten Datenimport weiter.

Schließlich erhalten Sie am Ende des Semesters den Notenspiegel, den Sie theoretisch das ganze Jahr über aktualisiert haben. Sie werden feststellen, dass *CoolSchoolUniversity-Noten.xlsx* zwei Arbeitsblätter enthält: *AufgabeDetails* und *NotenPunkte*. Schalten Sie im oberen Bereich des Fensters *Navigator* das Kontrollkästchen *AufgabeDetails* und bei *Vorgeschlagene Tabellen* das Kontrollkästchen *Tabelle1 (NotenPunkte)* ein. Auf diese Weise werden beim Import die Spalten mit Null-Werten, die sich auf dem Arbeitsblatt *NotenPunkte* befinden, entfernt.

Wenn Sie dies von außerhalb von Power Query tun, denken Sie daran, *Daten transformieren* zu wählen, und denken Sie daran, dass dies das Standardverhalten in Power Query ist. Da diese Blätter in Excel benannt sind, macht Power Query diese Blattnamen zu Standard-Tabellennamen, was in unserem Fall beinahe perfekt ist. Benennen Sie lediglich noch die Tabelle *Tabelle1 (NotenPunkte)* in **NotenPunkte** um.

Der erste Datenimport ist abgeschlossen! Sie haben jetzt also vier Tabellen bzw. in Power Query vier Abfragen. Als Nächstes müssen Sie die Daten des zweiten Semesters importieren.

6.2 Zweiter Datenimport und Strukturieren der Daten

Unser zweiter Satz von Datenimporten beginnt ähnlich wie der erste. Sie haben drei Dateien, die Sie in diesem Abschnitt importieren werden, und der erste Teil ist derselbe wie der, den Sie gerade gemacht haben – mit dem Unterschied, dass Sie nun die Dateien importieren, deren Dateinamen mit *Kap06Ergänzung* enden.

Wenn Sie diese vier Quellen genau so importieren, wie Sie es zuvor getan haben, sollte Ihre Liste mit den Abfragen so aussehen, wie es Abbildung 6–5 zeigt. Sie werden feststellen, dass ich an diesen Tabellen noch keine Änderungen oder andere Bearbeitungen vorgenommen habe. Ich habe sie nur importiert. Wenn etwas importiert wird, das denselben Namen wie eine bereits vorhandene Abfrage hat, wird ihm automatisch eine Zahl (*N*) hinzugefügt, wobei *N* die Anzahl der Elemente mit demselben Namen ist.

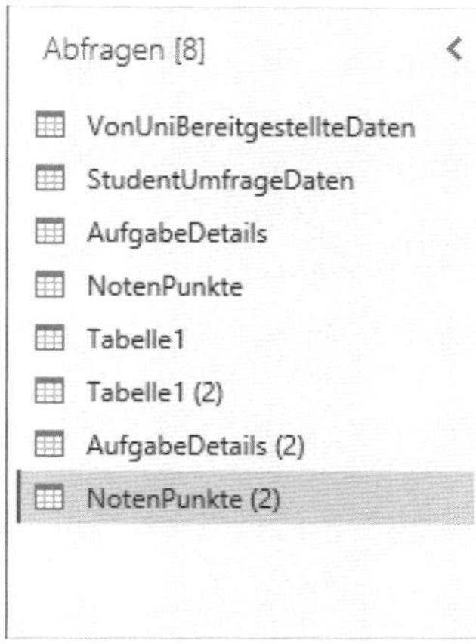

Abb. 6–5 *Ihre Power Query-Abfrageliste nach dem Import des zweiten Datasets*

Wenn man diese Tabellen genauer betrachtet, sieht es so aus, als ob *AufgabeDetails* und *AufgabeDetails(2)* identisch sind. Da es dort keine neuen Daten gibt, sollten Sie die zweite Abfrage *AufgabeDetails* aus der Liste entfernen. Wie das geht? Sie können sie entweder auswählen und die `Entf`-Taste drücken oder mit der rechten Maustaste den Namen anklicken und *Löschen* wählen.

Als Nächstes benennen Sie die verbleibenden Abfragen so um, dass sie sinnvollere Namen haben. Ich habe die neue Abfrage mit den von der Universität zur Verfügung gestellten Daten zuerst umbenannt und danach die Abfrage mit den Umfragedaten, sodass meine Abfrageliste aussieht, wie es Abbildung 6–6 zeigt. Beachten Sie, dass ich der Übersichtlichkeit halber die (2) an die Namen in der Liste angehängt habe.

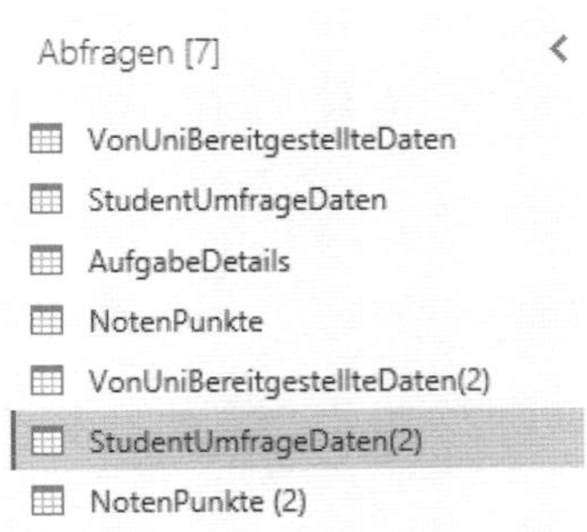

Abb. 6–6 *Sie haben die zweite Abfrage* AufgabeDetails *entfernt und können sich nun auf die Bearbeitung Ihrer drei neuen Abfragen konzentrieren.*

6.2.1 Konsolidierung von Tabellen mit Anfügen

Da Sie in dem endgültigen Modell keine zusätzlichen Tabellen haben wollen, sollten Sie diese Tabellen nach Möglichkeit konsolidieren. Das können Sie mit der Funktion *Abfragen anfügen* tun, die Sie auf der Registerkarte *Start* in der Gruppe *Kombinieren* finden. Im Dropdownmenü der Schaltfläche *Abfragen anfügen* können Sie zwischen *Abfragen anfügen* und *Abfragen als neu anfügen* wählen. In diesem Fall werden Sie nur anhängen. Wählen Sie in der Liste mit den Abfragen die erste Tabelle aus (*VonUniBereitgestellteDaten*) und klicken Sie auf *Kombinieren | Abfragen anfügen | Abfragen anfügen*. Wählen Sie in der Liste *Anzufügende Tabelle* den Eintrag *VonUniBereitgestellteDaten (2)* aus. Wenn Sie das tun, sieht das Power Query-Fenster so aus, wie es der obere Teil von Abbildung 6–7 zeigt.

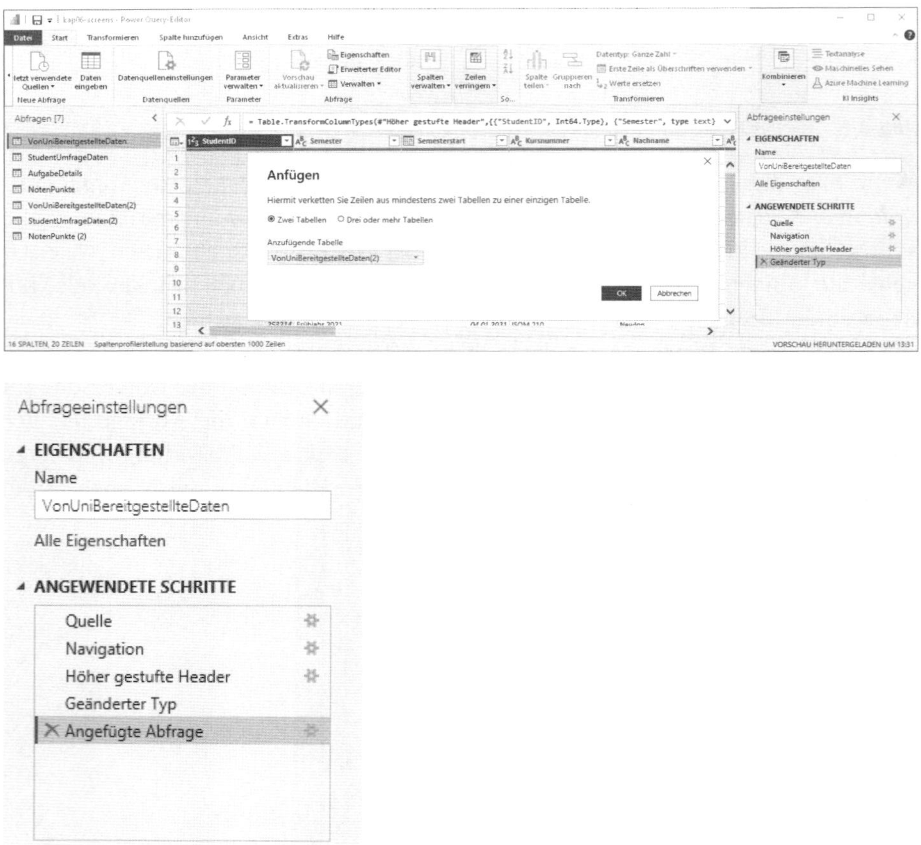

Abb. 6–7 *Konsolidieren Sie Tabellen mit der Funktion* Abfragen anfügen. *Das Anfügen beweist, dass die Dinge zusammen manchmal wirklich besser sind.*

In der Liste der angewendeten Schritte finden Sie einen neuen Schritt mit der Bezeichnung *Angefügte Abfrage*. Wie Sie sehen, enthält diese einzelne Tabelle nun alle Werte von *VonUniBereitgestellteDaten* und *VonUniBereitgestellteDaten(2)*. Das ist genau das, was Sie wollen.

Sie können die Abfrage *VonUniBereitgestellteDaten(2)* jetzt nicht einfach löschen. Diese Abfrage wird im M-Skript referenziert, das das Anfügen erledigt. Wenn Sie den Ladevorgang mit der Schaltfläche *Schließen und übernehmen* abschließen, wird auch diese Tabelle geladen. Zur Veranschaulichung lasse ich diese Abfrage derzeit in Ruhe, damit ich später zeigen kann, wie Tabellen in der Ansicht *Bericht* ausgeblendet werden. Eine andere Möglichkeit wäre, *VonUniBereitgestellteDaten(2)* mit der rechten Maustaste anzuklicken und dann den Befehl *Laden aktivieren* zu wählen, damit die Option deaktiviert wird. Dadurch wird diese Abfrage zu einer Staging-Abfrage, die nicht in das endgültige Dataset geladen wird.

Wenn Sie nun den Schritt *Abfrage anfügen* für *StudentUmfrageDaten* wiederholen, tritt ein Problem auf. Beachten Sie, dass ich es nicht Fehler genannt habe. Es ist technisch gesehen nichts falsch. Allerdings haben unsere Daten jetzt ein Problem. Sehen Sie sich die Spalte *KlasseID* in dieser kombinierten Abfrage *StudentUmfrageDaten* an. Die Spalte enthält keine eindeutigen Werte mehr, sondern teilweise doppelte Werte, wie es Abbildung 6–8 zeigt.

IDs sollten eindeutig sein. Es ist klar, dass der Dozent bei der Festlegung dieser KlassenIDs nicht an zukünftige Kurse und die Auswirkungen der Verwendung derselben IDs gedacht hat. Sie können jedoch mit einer sogenannten Indexspalte für jeden Datensatz eine eindeutige ID erstellen.

Im Menüband sehen Sie auf der Registerkarte *Spalte hinzufügen* in der Befehlsgruppe *Allgemein* die Schaltfläche *Indexspalte* mit einem Dropdownmenü. Standardmäßig beginnt jede Indexspalte bei 0, was mich wirklich ärgert. Ich verwende also das Dropdownmenü und wähle aus, dass die Indexspalte bei 1 beginnt. Wenn Sie das tun, erhalten Sie eine Spalte mit dem Namen *Index*, die ganz rechts in der Tabelle erscheint.

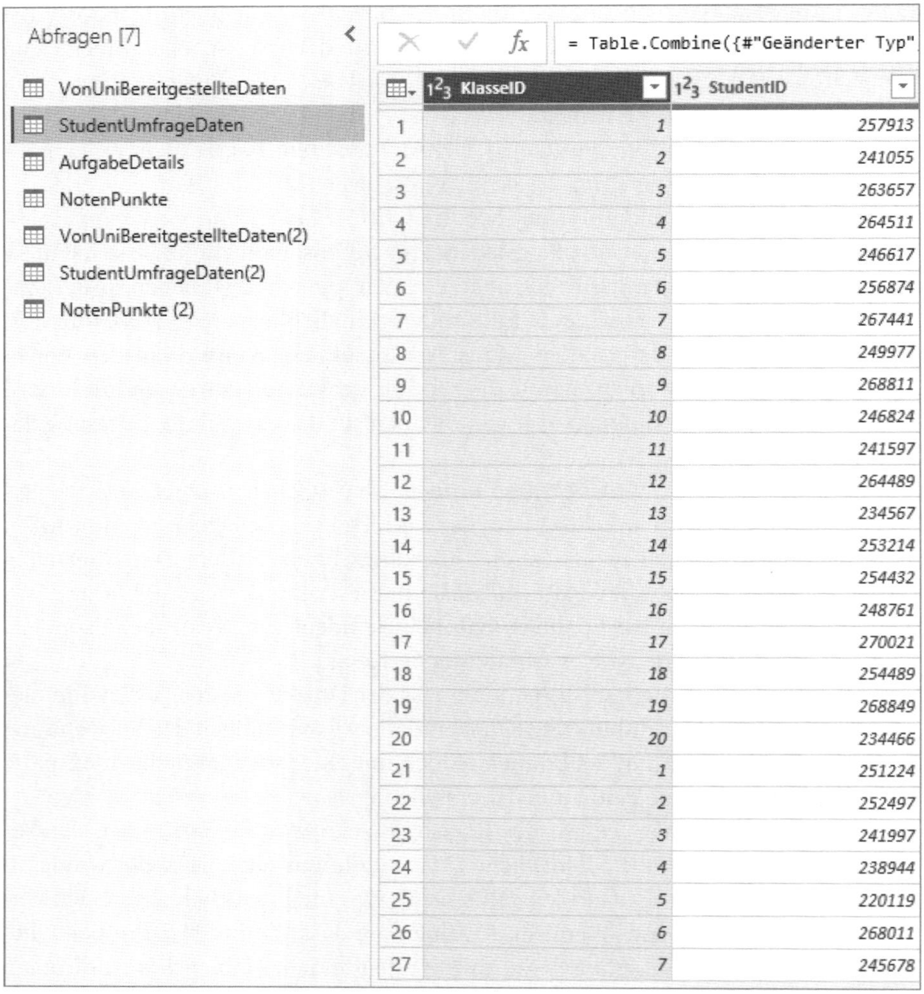

Abb. 6–8 *Gefahr! Sie dürfen keine doppelten Werte in einer Spalte haben, die eindeutig sein soll.*

Ich persönlich möchte meine primäre ID auf der linken Seite sehen, also klicke ich mit der rechten Maustaste auf den Spaltennamen und wähle *Verschieben | An den Anfang*, damit sie ganz links in der Tabelle erscheint. Alternativ können Sie auch auf den Spaltennamen klicken, die Maustaste gedrückt halten und die Spalte nach ganz links ziehen. Die Menüoptionen beim Rechtsklick auf eine Spalte sehen Sie in Abbildung 6–9.

Sie können die Indexspalte auch umbenennen, wie die Option *Umbenennen* direkt über der Option *Verschieben* in Abbildung 6–9 zeigt. In diesem Fall werde ich *Index* in **EindeutigeKlasseID** umbenennen, damit ich weiß, dass dies der eindeutige Wert ist.

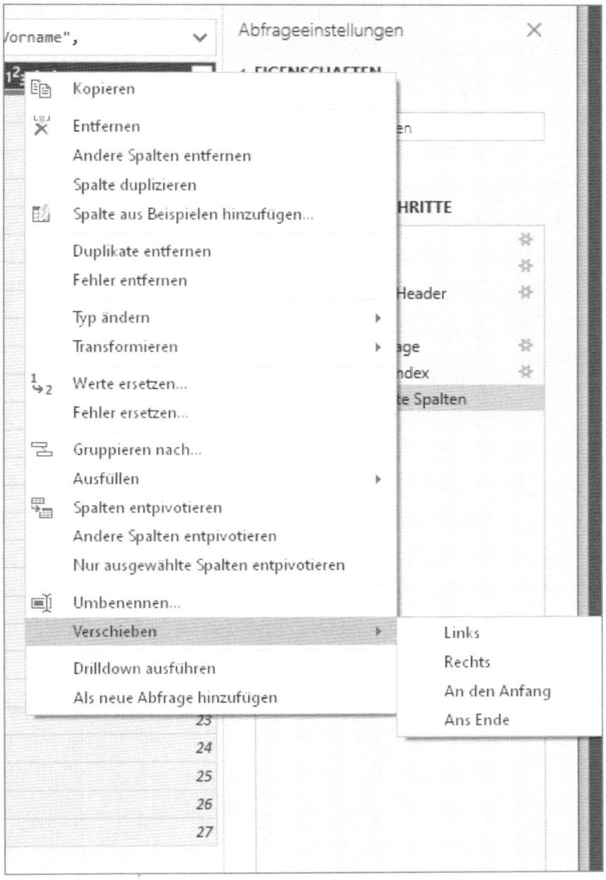

Abb. 6–9 *Hier sehen Sie Ihre Optionen, wenn Sie mit der rechten Maustaste auf eine Spalte klicken. Lernen Sie, dieses Menü zu lieben, denn Sie werden es oft benutzen.*

6.2.2 Mit Zusammenführen Spalten aus anderen Tabellen abrufen

Damit sind die Daten zu den Umfragen in einem guten Zustand, jedoch befinden sich die Noten und Punkte wegen des Problems mit den *KlasseIDs* in einem noch seltsameren Zustand. Beachten Sie, dass *NotenPunkte* und *NotenPunkte (2)* keine andere Möglichkeit als die KlasseID zur Identifizierung der Studierenden haben. Wenn Sie sie jetzt einfach anfügen würden, hätten Sie wirklich keine gute Möglichkeit, die Person mit *KlasseID* 1 zu identifizieren. Handelt es sich beispielsweise um den Studenten des Frühjahr- oder des Sommersemesters mit dieser ID?

In diesem Fall müssen Sie einen eindeutigen Wert finden, den Sie jeder *KlasseID* zuordnen können. Zum Glück gibt es diesen bereits in den Tabellen der Umfrage bei den Studierenden als Spalte *StudentID*. Sie werden hier also zwei Zusammenführungen vornehmen. Sie führen *NotenPunkte* mit *StudentUmfrage-Daten* zusammen, um die StudentID in diese Tabelle zu bekommen, und dann machen Sie dasselbe mit *NotenPunkte* (2) und *StudentUmfrageDaten(2)*.

Das Zusammenführen ist ein wenig komplizierter als das Anfügen. Beim Anfügen geht es im Wesentlichen darum, eine Tabelle länger zu machen. Beim Zusammenführen geht es darum, eine Tabelle breiter zu machen. Man kann es auch so sehen, dass es beim Anfügen darum geht, Zeilen hinzuzufügen, und beim Zusammenführen darum, Spalten hinzuzufügen.

Wählen Sie *NotenPunkte (2)* aus und wählen Sie im Menüband auf der Registerkarte *Start* den Befehl *Kombinieren,* um *Abfragen zusammenführen* auszuwählen und die Zusammenführung diesmal mit *StudentUmfrageDaten(2)* durchzuführen. Wie bei *Abfragen anfügen* können Sie im Dropdownmenü zwischen *Abfragen zusammenführen* und *Abfragen als neue Abfrage zusammenführen* wählen. Sie werden hier nur zusammenführen. Wenn Sie *Abfragen zusammenführen* wählen, sehen Sie ein Fenster, das sehr an das Fenster zum Erstellen von Beziehungen erinnert. Die aktuell im Bereich *Abfragen* ausgewählte Abfrage wird automatisch ausgewählt und oben im Fenster angezeigt. Sie können dann die zweite Tabelle, *StudentUmfrageDaten(2)*, auswählen. Wählen Sie in beiden Tabellen die Spalte *KlasseID* aus. Wenn Sie das tun, erhalten Sie das in Abbildung 6–10 gezeigte Ergebnis.

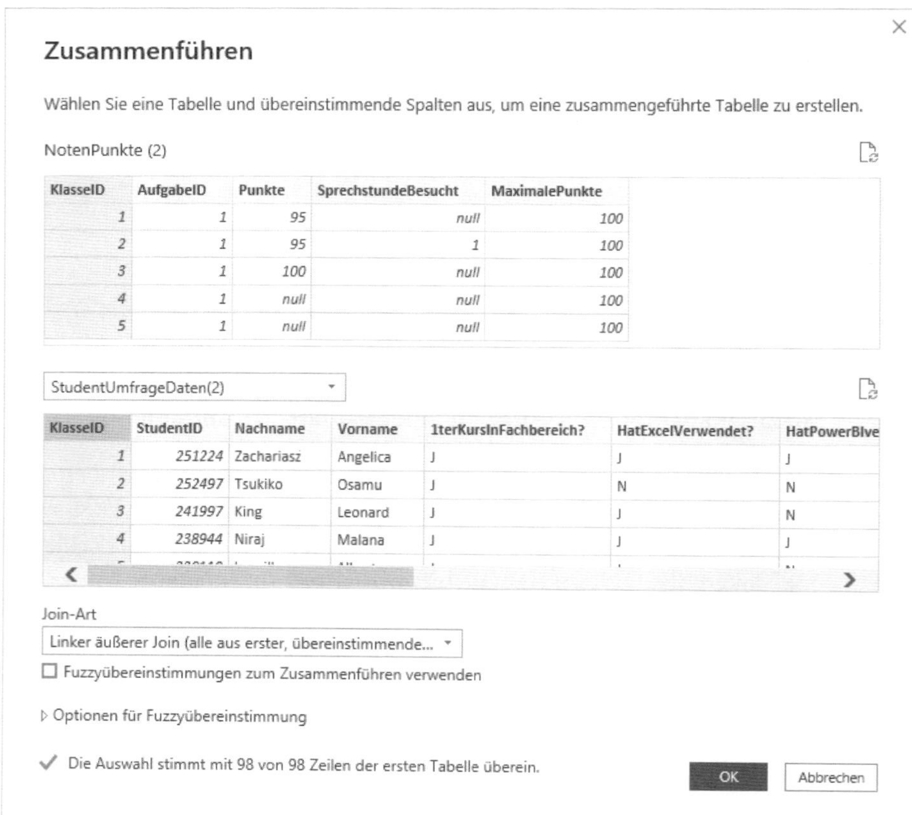

Abb. 6–10 *Das Zusammenführen ist wie ein SQL-Join: Zwei Tabellen werden zusammengeführt und die benötigten Felder aus jeder der beiden Tabellen geholt.*

Nachdem Sie das Zusammenführen konfiguriert und mit *OK* bestätigt haben, werden Sie feststellen, dass ganz rechts eine Spalte erscheint, in der für jeden einzelnen Datensatz *Tabelle* steht. Neben dem Spaltennamen befindet sich außerdem ein anderes Symbol als die typische Filterschaltfläche, die Sie in den anderen Spalten sehen. Mit dieser Schaltfläche neben dem Spaltennamen können Sie auswählen, welche Spalten Sie in der Tabelle zusammenführen möchten. Abbildung 6–11 zeigt, wie dieses Menü aussehen sollte. In diesem Fall ist die einzige Spalte, die ich auswähle, *StudentID*.

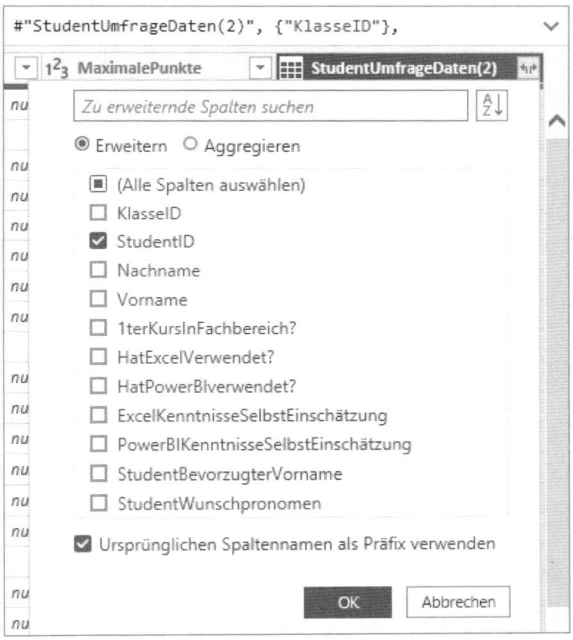

Abb. 6–11 *Sie brauchen nicht alles. Seien Sie vernünftig. Nehmen Sie nur die zusätzlichen Felder, die Sie brauchen.*

Da Sie nun die Spalte *StudentID* in dieser Tabelle haben, können Sie eine neue Spalte erstellen, die eine eindeutige Kombination aus *KlasseID* und *StudentID* erzeugt. Dazu verwenden Sie die Funktion *Spalte aus Beispielen* in der Gruppe *Allgemein* der Registerkarte *Spalte hinzufügen*. Halten Sie dazu die `Strg`-Taste gedrückt und markieren Sie die Spalten *KlasseID* und *StudentID*, damit Sie im Dropdownmenü der Schaltfläche *Spalte aus Beispielen* den *Befehl Aus Auswahl* wählen können. Abbildung 6–12 zeigt das Ergebnis.

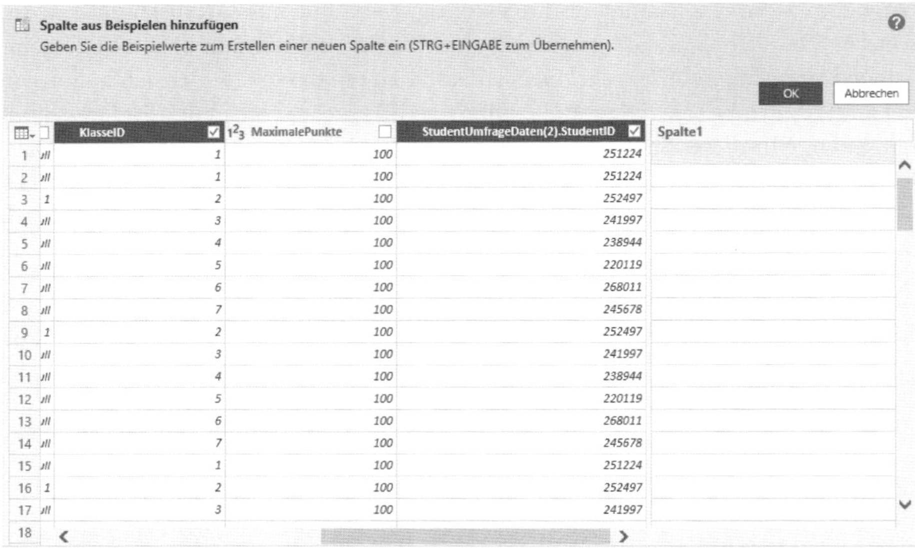

	KlasseID	MaximalePunkte	StudentUmfrageDaten(2).StudentID	Spalte1
1	1	100	251224	
2	1	100	251224	
3	2	100	252497	
4	3	100	241997	
5	4	100	238944	
6	5	100	220119	
7	6	100	268011	
8	7	100	245678	
9	2	100	252497	
10	3	100	241997	
11	4	100	238944	
12	5	100	220119	
13	6	100	268011	
14	7	100	245678	
15	1	100	251224	
16	2	100	252497	
17	3	100	241997	
18				

Abb. 6–12 Spalte aus Beispielen *ist ein Beispiel für echte Zauberei. Die Fähigkeit von Power Query, hier intuitiv zu arbeiten, ist beeindruckend.*

Mit diesem Verfahren werden Sie einen sogenannten zusammengesetzten Schlüssel erstellen. Dabei handelt es sich um einen verketteten Wert oder Werte, die zusammen für jeden Datensatz eine eindeutige Kombination bilden. In diesem Fall verwende ich *KlasseID* und *StudentID* und werde beide mit einem Bindestrich als Trennzeichen verbinden, um die Lesbarkeit zu verbessern, aber das ist nicht erforderlich.

Machen Sie in *Spalte1* aus Abbildung 6–12 weiter. In das erste leere Feld geben Sie **1** für die angezeigte *KlasseID*, dann einen Bindestrich (-) und dann die *StudentID* **251224** ein. Sie erhalten *1-251224*. Sie sehen, dass *Spalte1* für alle anderen Datensätze die entsprechenden Werte ausfüllt wie bei einem automatischen Ausfüllvorgang. Sie werden feststellen, dass es nicht perfekt ist, und Sie so noch nicht das gewünschte Ergebnis erhalten.

Ich habe dann in der neuen Spalte für den ersten Datensatz mit *KlasseID* 2 den Wert **2-252497** eingegeben, und die restlichen Datensätze wurden wie gewünscht ausgefüllt. Das Ergebnis sehen Sie in Abbildung 6–13. Im grauen Bereich über den Spalten sehen Sie auch, welches M-Skript zum Auffüllen der Spalte generiert wurde. Klicken Sie auf *OK* und benennen Sie dann die Spalte in **EindeutigeKlasseStudentID** um.

Als Nächstes fügen Sie diese Spalte *EindeutigeKlasseStudentID* zur Tabelle *StudentUmfrageDaten* hinzu, indem Sie *Spalte aus Beispielen* mit den Spalten *KlasseID* und *StudentID* verwenden. Das ist dasselbe, was Sie zuvor mit *NotenPunkte (2)* gemacht haben. Denken Sie daran, dass die Tabelle *StudentUmfrageDaten* an dieser Stelle bereits angefügt wurde.

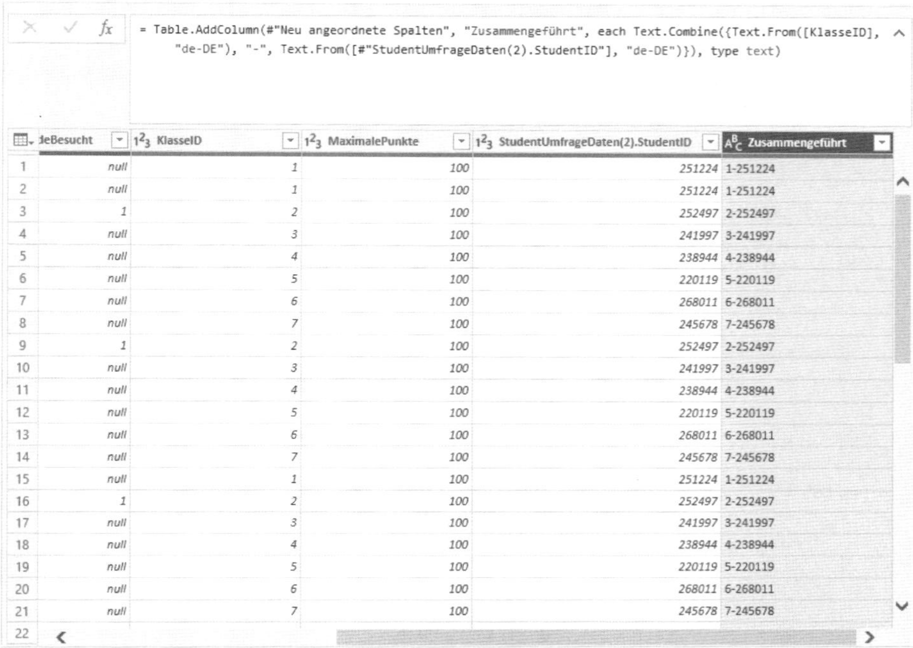

```
= Table.AddColumn(#"Neu angeordnete Spalten", "Zusammengeführt", each Text.Combine({Text.From([KlasseID], "de-DE"), "-", Text.From([#"StudentUmfrageDaten(2).StudentID"], "de-DE")}), type text)
```

	...deBesucht	KlasseID	MaximalePunkte	StudentUmfrageDaten(2).StudentID	Zusammengeführt
1	null	1	100	251224	1-251224
2	null	1	100	251224	1-251224
3	1	2	100	252497	2-252497
4	null	3	100	241997	3-241997
5	null	4	100	238944	4-238944
6	null	5	100	220119	5-220119
7	null	6	100	268011	6-268011
8	null	7	100	245678	7-245678
9	1	2	100	252497	2-252497
10	null	3	100	241997	3-241997
11	null	4	100	238944	4-238944
12	null	5	100	220119	5-220119
13	null	6	100	268011	6-268011
14	null	7	100	245678	7-245678
15	null	1	100	251224	1-251224
16	1	2	100	252497	2-252497
17	null	3	100	241997	3-241997
18	null	4	100	238944	4-238944
19	null	5	100	220119	5-220119
20	null	6	100	268011	6-268011
21	null	7	100	245678	7-245678
22					

Abb. 6–13 *Der erste zusammengesetzte Schlüssel ist fertig.*

Da Sie nun die beiden zusammengesetzten Schlüssel haben, können Sie die *StudentIDs* in die ursprüngliche Tabelle *NotenPunkte* übertragen, indem Sie Abfragen zusammenführen und dabei *KlasseID* und *EindeutigeKlasseID* verwenden. Sie verwenden jedoch auch eine innere Verknüpfung anstelle einer linken äußeren Verknüpfung, um die Tabelle sauber zu halten. Sie erweitern zwei Spalten in *NotenPunkte*: *StudentID* und *EindeutigeKlasseStudentID*. Wenn Sie diese Schritte durchgeführt haben, sollte *NotenPunkte* wie in Abbildung 6–14 aussehen.

Nach diesen Schritten sind Sie fast bereit, *NotenPunkte (2)* an *NotenPunkte* anzuhängen. Wenn Sie dies jedoch tun, ohne dass die Spaltennamen identisch sind, erhalten Sie nicht die gewünschten Ergebnisse. Benennen Sie die Spalten *StudentID* und *EindeutigeKlasseStudentID* in beiden Tabellen um, damit sie identisch sind. Dann können Sie sie aneinander anhängen, wie Sie es bereits weiter vorne mit den Tabellen gemacht haben.

Als Letztes können Sie nun die *EindeutigeKlasseID* aus den *StudentUmfrageDaten* mit Zusammenführen in die Tabelle *NotenPunkte* zurückbringen. Sie tun dies, damit Sie eine schöne, eindeutige ID von 1 bis 27 haben, mit der Sie arbeiten können, indem Sie *EindeutigeKlasseStudentID* als innere Join-Bedingung verwenden. Ich werde dies in meinem Beispiel tun.

Ich gebe zu, dass ich dies nicht auf die effizienteste Art und Weise getan habe, weil ich Ihnen Anfügen und Zusammenführen vorstellen wollte. Es wäre eine gute Übung, die Schritte zu übernehmen und den Transformationsprozess, mit dem Sie alle Daten zusammenbringen, zu optimieren.

Jetzt sind Ihre Daten transformiert, und Sie können sie laden, Ihre Beziehungen aufbauen und Ihr Modell bereinigen. Klicken Sie in der oberen linken Ecke im Power Query-Menüband auf *Schließen und übernehmen* und gehen Sie zum nächsten Schritt Ihrer Arbeit über.

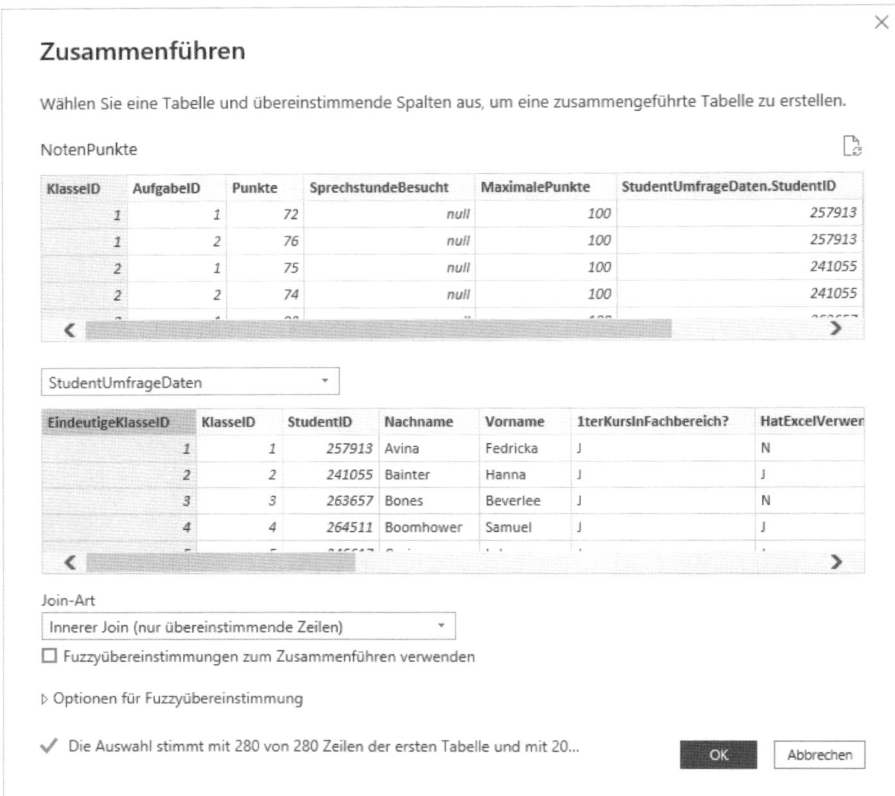

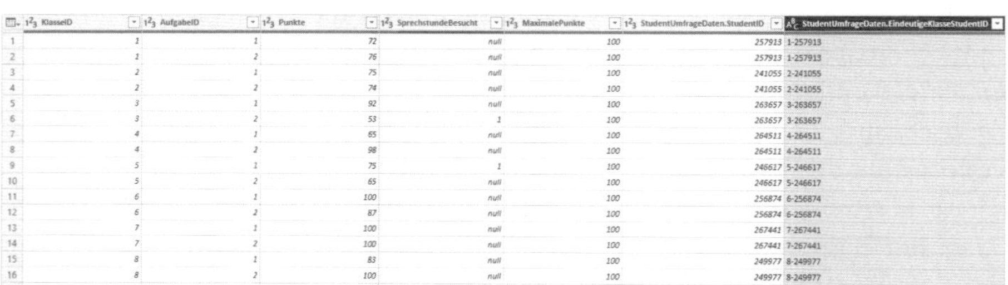

	KlasseID	AufgabeID	Punkte	SprechstundeBesucht	MaximalePunkte	StudentUmfrageDaten.StudentID	StudentUmfrageDaten.EindeutigeKlasseStudentID
1	1	1	72	null	100	257913	1-257913
2	1	2	76	null	100	257913	1-257913
3	2	1	75	null	100	241055	2-241055
4	2	2	74	null	100	241055	2-241055
5	3	1	92	null	100	263657	3-263657
6	3	2	53	1	100	263657	3-263657
7	4	1	65	null	100	264511	4-264511
8	4	2	98	null	100	264511	4-264511
9	5	1	75	1	100	246617	5-246617
10	5	2	65	null	100	246617	5-246617
11	6	1	100	null	100	256874	6-256874
12	6	2	87	null	100	256874	6-256874
13	7	1	100	null	100	267441	7-267441
14	7	2	100	null	100	267441	7-267441
15	8	1	83	null	100	249977	8-249977
16	8	2	100	null	100	249977	8-249977
17	9	1	78	null	100	268811	9-268811

Abb. 6–14 *Die Noten können zusammengeführt werden, nachdem zuvor noch eine letzte Sache erledigt wird.*

6.3 Beziehungen erstellen

Sie erinnern sich vielleicht noch aus Kapitel 3 daran, dass ich es bevorzuge, wenn Power BI *nicht* versucht, die Standardbeziehungen zu finden. Sie können dieses Verhalten von Power BI Desktop aus anpassen, indem Sie *Datei* | *Optionen und Einstellungen* | *Optionen* | *Aktuelle Datei* wählen und dann bei *Daten laden* die Kontrollkästchen für Beziehungen deaktivieren. Wenn Sie dies jedoch aktiviert haben und Ihre Daten laden, wird Ihre Modellansicht in etwa wie in Abbildung 6–15 aussehen. Sie ist nicht gerade einfach zu lesen. Sie enthält eine Menge inaktiver Beziehungen, und mehr als die Hälfte dieser Tabellen werden Sie ohnehin ausblenden.

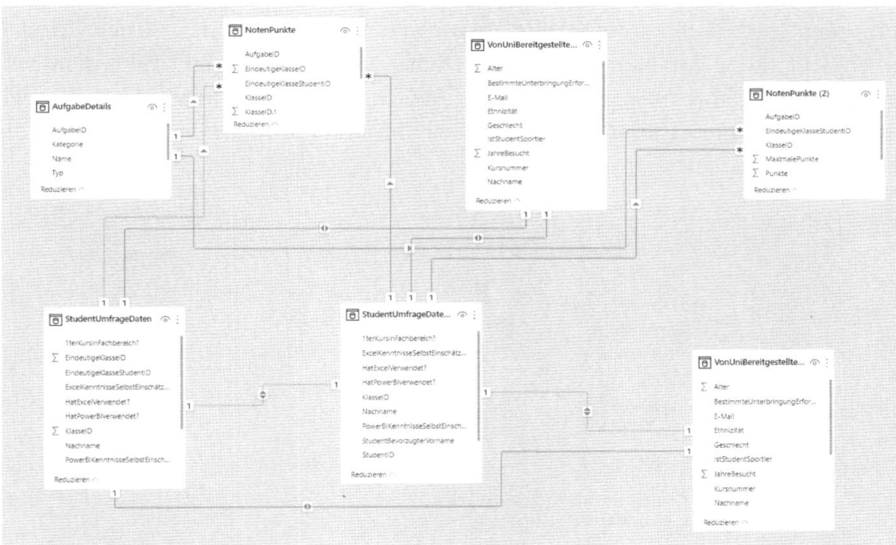

Abb. 6–15 *Ja,* Beziehungen automatisch erkennen *kann hilfreich sein, aber Sie sehen hier ein Beispiel dafür, wann es nicht hilfreich ist. Ich ziehe es vor, das automatische Erkennen von Beziehungen nicht zu aktivieren.*

Falls das Feature *Beziehungen automatisch erkennen* bei Ihnen aktiviert war, sollten Sie alle Beziehungen entfernen, damit Sie mit einem leeren Canvasbereich beginnen können. Sie löschen Beziehungen, indem Sie auf die Linie klicken, die die Beziehung anzeigt, und dann die `Entf`-Taste drücken. Sie können auch über das Menüband das Dialogfeld *Beziehungen verwalten* öffnen und die Beziehungen von dort aus entfernen.

6.3.1 Tabellen ausblenden

Wie bereits erwähnt, habe ich mir sehr viel Mühe gegeben, die Daten in den Tabellen *NotenPunkte*, *StudentUmfrageDaten* und *VonUniBereitgestellteDaten* zusammenzufassen. Die Tabellen mit dem Postfix *(2)* sind insofern wichtig, als dass sie von Power Query aufgerufen werden und existieren müssen, aber das bedeutet nicht, dass Sie sie für Ihre Analyse benötigen. Für Tabellen wie diese, bei denen es sich um funktionale Staging-Tabellen handelt, mit denen Daten in eine bestimmte Form gebracht werden, um leichter mit ihnen zu arbeiten, gehe ich gerne zum Eigenschaftenfenster für diese Staging-Tabellen und setze sie in den Status verborgen, wie in Abbildung 6–16 gezeigt.

Es ist wichtig zu wissen, dass *verborgen* nicht bedeutet, dass diese Tabellen komplett unsichtbar sind. Es bedeutet, dass sie in der Ansicht *Bericht* ausgeblendet sind. Daher können Sie immer noch Tabellen haben, die Beziehungen enthalten und wichtige Funktionen erfüllen, aber nicht für Berichte verfügbar sind.

Ich möchte jedoch zunächst in der Ansicht *Modell* alle Tabellen mit dem Postfix (2) aus dem Kerndatenmodell entfernen und sicherstellen, dass sie alle verborgen sind. Wenn eine Tabelle ausgeblendet ist, wird in der Ansicht *Modell* neben dem Tabellennamen ein durchgestrichenes Auge angezeigt. Außerdem werde ich die Ansicht reduzieren, um zu verhindern, dass ich Elemente sehe, die mich nicht wirklich interessieren; dazu klicke ich am unteren Rand der Tabelle auf die Schaltfläche *Reduzieren*.

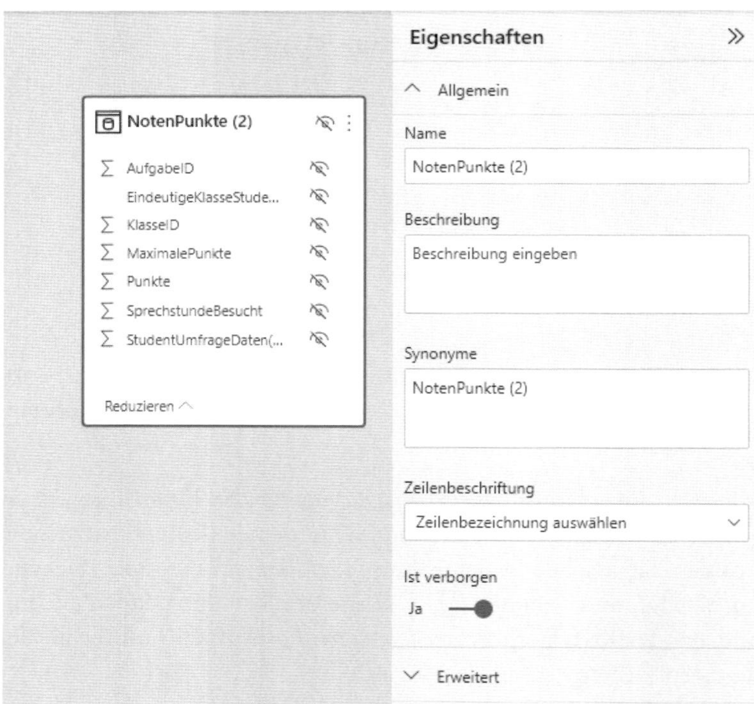

Abb. 6–16 *Ihr habt euren Zweck erfüllt,* NotenPunkte (2), *jetzt könnt ihr euch ausruhen. Dies geschieht durch Verbergen der Daten in der Tabelle.*

6.3.2 Spalten für die Beziehungen identifizieren

Jetzt können Sie mit den vier Kerntabellen arbeiten, um ein einfaches Datenmodell zu erstellen, das Sie für die Berichterstellung verwenden. Sie erstellen ein Datenmodell, indem Sie Beziehungen zwischen den Tabellen anlegen.

Denken Sie daran, dass diese Beziehungen als Rohre dienen, die den Datenfluss von einer Tabelle zur anderen ermöglichen und alle Teile miteinander verbinden, sodass die interne Abfrage-Engine alle Daten erhält, die sie zur Bearbeitung einer Berichtsanfrage benötigt. Denken Sie auch daran, dass Sie ein Datenmodell anstreben, das so viele unidirektionale Beziehungen wie möglich verwendet, während Sie Viele-zu-viele-Beziehungen nach Möglichkeit vermeiden wollen.

Dazu suchen Sie nach Spalten, die nur eindeutige Werte enthalten, und Sie wollen die gleiche Spalte in der primären Faktentabelle finden – in diesem Fall *NotenPunkte*. Dies wäre unsere Eins-zu-viele-Beziehung (1:n). In der Ansicht *Daten* können Sie, wie in Kapitel 2 beschrieben, die Tabellendaten betrachten und verschiedene Elemente der Daten beobachten, zum Beispiel, wie viele eindeutige Werte und wie viele Werte insgesamt in einer bestimmten Tabellenspalte bzw. Tabelle vorhanden sind. In Abbildung 6–17 sehen Sie dies für die Tabelle *AufgabeDetails*.

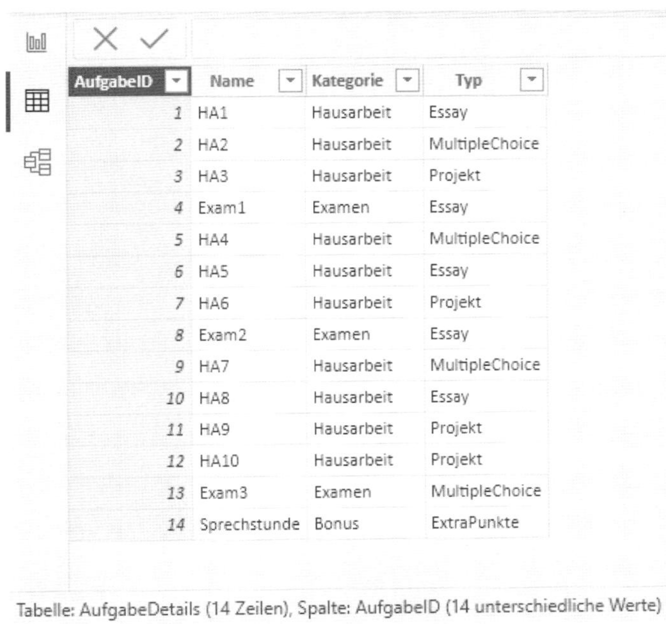

AufgabeID	Name	Kategorie	Typ
1	HA1	Hausarbeit	Essay
2	HA2	Hausarbeit	MultipleChoice
3	HA3	Hausarbeit	Projekt
4	Exam1	Examen	Essay
5	HA4	Hausarbeit	MultipleChoice
6	HA5	Hausarbeit	Essay
7	HA6	Hausarbeit	Projekt
8	Exam2	Examen	Essay
9	HA7	Hausarbeit	MultipleChoice
10	HA8	Hausarbeit	Essay
11	HA9	Hausarbeit	Projekt
12	HA10	Hausarbeit	Projekt
13	Exam3	Examen	MultipleChoice
14	Sprechstunde	Bonus	ExtraPunkte

Tabelle: AufgabeDetails (14 Zeilen), Spalte: AufgabeID (14 unterschiedliche Werte)

Abb. 6–17 *Sie müssen sich mit der Eindeutigkeit auseinandersetzen. Der Grundbaustein einer Tabellenbeziehung ist eine Spalte mit eindeutigen (unterschiedlichen) Werten, die sich auf eine andere Spalte in einer anderen Tabelle bezieht.*

Wenn Sie die Spalte *AufgabeID* auswählen, sehen Sie in der unteren linken Ecke die Information, dass die Tabelle 14 Zeilen enthält und sich in *AufgabeID* 14 unterschiedliche Werte befinden. Das ist die Spalte, nach der Sie suchen. Wenn Sie sich *NotenPunkte* ansehen, werden Sie feststellen, dass es dort auch eine Spalte *AufgabeID* gibt und dass diese Werte miteinander übereinstimmen, wobei jeder Wert von *AufgabeID* in der Tabelle *NotenPunkte* zwischen 1 und 14 liegt.

6.3.3 Es ist an der Zeit, die Beziehungen zu erstellen

Sie können die Beziehung zwischen *AufgabeDetails* und *NotenPunkte* auf zwei Arten erstellen. Die erste Möglichkeit ist die Verwendung des Assistenten zum Verwalten von Beziehungen, den Sie über das Menüband der Ansicht *Modell* öffnen. Wenn Sie den Assistenten aufgerufen und auf *Neu* geklickt haben, wählen Sie Ihre beiden Tabellen aus und legen die Spalten fest, die die Grundlage der Beziehung bilden sollen, indem Sie in jeder Tabelle auf die gewünschten Spaltennamen klicken (Abbildung 6–18). Abschließend klicken Sie auf *OK*, und die Beziehung ist erstellt.

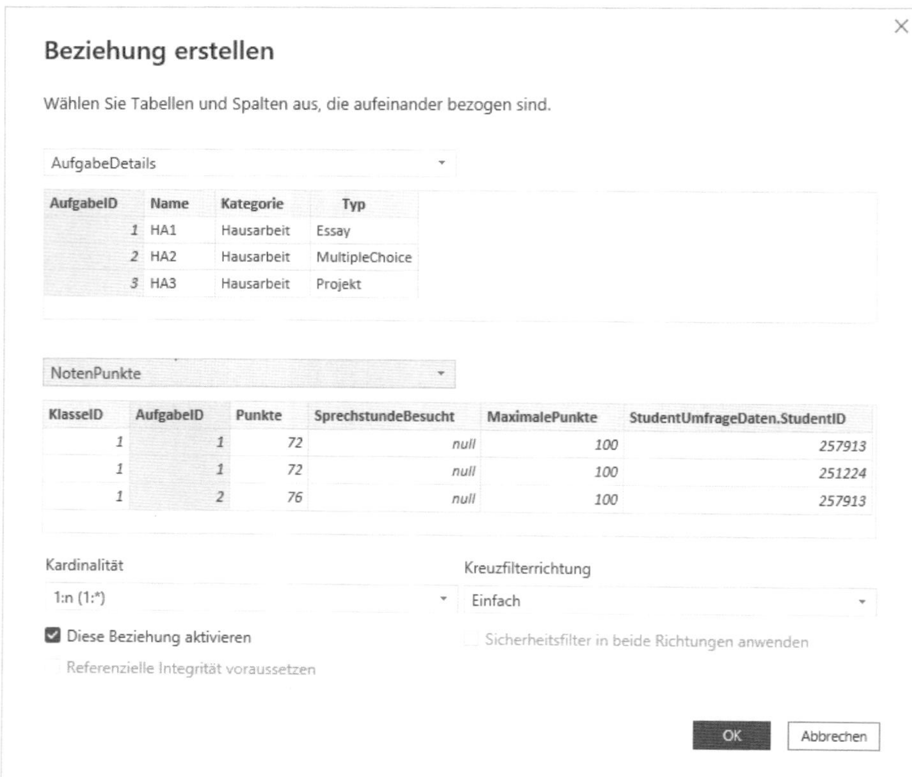

Abb. 6–18 *Hier erstelle ich eine Eins-zu-viele-Beziehung (1:n) zwischen* AufgabeDetails *und* NotenPunkte *und verwende dazu die Spalte* AufgabeID.

Die zweite Möglichkeit, Beziehungen zu erstellen, ist, offen gestanden, viel schneller. In der Ansicht *Modell* klicken Sie auf eine beliebige Spalte in einer Tabelle, halten die Maustaste gedrückt und ziehen sie auf die Spalte, zu der Sie die

Beziehung in einer anderen Tabelle herstellen möchten. Dann lassen Sie die Maustaste los, und – voilà – die Beziehung steht!

Der Nachteil dieses Ansatzes besteht darin, dass es leichter passieren kann, Fehler zu machen, indem man von oder in die falsche Spalte zieht. Es ist auch fehleranfälliger, wenn Sie Tabellen mit vielen Spalten haben und Sie auf Teile einer Tabelle ziehen müssen, durch die Sie scrollen müssen, um die richtige Spalte zu finden; das kann schnell mühsam werden, und dann passieren Fehler.

Da *AufgabeDetails* mit *NotenPunkte* verbunden ist, müssen Sie *StudentUmfrageDaten* mit *NotenPunkte* und *VonUniBereitgestellteDaten* ebenfalls mit *NotenPunkte* verbinden. Glücklicherweise haben Sie mit Ihren Power Query-Transformationen *StudentID* mit *NotenPunkte* verbunden, wo sie vorher nicht war. Sie sehen auch, dass die *StudentID* in den beiden genannten Tabellen eindeutig ist, wodurch das Erstellen von Beziehungen über die *StudentID* von *VonUniBereitgestellteDaten* und *StudentUmfrageDaten* zu *NotenPunkte* ganz einfach ist.

Nachdem diese Beziehungen hinzugefügt wurden, sollten Sie ein Kerndatenmodell haben, das so aussieht, wie es Abbildung 6–19 zeigt. Dies führt zu einem Sternschema mit vielen Dimensionstabellen, die mit der Faktentabelle interagieren und sie wie ein Stern umgeben. Dies hat Optimierungsvorteile, aber was noch wichtiger ist, es macht das Modell unglaublich einfach zu lesen und zu verstehen. Sie wissen sofort, welche Tabellen die Faktentabelle(n), die Sie interessieren, filtern können und wie sich dieser Filter verhält, entweder in eine Richtung oder bidirektional.

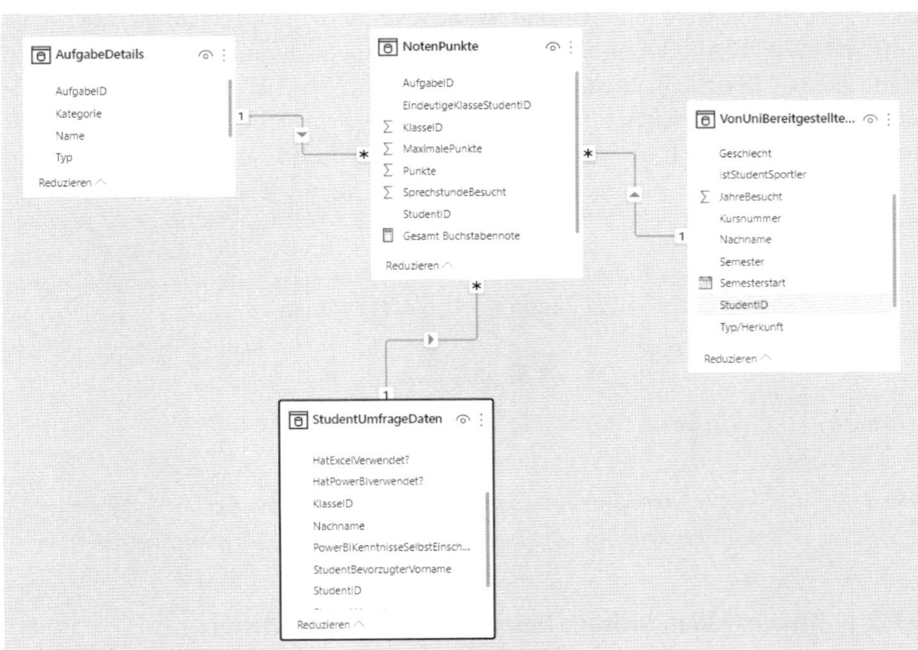

Abb. 6–19 *Unser Kerndatenmodell ist in einem Sternschema aufgebaut, in dem viele Dimensionstabellen eine Faktentabelle umgeben.*

6.4 Lassen Sie uns berichten!

Sie haben Ihre Daten importiert, sie transformiert, geformt und modelliert. Jetzt können Sie anfangen, die Erkenntnisse zu gewinnen, an denen Sie so interessiert sind. Es gibt tonnenweise Fragen, die Sie stellen können. Im Folgenden werde ich mich darauf konzentrieren, eine Berichtsseite auf der obersten Ebene und einige Measures zu erstellen, die die Analyse unterstützen werden. Wenn Sie dieses Kapitel durchgelesen haben, stellen Sie einige Fragen, die Sie aufgrund der Daten haben könnten, und versuchen Sie, eigene Antworten zu finden! Beginnen Sie nun mit der Erstellung dieser Berichtsseite.

6.4.1 Wir brauchen einen Namen ...

Hier ist ein Ratschlag: Ich stelle oft fest, dass sich bei Berichten eine einfache Sache wie ein Titel, der die Benutzer daran erinnert, was sie gerade sehen, sehr auszahlen kann. Dieser Titel könnte auf mehreren Seiten wiederverwendet werden oder theoretisch könnten Sie für jede Seite einen anderen Titel verwenden. Sie könnten auch eine ganze Berichtsseite einrichten, die ausschließlich als eine Art Titelseite dient.

Jeder dieser Ansätze hat Vor- und Nachteile; in diesem Beispiel möchte ich nur einen einfachen Titel für den Bericht oben auf der Seite angeben. Dazu verwende ich das klassische Textfeld. Wie in Kapitel 2 beschrieben, befindet sich die Option *Textfeld* auf der Registerkarte *Einfügen*, wenn Sie die Ansicht *Bericht* aktiviert haben. Ich weiß, ein Textfeld ist nicht sonderlich aufregend ist, aber es ist hilfreich. Wie in Abbildung 6–20 zu sehen ist, habe ich das Textfeld am oberen Rand meines Berichtsbereichs platziert, den Inhalt zentriert und mit einer schönen Kursivschrift versehen, da ich persönlich eine Schwäche für Kursivschrift habe. Ich mag die Schriftart Segoe sowie die Standardschriftart von Power BI, und ich möchte, dass der Titel gut lesbar ist, daher habe ich ihn ziemlich groß gemacht.

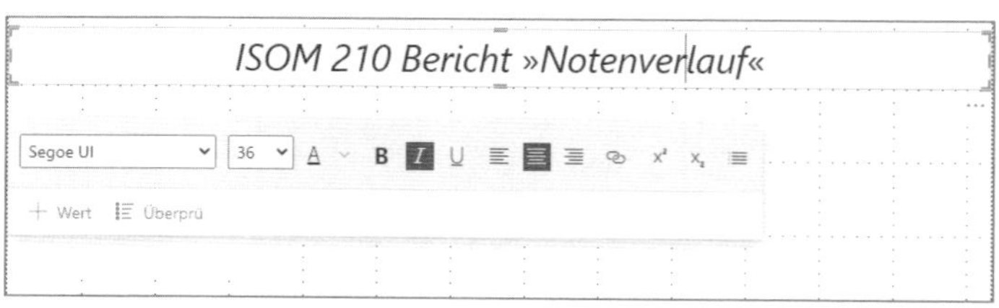

Abb. 6–20 *Ich mag es, wenn meine Überschriften groß und aussagekräftig sind. Das Einfügen eines Titels in einen Bericht ist ein kleines Mitbringsel, das einen großen Unterschied macht.*

6.4.2 Karten helfen, wichtige Datenpunkte zu identifizieren

Als Nächstes möchte ich spezifische Werte hervorheben, die meiner Meinung nach wertvoll sind, um zu verstehen, wie die Studentenkohorte abgeschnitten hat, sowie Elemente, die etwas Einzigartiges über diese Studierenden aussagen. Außerdem mag ich Zeilen mit Informationen. Ich liebe Blöcke; ich kann nicht anders.

Die erste Karte soll die Anzahl der Studierenden anzeigen, für die ISOM 210 der erste Kurs in der Abteilung war. Dazu wird die Spalte *1terKursInFachbereich?* aus der Tabelle *StudentUmfrageDaten* verwendet. Wenn Sie jedoch ein Visual des Typs *Karte* erstellen und diese Spalte darin ablegen, werden Sie wahrscheinlich etwas wie in Abbildung 6–21 sehen.

Abb. 6–21 *Ein einzelner Datenpunkt für eine textbasierte Spalte liefert möglicherweise nicht das gewünschte Ergebnis. J ist nicht das, wonach Sie suchen …*

Beachten Sie einige Dinge, die hier geschehen. Erstens handelt es sich nicht um eine numerische Spalte, sodass sie keine Standardaggregation hat. Visuals des Typs *Karte* zeigen jedoch immer eine Zusammenfassung der Daten an, und in diesem Fall wird das erste Ergebnis aus der Tabelle angezeigt, das dem Filterkontext entspricht, der in diesem Fall kein Filterkontext ist. Sie müssen also die Aggregation von *Erste* in *Anzahl* ändern. Klicken Sie dazu im Bereich Visualisierungen in der Liste *Felder* auf den nach unten zeigenden Pfeil neben dem Spaltennamen und wählen Sie dann die gewünschte Zusammenfassung aus – in diesem Fall *Anzahl*. In Abbildung 6–22 sehen Sie, dass Sie jetzt viel näher dran sind, aber immer noch nicht ganz am Ziel.

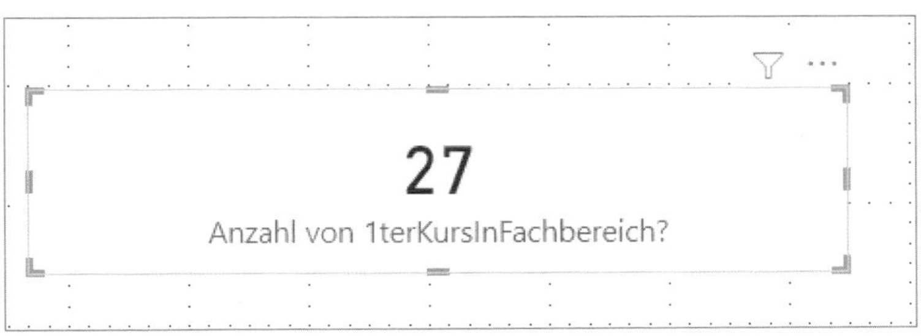

Abb. 6–22 *Das ist nur die Anzahl der Studierenden, also alle Zeilen in der Tabelle. Das ist immer noch nicht ganz richtig.*

Die Karte zeigt jetzt also die Anzahl der Datensätze anstelle des Wertes des ersten Datensatzes, was gut ist. Wenn Sie sich jedoch die Daten in der Tabelle ansehen, wissen Sie, dass es 27 Datensätze in dieser Tabelle gibt, also ist dies nur die Anzahl der nicht leeren Datensätze für diese Spalte.

Sie müssen einen Filterkontext bereitstellen. Power BI soll die Anzahl liefern, aber nur die »J«-Werte sollen gezählt werden. Derzeit gibt es im Filterbereich für dieses Visual keinen echten Filterkontext.

Fügen Sie etwas Kontext hinzu, indem Sie die Spalte *1terKursInFachbereich?* auf den *Filterbereich* und dort auf *Filter für dieses Visual* ziehen. Anschließend wenden Sie die einfache Filterung an, um nur »J«-Werte auszuwählen. Es ist erwähnenswert, dass die Anzahl-Version dieses Feldes bereits vorhanden ist, da es das ist, was Sie anzeigen wollen. Sie müssen die Spalte erneut zum Filterbereich hinzufügen, um die Basiswerte der Spalte für die Filterung zu erhalten, wie nachfolgend gezeigt. Auf diese Weise erhalten Sie die Zahl 24, nach der Sie suchen. Legen Sie für den Spaltennamen einen Alias fest, indem Sie im Visualisierungsbereich im Abschnitt *Felder* auf den Spaltennamen doppelklicken und einen neuen Namen eingeben. In diesem Fall habe ich **Anzahl von Erster Kurs im Fachbereich** verwendet. Jetzt habe ich die gewünschte Karte; die Filterbedingung und den Alias sehen Sie in Abbildung 6–23.

Abb. 6–23 *Eine Karte ist fertig, drei müssen Sie noch erstellen!*

Die zweite Karte ist sehr einfach. Anhand der Spalte *SprechstundeBesucht* in der Tabelle *NotenPunkte* sehen Sie, dass die Spalte numerisch ist und standardmäßig als Summe zusammengefasst wird. Sie erstellen ein Visual des Typs *Karte*, ziehen diese Spalte in die Liste *Felder*, und das war's. Ich habe den Spaltennamen noch einmal mit einem Alias versehen, damit er sich im Kartenvisual widerspiegelt, also **Besuchte Sprechstunden**.

Die dritte Karte ist die Karte *Gesamtnote*. Diese Karte sollte in der Lage sein, für eine bestimmte Kombination von Aufgaben die Gesamtnote sowohl einer Person als auch des gesamten Kurses zu berechnen. Aufgabe 14, die eine zusätzliche Leistung darstellt, soll zum Zähler der Note einer Person hinzugefügt werden, aber nicht zum Nenner.

Sie brauchen hier ein Measure. Die gute Nachricht ist, dass Sie in der Tabelle *NotenPunkte* die maximal mögliche Punktzahl notiert haben, und für Aufgabe 14 ist dieser Wert null. Wenn Sie sich die Daten in der Tabelle ansehen, sollten Sie in der Lage sein, die Punktzahl zu addieren und sie durch die maximal mögliche Punktzahl zu teilen, um die prozentuale Note zu erhalten.

Das einzige Problem ist, dass jemand, der nur die Aufgabe 14 auswählt, einen Fehler bei der Division durch null (#DIV/0!) bekommt, weil die maximal mögliche Punktzahl für Aufgabe 14 null ist und null plus null gleich null ist. Das ist kein wirkliches Problem. Eine in diesem Fall hilfreiche DAX-Funktion ist `DIVIDE`. Power BI unterstützt in DAX-Ausdrücken den Operator /, um eine Division durchzuführen. Wenn das Ergebnis dieser Division jedoch einen Fehler ergibt, haben Sie Pech gehabt. Die Funktion `DIVIDE` erlaubt es, am Ende der Funktion einen alternativen Wert zu übergeben, der wie das IFERROR (WENNFEHLER) in Excel funktioniert. Das DAX-Beispiel zeigt Abbildung 6–24.

```
Gesamtnote =
DIVIDE (
    CALCULATE ( SUM ( 'NotenPunkte'[Punkte]) ),
    CALCULATE ( SUM ( 'NotenPunkte'[MaximalePunkte] ) ),
    "ExtraPunkte"
)
```

Abb. 6–24 *Mit der DAX-Funktion* `DIVIDE` *können Sie automatisch einen Ersatzwert definieren, der das Ergebnis bei einem Divisionsfehler festlegt.*

Wenn Sie diese DAX-Funktion aufschlüsseln, beginnen Sie mit der `DIVIDE`-Funktion, die die Syntax `DIVIDE(Zähler, Nenner, Alternativwert)` hat. Unser Zähler ist `CALCULATE(SUM)` von `Punkte`. Der Nenner ist `CALCULATE(SUM)` von `MaximalePunkte`. Der alternative Wert schließlich ist `ExtraPunkte`, weil ich weiß, dass der einzige Fall, in dem ein Fehler bei der Division durch null auftreten würde, die Aufgabe 14 ist, die auf der Grundlage der besuchten Sprechstunden als Extra-Punkte vergeben wird.

So erhalten Sie das Ergebnis, aber wenn Sie es jetzt verwenden, erhalten Sie ein Ergebnis mit zwei Dezimalstellen. Das ist nicht unbedingt schlecht, aber normalerweise geben Sie Noten als Prozentsatz an (zumindest in den Vereinigten Staaten; wenn das bei Ihnen anders ist, tun Sie, was für Sie am sinnvollsten ist).

Ich möchte, dass es sich um einen Prozentsatz mit null Dezimalstellen handelt, also wähle ich das Measure aus dem Bereich *Felder* aus; hierdurch wird im Menüband die Registerkarte *Measuretools* mit den Ansichten *Bericht* und *Daten* aufgerufen. Die Gruppe *Formatierung* sollte für dieses Measure so eingestellt sein, wie es Abbildung 6–25 zeigt.

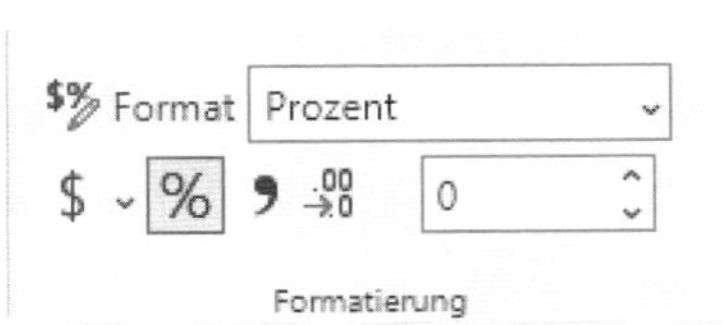

Abb. 6–25 *Eine kleine Prise Formatierungsstaub*

Wenn Sie nun das Karte-Visual erstellen und das Measure für die Gesamtnote in die Feldliste für diese Visualisierung bringen, sollten Sie eine Karte sehen, die genauso aussieht wie die dritte Karte in Abbildung 6–27.

Unsere letzte Karte ist die Gesamtnote als Buchstabe, wie sie in den USA verwendet wird. Wenn Ihre Zuordnung zwischen Note/Punkte von der Notenliste abweicht, die hier verwendet wird, können Sie den DAX-Formelcode, den ich gleich vorstelle, an Ihre Bedürfnisse anpassen.

Um die Buchstabennote zu erhalten, benötigen Sie eine DAX-Anweisung, die das Ergebnis des Measures mit der Gesamtnote verwendet und ein bedingtes Ergebnis auf der Grundlage des ersten Wertes liefert. In SQL könnten Sie so etwas wie eine CASE WHEN-Anweisung verwenden. In Excel könnten Sie eine verschachtelte IF-Anweisung verwenden, und das könnten Sie auch in Power BI tun. Jedoch werden verschachtelte IF-Anweisungen sehr schnell unübersichtlich, und in Excel und Power BI sind verschachtelte IF-Anweisungen nicht sehr leistungsfähig.

Um die Gesamtbuchstabennote zu berechnen, verwende ich eine Kombination aus der `SWITCH`-Funktion und der `TRUE`-Funktion. In Power BI oder DAX werden diese beiden Anweisungen oft zusammen verwendet und gern `SWITCH/TRUE`-Anweisung genannt.

`SWITCH` ist eine Funktion, die in Abhängigkeit von einer Bedingung einen Wert zurückgibt. Das in der Microsoft-Dokumentation verwendete Beispiel ist eine Anweisung, die die Nummer eines Monats erhält und als Ergebnis der `SWITCH`-Funktion den Monatsnamen liefert. So wäre 1 der Januar, 2 der Februar und so weiter. `SWITCH` ruft zuerst einen Ausdruck auf, dann einen Wert, der sich aus diesem Ausdruck ergibt, und dann, was stattdessen angezeigt werden soll, wenn dieser Wert existiert:

```
SWITCH(< Ausdruck> , < Wert> , < Ergebnis> [, < Wert> , < Ergebnis> ]...
[, < else> ])
```

`TRUE` ist eine einfache Funktion, die den logischen Wert TRUE zurückgibt. Eine bedingte Anweisung kann jedoch auch überprüft werden, um festzustellen, ob das Ergebnis dieses Wertes wahr ist.

Eine `SWITCH/TRUE`-Anweisung besagt also im Grunde, dass bei einer Liste von Bedingungen bei der Bedingung, die TRUE ist, zu diesem Wert gewechselt wird. In diesem Fall muss mein Notenbereich für eine bestimmte Buchstabennote zwischen einem bestimmten Maximal- und Minimalwert liegen, also verwende ich den Operator `&&`, den logischen UND-Operator. Dies kann zusammen mit dem entsprechenden OR-Operator || nützlich sein. Der Vorteil dieser Operatoren gegenüber den expliziten DAX-Anweisungen AND/OR besteht darin, dass sie nicht auf zwei übergebene Funktionen beschränkt sind. Außerdem finde ich `&&` in Anweisungen wie der in Abbildung 6–26 einfacher zu lesen.

```
Gesamt Buchstabennote =
SWITCH (
    TRUE (),
    [Gesamt Note] >= 1.00, "A+",
    [Gesamt Note] < 1.00
        && [Gesamt Note] >= .925, "A",
    [Gesamt Note] < .925
        && [Gesamt Note] >= .895, "A-",
    [Gesamt Note] < .895
        && [Gesamt Note] >= .875, "B+",
    [Gesamt Note] < .875
        && [Gesamt Note] >= .825, "B",
    [Gesamt Note] < .825
        && [Gesamt Note] >= .795, "B-",
    [Gesamt Note] < .795
        && [Gesamt Note] >= .775, "C+",
    [Gesamt Note] < .775
        && [Gesamt Note] >= .725, "C",
    [Gesamt Note] < .725
        && [Gesamt Note] >= .695, "C-",
    [Gesamt Note] < .695
        && [Gesamt Note] >= .675, "D+",
    [Gesamt Note] < .675
        && [Gesamt Note] >= .625, "D",
    [Gesamt Note] < .625
        && [Gesamt Note] >= .600, "D-",
    "F"
)
```

Abb. 6–26 *Gar nicht so schlecht! Hier gebe ich nur an, was bei einem bestimmten Ergebnis angezeigt werden soll. Ergebnis prüfen, neues Ergebnis zurückgeben und anzeigen.*

Die obige Anweisung liest sich wie folgt:

- Hole das Ergebnis der Gesamtnote.
- Wenn die Gesamtnote größer oder gleich 1 ist, ist es ein A+.
- Wenn die Gesamtnote kleiner als 1, aber größer als 0,925 ist, ist es ein A.
- und so weiter, und so weiter
- Tut mir leid, Sie haben nicht bestanden.

Jedes Mal, wenn die Gesamtnote berechnet wird und sich dieses Measure auf dem Canvasbereich befindet, wird für dieses Ergebnis von Gesamtnote ermittelt, welche Bedingung in der `SWITCH`-Anweisung `WAHR` ist, und dann wird die `WAHR`-Anweisung für die ermittelte Punktzahl als Ergebnis von *Gesamt Buchstabennote* zurückgegeben.

Beachten Sie, dass ich in den bedingten Anweisungen für die Berechnung immer noch die Dezimalwerte verwendet habe, wobei als Dezimaltrennzeichen der Punkt, und nicht das Komma angegeben werden muss. Auch wenn Sie das Ergebnis der Gesamtnote in prozentualer Form anzeigen, wird es intern weiterhin als Dezimalwert berechnet.

Nachdem Sie dieses Measure erstellt haben, können Sie es einfach in die Feldliste des letzten Kartenvisuals ziehen, und Ihre Karten sind komplett! In Abbildung 6–27 sehen Sie die vier Karten zusammen.

Abb. 6–27 *Die Leiste mit den vier Karten liefert schnell die gesuchten Informationen.*

6.4.3 Balken, Säulen und Linien

Lassen Sie uns schon mal ein paar Bilder auf diese verflixte Leinwand bringen, einverstanden? Ich habe hier drei Visuals, zwei Balkendiagramme und ein Linien- und Säulendiagramm, die Sie in Abbildung 6–28 sehen und die ich der Reihe nach durchgehen werde.

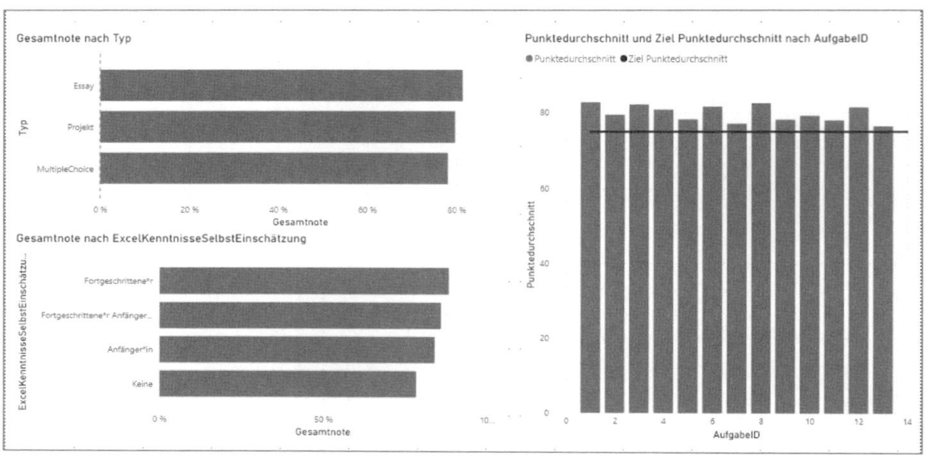

Abb. 6–28 *Die Seite nimmt langsam Gestalt an!*

Das erste Diagramm, mit dem ich mich befassen werde, ist das Balkendiagramm in der oberen linken Ecke, Gesamtnote nach Typ der Aufgabe. Um das Diagramm in den Canvasbereich einzufügen, habe ich einfach das gruppierte Balkendiagramm aus dem Bereich *Visualisierungen* ausgewählt und es in die obere linke Ecke verschoben, indem ich auf den Umriss des Visuals geklickt und es an die gewünschte Stelle gezogen habe. Das Ziel dieses Visuals ist einfach: Ich möchte für jeden Aufgabentyp die Gesamtnote wissen. Ich habe das Visual ausgewählt und dann die Spalte *Typ* aus *AufgabeDetails* auf das leere Datenfeld im Bereich *Y-Achse* und die *Gesamtnote* auf das leere Datenfeld im Bereich *X-Achse* in den Aufgabenbereich *Visualisierungen* gezogen. Das war's, richtig?

Die Adleraugen unter Ihnen, die dies ausprobieren, werden wahrscheinlich etwas sehr Seltsames sehen! Zunächst wird in diesem Visual *ExtraPunkte* angezeigt, und zwar als leerer Balken! Das ist nicht sehr hilfreich. Sie wissen nämlich, dass die Gesamtnote für *ExtraPunkte* leer sein wird, weil Aufgaben des Typs *ExtraPunkte* eine maximale Punktzahl von 0 haben, und wie ich bei der Erstellung des Measures *Gesamtnote* vorgestellt habe, sollte das Measure bei einer Division durch null *ExtraPunkte* ergeben, was kein Wert ist, den Sie in einem Balkendiagramm anzeigen können. Sie sehen also, dass ich im Filterbereich bei ausgewähltem Visual *ExtraPunkte* herausgefiltert habe, und so erhalte ich das Ergebnis in Abbildung 6–28 für dieses Balkendiagramm, das in Abbildung 6–29 in großer Version dargestellt ist.

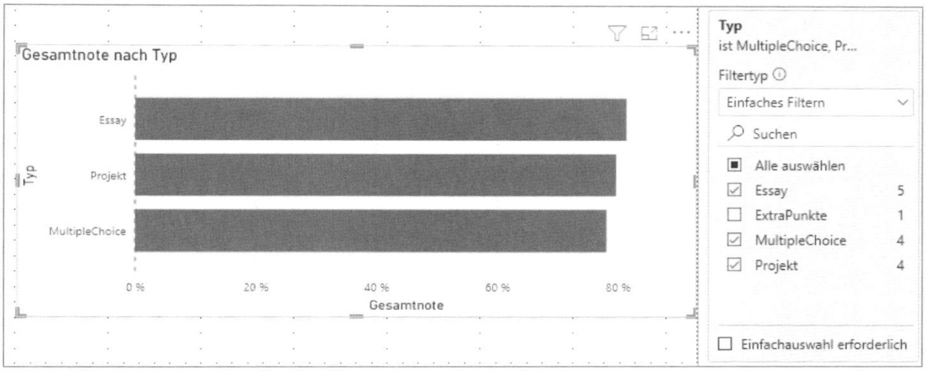

Abb. 6–29 *Dies ist ein gutes Beispiel dafür, warum die Beherrschung der Daten wichtig ist!*

Das ist ganz einfach. Machen Sie mit dem zweiten Balkendiagramm weiter, *Gesamtnote* nach *ExcelKenntnisseSelbstEinschätzung*. Dieses sieht genauso aus wie das erste Diagramm, nur mit einer anderen Achse, in diesem Fall die Spalte *ExcelKenntnisseSelbstEinschätzung* aus der Tabelle *StudentUmfrageDaten*.

Ich habe jedoch noch etwas anderes mit diesem Visual gemacht. Ich habe eine zweite Achse hinzugefügt, damit im Visual gedrillt werden kann. Ich habe in *StudentUmfrageDaten* zwei Spalten mit Selbsteinschätzungen, eine für Excel und eine für Power BI. Ich habe die Spalte *PowerBIKenntnisseSelbstEinschätzung* im Bereich *Visualisierungen* in das Datenfeld für die *Y-Achse* unter die Excel-Spalte gezogen. Dadurch erhalte ich das in Abbildung 6–30 gezeigte Ergebnis. Ich könnte nun die Drill-Optionen verwenden, um eine bestimmte Kombination von Daten zwischen diesen beiden Kategorien zu untersuchen oder die Ergebnisse für jede Kombination dieser beiden Spalten, die im Datensatz vorhanden sind, anzuzeigen.

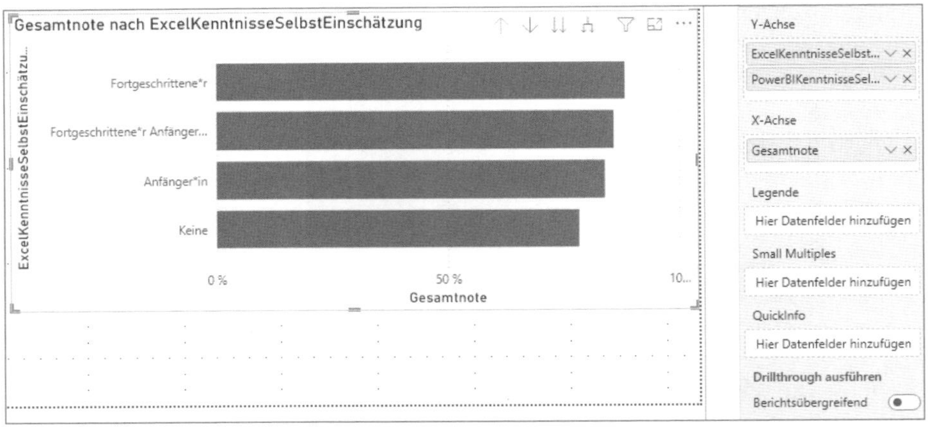

Abb. 6–30 *Durch die Möglichkeit, in einem Visual ein Drilldown durchzuführen, können Sie die Dimension, die Sie überprüfen, schnell ändern oder Dimensionen kombinieren, um weitere Kategorien zu analysieren.*

Schließlich haben Sie auf der rechten Seite noch ein Linien- und Säulendiagramm, das den Punktedurchschnitt und den Ziel-Punktedurchschnitt mit der *AufgabeID* auf der X-Achse anzeigt. Für dieses Beispiel habe ich ein Measure mit dem Namen *Ziel Punktedurchschnitt*, das einfach nur den Wert 75 enthält:

```
Ziel Punktedurchschnitt = 75
```

Das war's. Nichts Ausgefallenes, das Measure entspricht einer Zahl, die mir sehr einfach die Linie im Diagramm liefert.

Eine andere Möglichkeit, die gleiche Aufgabe zu bewältigen, wäre, ein einfaches gruppiertes Säulendiagramm und dann die konstante Linie von 75 Punkten im Bereich *Analysen* des Fensters *Visualisierungen* zu erstellen. Ich bevorzuge die Flexibilität des Linien- und Säulendiagramms, aber es ist wichtig zu wissen, dass es mehrere Möglichkeiten gibt, so etwas zu erreichen.

Ich möchte jedoch noch eine Sache korrigieren. Sie sehen, dass Power BI eine Standardachse erstellt, die Werte in jedem geraden Intervall hervorhebt. Es zeigt also 2, 4, 6, 8, usw. einschließlich Aufgabe 14, und zwar auch dann, wenn ich im Filterbereich für dieses Visual Aufgabe 14 herausgefiltert habe. Ich möchte nicht, dass die tatsächliche Punktzahl angezeigt wird, und ich möchte auch nicht, dass sie leer angezeigt wird. Deshalb werde ich den maximalen Achsenwert für die X-Achse manuell auf 13 setzen. Dazu öffne ich im Aufgabenbereich *Visualisierungen* den Abschnitt *Visual formatieren*. Dann öffne ich bei *X-Achse* die Option *Bereich* und stelle das Maximum auf **13** ein. Abbildung 6–31 zeigt die vorgenommenen Einstellungen und im Visual das gewünschte Ergebnis.

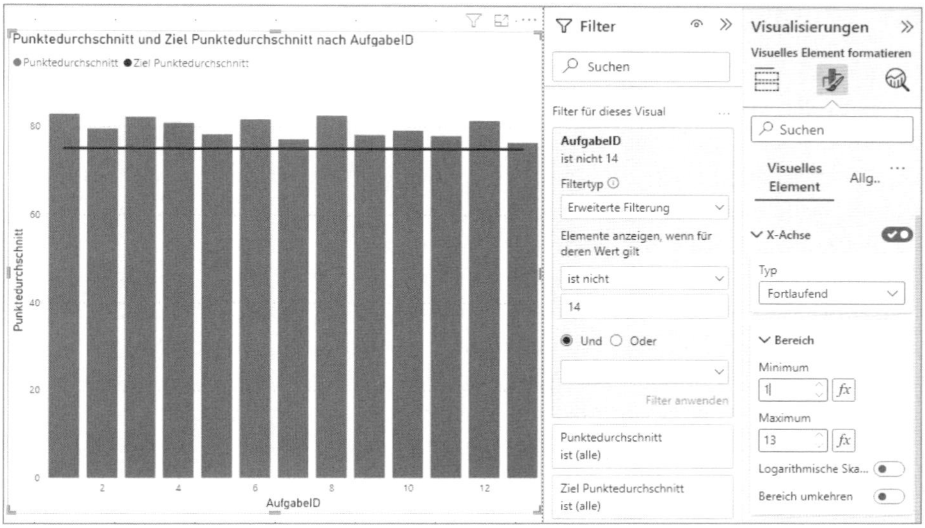

Abb. 6–31 Besser, viel besser!

Um die Interaktivität zu erhöhen, füge ich in der rechten unteren Ecke der Berichtsseite zwei Datenschnitte hinzu, damit ich nach *Aufgabenkategorie* und nach *Semester* filtern kann: Ich gehe hierbei so vor, wie bei den anderen Visuals gezeigt. Damit ist meine endgültige erste Berichtsseite fertiggestellt, die aussieht, wie es Abbildung 6–32 zeigt.

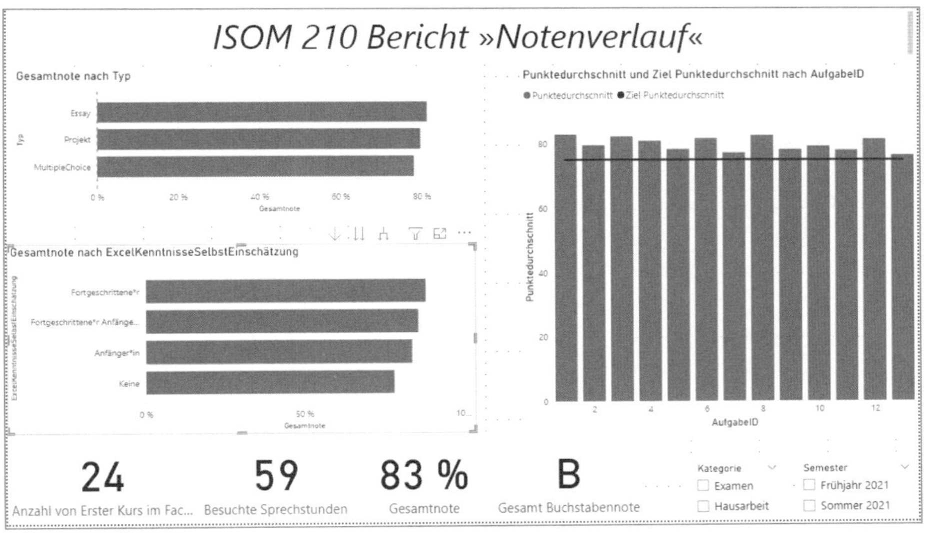

Abb. 6–32 Eine vollständige Berichtsseite. Ich habe es geschafft!

Ich verlasse Sie und dieses Kapitel mit einem Rätsel, das Sie selbst entschlüsseln müssen. Wenn Sie mit den hier vorgestellten Werkzeugen nach Semestern filtern, werden Sie feststellen, dass die Karte *Erster Kurs im Fachbereich* nicht gefiltert wird. Finden Sie heraus, warum das so ist, und überlegen Sie, wie Sie das Problem lösen können. Es gibt mehrere Möglichkeiten, also experimentieren Sie ruhig!

6.5 Zusammenfassung

In diesem Kapitel wollte ich Ihnen Schritt für Schritt zeigen, wie Sie die Dinge, um die es in den vorherigen vier Kapiteln ging, wirklich nutzen. Jetzt sollten Sie ein grundlegendes Verständnis dafür haben, wie Sie Power BI Desktop verwenden, um Daten in den Bericht zu bekommen, wie Sie ihn nach Ihren Bedürfnissen gestalten, Beziehungen und Measures erstellen und schließlich einige Ergebnisse für die Benutzer auf den Canvasbereich bringen.

Im nächsten Kapitel gehe ich ein wenig zu einigen fortgeschrittenen Berichtsfunktionen in Power BI über, die den Power BI Desktop-Teil dieses Textes abrunden. Wenn Sie bis hierher gekommen sind, möchte ich Ihnen sagen, dass Sie das großartig machen. Sie arbeiten an etwas Neuem, und Sie sollten stolz auf sich sein, dass Sie so weit gekommen sind. Lassen Sie uns weitermachen!

7 Fortgeschrittene Berichtstechniken für Power BI

Bis hierhin haben Sie erfolgreich Daten geladen, transformiert und modelliert. Sie haben eine Beispielberichtsseite mit vielen einzelnen Teilen von Power BI Desktop erstellt, die ich in den vorangegangenen Kapiteln vorgestellt habe. In diesem Kapitel werde ich einige dieser fortgeschrittenen Themen erläutern, bei denen ich bisher immer darauf hingewiesen habe, dass sie später an die Reihe kommen.

Die Werkzeuge und Themen, die ich hier erkläre, können sehr wertvoll sein und Ihrem Bericht das gewisse Extra verleihen, das aus einem guten einen großartigen Bericht macht oder das eine Erkenntnis freisetzt, die den ganzen Bericht erst richtig interessant macht. Allerdings kann die Verwendung vieler dieser Funktionen ohne ein solides Verständnis der Grundlagen auch dazu führen, dass Sie nicht genau wissen, was Sie tun oder was Sie betrachten.

Insbesondere werde ich die derzeit verfügbaren KI-gestützten Visualisierungen und die Was-wäre-wenn-Analyse vorstellen. Außerdem werde ich die Integration von R und Python in Ihr Power BI-Setup erörtern und auf einige ihrer Grenzen eingehen. Diese Integration ist unglaublich leistungsfähig und kann Ihnen helfen, Fakten über Ihre Daten aufzudecken, die sonst verborgen und schwer zu finden wären. Sie ermöglichen es Ihnen auch, Szenarien zu entwerfen, die Ihrem Unternehmen helfen, bessere Entscheidungen zu treffen.

7.1 KI-gestützte Visuals

Während ich an diesem Buch schreibe, hat Microsoft in Power BI Desktop vier KI-gestützte Visualisierungen integriert, und man kann davon ausgehen, dass Microsoft weiterhin in die Entwicklung KI-gestützter Visuals investieren wird, um die Möglichkeiten von Power BI weiter auszubauen. Alle diese Visualisierungen funktionieren sowohl auf dem Desktop als auch im Power BI-Dienst. Sie finden die Visuals, die in Abbildung 7–1 zu sehen sind, im Bereich *Visualisierungen*. Von links nach rechts handelt es sich bei den Visualisierungen um *Wichtigste Einflussfaktoren, Analysebaum, Q&A* und *Intelligentes Storytelling*. Schauen Sie sich diese Visuals nun der Reihe nach an.

Abb. 7–1 *KI-gestützte Visuals, wie sie im Bereich* Visualisierungen *zu sehen sind*

7.1.1 Wichtigste Einflussfaktoren

Das Visual *Wichtigste Einflussfaktoren* ist ein leistungsstarkes Werkzeug. Es nimmt einen Wert und analysiert ihn anhand einer Reihe von Kategorien, um die verschiedenen Ebenen der Auswirkungen auf einen Wert zu bestimmen. Diese Kategorien werden dann identifiziert und gruppiert, um Ihnen zu helfen, den relativen Einfluss im Vergleich zu anderen Kategorien zu ermitteln.

Sie werden feststellen, dass dieses Visual nicht sehr nützlich ist, wenn Sie versuchen, es auf das in diesem Buch enthaltene Dataset anzuwenden. Ich habe verschiedene Techniken zur Datenrandomisierung angewandt, damit die Daten so zufällig wie möglich sind, und ich hawbe das Visual *Wichtigste Einflussfaktoren* verwendet, um zu testen, ob meine Daten ausreichend zufällig sind. Wenn das Visual *Wichtigste Einflussfaktoren* Korrelationen gefunden hat, die aussagekräftige Ergebnisse liefern könnten, habe ich die Daten erneut randomisiert.

Da die Daten aus dem bisher im Buch verwendeten Dataset so stark randomisiert sind, werde ich das Visual *Wichtigste Einflussfaktoren* anhand eines anderen Beispieldatasets demonstrieren, das sich auf der Power BI-Website bei den Beispielen befindet. Es geht im Beispiel um die Verkaufschancen und ich analysiere die Wahrscheinlichkeit, dass sich der Status einer Verkaufschance in »gewonnen« ändert anhand von Branche, Produkt, Vertriebler, Wert, Produktkategorie, Kampagne, Rabatt und Manager.

Dieses Visual besteht aus mehreren Komponenten. Schauen Sie sich Abbildung 7–2 an, um das Visual von hier aus weiter zu untersuchen. Ich werde mich zunächst darauf konzentrieren, was die Wahrscheinlichkeit beeinflusst, dass der Status einer Verkaufschance »gewonnen« ist. Mehr Verkaufschancen, die gewonnen werden, bedeuten mehr Umsatz, sodass es eine nützliche Information sein könnte, herauszufinden, was diese Zahl erhöht oder vermindert.

Lassen Sie uns das Visual von oben nach unten durchgehen und verschaffen Sie sich so einen Eindruck, was vor sich geht. Zunächst wählen Sie entweder *Wichtigste Einflussfaktoren* oder *Wichtigste Segmente* aus. Derzeit und standardmäßig ist *Wichtigste Einflussfaktoren* ausgewählt.

Als Nächstes sehen Sie die Frage, die in diesem Visual analysiert wird. Da *Status* die beiden Werte *gewonnen* und *verloren* annehmen kann, sind Sie daran interessiert, welche Faktoren/Kategorien wie dazu führen, dass mehr Verkaufschancen gewonnen werden.

Wie die Analyse durchgeführt wird, hängt davon ab, welchen Zusammenfassungstyp Sie für das zu analysierende Feld im Abschnitt *Analysieren* des Aufgabenbereichs *Visualisierungen* eingestellt haben. Angenommen, Sie analysieren das Feld *RechnungID* einer Verkaufstabelle und haben als Zusammenfassungstyp (Aggregat) *Anzahl* ausgewählt, dann könnten Sie als Ziel *Abnahme* oder *Erhöhung* auswählen. Wenn Sie wissen wollen, was dazu führt, dass Sie mehr Rechnungen ausstellen, was zu mehr Umsatz führt, würden Sie *Erhöhung* selektieren.

Dann sehen Sie auf der linken Seite eine Liste der ausgewählten Bedingungen und wie sich eine spezifische Bedingung auf den analysierten Wert auswirkt.

In diesem Fall ist die Wahrscheinlichkeit, dass eine Verkaufschance gewonnen wird, um den Faktor 2,48 höher, wenn der Rabatt um 0,02 steigt. Die Kategorie *Rabatt* ist hervorgehoben und wird auf der rechten Seite von Abbildung 7–2 im Punktdiagramm weiter analysiert. Wenn Sie auf der linken Seite beispielsweise den Eintrag *Produkt ist Tablets* anklicken, sehen Sie in einem Säulendiagramm auf der rechten Seite, welchen Einfluss die Art des Produkts auf die Wahrscheinlichkeit hat, dass die Verkaufschance gewonnen wird. Bitte beachten Sie, dass die Einflussfaktoren auf der linken Seite mit der Bildlaufleiste rechts im Visual scrollbar sind, sodass Sie auf diese Weise alle Faktoren sehen.

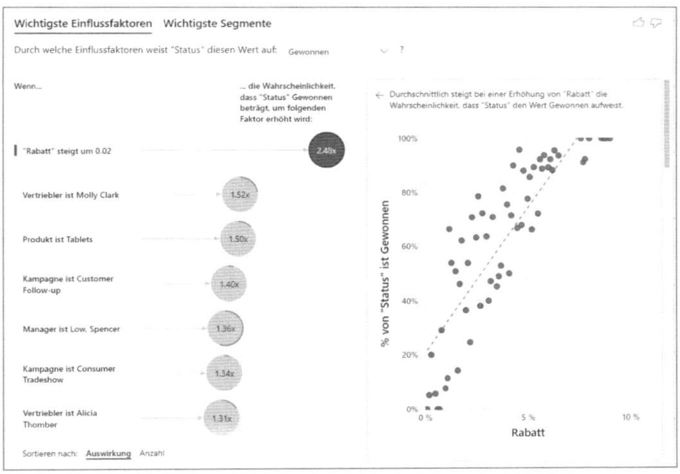

Abb. 7–2 *Das Visual* Wichtigste Einflussfaktoren *hat so viel zu bieten. Dies ist nur ein kleiner Ausschnitt.*

Kehren Sie nun zurück zum oberen Teil des Visuals und wählen Sie *Wichtigste Segmente* aus. Abbildung 7–3 zeigt, wie das anfänglich aussieht.

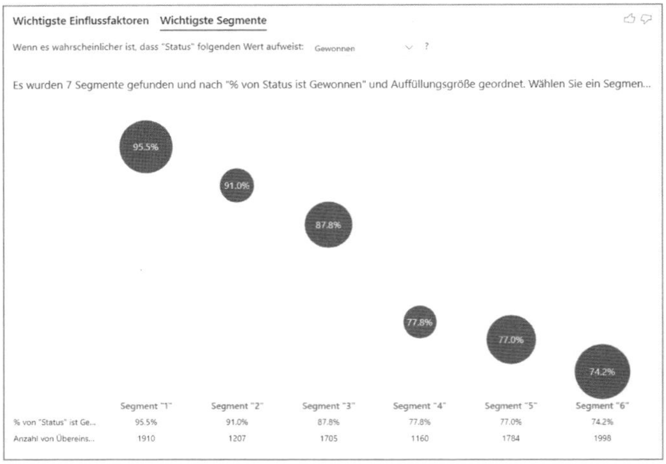

Abb. 7–3 *Die Möglichkeit, die Auswirkungen verschiedener Datenkombinationen schnell zu erkennen, ist sehr hilfreich.*

Die erste Zeile ist die gleiche wie zuvor. Die zweite Zeile ist jedoch ein wenig anders. Sie werden feststellen, dass die Frage vor dem Auswahlfeld für *Status* etwas anders formuliert ist.

Wie die Abbildung oben zeigt, hat Power BI sieben Segmente gefunden, die es im Hinblick auf diese Frage für interessant hält und für die es weitere Untersuchungen empfiehlt. Es zeigt ein kleines Streudiagramm an und erläutert, wie es organisiert ist. In diesem Fall wird der Prozentwert für den Fall angezeigt, dass die Verkaufschance gewonnen wird. Außerdem sehen Sie unten im Diagramm die Anzahl der Datensätze, aus denen das Segment besteht. (Dies ist mit »Auffüllungsgröße« in der Überschrift gemeint, bei der es sich um eine nicht optimale Übersetzung von »population size«, Populationsgröße, handelt.)

Wenn Sie eine dieser Blasen anklicken (in diesem Fall wähle ich Segment 2), sehen Sie auf der linken Seite alle Details, aus denen sich dieses Segment zusammensetzt. Auf der rechten Seite in Abbildung 7–4 sehen Sie das Segment 2 im Vergleich zum Gesamtwert und erkennen, wie viele der insgesamt vorhandenen Datenpunkte im ausgewählten Segment enthalten sind.

Dieses Visual selbst ist zwar unglaublich leistungsfähig, kann aber auch frustrierend sein, wenn man es benutzt. Wenn Sie im Bereich *Visualisierungen* in den Abschnitt *Erläuterung nach* weitere Kategorien hinzufügen, aktualisiert sich das Visual nach jeder Ergänzung. Es kann schwierig sein, Datenkombinationen zu finden, die zur Entdeckung von Einflussfaktoren oder interessanten Segmenten führen. Es ist auch nicht immer sinnvoll, noch mehr Kategorien hinzuzufügen; je mehr Kategorien Sie hinzufügen, desto kleiner wird Ihre Grundgesamtheit für jede Kombination von Kategorien.

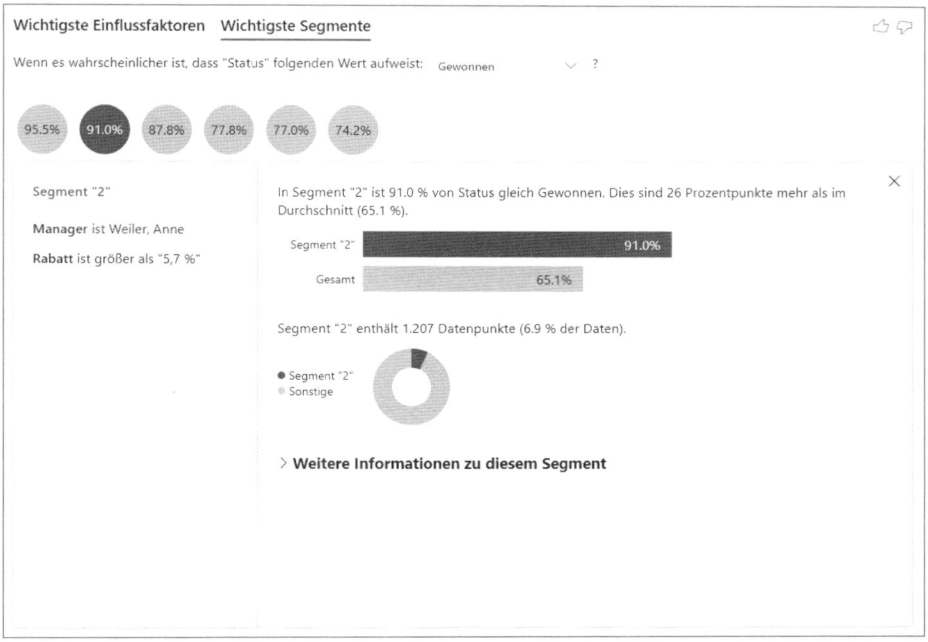

Abb. 7–4 *Diese Darstellung funktioniert, weil sie es Ihnen ermöglicht, die Details der kategorialen Kombination zu sehen.*

Um das Visual effektiv zu nutzen, müssen Sie Ihre Daten wirklich verstehen und etwas menschliche Intelligenz hinzufügen. Was sagt Ihnen Ihre Intuition, was wichtig sein sollte? Beginnen Sie dort und prüfen Sie, ob Ihre Intuition bestätigt wird. Sie werden feststellen, dass dies ein gemeinsames Thema im Abschnitt über KI-Visualisierungen ist. Die menschliche Intelligenz sorgt dafür, dass diese Dinge funktionieren; die KI-Visualisierungen können das nicht allein.

7.1.2 Analysebaum

Der *Analysebaum* ist wesentlich einfacher zu verstehen als *Wichtigste Einflussfaktoren*. Für einen bestimmten Wert wird für jede kategoriale Ebene angezeigt, wie dieser Wert von den Werten in dieser Kategorie beeinflusst wird. Kehren Sie zu dem Cool-School-University-Dataset zurück und fügen Sie Ihre Gesamtnote, den Punktedurchschnitt, in den Abschnitt *Analysieren* des Bereichs *Visualisierungen* für dieses Visual ein. Was Sie zunächst sehen, ist ziemlich langweilig, wie in Abbildung 7–5 dargestellt

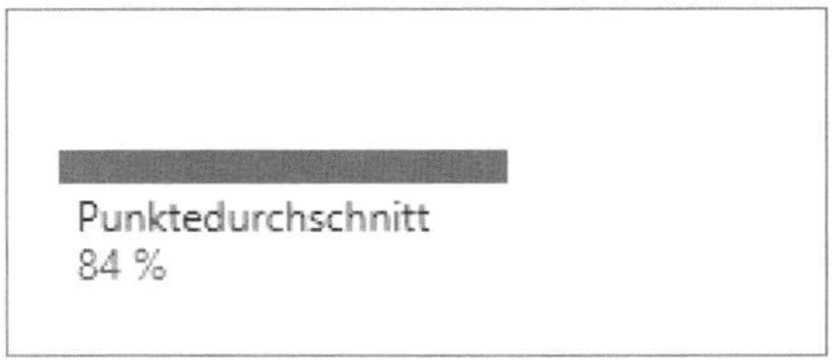

Abb. 7–5 *Ist das wirklich alles?*

Dieses Visual kommt besonders gut zur Geltung, wenn Sie dem Abschnitt *Erläuterung nach* Kategorien hinzufügen. Sie sehen schnell, wie sich der Wert je nach Kombination der Werte ändert, und da es sich um einen Baum handelt, können Sie viele »Zweige« betrachten.

Fügen Sie zunächst *Semester* aus der Tabelle *VonUniBereitgestellteDaten* in das Visual ein und sehen Sie, was passiert. Okay, das war wenig überzeugend. Sie werden feststellen, dass der einzige Unterschied zu Abbildung 7–5 darin besteht, dass neben dem Balken für den Punktedurchschnitt nun ein Pluszeichen angezeigt wird. Wenn Sie dieses Pluszeichen anklicken, passiert etwas. Es erscheint ein kleines Popupmenü mit den Einträgen *Hoher Wert*, *Niedriger Wert* und dem Namen der Kategorie, die Sie soeben hinzugefügt haben, hier also *Semester*. Neben *Hoher Wert* und *Niedriger Wert* sehen Sie das Symbol einer Glühlampe. In diesem Fall wähle ich *Hoher Wert* aus. Wie das aussieht, sehen Sie in Abbildung 7–6.

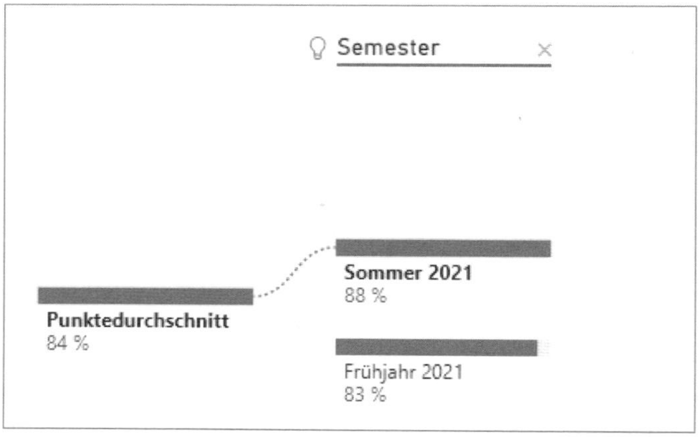

Abb. 7–6 *Der Baum nimmt Gestalt an.*

In diesem Beispiel wissen Sie aus Ihrer Arbeit in Kapitel 6, dass die Gesamtnote 84 % beträgt, und Sie sehen schnell, dass sie im Frühjahr 2021 bei 83 % und im Sommer 2021 bei 88 % lag. In Abbildung 7–6 sehen Sie, dass die Gesamtnote in Zweige für die einzelnen Semester aufgeteilt wurde: Sommer 2021 mit 88 % und Frühjahr 2021 mit 83 %. Der höchste Wert für die Kategorie wird immer oben angezeigt und ist von hoch nach niedrig angeordnet; daher wird in unserem Beispiel der Sommer über dem Frühjahr angezeigt. Wenn Sie mit dem Mauszeiger auf das Symbol der Glühbirne neben *Semester* zeigen, erhalten Sie eine QuickInfo, die Sie darüber informiert, dass Sommer 2021 den höchsten Wert hat.

Wenn Sie einen bestimmten Zweig aus der Baumstruktur entfernen möchten, können Sie auf die Schaltfläche X rechts neben dem Spaltennamen oben im Visual klicken. Dadurch wird der Zweig aus dem Baum entfernt, aber nicht aus dem Visual. Dies ist wichtig, weil Sie die Zweige eines Baums jederzeit neu anordnen können, indem Sie einen oder mehrere Zweige entfernen und dann eine andere Spaltenreihenfolge wählen, wenn das Pluszeichen am Ende des Baums ausgewählt ist. Beachten Sie, dass jeder Wert in der Baumstruktur auf der Ebene des ausgewählten Wertes der Kategorie und aller ausgewählten Kategorien vor ihm wiedergegeben wird. Was ich damit meine, sehen Sie in Abbildung 7–7.

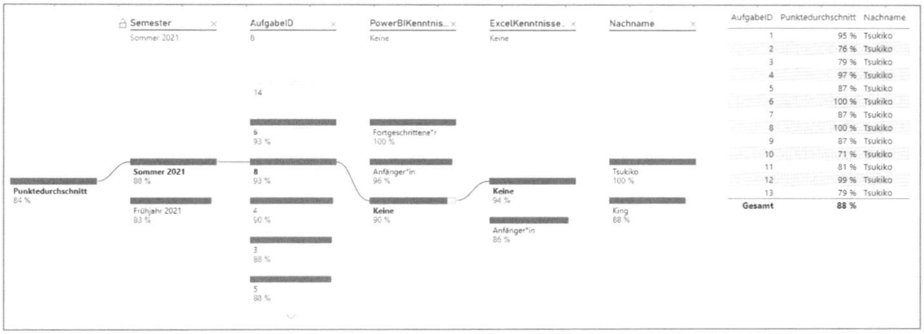

Abb. 7–7 *Folgen Sie der Linie, um die einzelnen »Teeblätter« zu lesen.*

Schauen Sie sich die Kategorie *ExcelKenntnisseSelbstEinschätzung* an, die zweite von rechts. Für den ausgewählten Wert *Keine* muss sie den Fluss durchlaufen, der durch die ausgewählten Werte angezeigt wird, und dies wird durch die Linie, die durch jede Kategorie verläuft, veranschaulicht.

Wenn wir also sagen, dass Personen, die ihre Excel-Kenntnisse als »keine« beschrieben haben, eine Gesamtnote von 94 % haben, dann gilt das nur für Personen, die auch keine Power BI-Kenntnisse speziell bei Aufgabe 8 hatten, die im Sommer 2021 stattfand. Mit anderen Worten, jeder Datenpunkt in diesem Visual ist immer abhängig von allen Teilen des Visuals, die ihm vorausgehen. Jeder Zweig zeigt, wenn er ausgewählt wird, nur Werte an, die auch für alle vorangehenden Kategorien gelten.

In der Kategorie *Nachname* hatten nur zwei Schüler weder Excel- noch Power BI-Kenntnisse im Kurs vom Sommer 2021 für Aufgabe 8. Frau Tsukiko hat die Aufgabe sehr gut gelöst und erhielt 100 %! Herr King hat mit 88 % auch nicht so schlecht abgeschnitten. Auf einen Blick erkennen Sie, dass zumindest bei dieser Aufgabe die Teilnehmer, die ihre Excel- oder Power BI-Kenntnisse als »Anfänger*in« eingestuft haben, besser abschnitten als diejenigen, die keine Kenntnisse hatten.

Sollten Sie sich beim Lesen dieses Visuals einmal verirren, folgen Sie der blauen Linie durch die Kategorien und denken Sie daran, dass jeder Schritt vom vorherigen abhängt.

Bei diesem Visual sind zwei weitere Punkte zu beachten. Erstens interagiert es, wie alle Power BI-Visualisierungen, mit anderen Visuals, aber nur, wenn ein Wert auf dem letzten Zweig eines Baums ausgewählt wird. Andernfalls wird das

Visual selbst gefiltert, um Elemente anzuzeigen, die für die nächste Kategorie ausgewählt werden können. Zweitens hat dieses Visual keine Bildlaufleiste, aber Sie können klicken und von rechts nach links ziehen, um horizontal zu blättern. Es gibt jedoch keinen vertikalen Bildlauf. Um vertikal zu navigieren, müssen Sie also die Pfeile verwenden, wie sie in Abbildung 7–7 unterhalb der Kategorie *AufgabeID* angezeigt werden. Hinweis an Microsoft: Bitte gebt uns eine einfachere Möglichkeit für das vertikale Scrollen.

7.1.3 Q&A

Das Ziel des Q&A-Visuals ist es, Endbenutzern die Möglichkeit zu geben, Fragen zu den Daten in natürlicher Sprache zu stellen. Power BI versucht, ihre Frage in ein Diagramm oder eine Reihe von Ergebnissen umzuwandeln, die diese Frage beantworten. Derzeit werden von Q&A als Sprachen Englisch und in einer Vorschauversion Spanisch unterstützt. Sie können die Sprache, die von Q&A verwendet werden soll, auf der Registerkarte *Modellierung* in der Gruppe *Q&A* im Dropdownmenü der Schaltfläche *Sprache* einstellen.

Q&A kann sehr leistungsfähig sein, aber es fühlt sich manchmal so an, als wären ein paar Schrauben locker. Einige der vorgeschlagenen Fragen erscheinen nicht besonders relevant, und obwohl Microsoft Q&A in jeder neuen Version weiter verbessert, würde ich es noch nicht als »natürliche Sprache« bezeichnen.

Sie können jedoch viele Dinge tun, um Power BI gerade genug zusätzlichen Kontext zu geben, damit sich Fragen und Antworten natürlicher anfühlen. Wenn ich ein Q&A-Visual in meinen Canvasbereich einfüge, sehen Sie das Ergebnis in Abbildung 7–8. Sie sehen, dass die Fragen in englischer Sprache formuliert sind und das Q&A die deutschsprachigen Namen der Spalten in den Abfragen/Tabellen und der selbst erstellten Measures verwendet.

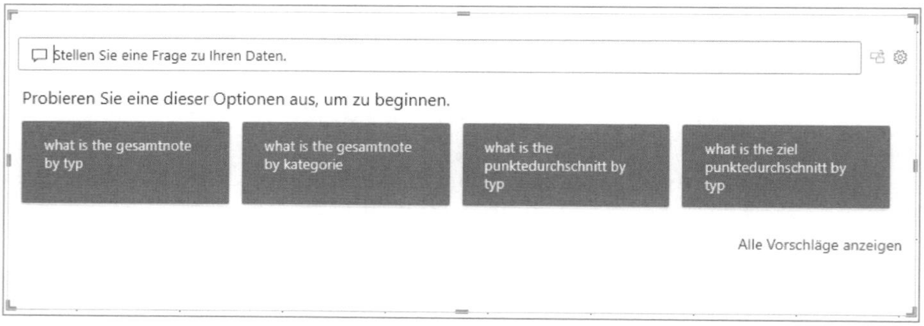

Abb. 7–8 *Wenn Sie in Ihren Canvasbereich ein Q&A-Visual einfügen, sind die ersten vorgeschlagenen Fragen nicht immer superspannend.*

Wenn Sie sich die vorgeschlagenen Fragen ansehen, können Sie feststellen, dass Q&A unsere Feldnamen gut erkennt, aber für andere Benutzer ist vielleicht nicht so offensichtlich, was die Feldnamen bedeuten. So bedeutet beispielsweise »gesamtnote by kategorie«: »Was ist die Gesamtnote für die verschiedenen Werte in der Spalte Kategorie?« Sie und ich wissen, dass diese Spalte nur in der Tabelle *AufgabeDetails* existiert, aber jemand anderes vielleicht nicht. Außerdem, was genau bedeutet »Kategorie«? Sie und ich wissen, dass dies die Beschreibung dafür ist, ob es sich bei einer Aufgabe um eine Hausaufgabe, eine Prüfung oder eine zusätzliche Leistung handelt. Aber muss unsere Zielgruppe dies auch wissen? Können Sie voraussetzen, dass Ihr Publikum die Struktur der Daten kennt?

Anhand dieses Beispiels können Sie, neben der eingeschränkten Sprachunterstützung, eines der Probleme mit Q&A und den Beispielfragen, die das Visual generiert, erkennen. Zunächst kann es nur mit unseren Spaltennamen und Beziehungen arbeiten. Es wendet ein einfaches Aliasing an, wo es kann, aber das wird uns nicht unbedingt weiterbringen.

Sie können aber trotzdem eine der Beispielfragen verwenden, um zu zeigen, was Q&A als Ergebnis liefern kann. In diesem Fall wähle ich die erste Frage auf der linken Seite aus: »what is the gesamtnote by typ?« In diesem Fall generiert Power BI ein Balkendiagramm, das die Gesamtnote für jede Art von Aufgabe anzeigt. Dieses Ergebnis ist in Abbildung 7–9 zu sehen. Beachten Sie, dass dieses Diagramm mit allen anderen Diagrammen im Canvas interagiert und von anderen Diagrammen beeinflusst werden kann, wie alles andere auch. Denken Sie also daran, welche Frage Sie gestellt haben, wenn Sie beginnen, mit Q&A zwischen den Visuals zu kreuzfiltern!

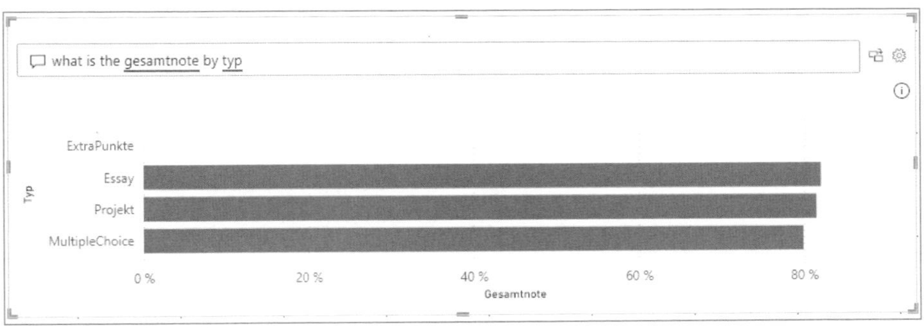

Abb. 7–9 *Power BI ist jedoch in der Lage, einen Diagrammtyp auszuwählen, der die Frage am besten beantwortet.*

Ich finde es gut, dass die gestellte Frage in der Textleiste angezeigt wird und die Schlüsselwörter hervorgehoben werden, die zur Identifizierung des Zwecks der Frage verwendet wurden – in diesem Fall *gesamtnote* und *typ*. Nehmen Sie an, Sie haben ein Ergebnis gefunden, das Ihnen sehr gut gefällt, und möchten es zu einer festen Größe machen. Sie können auf die erste Schaltfläche rechts neben dem Textfeld klicken, um die Q&A-Ansicht in eine Ansicht des generierten Typs zu verwandeln. Das Symbol mit dem Rad führt Sie zu den Q&A-Einstellungen. Das eingekreiste *i* blendet eine QuickInfo ein, wenn Sie mit dem Mauszeiger darüberfahren, und informiert Sie noch einmal darüber, was das Visual anzeigt.

Da die Frage im Textfeld verbleibt, können Sie problemlos einen Teil einer Frage hinzufügen, ändern oder entfernen. Ich weiß beispielsweise, dass für *Extra-*

Punkte die Gesamtnote als leerer Wert angezeigt wird, weil ich weiß, wie das zugrunde liegende Measure funktioniert. Angenommen, ich möchte die *ExtraPunkte* entfernen. Ich gebe in das Textfeld des Visuals **without ExtraPunkte** ein und voilà, dieser Balken ist weg!

Wenn Sie eine Frage ergänzen, wird im Textfeld eine Dropdownliste angezeigt, die versucht, Ihre Frage über eine Suchmaschine zu erraten. Diese Funktion wird erwartungsgemäß besser, je öfter sie verwendet wird und je besser Ihre Synonyme sind.

Sie könnten sogar einen weiteren Schritt zu dieser Frage hinzufügen und etwas wie **for Nachname = King** eingeben. Dann sehen Sie die Ergebnisse für Studierende mit dem Nachnamen King. Eine der Stärken von Q&A ist die Möglichkeit, die Frage zu verfeinern. Sie haben mit dem Punktedurchschnitt nach Typ begonnen, den Typ *ExtraPunkte* entfernt oder herausgefiltert und dann das Ergebnis noch einmal speziell nach den Student*innen mit dem Nachnamen King gefiltert.

Sie könnten die Spalten in freundlichere Namen umbenennen, wenn Sie vorhaben, Q&A ausgiebig zu nutzen. Das könnte der KI helfen, leichter herauszufinden, was eine Spalte bedeutet. Sie können auch Synonyme zu bestimmten Spaltenbeschreibungen hinzufügen, um die Sprache zu vereinfachen, wenn Benutzer Fragen eingeben. In Abbildung 7–8 und Abbildung 7–9 befindet sich ganz rechts neben dem Textfeld die Schaltfläche *Q&A-Setup*, die mit dem Symbol eines Rads versehen ist. Wenn Sie darauf klicken, öffnet sich das Fenster *Q&A-Setup*. Klicken Sie dann auf *Feldsynonyme* (siehe Abbildung 7–10). Beachten Sie, dass alle Tabellen im Modell angezeigt werden, auch die, die Sie in der Ansicht *Bericht* ausgeblendet haben. Allerdings werden diese Tabellen standardmäßig aus der Q&A-Auswahl entfernt.

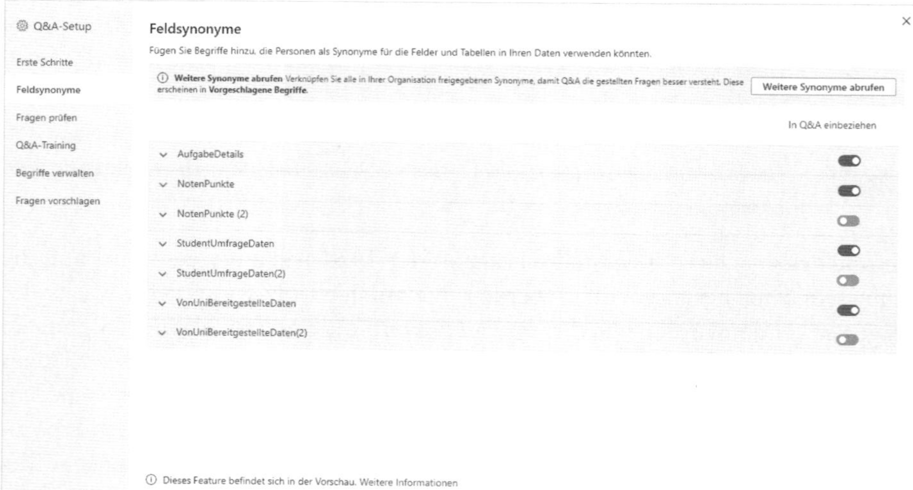

Abb. 7–10 *Wenn Sie Q&A zum Glänzen bringen wollen, müssen Sie hier im Abschnitt* Feldsynonyme *viel Zeit verbringen.*

Wenn Sie eine Tabelle auswählen, sehen Sie unter *Name* die Liste der Spalten, unter *Begriffe* die aktuell erkannten Synonyme und rechts davon eine Liste der *vorgeschlagenen Begriffe*. Schließlich sehen Sie noch einen Schalter auf Spaltenebene, mit dem Sie die Spalte in die Ergebnisse von Q&A einbeziehen bzw. daraus ausschließen können. In Abbildung 7–11 habe ich die Tabelle *VonUniBereitgetellteDaten* erweitert.

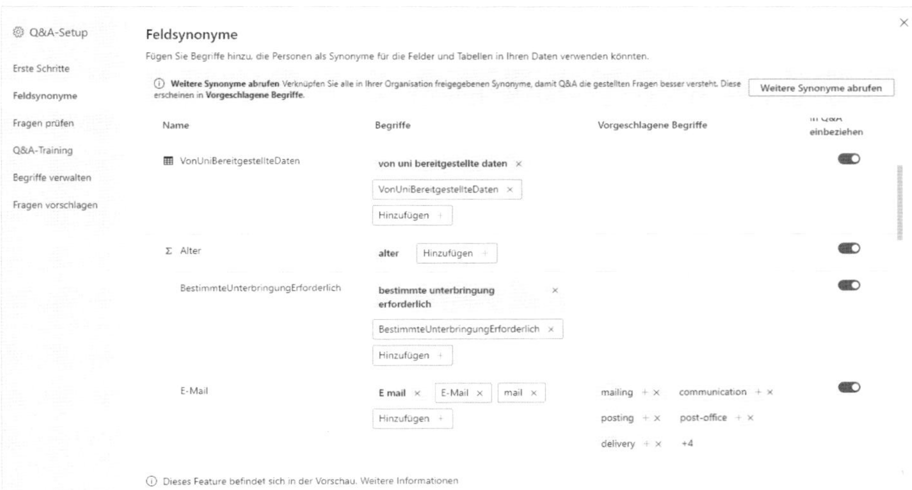

Abb. 7–11 *Sie können zwar so viele Synonyme hinzufügen, wie Sie möchten, aber achten Sie darauf, dass Sie sie nicht zu sehr vermischen.*

Wenn ich auf die Plus-Schaltfläche eines der *Vorgeschlagenen Begriffe* klicke, wird dieser Begriff sofort in die Liste der Begriffe für diese Spalte aufgenommen. Wenn man diesen Prozess von rechts nach links betrachtet, wird die Funktionsweise am besten deutlich. Unter *Vorgeschlagene Begriffe* finden Sie eine Liste möglicher Synonyme, die zu Begriffen werden. Wenn einer dieser vorgeschlagenen Begriffe ausgewählt wird, wird er zur Spalte *Begriffe* hinzugefügt. Diese Begriffe sind dann die eigentlichen Synonyme, die Power BI verwendet, wenn es in Q&A auf eine Frage stößt und ermitteln will, welche Spalte es zur Beantwortung der Frage verwenden sollte. Das Objekt, auf das ein bestimmter Begriff verweist, wird in der Spalte *Name* angezeigt. Begriffe können sich auf Tabellennamen, Spaltennamen oder Measures beziehen. Sie werden auch feststellen, dass Power BI bereits einige grundlegende Begriffe voreingestellt hat, die jedoch nicht besonders aufschlussreich sind. So ist beispielsweise für die Spalte *Vorname* der Begriff »Vorname« voreingestellt.

Ich würde Ihnen gerne Ratschläge für das Setup von Q&A in Ihrem Unternehmen geben, aber Sprache ist für jede Organisation einzigartig. Q&A ist eine der Funktionen, die Microsoft nach und nach verbessert, wobei es sich die Unterstützung von Abfragen in natürlicher Sprache in Power BI auf die Fahne geschrieben hat.

Ich schlage vor, dass Sie so viele Fragen wie möglich in die Suchmaschine eingeben, bevor Sie Q&A einsetzen. Schauen Sie, welche Ergebnisse zurückkommen, fügen Sie bei Bedarf Synonyme hinzu und versuchen Sie es erneut. Es gibt viele Möglichkeiten zur Feinabstimmung der Ergebnisse, und die Verbesserung von Fragen und Antworten in Ihrem Unternehmen wird ein iterativer Prozess sein.

Ich möchte noch auf zwei weitere Bereiche des Q&A-Setups eingehen: die Funktionen *Fragen prüfen* und *Fragen vorschlagen*. Im Abschnitt *Fragen prüfen* können Sie alle Fragen und Antworten überprüfen, die für alle Datasets, auf die Sie Zugriff haben, eingereicht wurden und die in den letzten 28 Tagen gestellt worden sind. Ärgerlicherweise werden Ihnen alle Datasets angezeigt, auf die Sie Zugriff haben, und nicht nur die, auf die Sie Zugriff haben *und* zu denen mit Q&A Fragen gestellt wurden. Wenn jedoch jemand eine Frage gestellt hat, können Sie diese und die von Power BI bereitgestellte Antwort auf Richtigkeit überprüfen und Hinweise darauf geben, welche Antwort Sie für diese bestimmte Frage bevorzugt hätten.

Mit *Fragen vorschlagen* können Sie Ihrer Zielgruppe Fragen vorlegen, wie Sie sie beim ersten Öffnen des Bildes gesehen haben. Der Unterschied ist, dass es sich dabei um Fragen handelt, die Sie bereits geprüft haben. Betrachten Sie diese vorgeschlagenen Fragen als einfach zu verwendende Spickzettel für andere Nutzer, die Berichte mithilfe von Q&A-Visuals erstellen. Sie wissen, welche Ergebnisse angezeigt werden, wenn die Frage ausgewählt wird. Dies können gute Startpunkte für Ihre Organisation sein, um Q&A in einer Art Sandkasten zu verwenden, den Benutzern Vertrauen in die Ergebnisse zu geben und sie zum Experimentieren anzuregen.

Dies kann auch nützlich sein, um eine Reihe von Antworten auf bestimmte Fragen zu geben. In einem einzigen Visual können die Benutzer vorgeschlagene Fragen auswählen, die ihnen bei der Gestaltung anderer Visuals auf einer bestimmten Berichtsseite helfen. Q&A ist ein kompliziertes und komplexes Feature, und wenn Sie das Beste daraus machen wollen, ist es so, als würden Sie in der Carnegie Hall auftreten. Es erfordert Übung, Übung, Übung. Wenn Sie den Benutzern nicht gestatten wollen, Q&A gegen ein Dataset im Power BI-Dienst zu verwenden, können Sie Q&A auch deaktivieren.

7.1.4 Intelligentes Storytelling

Bei den Visuals unterscheidet sich intelligentes Storytelling insofern von anderen Visualisierungen, als dass es für sich alleine genommen nichts tut. Wenn Sie versuchen, dieses Visual auf einem leeren Canvasbereich abzulegen, erscheint eine Fehlermeldung, und stattdessen wird ein Textfeld erzeugt. Wird es jedoch zu einer Berichtsseite mit anderen Grafiken hinzugefügt, »liest« das intelligente Storytelling die anderen Visuals anhand deren Datenpunkte und erstellt ein Narrativ, das beim »Lesen« der Daten hilft.

In Abbildung 7–12 sehen Sie, dass ich die letzte Seite von Kapitel 6 genommen und etwas Platz für eine intelligente Story geschaffen habe. Es ist wichtig zu wissen, dass ein Visual des Typs *Intelligentes Storytelling* von jedem anderen Visual auf dem Canvasbereich gefiltert und beeinflusst werden kann und entsprechend aktualisiert wird! Da es sich immer noch in einem funktionalen Textfeld befindet, können Sie der intelligenten Story Kommentare hinzufügen, die unabhängig von Änderungen am Filterkontext, die den Rest des Visuals beeinflussen würden, vorhanden bleiben.

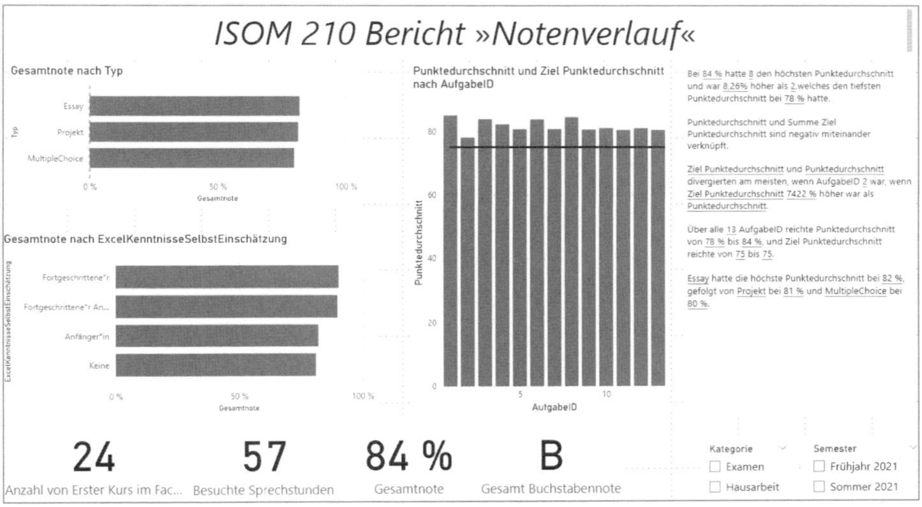

Abb. 7–12 *Der Text rechts auf der Seite ist eine Aufschlüsselung aller Daten in den Abbildungen auf dieser Seite.*

Das intelligente Storytelling-Visual ist meiner Meinung nach ein zweischneidiges Schwert. Auf der einen Seite ist es ein absoluter Glücksfall für die Datenkompetenz. Mit dieser Darstellung werden die Daten so aufgeschlüsselt, dass sie auch für technisch nicht versierte Nutzer und andere, die mit den Daten nicht so vertraut sind, lesbar sind, was von großem Wert sein kann. Allerdings ist es auch ziemlich groß und klobig. Letztendlich handelt es sich um ein großes Textfeld, das so lange Beschreibungen erzeugen kann, dass man sie nach oben und unten ziehen muss, um alles zu lesen. Der Platz für das Design ist knapp bemessen, daher hängt die Entscheidung, ob das Visual *Intelligentes Storytelling* die richtige Wahl ist, letztlich von Ihrer Zielgruppe und Ihren Designentscheidungen ab.

7.2 Was-wäre-wenn-Analyse

In vielen Szenarien stellt man sich eine Frage, die mit drei einfachen Worten beginnt: »Was wäre wenn?« Was wäre, wenn unsere Produktionslinie 1 % effizienter wäre? Was wäre, wenn Sie 200 Einheiten mehr verkauft hätten? Was wäre, wenn unsere Studierenden im Laufe des Semesters 15 Punkte mehr erreicht hätten? Jede dieser Fragen ist die Grundlage der Was-wäre-wenn-Analyse. Dabei wird ein Wert genommen und durch ein parametrisiertes Ergebnis verändert, um zu sehen, was sich ändert.

Die Was-wäre-wenn-Analyse in Power BI beginnt mit der Erstellung eines Was-wäre-wenn-Parameters. Dies geschieht in der Ansicht *Bericht* auf der Registerkarte *Modellierung* in der Gruppe *Parameter.* Klicken Sie auf die Schaltfläche *Neuer Parameter* und dann auf *Numerischer Bereich*. Sie sehen dann das Dialogfeld, das in Abbildung 7–13 dargestellt ist.

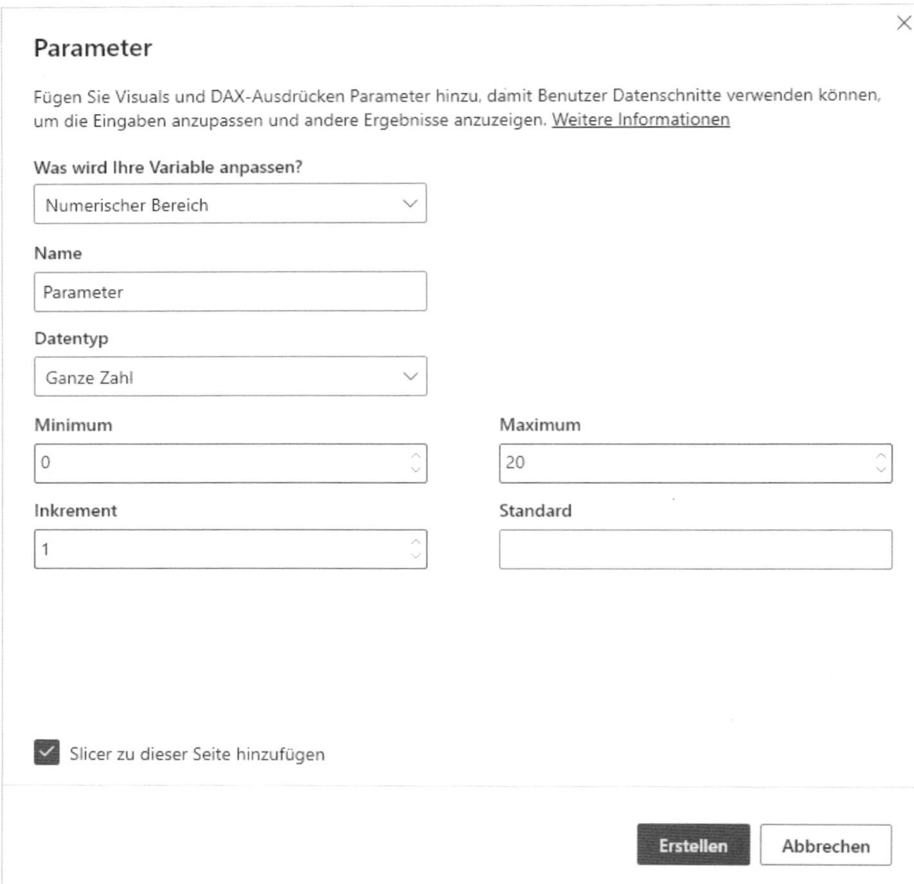

Abb. 7–13 *Hier werden Sie Ihre Parameter erstellen, die es ermöglichen, Werte zu manipulieren.*

7.2.1 Parameter konfigurieren

Der Was-wäre-wenn-Parameter hat mehrere Eingabefelder, die verwaltet werden müssen. Das Feld *Name* ist offensichtlich, hat aber auch eine eindeutige Folge. Unabhängig vom gewählten Namen werden im Datenmodell einige Objekte zur Unterstützung des Parameters erstellt. Ich verwende hier den Namen **Gesamtnote Modifizierer.**

Der endgültige Was-wäre-wenn-Parameter verwendet den GENERATESERIES-Zustand mit dem Namen des Parameters, um eine von DAX generierte Tabelle zu erstellen. In dieser Tabelle werden dann zwei Objekte erstellt. Eines davon ist ein Objekt, das wie die Schaltfläche *Neuer Parameter* aussieht, auf die Sie geklickt haben, um das Dialogfeld aufzurufen. Dabei handelt es sich um einen Datenschnitt, der auf den Canvasbereich gelegt werden kann, um den Wert des Parameters auf der Berichtsleinwand zu manipulieren.

Als Zweites wird ein Measure erstellt, das die Funktion SELECTEDVALUE verwendet, sodass Sie ein anderes Measure für diesen parametrisierten Wert aufrufen können, um ihn in anderen DAX-Funktionen zu verwenden. Was damit genau gemeint ist, werde ich in Kürze demonstrieren.

Nachdem Sie Ihren Parameter benannt haben, müssen Sie den *Datentyp* festlegen, den er haben kann: *Ganze Zahl, Dezimalzahl* oder *Feste Dezimalzahl. Feste Dezimalzahl* hat eine feste Position für das Dezimaltrennzeichen. Dieser Datentyp kann in bestimmten Szenarien nützlich sein, in denen das Runden zu Fehlern führen könnte, oder wenn Sie sehr kleine Zahlen haben, die Sie ändern, und es könnten sich Fehler ansammeln. In unserem Fall hassen Sie sich selbst nicht so sehr, dass Sie Noten mit Dezimalstellen darstellen, also können Sie einfach *Ganze Zahl* wählen.

Die Felder *Minimum* und *Maximum* legen den ersten und letzten Wert in der Anweisung GENERATESERIES fest, mit der die Tabelle und die Werte erstellt werden, die von dem Parameter verwendet werden. Ich persönlich mag es, wenn der Wert 0 irgendwo in der Reihe steht. Es muss nicht das Minimum oder Maximum sein, aber die Null in der Reihe kann hilfreich sein, wenn ich den Basiswert ohne Änderung anzeigen möchte. In diesem Fall werde ich –100 für das Minimum und 100 für das Maximum wählen.

Als Nächstes lege ich die Schrittweite der Änderung fest. Dies beschreibt das zulässige Intervall für die Bearbeitung des Wertes. Wenn ich zum Beispiel 5 wähle, mit einem Minimum von –100 und einem Maximum von 100, könnte ich –100, –95, –90, ... 95, 100 wählen. Ich kann nicht 97 oder 43 oder –37 wählen. Wäre meine Schrittweite 1, könnte ich jeden ganzzahligen Wert zwischen –100 und 100 wählen. Wenn Sie eine dezimalbasierte Schrittweite verwenden, sollten Sie natürlich als Datentyp *Dezimalzahl* oder *Feste Dezimalzahl* verwenden. Für dieses Beispiel werde ich eine Schrittweite von 1 festlegen.

Schließlich lege ich einen Standardwert fest. Dies ist der Wert, der angezeigt wird, wenn ich den Datenschnitt zum ersten Mal aus der Liste *Felder* auf den Canvasbereich bringe, und es ist der Wert, auf den der Parameter zurückgesetzt wird, wenn jemand im Power BI-Dienst die Funktion *Auf Standard zurücksetzen* verwendet. Wenn null als Standardwert ausgewählt wird, zeigt der Slicer zunächst einen leeren Wert an. Dies ist kein Grund zur Beunruhigung und entspricht dem beabsichtigten Verhalten. Sie müssen noch eine letzte Auswahl treffen, nämlich ob Power BI den Slicer, den es erstellen wird, automatisch zu dieser Berichtsseite hinzufügen soll.

7.2.2 DAX-Integration der Parameter

Nachdem ich auf *OK* geklickt habe, habe ich nun einen Parameter. Dieser Parameter bewirkt jedoch gar nichts! Das liegt daran, dass er derzeit nichts ändern kann. Sie müssen ihn mit einem Wert aufrufen, den Sie auf den Canvasbereich bringen. Deshalb ist das Measure, das zusammen mit dem Parameter erstellt wird, so wichtig. Mit dem Slicer auf der Berichtsseite können Sie eines Ihrer Measures ändern, um den Wert dieses Parameters zur Gesamtsumme hinzuzufügen. Gehen Sie noch einmal zurück und überprüfen Sie Ihr Measure für den Punktedurchschnitt und ich zeige dann in Abbildung 7–14, wo Sie das mit dem Was-wäre-wenn-Parameter erstellte Measure einfügen könnten.

```
Gesamtnote =
DIVIDE (
    CALCULATE ( SUM ( 'NotenPunkte'[Punkte]) ) ,
    CALCULATE ( SUM ( 'NotenPunkte'[MaximalePunkte] ) ),
    "ExtraPunkte"
)
```

```
Gesamtnote =
DIVIDE (
    CALCULATE ( SUM ( 'NotenPunkte'[Punkte]) )   + 'Gesamtnote Modifizierer'[Gesamtnote Modifizierer-Wert] ,
    CALCULATE ( SUM ( 'NotenPunkte'[MaximalePunkte] ) ),
    "ExtraPunkte"
)
```

Abb. 7–14 *Mit dem Was-wäre-wenn-Parameter wird ein Measure erstellt, das Sie wie jedes andere in einer DAX-Anweisung aufrufen können.*

Mit dieser Änderung im Hinterkopf wende ich mich auf der Grundlage unseres Datasets der folgenden Frage zu: Was wäre, wenn unser Punktedurchschnitt um den Wert X höher oder niedriger wäre? Wie würde sich das auf die jeweilige Buchstabennote auswirken? Für diese Demonstration werde ich auch die Darstellung der Gesamtnote so abändern, dass anstatt keiner nun zwei Dezimalstellen angezeigt werden.

Ich habe hier eine sehr einfache Seite mit einem Semester-Slicer, dem Was-wäre-wenn-Parameter-Slicer und einer Tabelle mit dem Punktedurchschnitt und der Buchstabennote erstellt. Verschieben Sie den Notenmodifizierer auf –100 und auf 100 und sehen Sie sich an, was das mit der Tabelle in Abbildung 7–15 macht.

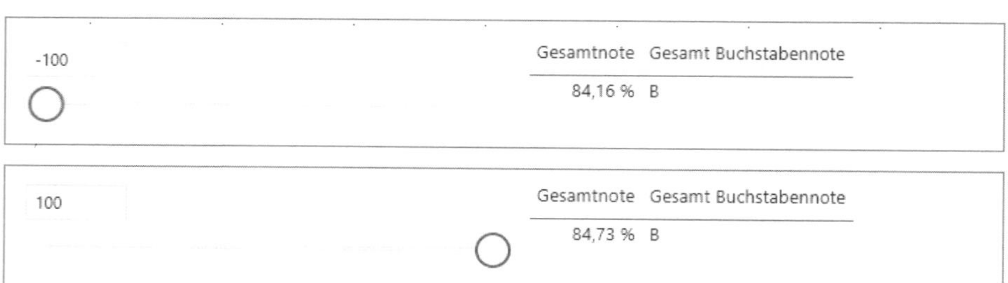

Abb. 7–15 *Der Parameter funktioniert, aber 100 Punkte in beide Richtungen scheinen keinen großen Unterschied zu machen.*

Aus Abbildung 7–15 ist ersichtlich, dass diese 100 Punkte in beiden Fällen keinen großen Unterschied machen. Da es um Noten geht, könnte man sich vorstellen, dass der Unterschied deutlicher wird, wenn Sie die Grundgesamtheit verkleinern. Sie wissen, dass es im Sommer 2021 nur sieben Schüler gab, aber deren Gesamtnote war besser. Würden 100 Punkte reichen, um das Ergebnis für Sommer 2021 um eine Buchstabennote besser zu machen? Versuchen Sie, die Analyse hier zu erweitern, um zu sehen, was in Abbildung 7–16 passieren würde.

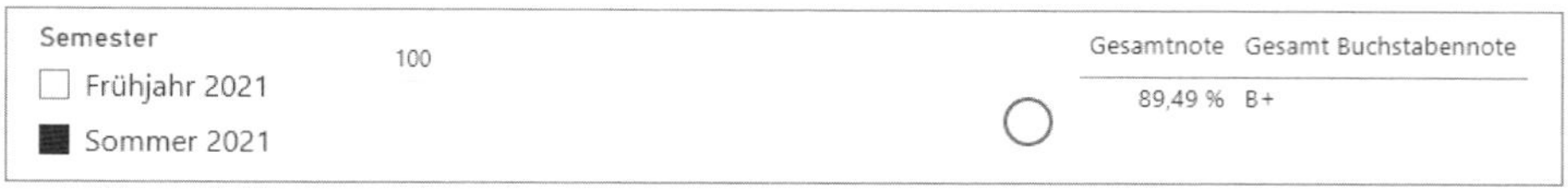

Abb. 7–16 *Das Schicksal ist eine grausame Geliebte. Es sieht so aus, als ob 101 Punkte erforderlich sind.*

Nun, wenn Sie die Gesamtnote um 100 Punkte erhöhen, hätten die Studierenden mit einer Gesamtnote von 89,49 % abgeschlossen, was nur 0,01 % davon entfernt ist, um aus der B+ eine A– zu machen.

7.2.3 Parameter ändern

Was aber, wenn Sie Ihren Parameter erweitern wollten? Was wäre, wenn Sie 1 oder 10 Punkte mehr bräuchten? Die gute Nachricht ist, dass das Ändern von Minimum, Maximum und Inkrement eines Was-wäre-wenn-Parameters extrem einfach ist. Sie ändern einfach den DAX-Ausdruck, mit der die Tabelle der verwendeten Werte erstellt wird.

In diesem Fall werden Sie die Anweisung GENERATESERIES ändern. Diese Anweisung ist einfach aufgebaut: `GENERATESERIES ( Minimum, Maximum, Inkrement )`. Wie Sie sehen, sieht unsere `GENERATESERIES`-Anweisung mit einem Minimum von –100, einem Maximum von 100 und einem Inkrement von 1 so aus, wie es Abbildung 7–17 zeigt. Sie ändern den mittleren Teil der Anweisung auf 101, um diesen einen zusätzlichen Punkt hinzuzufügen, damit der Parameter auf diesen Wert steigen kann.

```
Gesamtnote Modifizierer =
GENERATESERIES ( -100, 100, 1 )

100 %
```

Abb. 7–17 *Was-wäre-wenn-Parameter können nicht funktionieren, ohne dass ein tatsächlicher Wert in den Daten erfasst wird, und genau das tut diese arithmetische Reihe.*

Nach dieser kleinen Änderung des Maximalwerts sehen Sie in Abbildung 7–18, dass die Klasse im Sommer 2021, wenn sie 101 Punkte mehr erreicht hätte, eine Gesamtnote von A– erhalten hätte.

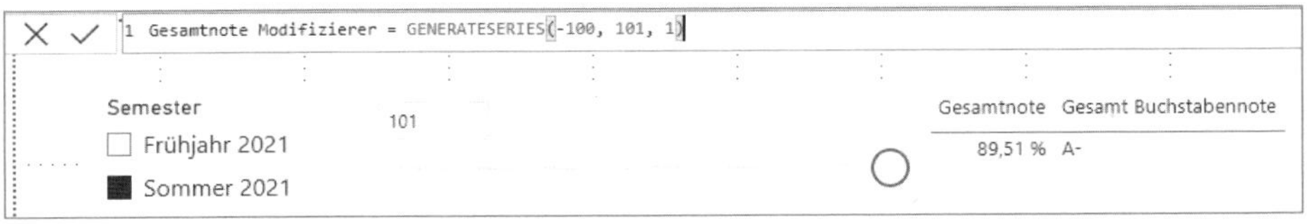

Abb. 7–18 *Scheuen Sie sich nicht, Ihre Parameter zu ändern!*

Die Möglichkeit, diese Parameter zu ändern, ist unglaublich hilfreich. Sie können auch mehrere Parameter erstellen und sie miteinander interagieren lassen. Nehmen Sie zum Beispiel an, Ihre Dings-Fabrik produziert 100 Dings zu je 10,00€. Sie wissen, wie viel Umsatz das ist. Sie könnten jedoch Was-wäre-wenn-Parameter sowohl für den Preis als auch für die Menge anlegen und verschiedene Kombinationen von Preis und Menge ausprobieren, um festzustellen, ob eine der beiden Kombinationen in Anbetracht einer Reihe von Produktionsbeschränkungen größere Auswirkungen hat als die andere.

Was-wäre-wenn-Parameter sind unglaublich leistungsfähig und flexibel. Ich habe schon einige verrückte Buchhalter erlebt, die mit ihren Was-wäre-wenn-Parametern bis auf die Ebene des Hauptbuchcodes vorgedrungen sind.

Beim Baseball könnte man X Treffer addieren oder subtrahieren und dann herausfinden, wie sich die Schlagzahl für eine Person oder ein ganzes Team verändern würde.

Ich persönlich habe einen Power BI-Bericht, der meine monatlichen Gesamtausgaben für Lebensmittel schätzt, und ich verwende Was-wäre-wenn-Parameter, um die Auswirkungen auf meinen Geldbeutel auf der Grundlage möglicher Inflationsraten abzuschätzen. Dies ist eines der leistungsstärksten Tools in der Power BI-Toolbox.

7.3 Integration von R und Python

R und Python sind beides Programmiersprachen, mit denen die Analysefunktionen von Power BI erweitert werden können. R hat seine Wurzeln in der statistischen Programmierung, und Python ist eine sehr flexible Skriptsprache. Beide Sprachen haben eine Vielzahl von Anwendungen rund um Statistik, Datenvisualisierung, Datenverarbeitung, maschinelles Lernen und mehr.

Das Erlernen der Programmierung in R oder Python geht zwar über den Rahmen dieses Buches hinaus, aber zu erfahren, wie und wo Sie diese Funktionen in Ihre Power BI-Arbeit integrieren können, und die Auswirkungen, die sich aus der Verwendung von R und Python in Power BI ergeben, sind für unsere Diskussion von Bedeutung.

7.3.1 Beschränkungen bei der Verwendung von R und Python

Ich weiß, dass dies ein merkwürdiger Anfang ist, aber die Verwendung von R und/oder Python hat einige schwerwiegende Konsequenzen, denen sich die Benutzer bewusst sein sollten. Zuallererst: Wenn Sie R oder Python entweder in Power Query oder zur Visualisierung verwenden, können Sie ein Dataset, das diese Tools nutzt, nur mit einem persönlichen Datengateway aktualisieren, das zum Zeitpunkt der Aktualisierung auf dem Computer installiert sein und aktiv laufen muss.

Das Power BI-Datengateway ist ein Tool, das installiert werden kann, um den Zugriff auf lokale Daten über den Power BI-Dienst zu ermöglichen. Es kann auch im *persönlichen Modus* verwendet werden, um das Gateway auf Ihrem lokalen Rechner auszuführen. Für R und Python müssen Aktualisierungen über ein persönliches Datengateway durchgeführt werden, da Ihr Rechner bekanntermaßen über die notwendigen Bibliotheken oder Pakete verfügt, um die Anfrage auszuführen. Der Power BI-Dienst verfügt nicht über Installationen dieser Sprachen an einem Ort, auf den die Datasets universell zugreifen können. Aus der Perspektive von Power BI Desktop ist dies nur eine Unannehmlichkeit. Für das Dataset im Einsatz nach der Veröffentlichung kann dies jedoch eine erhebliche Einschränkung darstellen.

Als Nächstes ist es wichtig zu verstehen, dass Power BI nicht jede R-Bibliothek oder jedes Python-Paket unterstützt. Wenn Sie auf Ihrem lokalen Rechner entwickeln, haben Sie Zugriff auf alle Ressourcen, die dort bereits installiert sind.

Wenn sich beispielsweise alle bekannten R-Bibliotheken auf Ihrem lokalen Rechner befinden, kann Power BI Desktop diese problemlos lokal nutzen. Nach der Veröffentlichung hat der Power BI-Dienst jedoch keinen Zugriff auf das gesamte Universum, in diesem Beispiel auf die R-Bibliotheken. Microsoft führt in jedem Release-Update des Power BI-Dienstes Unterstützung für zusätzliche R-Bibliotheken und Python-Pakete ein, die jedoch nicht immer gut bekannt gemacht werden.

Eine Liste der derzeit unterstützten R- und Python-Pakete finden Sie in der offiziellen Dokumentation von Microsoft. Die Liste der unterstützten R-Pakete finden Sie im Artikel »Erstellen von Visuals mithilfe von R-Paketen im Power BI-Dienst« unter *https://learn.microsoft.com/de-de/power-bi/connect-data/service-r-packages-support* und die Liste der unterstützten Python-Pakete im Artikel »Erstellen von Visuals mithilfe von Python-Paketen im Power BI-Dienst« unter dem Link *https://learn.microsoft.com/de-de/power-bi/connect-data/service-python-packages-support*.

Es ist außerdem wichtig zu wissen, dass die *Datenschutzebene* in den *Datenquelleneinstellungen* für jede R-Datenquelle auf *Öffentlich* gesetzt werden muss, und alle anderen Schritte in einer Power Query-Editor-Abfrage müssen ebenfalls auf *Öffentlich* gesetzt werden. Dazu wählen Sie in Power BI Desktop *Datei | Optionen und Einstellungen | Datenquelleneinstellungen* und klicken dann die Schaltfläche *Berechtigungen bearbeiten* an, wobei die entsprechende Datenquelle ausgewählt ist. Zum Zeitpunkt der Erstellung dieses Dokuments gibt es auch für Python eine bekannte Einschränkung: Sie können keine Python-Skripte in Berichten verwenden, die das Feature »Erweiterte Dataset-Metadaten« nutzen.

7.3.2 R und Python für Power BI aktivieren

Um R und/oder Python in Power BI zu verwenden, muss Power BI wissen, wo sich die entsprechenden Home-Verzeichnisse befinden, damit es diese Bibliotheken und Pakete aufrufen kann, wenn sie verwendet werden. Gehen Sie dazu auf *Datei | Optionen und Einstellungen | Optionen*. So gelangen Sie zur vollständigen Liste der Optionen und Einstellungen für Power BI Desktop.

Hier sind mehrere erweiterte Einstellungen verfügbar, aber was interessant ist, sind die Einstellungen für *R-Skripterstellung* und *Python-Skripterstellung*. Power BI Desktop erkennt die Stammverzeichnisse für diese Sprachen bei der Installation sehr gut. Wenn sie jedoch nicht automatisch erkannt werden, müssen Sie im Fenster *Optionen* zu ihnen navigieren. Beachten Sie, dass in diesen beiden Einstellungen ein Hyperlink zur entsprechenden Microsoft-Dokumentation für die Installation von R oder Python führt. Sobald das erledigt ist, können Sie loslegen.

7.3.3 R und Python in Power Query

Zunächst werde ich mich mit der Verwendung von R- und Python-Skripten zur Änderung von Daten befassen und dann beschreibe ich R und Python als eigene Datenquellen.

Die Schaltflächen *R-Skript ausführen* und *Python-Skript ausführen* finden Sie im Abschnitt *Transformieren* des Menübands in der Befehlsgruppe *Skripts*, die am weitesten rechts liegt. Wenn Sie auf eine der beiden Schaltflächen klicken, wird ein Dialogfeld angezeigt, in das Sie das entsprechende R- oder Python-Skript eingeben können.

Bitte denken Sie daran, dass ein R- oder Python-Skript wie alles andere auch der Reihe nach in die angewendeten Schritte der Abfrage eingeht. Dies hat den Vorteil, dass Sie die Abfrage wie gewohnt in Power Query bis zu dem Punkt erstellen können, an dem das R- oder Python-Skript aufgerufen werden soll. Außerdem unterstützen sowohl R als auch Python den Aufruf der Daten im Schritt vor dieser Transformation als Dataset, damit Sie in Ihrem entsprechenden Skript auf die Daten verweisen können.

Außerdem müssen die abschließenden Transformationen nicht zwangsläufig von R oder Python vorgenommen werden. Sie können Power Query-Transformationen sowohl vor als auch nach dem Aufruf eines R- oder Python-Skripts durchführen lassen. Dies kann hilfreich sein, wenn eine sehr spezifische Datentransformation in der Power Query-Benutzeroberfläche nur schwer durchzuführen oder komplizierten M-Code erfordern würde.

Sie können auch R- oder Python-Skripte als eigene Datenquellen verwenden. Wenn Sie *Daten abrufen* wählen und im Dialogfeld nach **Skript** suchen, werden Ihnen sowohl R- als auch Python-Skriptoptionen angezeigt. In Szenarien wie diesem, in denen Sie bereits ein gut definiertes Skript haben, das Sie in der Entwicklungsumgebung (IDE) der jeweiligen Sprache entwickelt haben, können Sie dieses Skript einfach kopieren und in das angezeigte Dialogfeld einfügen. Dadurch wird das R- oder Python-Skript aufgerufen, das wahrscheinlich einen Link zu einigen

Quelldaten enthält, das Skript wird ausgeführt und die Ergebnisse als völlig neue Abfrage angezeigt. Diese Ergebnisse können Sie dann in allen weiteren Transformationsschritten auf die gleiche Weise wie jede andere Power Query-Tabelle ändern; dies kann dann wiederum eine Skript-Transformation beinhalten, die eine der Sprachen oder sogar nacheinander beide Sprachen verwendet.

7.3.4 R- und Python-Visualisierungen

R- und Python-Visualisierungen werden in Power BI Desktop ebenfalls unterstützt, vorausgesetzt, Sie haben die entsprechenden Sprachen installiert. Wenn Sie zum ersten Mal im Bereich *Visualisierungen* das Visual *R-Skriptvisualisierung* oder *Python-Skriptvisualisierung* auswählen, wird ein Warndialogfeld angezeigt, in dem Sie gefragt werden, ob Sie Skriptvisualisierungen aktivieren möchten.

Skriptvisualisierungen geben Ihnen die Möglichkeit, benutzerdefinierte Visuals zu erstellen, die eine der beiden Sprachen verwenden und Ihre Analyse über die Visualisierungen hinaus erweitern, die normalerweise in Power BI verfügbar sind – und die sogar über die benutzerdefinierten Visualisierungsoptionen von Power BI hinausgehen können.

Diese Visuals können außerdem vollständig interaktiv mit anderen Visuals auf der Berichtsseite und den Slicern interagieren. Andere Querfilterungen von anderen Visualisierungen können auch R- und Python-Visualisierungen verändern. Wenn Sie zum ersten Mal ein R- oder Python-Visual öffnen, werden Sie aufgefordert, Felder in den Wertebereich des Aufgabenbereichs *Visualisierungen* zu ziehen. Power BI verwendet die Felder, die in das Visual gezogen werden, um das Dataset für das Visual zu definieren. Abbildung 7–19 zeigt, wie das aussieht, und zwar bevor und nachdem Felder hinzugefügt wurden.

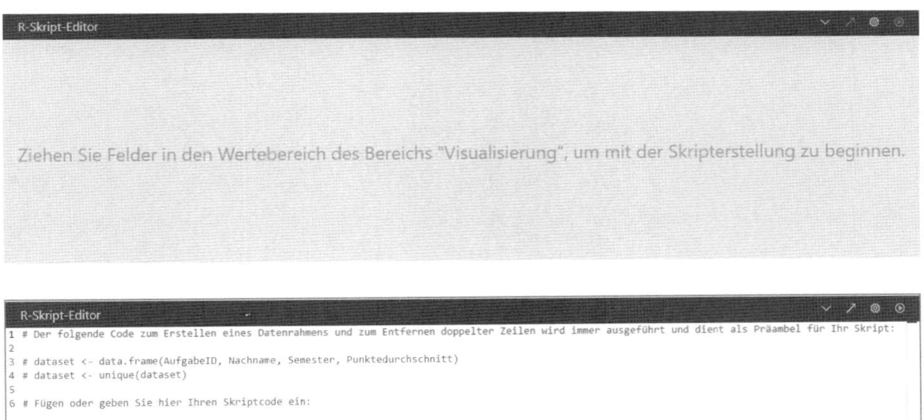

Abb. 7–19 *Power BI versucht, die Verwendung von R- und Python-Visualisierungen zu erleichtern, indem es anhand der ausgewählten Felder ein Dataset definiert.*

Sie werden feststellen, dass Sie sowohl bei R- als auch bei Python-Visualisierungen eine Warnung erhalten, die darauf hinweist, dass doppelte Zeilen aus den Daten entfernt werden. Nachdem Sie Ihre relevanten Skripte eingefügt und sie so geändert haben, dass sie auf das Dataset verweisen, das Sie über die Schnittstelle in Power BI erstellt haben, können Sie in der Titelleiste des Skript-Editors ganz rechts auf die Schaltfläche *Play* klicken, um das Skript auszuführen. Mit einem Klick auf die Schaltfläche mit dem nach unten weisenden Pfeil können Sie das Fenster des Skript-Editors minimieren. Die Schaltfläche mit dem diagonal nach oben zeigenden Pfeil öffnet die IDE der jeweiligen Sprache. Falls Sie also das Skript bearbeiten müssen, steht ein benutzerfreundlicherer Editor zur Verfügung.

7.4 Zusammenfassung

In diesem Kapitel habe ich einige fortgeschrittene Berichtsthemen in Power BI Desktop erörtert, die Sie zur Erweiterung Ihrer Analysen verwenden können. Die Verwendung von KI-gestützten Visuals, Was-wäre-wenn-Analysen und sogar R oder Python kann Ihren Datenkonsumenten helfen, schnell und genau die Informationen zu erhalten, die sie benötigen.

Dieses Kapitel schließt den Abschnitt über Power BI Desktop ab. Von hier aus mache ich mit einem Überblick über den Power BI-Dienst und all dem weiter, was zur Freigabe der wunderbaren Berichte, die Sie entwickeln, gehört.

8 Einführung in den Power BI-Dienst

Nachdem Sie das vorherige Kapitel beendet haben, verfügen Sie nun über einen schönen Bericht, der bis zum Rand mit Erkenntnissen gefüllt ist. Sie sind bereit, Ihre Kreation mit dem Unternehmen zu teilen, um wichtige Entscheidungen zu treffen ... aber wie? Sie nutzen den Power BI-Dienst.

Power BI ist mehr als nur das Desktop-Authoring-Tool, um das es bisher ging. Es ist ein Ökosystem von Produkten, und in diesem Kapitel erfahren Sie etwas über den zweiten Teil dieses Ökosystems, den Power BI-Dienst. Der Power BI-Dienst ist der Software-as-a-Service-(SaaS-)Teil der Power BI-Infrastruktur, der es Endbenutzern ermöglicht, Berichte untereinander auszutauschen, den Zugriff auf Arbeitsbereiche zu verwalten, wiederverwendbare Datenelemente für andere Berichtsbenutzer in Form von Dataflows zu produzieren und Sammlungen von Berichtselementen für die breite Verteilung in Form von Apps zu erstellen.

In diesem Kapitel lernen Sie die Grundlagen des Power BI-Dienstes kennen. Wie melden Sie sich an? Wie navigieren Sie? Was ist ein Arbeitsbereich? Warum sind Arbeitsbereiche wichtig? Wie verwenden Sie den Power BI-Dienst, um Berichte freizugeben? Es gibt viel zu entdecken, also lassen Sie uns anfangen!

8.1 Die Grundlagen des Dienstes: Was Sie wissen müssen

Sie können sich zunächst bei dem Dienst anmelden und hierbei Ihre Anmeldedaten für das Microsoft-Konto (oder einem Arbeitskonto) eingeben. Jeder kann mit einer »kostenlosen« Lizenz auf den Power BI-Dienst zugreifen. Mit dieser kostenlosen Lizenz erhalten Sie Zugang zu *Mein Arbeitsbereich*. In diesem persönlichen Entwicklungsbereich können Sie Berichte veröffentlichen und überprüfen, wie sie im Dienst aussehen und sich verhalten.

Nachdem Sie Ihre Anmeldedaten eingegeben haben, werden Sie zu einer Startseite weitergeleitet, die in etwa aussieht wie in Abbildung 8–1 gezeigt.

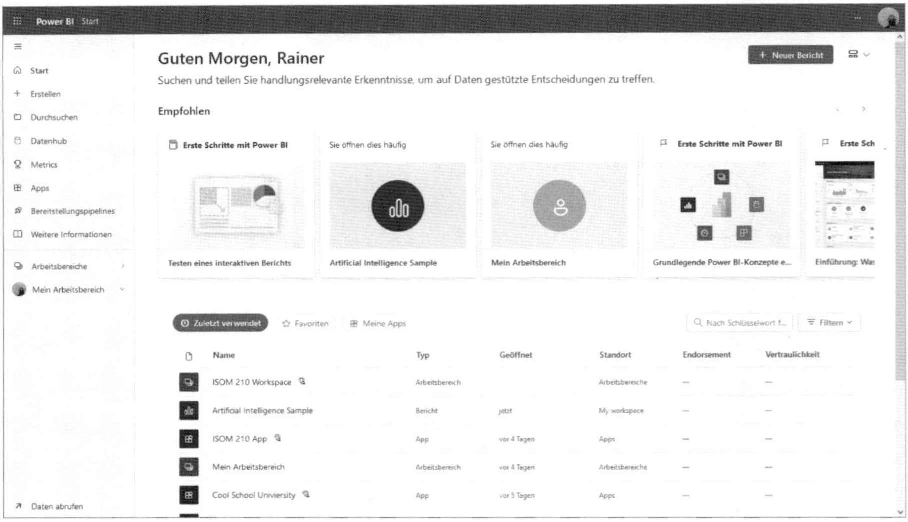

Abb. 8–1 *Die Startseite des Power BI-Dienstes*

Sie werden feststellen, dass hier eine Menge los ist. Es gibt eine Navigationsleiste auf der linken Seite, eine Auflistung der Favoriten und empfohlenen Elemente sowie Links zu den zuletzt verwendeten Elementen und Apps, auf die Sie Zugriff haben (ich werde den Kontext für die Apps, die hier erscheinen, etwas später erklären). Oben rechts in der dunkleren Leiste befinden sich mehrere Optionen für die Suche nach Objekten, auf die Sie Zugriff haben, für die Erstellung neuer Berichte und das Festlegen der Einstellungen. Diese erste Ansicht ist auch die gleiche, die Sie erhalten, wenn Sie oben in der Navigationsleiste auf den Link *Start* klicken.

Die gute Nachricht ist, dass Sie alles, worauf Sie zu Beginn wirklich zugreifen müssen, über das linke Menü, das sogenannte Navigationsmenü, erreichen. Gehen Sie also durch diese Bereiche und verschaffen Sie sich einen Überblick über die wichtigsten Objekte.

8.2 Das Navigationsmenü

Abbildung 8–2 zeigt das Navigationsmenü aus der Nähe. In der dunklen Leiste oben sehen Sie etwas, was wie ein Feld mit neun Punkten aussieht, den Titel *Power BI* und den Namen des Bereichs, in dem Sie sich derzeit befinden, hier im Beispiel *Start*.

Die Schaltfläche mit den neun Punkten, die *App-Feld* heißt, ist sehr praktisch. Wenn Sie sie anklicken, wird eine Verknüpfungsliste angezeigt, die Sie zu anderen Microsoft-Diensten führt, auf die Sie möglicherweise Zugriff haben. Sie können von hier aus beispielsweise Outlook, OneDrive, Word, Excel, PowerPoint, OneNote, SharePoint, Teams, Sway und andere Microsoft-Produkte öffnen, die Sie im Rahmen Ihrer Office 365-Lizenz nutzen können. Dies kann hilfreich sein, wenn Sie in Power BI arbeiten und schnell zu einem anderen Teil Ihrer Office-Suite wechseln müssen. Es kann auch praktisch sein, wenn Sie etwas wie einen Dataflow erstellen und einen Verweis darauf benötigen, wo sich ein Objekt befindet, das Sie aus SharePoint oder OneDrive for Business abrufen möchten.

Direkt unter dem App-Feld im Navigationsmenü sehen Sie das Symbol des sogenannten Hamburger-Menüs, mit dem Sie das Navigationsmenü verkleinern oder vergrößern, je nachdem, was Sie sehen möchten. Wenn das Navigationsmenü eingeklappt ist, sehen Sie weiterhin seine Symbole sehen und können sie zur Navigation verwenden. Wenn es erweitert ist, erhalten Sie Erklärungen zur Bedeutung dieser Symbole. Als jemand, der sich Symbole nur schwer merken kann, selbst wenn sie so wichtig sind, wie Microsoft sie hier im Navigationsmenü dargestellt hat, lasse ich das Menü einfach ausgeklappt. Ich verkleinere es nur, wenn ich eine Berichtsseite anschaue und etwas mehr Platz brauche. In diesem Sinne, lassen Sie uns in das Navigationsmenü eintauchen, die einzelnen Optionen durchgehen und hierbei mit *Start* beginnen.

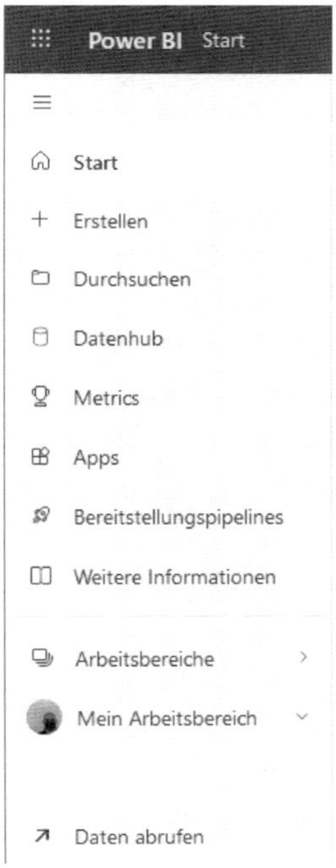

Abb. 8–2 *Hier sehen Sie eine Nahaufnahme des Navigationsmenüs, vollständig erweitert.*

8.2.1 Start und Durchsuchen

Der Abschnitt *Start* enthält schnelle Links zu Objekten im Power BI-Dienst, die Ihnen empfohlen werden, zu Objekten, auf die Sie kürzlich zugegriffen haben, zu Objekten, die Sie favorisiert haben, und zu Anwendungen, auf die Sie Zugriff haben.

Wie in Abbildung 8–3 zu sehen ist, befinden sich ganz oben auf dieser Seite eine nette Begrüßung und eine Schaltfläche (mit der Beschriftung *Neuer Bericht*) zum Erstellen eines neuen Berichts, die zum selben Abschnitt führt wie der Link

Erstellen im Navigationsmenü. Daneben befindet sich eine Schaltfläche, mit der Sie für die Startseite zwischen dem vereinfachten oder dem ausgeklappten Seitenlayout auswählen können. Das ausgeklappte Layout sieht eigentlich nicht viel anders aus, außer dass es einige nützliche Lernlinks am unteren Rand der Seite enthält. Alles, was Sie in diesem Abschnitt sehen, verwendet das vereinfachte Seitenlayout.

Oben sehen Sie eine Liste mit der Bezeichnung *Empfohlen*, die empfohlene Objekte enthält. Dabei kann es sich um Arbeitsbereiche, Berichte, Datasets, Apps, so ziemlich alles handeln. In dieser Liste können auch Datenelemente enthalten sein, die von Ihrer Organisation unterstützt werden, wie beispielsweise höhergestufte oder zertifizierte Datasets und Apps, auf die Sie Zugriff haben könnten.

Unterhalb der empfohlenen Objekte befindet sich eine Sammlung der zuletzt verwendeten Elemente, der Favoriten und der Apps. Sie können zwischen den Ansichten hin- und herschalten, indem Sie einfach auf die entsprechende Schaltfläche klicken. Sie können die Listen auch nach Schlüsselwörtern durchsuchen. Mit der Schaltfläche *Filter* können Sie bestimmte Arten von Objekten auswählen, nach denen Sie suchen möchten, nach Dingen, die Sie in einem bestimmten Zeitraum geöffnet haben, oder Sie können nach dem Endorsementstatus filtern.

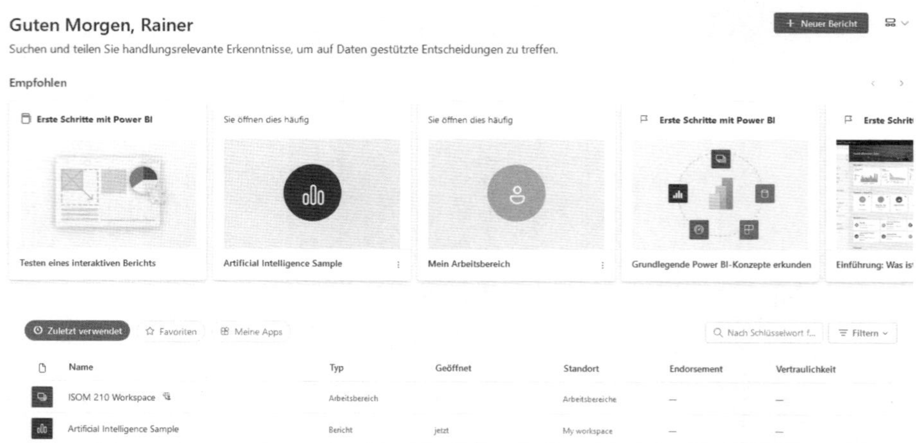

Abb. 8–3 *Die Startseite soll dabei helfen, sich im Power BI-Dienst zu Hause zu fühlen.*

Dieses Layout ähnelt sehr dem, was Sie beispielsweise in einer SharePoint-Liste sehen könnten. Sie können die Namen der Inhalte sehen, die Sie favorisiert haben. Sie können die Art des Elements sehen, ob es sich um einen Bericht oder ein Dashboard handelt, den Eigentümer dieses Elements, seinen Endorsementstatus und alle Vertraulichkeitskennzeichnungen für dieses Element.

In der Favoritenliste sehen Sie, dass Power BI diese Elemente immer noch als Sternchen anzeigt, auch wenn dies ein wenig redundant erscheint. Die gleiche Funktion gibt es auch in der nicht markierten Spalte in *Zuletzt verwendet*. Wenn sich neue Objekte auch in der Favoritenliste befinden, werden diese Elemente mit einem Sternchen versehen.

Der Abschnitt *Durchsuchen* des Navigationsmenüs ist im Zusammenhang mit dem Abschnitt *Start* ziemlich überflüssig. Er zeigt Ihnen eine Liste von Objekten, auf die Sie Zugriff haben, und ist in Unterseiten für *Zuletzt verwendet*, *Favoriten* und dann speziell für Objekte, die für Sie freigegeben wurden, unterteilt. Wie Sie in Abbildung 8–4 sehen, ist Microsoft nicht zimperlich, wenn es darum geht, Ihnen zu viele Möglichkeiten für ein und dieselbe Sache zu bieten.

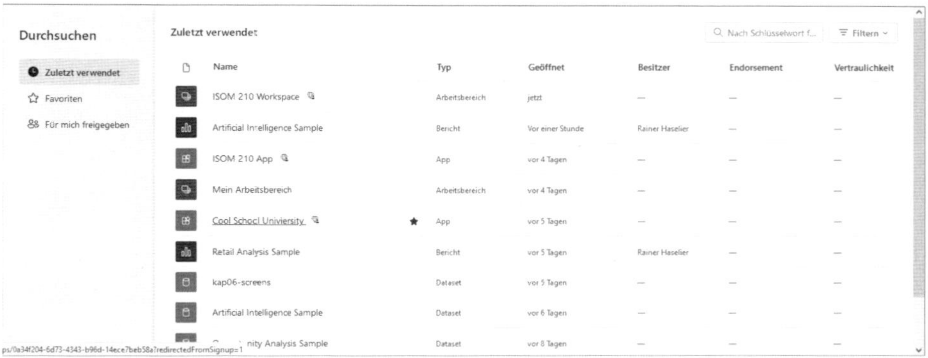

Abb. 8–4 *Ernsthaft, Microsoft, brauchen wir das noch? Ich bin mir nicht sicher, ob wir das brauchen.* Start *sieht schon so schön aus.*

8.2.2 Erstellen

Power BI bietet die Möglichkeit, Berichte im Dienst selbst zu erstellen. Ehrlich gestanden gibt es diese Möglichkeit, aber die Anwendungsfälle für das Erstellen von Berichten im Web im Vergleich zum kostenlosen Download von Power BI Desktop und der Verwendung dieses Tools zur Erstellung eines Berichts sind nicht sehr häufig.

Wenn Sie Power BI Desktop für die Autorenschaft verwenden können, sollten Sie dies tun. Auf der Registerkarte *Erstellen* haben Sie dazu zwei Möglichkeiten. Sie können Daten manuell in ein Tabellenblatt eingeben oder einfügen oder Sie können ein anderes veröffentlichtes Dataset in diesem Arbeitsbereich auswählen und einen anderen Bericht auf der Grundlage dieses Datasets erstellen. In Abbildung 8–5 sehen Sie, wie die Benutzeroberfläche aussieht.

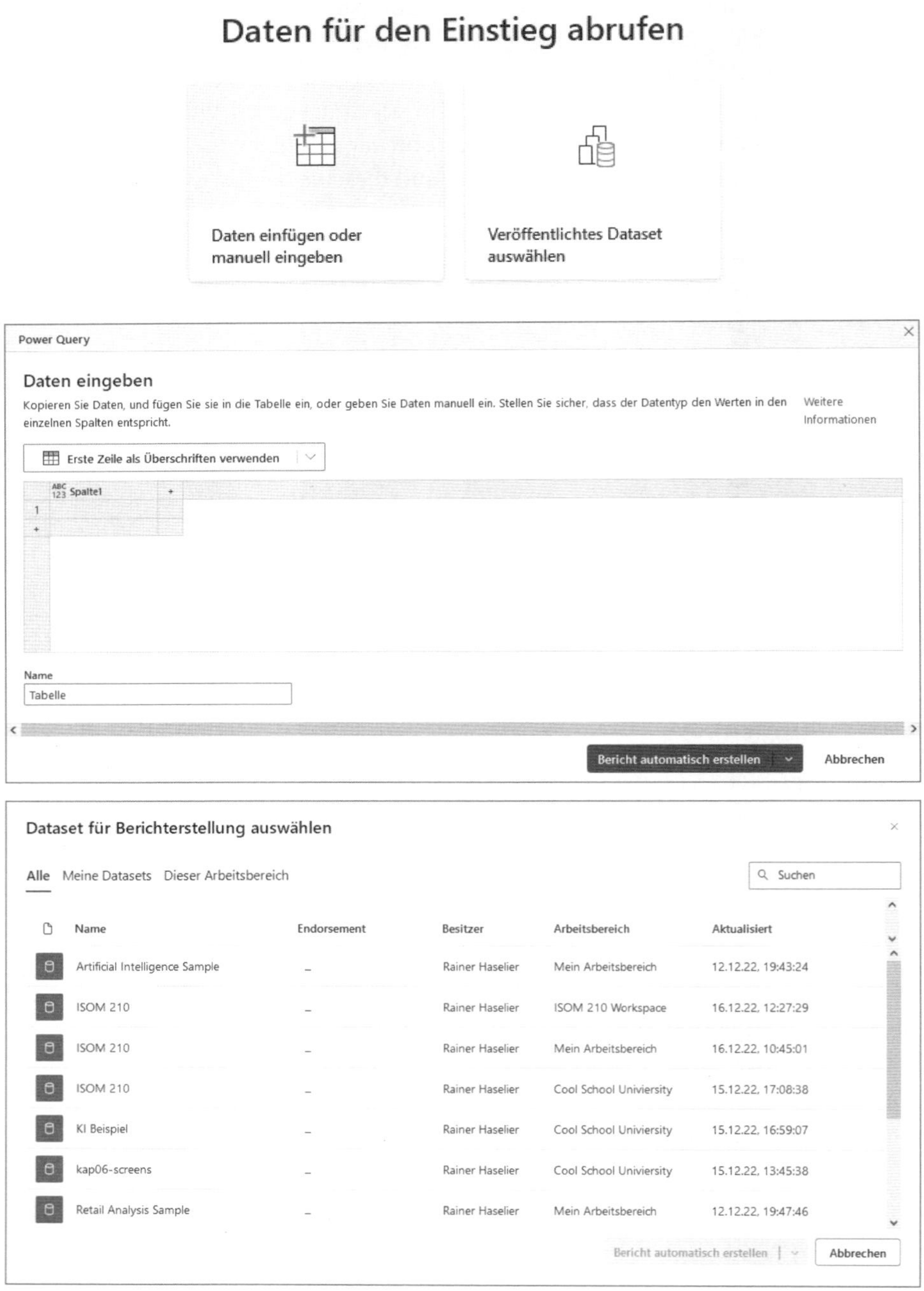

Abb. 8–5 *Der erste Screenshot zeigt die beiden Optionen für Erstellen. Das nächste Bild zeigt, was passiert, wenn Sie auf die Option* Daten einfügen oder manuell eingeben *klicken. Das dritte Bild zeigt, was passiert, wenn Sie* Veröffentlichtes Dataset auswählen *verwenden, um einen Bericht zu erstellen.*

8.2.3 Datenhub

Im Abschnitt *Datenhub* sehen Sie eine Liste der empfohlenen Datasets, eine Liste aller Datasets, auf die Sie Zugriff haben, und die spezifische Liste der von Ihnen erstellten Datasets. Zum Zeitpunkt der Erstellung dieses Dokuments ist hier auch eine neue Funktion in der Vorschau namens Datamarts sichtbar, wenn Sie über eine Premium-Einzelbenutzerlizenz oder eine Premium pro Kapazität-Lizenz verfügen.

Sie werden feststellen, dass Microsoft in dieser Ansicht einige Hyperlinks zur Verfügung stellt, die Sie zur Microsoft-Dokumentation weiterleiten, wenn Sie Fragen zu bestimmten Elementen auf dieser Seite haben, die sich auf die Datenermittlung beziehen und erklären, was genau ein Dataset ist.

Bei jedem Dataset können Sie durch die Auswahl der drei vertikalen Punkte ein Menü aufrufen, das Ihnen eine erweiterte Liste von Optionen für dieses Dataset bietet. Abbildung 8–6 zeigt, wie das aussieht.

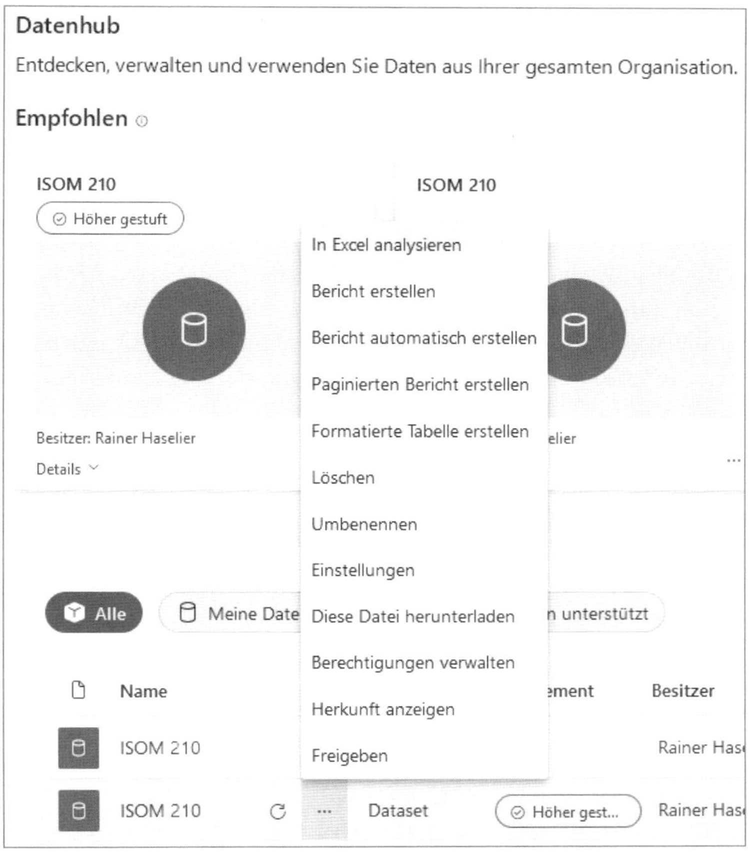

Abb. 8–6 *Der Datenhub ist der Ort, an dem Sie Datasets anzeigen und verwalten können.*

In diesem Menü können Sie mit einem Dataset unterschiedliche Dinge tun. Ich werde sie etwas ungeordnet angehen, indem ich die *Einstellungen* als Letztes erörtere, da dies eigentlich ein eigener Abschnitt ist.

Die erste Option, die Sie sehen, ist *In Excel analysieren*. Wenn Sie dies zum ersten Mal tun, werden Sie von Power BI aufgefordert, ein Update für Excel zu installieren, damit das Dateiformat gelesen werden kann. Sobald dies geschehen ist, erstellt Power BI ein Excel-Arbeitsblatt, das bereits eine Liveverbindung zu dem Dataset aufweist, aus dem es stammt.

Das ähnelt sehr der Verbindung zu einem Power BI-Dataset, um einen Bericht aus Power BI Desktop zu erstellen. Die Daten werden in einem PivotTable-Format geöffnet, und Sie können Felder in *Zeilen* und *Spalten* und Measures in den Abschnitt *Werte* einfügen, genau wie in jeder anderen PivotTable. Dies ist hilfreich für Benutzer, die zwar wissen, wie sie Ihr Datenmodell nutzen können, aber noch nicht mit Power BI Desktop vertraut sind (in diesem Fall empfehle ich ihnen ein Exemplar dieses Buches). Oder vielleicht braucht der Benutzer nur eine schnelle PivotTable-Analyse in Excel. Der Vorteil dieser Funktion aus der Excel-Perspektive ist, dass die einzigen Daten, die lokal gespeichert werden, die Daten sind, die in der Zelle selbst erscheinen – denn der Kern dieser Daten befindet sich in der Cloud.

Mit *Bericht erstellen* gelangen Sie zur Erstellung von Webberichten, wo Sie alle Tabellen und Measures im Dataset sehen. Sie können sie verwenden, um einen Bericht mit so vielen Seiten wie nötig zu erstellen, und dieser Bericht ist dann im Power BI-Dienst vorhanden. Ein Wort der Vorsicht: Mit der Web-Authoring-Funktion können Sie ein Dataset nicht bearbeiten. Wenn Sie ein Measure vermissen oder eine Tabelle oder etwas anderes hinzufügen müssen, können Sie dies nicht über die Web-Authoring-Funktion tun. Sie müssen das Originaldataset öffnen, die relevanten Datenelemente hinzufügen und das Dataset anschließend wieder im Dienst veröffentlichen.

Mit *Paginierten Bericht erstellen* wird eine Report Definition Language-(RDL-)Datei erstellt, die alle notwendigen Verbindungsinformationen enthält, um einen pixelgenauen Bericht zu erstellen, der im Power BI-Dienst gehostet wird, ähnlich wie SQL Server Reporting Services. Paginierte Berichte für den Power BI-Service werden nicht in Power BI Desktop erstellt, sondern in Power BI Report Builder, einem anderen Softwarepaket. Diese Option ist nur in den Arbeitsbereichen bei den Lizenztypen Premium pro Benutzer oder Premium pro Kapazität verfügbar.

Unter *Berechtigungen verwalten* sehen Sie alle Objekte, für die Sie Benutzer hinzufügen oder entfernen können. Sie sehen, wer direkten Zugriff auf einen Bericht, ein Dataset oder eine Arbeitsmappe hat. Sie können von dieser Schnittstelle aus manuell Benutzer hinzufügen und sehen, welche Benutzer Zugriff beantragt haben, bei denen aber die Genehmigung noch aussteht. Ein Beispiel finden Sie in Abbildung 8–7.

Abb. 8–7 *Eine gute Zugriffsverwaltung ist entscheidend für die Sicherheit der Daten. Unter* Berechtigungen verwalten *können Sie sehen, wer Zugriff hat, Benutzer hinzufügen und sehen, wer Zugriff beantragt hat, was aber noch nicht genehmigt wurde.*

Mit *In Teams chatten* wird ein Link erstellt, der für eine Person, eine Gruppe oder einen Kanal in Microsoft Teams freigegeben werden kann. Die Benutzer können dann über Teams auf das Dataset zugreifen, das sie an die entsprechende Stelle im Power BI-Dienst bringt. Sie können auch Berichte und Berichtsseiten in Teams freigeben. Microsoft Teams ist eine hervorragende Möglichkeit, Analysen in Ihr Unternehmen einzubinden, und zwar in einem Rahmen, mit dem die Benutzer bereits vertraut sind. Dies eröffnet die Möglichkeit, Teams als Kanal für die Diskussion der Ergebnisse eines bestimmten Berichts oder Datasets zu nutzen, und gibt Ihnen die Möglichkeit, schnelle Einblicke zu geben, Fragen zu beantworten oder Verbesserungen auf der Grundlage von Benutzerfeedback vorzunehmen.

Die Funktion *Herkunft anzeigen* öffnet ein neues Browserfenster, in dem Sie alle Datenelemente in einem bestimmten Arbeitsbereich und ihre Abhängigkeiten sehen. Wenn ich zum Beispiel ein Dataset habe, das eine SQL Server-Instanz verwendet, wird dieser SQL Server vor dem Dataset angezeigt, und dann folgen alle Berichte zu diesem Dataset, und dann werden auch alle Dashboards angezeigt, die aus Berichtselementen erstellt wurden.

In meinem persönlichen Arbeitsbereich mit den Datasets, die ich derzeit habe, basieren sie alle auf Flat-File-Daten, sodass es vor dem Dataset kein weiteres Element gibt. In Abbildung 8–8 sehen Sie, wie dieser Stammbaum aussieht.

Außerdem können Sie von dieser Ansicht aus eine Reihe anderer Elemente erstellen, indem Sie die Schaltfläche *Neu* verwenden. Auf diese Weise können Sie webbasierte Design-Tools verwenden, um neue Elemente direkt in einem Arbeitsbereich anzulegen oder PBIX-Dateien direkt in einen Arbeitsbereich hochzuladen. Dies kann für Berichte und paginierte Berichte, Scorecards, Dataflows und sogar Datasets verwendet werden. Wenn Sie die Möglichkeit haben, Power BI Desktop anstelle der webbasierten Tools zu verwenden, würde ich immer empfehlen, dies zu tun. Erstellen Sie hingegen Dinge wie Streamingdatasets, Dataflows und Scorecards immer hier, also im Dienst.

Meiner Meinung nach ist dies ein seltsamer Ort für diese Funktionalität, insbesondere für Elemente, die besser für Power BI Desktop geeignet sind, aber es ist der einzige zusammenhängende Ort, an dem diese Optionen aus der Perspektive der webbasierten Tools existieren. Zum Zeitpunkt der Erstellung dieses Buches plant Microsoft, ein Web-Authoring-Tool für paginierte Berichte bereitzustellen, und dann kann diese Option Sie dazu bringen, für besagten zukünftigen paginierten Bericht die webbasierten Tools zu nutzen.

Wenn Sie auf ein Dataset klicken, wird eine Liste seiner Tabellen und Spalten angezeigt. Mit *Herkunftsansicht anzeigen* sehen Sie, wie die Datenelemente von einem Element zum anderen fließen, und so die möglichen Auswirkungen einer Änderung an einem Dataset auch über Ihren Arbeitsbereich hinaus erkennen!

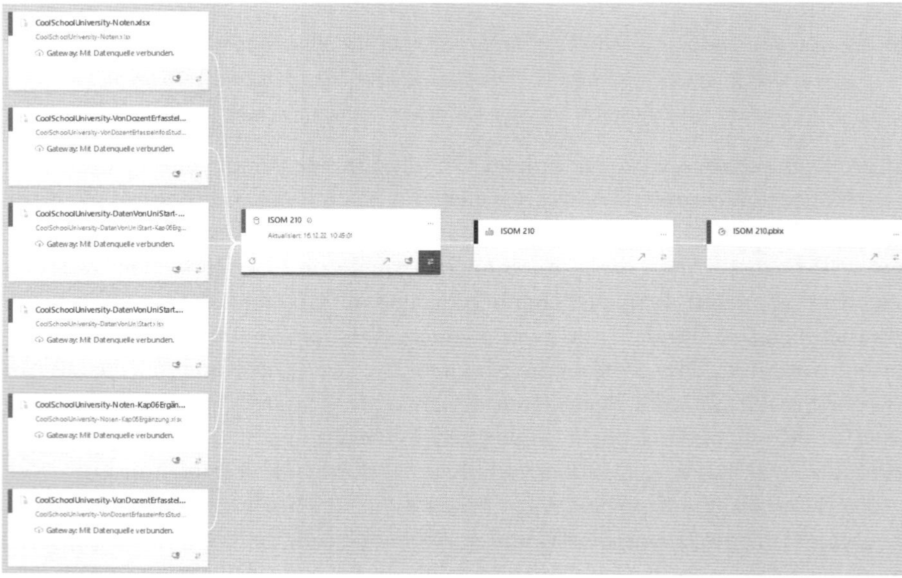

Abb. 8–8 *Mithilfe von* Herkunft anzeigen *können Sie sehen, welche Daten woher stammen und von wem sie jetzt verwendet werden.*

8.2.4 Einstellungen

Über die Auswahl *Einstellungen* für ein Dataset gelangen Sie zu einer Eigenschaftsseite; oben im Navigationsmenü der Eigenschaftsseite ist die Option *Datasets* vorausgewählt. Auf der linken Seite sehen Sie eine Liste mit allen Datasets im Arbeitsbereich. Auf der rechten Seite sehen Sie mehrere Optionen für die Eigenschaften des aktuell ausgewählten Datasets, die für seine Verwaltung sehr wichtig sind. Abbildung 8–9 zeigt einen Blick auf diese Seite.

Die erste Option, der Hyperlink *Dataset anzeigen*, führt Sie zur Arbeitsbereichsseite des Datasets, ein Bereich, den ich bei der Arbeitsbereichsnavigation vorstellen werde. Die zweite Option, *Verlauf aktualisieren*, öffnet auf der Seite ein Popupfenster, das die Aktualisierungshistorie des Datasets anzeigt und angibt, ob die Aktualisierung erfolgreich war; ist sie fehlgeschlagen, wird der Grund dafür angegeben. Einige Fehlermeldungen sind hilfreich. Andere sind es nicht. Es handelt sich immer noch um ein Microsoft-Produkt, und die Fehlermeldungen von Microsoft sind nicht immer hilfreich; sie sind bei der Fehlersuche in Windows bekanntermaßen unfreundlich. Als Nächstes können Sie die Datasetbeschreibung erstellen oder aktualisieren.

Für Datenquellen, die sich nicht in der Cloud oder genauer in Azure befinden, müssen Sie höchstwahrscheinlich ein Datengateway installieren, um die Aktualisierung des Datasets zu erleichtern. Nehmen Sie zum Beispiel an, dass mein Power BI-Dataset aus einigen Excel-Dateien auf dem Netzlaufwerk meines Unternehmens aktualisiert wird. Der Power BI-Dienst hat keinen Zugriff auf mein Netzlaufwerk.

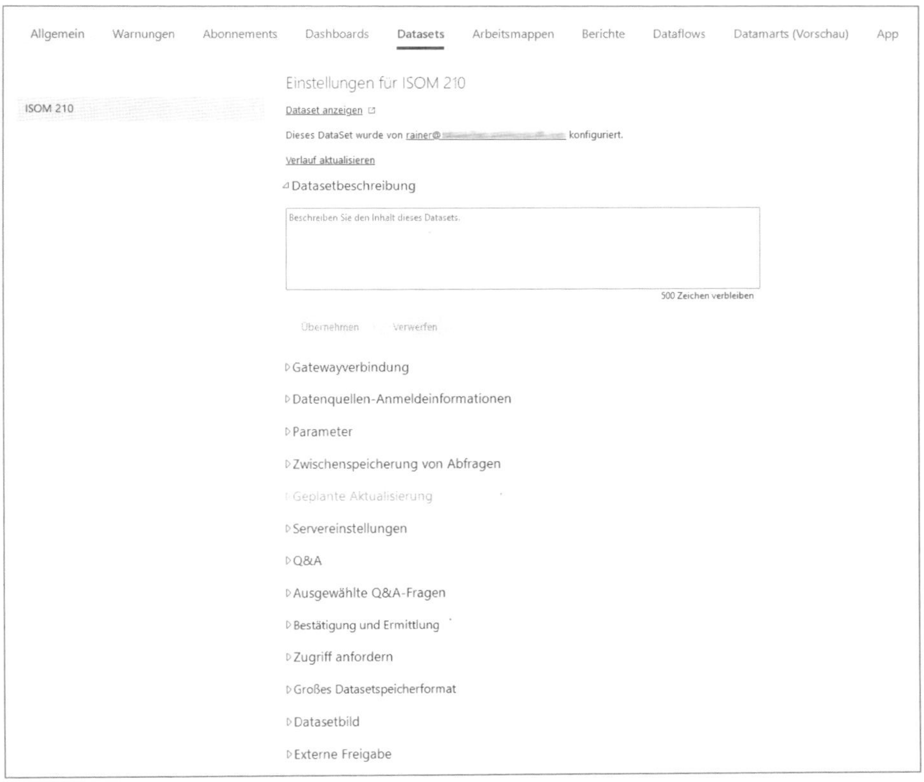

Abb. 8–9 *Es gibt zahlreiche Konfigurationsoptionen für Datasets.*

Ein Datengateway fungiert wie ein virtuelles privates Netzwerk zwischen dem Power BI-Dienst und den vom Datengateway zugelassenen Standorten, um Power BI den Zugriff auf die Daten für Aktualisierungen zu erleichtern. Es würde viel Zeit in Anspruch nehmen, jede einzelne Datenquelle daraufhin zu untersuchen, ob sie ein Gateway benötigt, und zugegebenermaßen ist für diese Information Microsoft die beste und am meisten aktuelle Quelle.

Wenn Sie prüfen möchten, ob für eine Datenquelle ein Datengateway erforderlich ist, gehen Sie zu »Power BI-Datenquellen« unter *https://learn.microsoft.com/de-de/power-bi/connect-data/power-bi-data-sources*. Gateways werden in der Regel von Ihrem IT- oder Sicherheitsteam verwaltet. Wenn Ihr Unternehmen also bereits ein Enterprise-Gateway verwendet, fragen Sie die zuständigen Personen, ob eine bestimmte Datenquelle hinzugefügt werden muss.

Microsoft stellt ein lokales Datengateway (persönlicher Modus) zum Download bereit. Diese Version wird auf Ihrem lokalen Rechner ausgeführt, und wenn Ihr Rechner eingeschaltet ist und das Gateway zum Zeitpunkt der Aktualisierung läuft, wird dies auch funktionieren. Beachten Sie, dass für alle R- und Python-Datenquellen und -Transformationen ein persönliches Datengateway verwendet werden muss, kein Enterprise-Gateway. Das liegt daran, dass der Power BI-Dienst die entsprechenden R- und Python-Skripte von Ihrem Rechner aus ausführen muss, da Ihr Rechner vermutlich über alle erforderlichen Pakete und Bibliotheken verfügt.

Als Nächstes, obwohl in Abbildung 8–9 ausgegraut, konfigurieren Sie unter *Datenquellen-Anmeldeinformationen* die für den Zugriff auf die Daten erforderlichen Anmeldeinformationen. In diesem Fall würden Sie Daten von einem lokalen SQL Server abrufen, und diese SQL Server-Instanz wäre in Ihrem Datengateway konfiguriert. In diesem Abschnitt würden Sie die entsprechenden Anmeldeinformationen angeben, damit Power BI weiß, welche Anmeldeinformationen verwendet werden müssen, um das Gateway zu passieren und zur ursprünglichen Datenquelle zu kommen.

Eine hochgeladene Power BI-Datei behält in der Regel die Anmeldeinformationen bei, die in Power BI Desktop verwendet wurden, aber das bedeutet nicht, dass Sie das auch wollen. Sie können zum Beispiel die Anmeldeinformationen, die für die Aktualisierung verwendet wurden, auf ein bereits eingerichtetes Dienstkonto übertragen. Oder Sie müssen die Anmeldeinformationen ändern, wenn jemand das Unternehmen verlassen hat, oder aus unzähligen anderen Gründen. Power BI teilt Ihnen mit, ob hier etwas überprüft werden muss. Wenn also Probleme mit der Aktualisierung auftreten, kann es nie schaden, die Anmeldeinformationen für Ihre Datenquelle zu überprüfen.

Parameter sind einfach zu verwalten. Wenn Sie für Ihr Dataset Parameter definiert haben, können Sie diese Parameterwerte hier konfigurieren. Ein Anwendungsfall ist, dass ich meine Servernamen und Datenbanknamen parametrisieren möchte. Wenn etwas passiert und mein Power BI-Dataset schnell auf einen Backup-Server zeigen muss oder wenn sich der Name einer Datenbank ändert, kann ich diese Einstellungen aufrufen und die Verbindungen im Grunde im laufenden Betrieb austauschen, die Daten aktualisieren und mit meinem normalen Arbeitsalltag weitermachen. Alle Ihre Power Query-Parameter für ein bestimmtes Dataset können hier verwaltet und ihre Werte aktualisiert werden. Wenn diese Parameterwerte aktualisiert werden, wird eine Aktualisierung angestoßen, um den neu aktualisierten Datenstatus zu berücksichtigen.

Die *Geplante Aktualisierung* ist für mich der Punkt, an dem die eigentliche Magie des Power BI-Dienstes passiert. Hier konfigurieren Sie, wann und wie oft Ihr Power BI-Dataset anhand seiner Quelldaten aktualisiert wird. Sie können bis zu acht geplante Aktualisierungen in Nicht-Premium-Umgebungen und bis zu 48 Aktualisierungen pro Tag in Premium-Kapazitätsumgebungen festlegen. Sie legen

Ihre Zeitzone fest, ob die Aktualisierung täglich oder an bestimmten Wochentagen erfolgen soll, und speichern diese Einstellungen. Nur weil Sie die Aktualisierung eingerichtet haben, heißt das noch lange nicht, dass sie auch funktioniert. Vergewissern Sie sich, dass Sie Ihr Dataset in Power BI Desktop erfolgreich aktualisiert haben und alle Ihre Einstellungen korrekt sind, bevor Sie eine geplante Aktualisierung einrichten.

Ich habe in Kapitel 7 ausführlich über Q&A geschrieben. Mit Q&A können Sie die Q&A-Funktionalität für das Dataset aktivieren oder deaktivieren. Außerdem können Sie damit Ihre Synonyme für alle Mitarbeiter der Organisation freigeben. Ebenso können Sie mit der Funktion *Ausgewählte Q&A-Fragen* Ihrem Publikum besondere Fragen vorlegen, wenn es sich Berichte anschaut, die auf diesem Dataset basieren.

Die Endorsement-Funktion – hier nicht ganz zutreffend mit *Bestätigung und Ermittlung* übersetzt, *Höherstufen und Zertifizieren* trifft es besser – ermöglicht es Ihnen, ein Dataset zu identifizieren und es in der gesamten Organisation zu promoten. Microsoft stellt hierfür drei Stufen zur Verfügung: *Keine*, *Höher gestuft* und *Zertifiziert*. *Keine* ist die Standardeinstellung. Wenn ein Dataset keine Unterstützung hat, wird es in den Suchergebnissen angezeigt, aber das war's. Wenn ein Dataset *höhergestuft* wird, wird es in den Suchergebnissen auftauchen, und dieses Ergebnis wird im Suchkontext hervorgehoben. Sie können dieses Dataset auch auffindbar machen, das heißt, dass Nutzer, die keinen Zugang dazu haben, es finden und Berechtigungen zum Zugriff auf diese Daten anfordern können. Schließlich kann ein Dataset *zertifiziert* werden. Bei einem zertifizierten Dataset handelt es sich um ein geprüftes Dataset, wobei die Zertifizierung in etwa einen »Source of Truth«-Label entspricht. Standardmäßig wird ein Dataset nicht von einer Person auf den Status *zertifiziert* gesetzt. Dies wird durch Prozesse in Ihrer Organisation erreicht. Jede Organisation hat ihre eigenen Kriterien dafür, wann ein Dataset als zertifiziert eingestuft werden kann.

Mit der Option *Zugriff anfordern* legen Sie fest, wie Benutzer die Berechtigung für den Zugriff auf den Inhalt des ausgewählten Datasets anfordern können. Sie können die Anfrage per E-Mail an den Eigentümer des Datasets senden oder dem Antragsteller eine automatische Antwort mit einer Reihe von Anweisungen mailen, damit er erfährt, wie er Zugriff erhalten kann.

Mit *Datasetbild* können Sie schließlich ein schönes Bild auswählen, das das Dataset begleiten soll. Dieses Bild wird überall dort, wo das Dataset in Ihrer Organisation gefunden werden kann, verfügbar sein und das Dataset repräsentieren.

8.2.5 Metriken

Metriken sind eine relativ neue Funktion des Power BI-Dienstes. Sie ermöglichen es Ihnen, verfolgbare KPIs oder Zielmetriken zu erstellen, indem Sie Daten im Power BI-Dienst verwenden. Sie generieren Scorecards, die die Leistung einer bestimmten Metrik über einen bestimmten Zeitraum zeigen.

Metriken werden immer mit einem bestimmten Benutzer oder Geschäftsfall verbunden sein, daher möchte ich hier nicht zu sehr in die Einzelheiten eintauchen. Wenn Sie glauben, dass Sie einen Anwendungsfall für Metriken haben, empfehle ich Ihnen, es einfach auszuprobieren. Microsoft hat vor Kurzem die Arbeit mit Metriken auch in Ihrem persönlichen Arbeitsbereich ermöglicht. Versuchen Sie also, einige Ziele für sich selbst zu bestimmen, bevor Sie diese Funktion auf andere Teile des Unternehmens ausweiten.

8.2.6 Apps

Im Zusammenhang mit dem Power BI-Dienst ist eine App eine Sammlung von verpackten Inhalten, die an ein breiteres Publikum verteilt werden können. Apps werden in einem Arbeitsbereich erstellt und können dann, wenn sie fertig sind, für eine Gruppe von Einzelpersonen, eine Microsoft 365-Gruppe oder eine ganze Organisation veröffentlicht werden. Apps können auch andere Berechtigungen haben als die in einem Arbeitsbereich, was die Benutzerverwaltung etwas einfacher macht, da die Berechtigungen der App an einem Ort verwaltet werden.

Benutzer können Apps von einem Arbeitsbereich aus erstellen. Außerdem sind viele halb fertige Apps, sogenannte Vorlagen-Apps, verfügbar. Diese Apps sind Sammlungen aus Dashboards und Berichten, die andere zusammengestellt und freigegeben haben, damit Sie und andere in Ihrer Organisation sie verwenden können.

Oben in Abbildung 8–10 sehen Sie die App-Ansicht mit den erstellten Apps; diese Ansicht ist zunächst leer. Sie können dann entweder eine Vorlagen-App oder eine Organisations-App hinzufügen und den Inhalt dieser Anwendung anzeigen. Über die Schaltfläche *Apps abrufen* können Sie in beiden Fällen auf die Liste der verfügbaren Apps zugreifen, die Sie in Ihren Arbeitsbereich bringen können. In meinem Beispiel habe ich eine RLS-Test-Anwendung erstellt, die eine Organisations-App sein wird, und die anderen sind Vorlagenanwendungen.

Ich werde die Installation von Vorlagen-Apps anhand der Microsoft-Vorlagen-App *COVID-19 US Tracking Report* durchgehen. Beachten Sie, dass im Abschnitt *Alle Apps* die organisatorischen Apps immer vor den Vorlagen-Apps aufgeführt sind, aber in beiden Gruppierungen sind sie für mich nicht wirklich sinnvoll geordnet. Unten im Fenster gibt es ein Kontrollkästchen, das Sie aktivieren können, wenn Sie nur empfohlene Apps sehen wollen. Dies kann hilfreich sein, wenn Sie schnell nach einer Sammlung von Daten suchen, die innerhalb Ihrer Organisation genehmigt wurden.

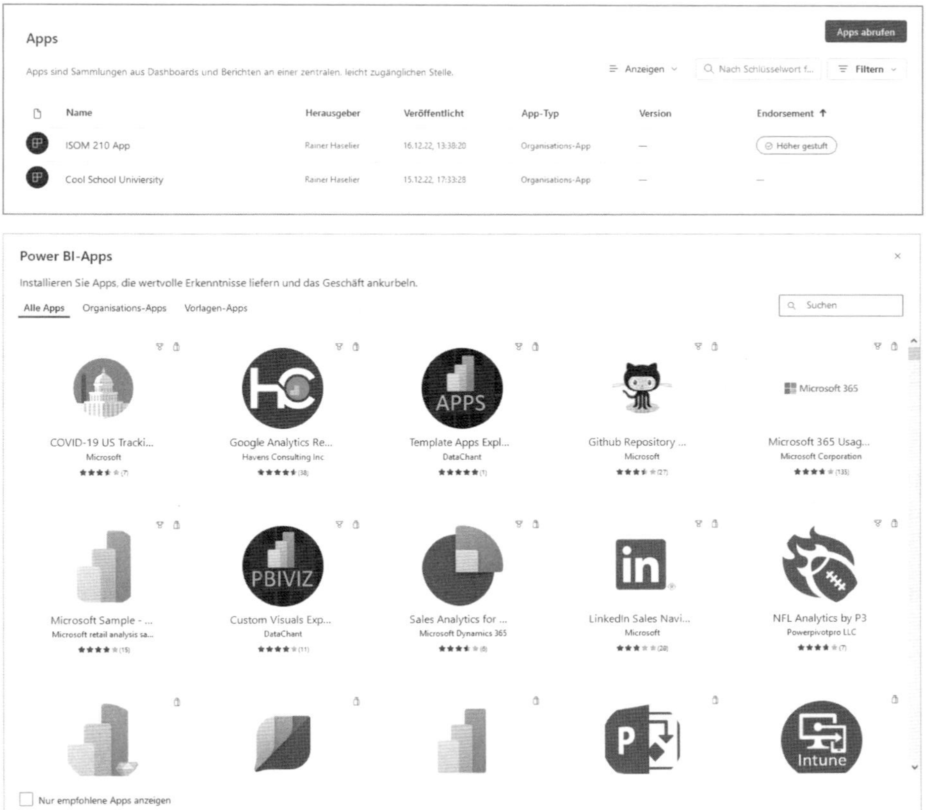

Abb. 8–10 *Apps sind eine gute Möglichkeit, Inhalte zu kuratieren und Ideen für sich selbst zu sammeln.*

Die Installation der App ist so einfach wie das Anklicken des entsprechenden Kästchens und die Weiterleitung zur entsprechenden Seite in AppSource (Microsofts Portal für Anwendungen und benutzerdefinierte Visuals). Einige Anwendungen können lizenzpflichtig sein, daher sollten Sie dies in der Beschreibung überprüfen, aber in den meisten Fällen gibt es lediglich die Schaltflächen *Jetzt herunterladen* und *Installieren*.

Im Falle der Microsoft-Vorlagen-Apps erscheint vor der Installation ein Popupfenster, in dem Sie um einige Informationen für Marketingzwecke gebeten werden. Diese müssen nicht mit denselben Informationen verknüpft sein wie Ihr Power BI-Konto selbst. Wenn Sie sich also unwohl fühlen, verwenden Sie eine Wegwerf-E-Mail-Adresse.

Sobald die App oder die Apps installiert sind, werden sie auf der Seite *Apps* angezeigt. Um auf sie zuzugreifen, klicken Sie einfach auf den Link unter ihrem Namen. Zu jeder App wird eine Liste mit Informationen angezeigt, darunter der Herausgeber, das Veröffentlichungsdatum, die Art der App, die Versionsnummer (falls vorhanden) und der Endorsementstatus. Sobald eine App installiert ist, können Sie sich die Berichte ansehen, die mit dieser App geliefert wurden. Ich schaue mir gerne einige der App-Vorlagen an, um Design-Ideen für meine eigene Arbeit zu finden. Scheuen Sie sich also nicht, clevere Ideen zu übernehmen!

8.2.7 Bereitstellungspipelines

Bereitstellungspipelines sind ein Feature, das nur in Premium pro Kapazität verfügbar ist und mit dem Sie Entwicklungs-, Test- und Produktionsumgebungen für einen bestimmten Power BI-Arbeitsbereich einrichten können. Dies kann ein Tool sein, das von Entwicklern verwendet wird, um bei Problemen wie Versionskontrolle und Benutzertests zu helfen.

Arbeitsbereiche können entweder erstellt oder zugewiesen werden, um eine Pipeline zu unterstützen, aber wie bereits erwähnt müssen alle diese Arbeitsbereiche in Premium pro Kapazität sein.

Bereitstellungspipelines werden in der Regel entweder von Administratoren auf Arbeitsbereichs- oder Tenant-Ebene verwaltet oder von der Gruppe innerhalb eines Unternehmens, die den Premium pro Kapazität-Tenant verwaltet. Wenn Sie einen Premium pro Kapazität-Tenant nutzen und eine Pipeline einrichten möchten, arbeiten Sie mit Ihrem zuständigen Administrator zusammen oder bitten Sie darum, dass einer bestehenden Pipeline Arbeit hinzugefügt wird.

8.2.8 Weitere Informationen

Hinter *Weitere Informationen* verbirgt sich ein kleines Lerncenter, auf dem Microsoft Ihnen Links zu Schulungsressourcen, Power BI-Dokumentationen und zu einigen Beispielberichten für den Einstieg zur Verfügung stellt. Auf der Startseite des Lernportals können Sie auch den größeren Power BI- und Power Platform-Communities beitreten.

Ich kann die Power BI-Community gar nicht genug loben. Viele großartige Benutzer nehmen sich die Zeit, Ressourcen zu erstellen, Fragen in Foren zu beantworten, neue Ideen für das Produkt zu fördern und Veranstaltungen für Praktiker zu organisieren, um ihre Erfahrungen zu teilen, damit auch andere von ihnen lernen können.

8.3 Veröffentlichung Ihrer Arbeit

Nachdem ich nun erläutert habe, wo und wie Sie im Power BI-Dienst navigieren, müssen Sie hier Inhalte einfügen, damit andere von Ihren Daten lernen können! Sie haben sich mit der ersten Hälfte des Navigationsmenüs befasst, aber die Dinge darin sind nur dann wirklich wichtig, wenn Sie Inhalte in Ihre Arbeitsbereiche bringen.

Um Ihre Arbeit zu veröffentlichen, nehmen Sie Ihre PBIX-Datei aus Power BI Desktop und klicken dann auf die Registerkarte *Start* und dann auf die Schaltfläche *Veröffentlichen* oder laden eine PBIX-Datei über das Navigationsmenü in den Power BI-Dienst hoch. Vielleicht haben Sie bereits am unteren Rand von Abbildung 8–2 die Schaltfläche *Daten abrufen* gesehen. Wenn Sie auf diese Schaltfläche klicken, sehen Sie die Seite, die in Abbildung 8–11 dargestellt ist.

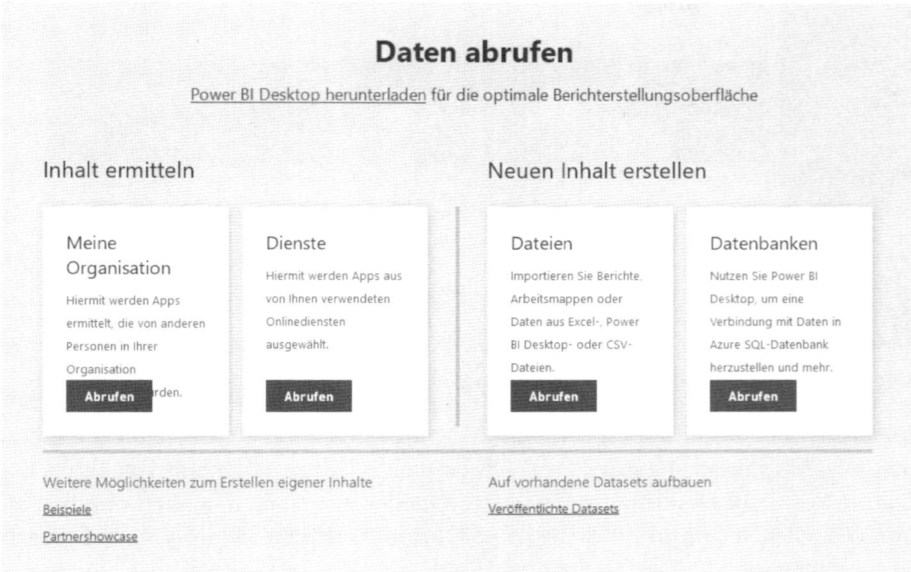

Abb. 8–11 *Sie können Daten entweder aus Power BI Desktop oder über die Weboberfläche in den Power BI-Dienst hochladen.*

In Power BI Desktop wird ein Menü mit einer Liste der Arbeitsbereiche angezeigt, auf die Sie Zugriff haben; wählen Sie den Arbeitsbereich aus, in dem der Bericht veröffentlicht werden soll.

Beim Dienst handelt es sich eher um eine Pull-up-Funktion als um eine Push-out-Funktion. Sie laden die PBIX-Datei aus dem Arbeitsbereich hoch, zu dem Sie das Dataset und/oder den Bericht hinzufügen möchten. Auf der linken Seite sehen Sie die Funktionen, mit denen Sie Ihre Organisations-Apps und andere Vorlagen-Apps sehen können, die direkt in den Arbeitsbereich eingefügt werden können.

Auf der rechten Seite befindet sich eine Option *Dateien*, mit der Sie Ihre PBIX-Datei hochladen können.

Mit der Option *Datenbanken* können Sie ein Dataset aus einer Datenbankverbindung zu Azure SQL, Azure SQL Data Warehouse (jetzt Azure Synapse, und ich weiß nicht, warum Microsoft dies nicht aktualisiert hat; ich vermute, weil fast niemand dies verwendet), SQL Server Analysis Services oder Spark auf Azure erstellen. In Abbildung 8–12 sehen Sie, wie der Dienst aussieht, wenn ich bei *Dateien* auf *Abrufen* klicke, denn dafür werden Sie diese Option in 99 % der Fälle verwenden.

Hier sehen Sie eine Reihe von Optionen. *Lokale Datei* bedeutet in diesem Fall Ihre PBIX-Datei, die Sie mit Power BI Desktop erstellt haben. Mit den *OneDrive*-Links können Sie ein Dataset im Power BI-Dienst anlegen, das entweder mit Ihrem OneDrive for Business- oder Ihrem persönlichen OneDrive-Konto verbunden ist.

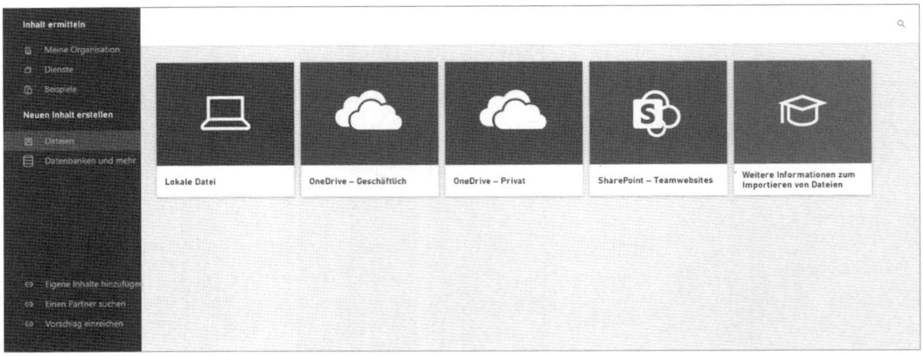

Abb. 8–12 *Dateien hochladen? Hier werden Sie fündig.*

Aus Sicht der Aktualisierung sind diese Quellen praktisch, da sie kein Datengateway zur Aktualisierung erfordern. Ich empfehle jedoch nach wie vor, Ihren Bericht in Power BI Desktop mit OneDrive-Quellen zu erstellen, anstatt dies hier zu tun. Das Gleiche gilt für die *SharePoint*-Option. Beachten Sie, dass Sie in Szenarien, in denen Sie OneDrive oder SharePoint für Versionskontrollzwecke verwenden, auch PBIX-Dateien über diese Kanäle hochladen können, und das kann ein praktischer Anwendungsfall für diese nicht lokalen Dateioptionen sein.

Wenn Sie *Lokale Datei* auswählen, wird das bekannte Windows-Dialogfeld zur Auswahl von Dateien geöffnet. Navigieren Sie zu der entsprechenden Datei und laden Sie sie hoch. Danach erscheint das Dataset im Navigationsbereich für den ausgewählten Arbeitsbereich (den Sie in Abbildung 8–2 im Navigationsmenü unterhalb von *Arbeitsbereiche* sehen).

Ein weiterer Punkt: Wenn ein Dataset zum ersten Mal in einen Arbeitsbereich hochgeladen wird, wird automatisch auch ein leeres Dashboard mit demselben Namen wie das Dataset erstellt. Sie sehen also, dass es ziemlich einfach ist, die Power BI-Arbeit in einen Arbeitsbereich zu übertragen, aber was ist eigentlich ein Arbeitsbereich und warum sind Arbeitsbereiche wichtig?

8.4 Was ist ein Arbeitsbereich?

Ein Arbeitsbereich ist einfach ein Ort, an dem Power BI-Datenbestände gespeichert werden. Datasets kommen in einen Arbeitsbereich, Berichte kommen in einen Arbeitsbereich, Dashboards kommen in einen Arbeitsbereich. Ein Arbeitsbereich kann als Ort verwendet werden, an den man Leute schickt, um Inhalte zu erhalten, und er kann auch als Grundlage für eine App verwendet werden, über die Sie Inhalte für Benutzer zur Verfügung stellen. Wenn Sie Datasets und deren Berichte im Power BI-Dienst veröffentlichen, veröffentlichen Sie sie in diesen Arbeitsbereichen.

8.4.1 Mein Arbeitsbereich

Jeder, der sich beim Power BI-Dienst anmeldet, erhält einen personalisierten, kostenlosen Arbeitsbereich, der *Mein Arbeitsbereich* genannt wird. Sie müssen einige wichtige Einschränkungen dieses Arbeitsbereichs kennen.

Erstens können Sie zwar Inhalte in Ihrem persönlichen Arbeitsbereich freigeben, aber sowohl Sie als auch die Benutzer, für die Sie Inhalte freigeben, müssen mindestens Power BI Pro-Lizenzen besitzen.

Zweitens gilt es im Allgemeinen als bewährte Praxis, Inhalte aus Ihrem persönlichen Arbeitsbereich nicht dauerhaft freizugeben, da der Zugriff darauf ein Problem darstellen kann, wenn Sie das Unternehmen einmal verlassen sollten. Außerdem können Sie aus den Inhalten in Ihrem persönlichen Arbeitsbereich keine App erstellen. Leider können Sie auf diese Weise die Lizenzregeln von Microsoft nicht umgehen.

Sie können auch keinen Power BI-Dataflow erstellen. Die beste Verwendung für den persönlichen Arbeitsbereich ist meiner Meinung nach, ihn als persönliche Testumgebung zu betrachten. Sie generieren Ihren Bericht, sind der Meinung, dass er in Power BI Desktop gut aussieht, veröffentlichen ihn im Dienst und sehen sich dort an, ob sich alles so verhält, wie Sie es wünschen. Sieht der Bericht auch bei unterschiedlichen Bildschirmauflösungen noch gut aus? Funktioniert die Navigation im Bericht so, wie Sie es wünschen, auch wenn Sie die zusätzlichen Funktionen von Power BI Desktop nicht nutzen? Dies sind Fragen, die Sie von Ihrem persönlichen Arbeitsbereich aus beantworten können. Sie können auch Ihre geplante Aktualisierung in diesem Arbeitsbereich testen, was hilfreich sein kann, bevor Sie das Dataset in einen gemeinsam genutzten Arbeitsbereich verschieben, der ein dauerhafteres Zuhause bietet.

8.4.2 Arbeitsbereiche mit gemeinsam genutzter Kapazität

In einem Arbeitsbereich mit gemeinsam genutzter Kapazität können Personen, die über eine Power BI Pro- oder Power BI Premium-Einzelbenutzerlizenz verfügen, Power BI-Datenelemente mit Benutzern gemeinsam nutzen, die ebenfalls Zugriff auf diesen Arbeitsbereich haben.

Das Erstellen eines Arbeitsbereichs ist ein sehr einfacher Vorgang. Wenn Sie im Navigationsmenü auf die Schaltfläche *Arbeitsbereiche* klicken, wird rechts neben dem Navigationsmenü ein Fenster mit der Liste der Arbeitsbereiche angezeigt, auf die Sie Zugriff haben.

In diesem Fall habe ich neben *Mein Arbeitsbereich* weitere Arbeitsbereiche angelegt. Manche sind Arbeitsbereiche, die im Lizenzmodus Premium-Einzelbenutzerlizenz erstellt wurden, andere wiederum sind normale Arbeitsbereiche mit gemeinsam genutzter Kapazität.

Einige Funktionen funktionieren nur in einem Premium-Einzelbenutzer-Arbeitsbereich. Neben den Arbeitsbereichen in den Lizenzmodi Premium-Einzelbenutzerlizenz und Premium-Kapazitätslizenz wird das Symbol eines Diamanten angezeigt, damit Sie erkennen, ob es sich um einen Premium-Einzelbenutzerlizenz-Arbeitsbereich oder einen Premium-Kapazitätslizenz-Arbeitsbereich handelt, im Gegensatz zu gemeinsamen Arbeitsbereichen mit Pro-Lizenz. Abbildung 8–13 zeigt, was ich meine. Am unteren Ende der Liste sehen Sie die Option zum Erstellen eines Arbeitsbereichs.

Der erstellte Arbeitsbereich zeigt Ihnen die Optionen an, die auf Ihre Lizenzierung abgestimmt sind. In meinem Beispiel nutze ich die kostenlose 60-Tage-Testversion der Premium-Einzelbenutzerlizenz, um die Erstellung beider Arten von Arbeitsbereichen zu demonstrieren.

Wenn Sie einen Arbeitsbereich erstellen, erscheint rechts auf der Seite ein Fenster. Hier können Sie den Namen und die Beschreibung des Arbeitsbereichs sowie ein Bild zu seiner Beschreibung eingeben.

Der erweiterte Bereich dieses Fensters enthält ebenfalls mehrere Einstellungen. Sie können wählen, wer auf der Kontaktliste für diesen neuen Arbeitsbereich stehen soll, einen OneDrive-Speicherort für das Dateihosting für den Arbeitsbereich hinzufügen und angeben, welcher Lizenzmodus mit dem Arbeitsbereich verbunden ist (in diesem Fall *Pro, Premium-Einzelbenutzerlizenz, Premium-Kapazitätslizenz* oder *Eingebettet).*

Eingebettet und *Premium-Kapazitätslizenz* sind ausgegraut, es sei denn, Ihr Unternehmen verfügt über diese Lizenz. *Premium-Einzelbenutzerlizenz* ist ebenfalls ausgegraut, wenn Sie keine *Premium-Einzelbenutzerlizenz* haben.

Sie können festlegen, dass der Arbeitsbereich für die Entwicklung einer Vorlagen-App verwendet wird, und Sie können Mitwirkenden das Aktualisieren der App für diesen Arbeitsbereich erlauben. Dies kann von Vorteil sein, wenn mehrere Personen an der Entwicklung einer bestimmten Power BI-Lösung arbeiten und Sie mehr als eine Person haben möchten, die die aktualisierte App bereitstellen kann.

Es ist wichtig zu beachten, dass auf Pro- und Premium-Einzelbenutzerlizenz-Arbeitsbereiche in einer Lizenzierungshierarchie zugegriffen werden kann. Wenn ich beispielsweise einen Pro-Arbeitsbereich habe, können Benutzer mit einer Premium-Einzelbenutzerlizenz oder Pro-Lizenz auf ihn und die darin enthaltenen Datenelemente zugreifen. Auf einen Premium-Einzelbenutzerlizenz-Arbeitsbereich hingegen können nur Personen zugreifen, die ebenfalls eine Premium-Einzelbenutzerlizenz verwenden. Diese Regel gilt nicht für Organisationen mit Premium-Kapazitätslizenzen, da diese eine unbegrenzte Anzahl von Lesern innerhalb einer Organisation für jeden Arbeitsbereich zulassen, der auf ihrem Premium-Kapazitätsknoten erstellt wurde.

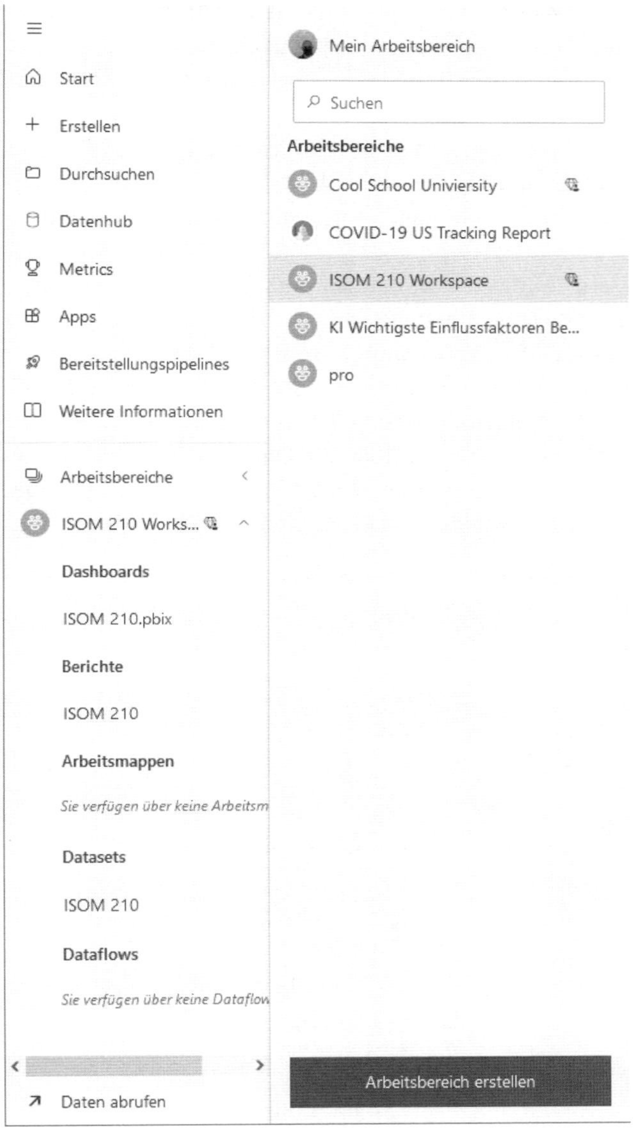

Abb. 8–13 *Hier sehen Sie, wie Sie zu einem vorhandenen Arbeitsbereich navigieren und wo Sie einen neuen Arbeitsbereich erstellen können.*

8.4.3 Dataflows in gemeinsam genutzten Arbeitsbereichen

Da Sie nun wissen, was ein gemeinsam genutzter Arbeitsbereich ist, kann ich die Erstellung von Dataflows in einem Arbeitsbereich vorstellen. Ein Dataflow ist ein gemeinsam genutztes Datenelement, das in einem Arbeitsbereich gespeichert ist und als Datenquelle für die Berichtsentwicklung in Power BI aufgerufen werden kann.

Stellen Sie sich dies als einen ETL-Prozess vor, der Daten von irgendwoher bezieht und einige Transformationen durchführt, aber ein Datenelement erzeugt, das für weitere Analysen außerhalb eines bestimmten Modellkontexts verwendet werden kann.

Heutzutage gibt es zwei Arten von Dataflows. Ich nenne sie klassische Dataflows und Streamingdatenflüsse. Jeder Arbeitsbereich, der einen Dataflow des einen Typs enthält, kann nicht gleichzeitig auch einen Dataflow des anderen Typs enthalten.

Ein klassischer Dataflow ist eine Sammlung von Tabellen, die mittels Power Query im Power BI-Dienst erstellt werden. Sie finden die Option zum Erstellen eines Dataflows im Abschnitt *Daten abrufen*. Es handelt sich um eine neue Option unter dem Abschnitt *Neuen Inhalt erstellen*, die nicht vorhanden war, als Sie sich diese Seite in meinem persönlichen Arbeitsbereich angesehen haben. Ein Power BI-Dataflow verfügt nicht über alle Datenquellen, die in Power BI Desktop zur Verfügung stehen. In Abbildung 8–14 sehen Sie, welche Datenquellen/Connectoren für Power Query Online verfügbar sind.

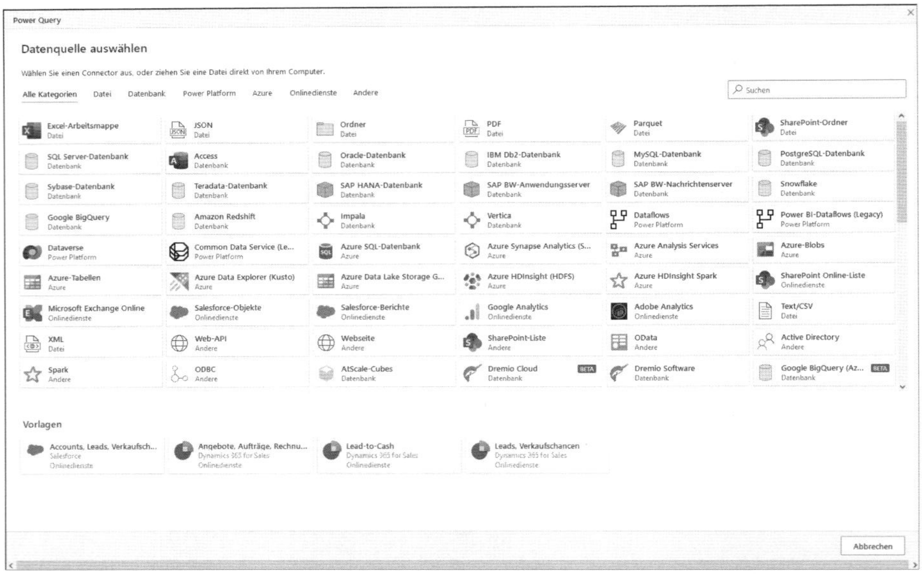

Abb. 8–14 *Erstellen eines Dataflows mit Power Query Online*

Es handelt sich um eine ziemlich gute Liste gängiger Datenquellen, und Microsoft fügt von Zeit zu Zeit neue Datenquellen zu Power Query Online hinzu. Es kann schön sein, eine Reihe von Transformationen oder Teile eines Datenmodells zu haben, die nicht hinter einem einzelnen Dataset aus einer Power BI Desktop-Datei gesperrt sind. Und es ist schön, wiederverwendbare Datenelemente zu haben, die andere Personen im Unternehmen für ihre eigenen Analysen nutzen können. Klassische Datenflüsse können mit Pro-Lizenzen verwendet werden.

Für Streamingdatenflüsse ist mindestens eine Premium-Einzelbenutzerlizenz erforderlich. Von Streamingdatenflüssen freigegebene Berichte können nur von

Benutzern mit einer Premium-Einzelbenutzerlizenz oder in einer Umgebung mit Premium-Kapazitätslizenz genutzt werden.

Ein Streamingdatenfluss ermöglicht es Power BI, entweder ein Azure Event Hub-Ereignis oder ein Azure IoT-Ereignis aufzurufen. Damit können Sie Daten aus einer dieser Quellen nutzen und sie in Echtzeit umwandeln, sodass Sie »Echtzeit«-Berichte über Daten aus diesen Szenarien erstellen können. Dies ist zwar eine coole Funktion, aber die Beschränkung auf Azure Event Hubs und Azure IoT Hub schränkt die Funktionalität ein, und für diese Art von Events ist etwas mehr Konfigurationsaufwand erforderlich. Ich persönlich hoffe, dass Microsoft die Anzahl der Optionen erweitert, bevor sie allgemein verfügbar werden, und dass sie einfacher genutzt werden können.

8.5 Stellen Sie anderen Ihre Daten vor

Sie können Ihre Daten zwar in einem Arbeitsbereich ablegen, müssen sie aber dennoch den Menschen zugänglich machen. Dazu haben Sie mehrere Möglichkeiten. Sie können Benutzer in Ihre Arbeitsbereiche bringen. Sie können eine App erstellen. Sie können Berichte mit Teams oder mit SharePoint verknüpfen. Sie können auch Berichtselemente in eine Website oder in eine Anwendung einbetten, wenn Sie Power BI Embedded verwenden. Wenn Sie Berichte in eine Anwendung einbetten möchten, empfehle ich Ihnen, mit einem Anwendungsentwickler zusammenzuarbeiten, der Sie bei der Bewältigung der damit verbundenen technischen Hürden unterstützen kann. Andernfalls lassen Sie uns loslegen.

8.5.1 Hinzufügen von Benutzern zu einem Arbeitsbereich

Der einfachste Weg, jemandem Ihre Daten zugänglich zu machen, besteht darin, ihn in Ihren Arbeitsbereich einzuladen. Das zu tun ist einfach.

In Abbildung 8–15 sehen Sie die Ansicht, die ich erhalte, wenn ich einen Arbeitsbereich aus meiner Arbeitsbereichsliste auswähle. In diesem Fall sehen Sie den von mir erstellten Premium-Einzelbenutzerlizenz-Arbeitsbereich. In der oberen rechten Ecke ist eine Schaltfläche *Zugriff*. Klicken Sie darauf, und auf der rechten Seite erscheint ein Fenster, in dem Sie Benutzer hinzufügen oder entfernen und die Rolle bestimmen können, die sie im Arbeitsbereich spielen.

Sie sehen auch einen Bereich zum Hinzufügen von Personen oder Gruppen über E-Mail-Adressen. Das ist praktisch, denn in einem Unternehmen kann Power BI ziemlich nahtlos in Ihre Active Directory-Instanz integriert werden, sodass Sie nach Personen in Ihrem Unternehmen suchen und deren E-Mail-Adressen bestätigen können. Klicken Sie auf *Hinzufügen*, und schon sind sie dabei.

Dies funktioniert auch mit Sicherheitsgruppen, wenn Sie eine Gruppe von Personen haben, die Sie in einem Rutsch einem Arbeitsbereich hinzufügen möchten. Sie können einem Benutzer eine der folgenden vier Rollen zuweisen: *Administrator, Mitglied, Mitwirkender* und *Anzeige*. Jede Rolle hat bestimmte Berechtigungsstufen, wobei *Administrator* die höchste und *Anzeige* die niedrigste Stufe darstellt.

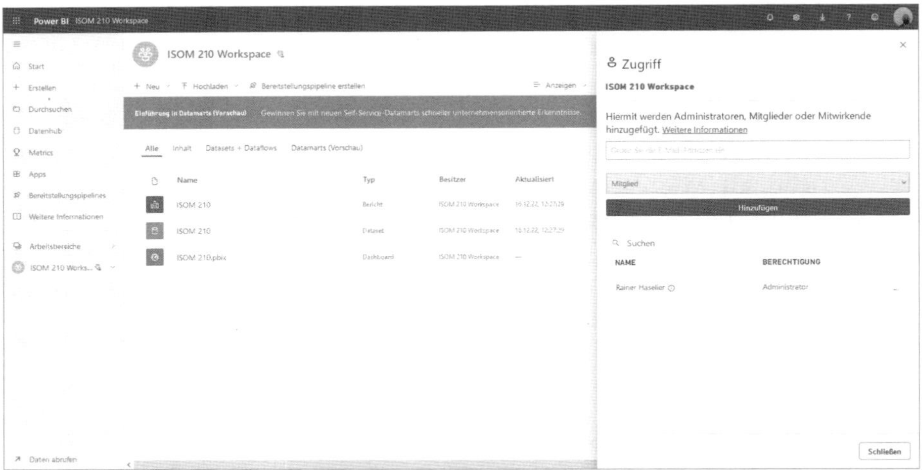

Abb. 8–15 *Das Hinzufügen weiterer Benutzer ist einfach.*

Wenn Sie möchten, lesen Sie unter *https://learn.microsoft.com/de-de/power-bi/collaborate-share/service-roles-new-workspaces* im Artikel »Rollen in Arbeitsbereichen in Power BI« nach, was die einzelnen Arbeitsbereichsrollen tun können. Meine allgemeine Faustregel lautet jedoch, dass die Person, die den Arbeitsbereich erstellt, der Administrator ist. Alle anderen, die in dem Arbeitsbereich Entwicklungen vornehmen, sind Mitglieder. Jeder, der dort Berichte liest, hat die Rolle *Anzeige*. Ich verwende die Option *Mitwirkender* nur selten, aber wenn Sie einen wirklich guten Anwendungsfall dafür finden, würde ich gerne davon hören!

8.5.2 Freigabe über einen Link oder Teams

Sie können auch einen gemeinsam nutzbaren Link zu einem Datenelement von diesem Datenelement selbst aus versenden! Wenn ich also in den gemeinsam genutzten Arbeitsbereich schaue, in dem ich meinen Bericht abgelegt habe, sehe ich oberhalb der Berichtsseite, die ich derzeit betrachte, eine Reihe von Optionen.

Nicht jeder, der den Bericht sieht, wird alle Optionen sehen, aber aus der Perspektive der gemeinsamen Nutzung finde ich, dass es sich lohnt, sowohl *Freigeben* als auch *In Teams chatten* hervorzuheben.

Durch das *Freigeben* wird ein Link erstellt, über den jemand das Datenelement anzeigen kann, als hätte er die Rolle *Anzeige* (siehe oberer Teil in Abbildung 8–16).

Bei *In Teams chatten* müssen Sie sich zunächst bei Ihrem Konto anmelden und können dann einen Link zur Berichtsseite erstellen, den Sie an eine Person, eine Gruppe oder einen Kanal in Teams weitergeben können. Dies ist nützlich, wenn Sie an der Entwicklung arbeiten und Feedback erhalten möchten oder wenn Sie wirklich kritische KPIs haben, für die Sie einen offenen Kommunikationskanal einrichten möchten. Der Chat in Teams eignet sich hervorragend für die schnelle Zusammenarbeit. In Abbildung 8–16 sehen Sie, wie diese beiden Dialogfelder aussehen.

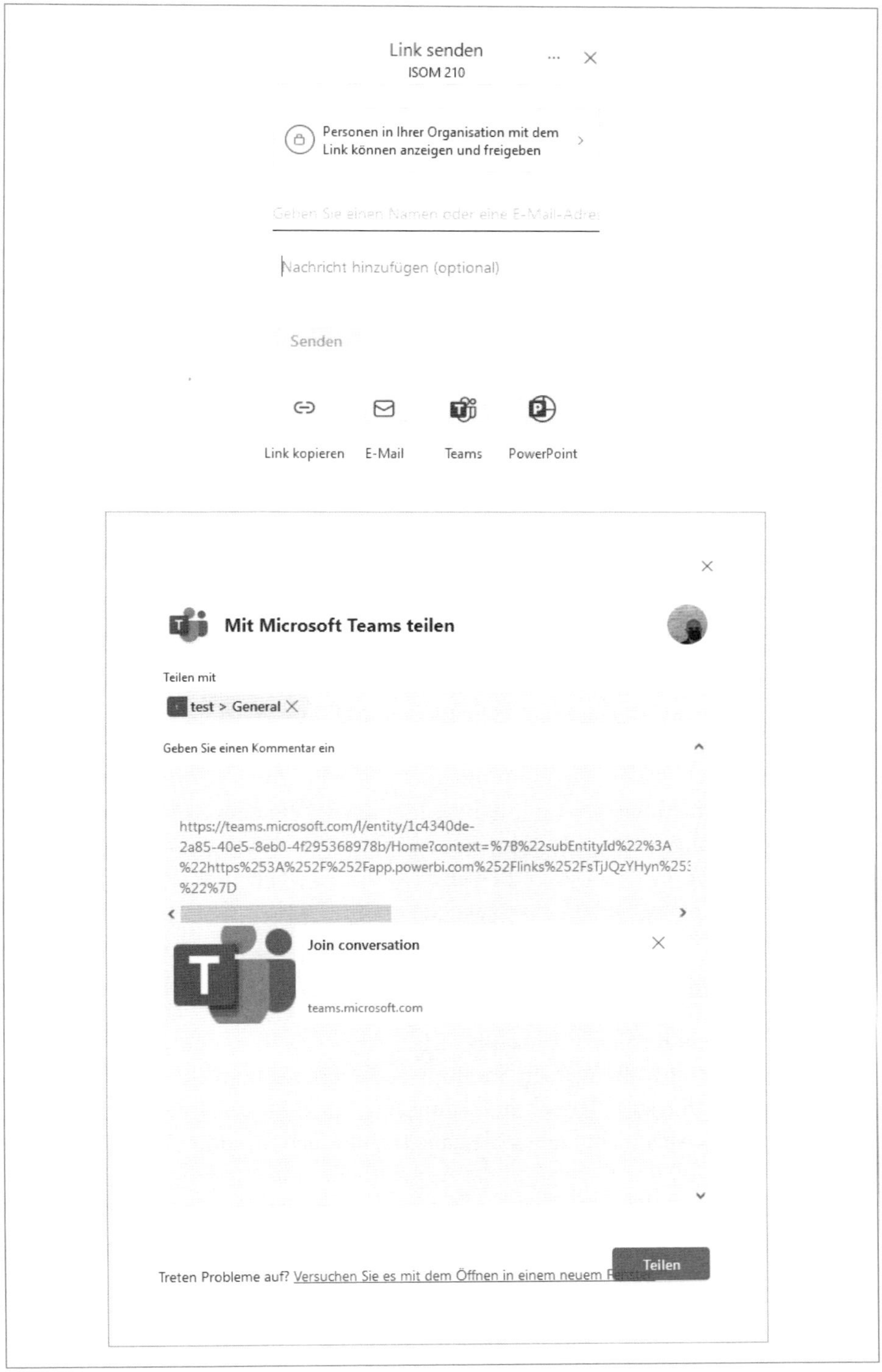

Abb. 8–16 *Sharing is Caring, und das können Sie über einen Link oder über Teams tun.*

8.5.3 Gemeinsame Nutzung über SharePoint

Wenn Sie ein Datenelement für eine SharePoint-Website freigeben möchten, ist das auch ganz einfach. Werfen Sie auf einer beliebigen Berichtsseite einen Blick auf die Befehle links neben *Freigeben*, und *In Teams chatten* klicken Sie auf *Datei*. In diesem Dropdownmenü finden Sie unter *Bericht einbetten* Optionen für *SharePoint Online*, das Einbetten eines Berichts in eine Website bzw. ein internes Portal oder die Verwendung des *Developer Playground* für Power BI Embedded-Tests. Dies ist in Abbildung 8–17 zu sehen.

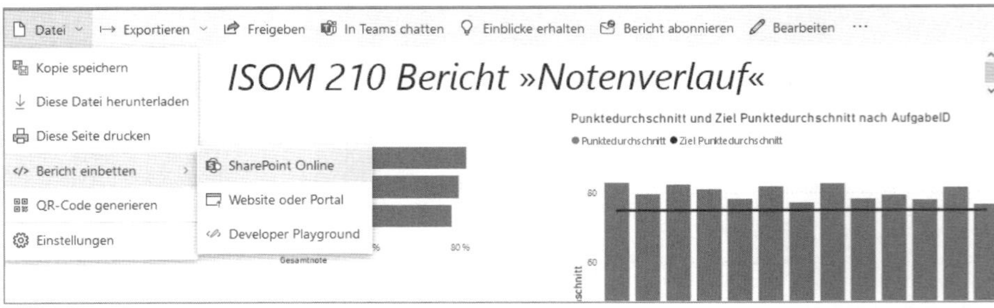

Abb. 8–17 *Freigabe über SharePoint durch Auswahl von* Datei | Bericht einbetten

Mit der SharePoint-Option erhalten Sie einen Website-Link, den Sie in Ihre SharePoint-Website einbetten können. Dies ist mit einer Pro-Lizenz oder höher möglich. Gehen Sie dann zu der entsprechenden SharePoint-Website, zu der Sie diesen Link hinzufügen möchten, und führen Sie einige Schritte aus.

Beachten Sie, dass diese Funktion nur auf modernen Seiten in SharePoint funktioniert. Sobald Sie den Link haben, können Sie eine neue moderne Seite erstellen, Power BI aus dem Dropdownmenü auswählen, den Bericht hinzufügen, die kopierte URL in den Power BI-Berichtslink eingeben und dann veröffentlichen!

8.5.4 Erstellen einer App

Ich habe in diesem Kapitel schon einige Male Apps erwähnt, und das Erstellen einer App ist sehr einfach. Wählen Sie Ihren Arbeitsbereich aus, der die Datenelemente Ihrer zukünftigen App enthält, um seine Startseite zu öffnen. In der Liste der Arbeitsbereichselemente sehen Sie ganz rechts einen Schalter, mit dem Sie auswählen können, ob das Element in die App aufgenommen werden soll.

In Apps werden keine Datasets freigegeben, sondern es werden nur Berichte und Dashboards einbezogen, die dieses Dataset verwenden. Die App greift für ihre Informationen immer noch auf das Dataset zurück, aber sie verbirgt es selbst vor ihren Nutzern. Wenn Sie Ihre Elemente ausgewählt haben, klicken Sie in der oberen rechten Ecke auf *App erstellen*, woraufhin Sie zu einer Seite wie in Abbildung 8–18 gezeigt gelangen.

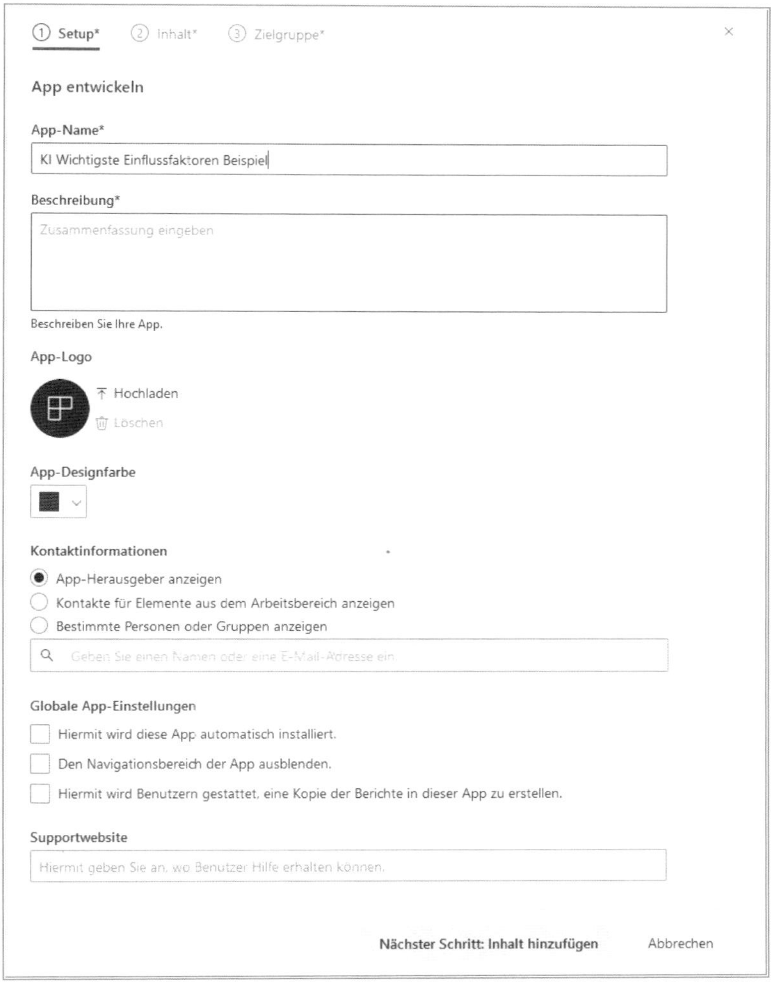

Abb. 8–18 *Von hier aus können Sie Ihre App einrichten, hilfreiche Navigationsinformationen einfügen und festlegen, wer auf die App zugreifen darf.*

Es gibt Steuerelemente zur Auswahl des App-Namens, zur Eingabe einer Beschreibung, zum Eingeben eines Links zu einer Website, auf der Endbenutzer Hilfe erhalten oder Dokumentation lesen können, zum Festlegen der App-Navigationseinstellungen (auf der Registerkarte *Inhalt*) und zum Festlegen von Berechtigungen für den Zugriff auf die App (auf der Registerkarte *Zielgruppe*). Handelt es sich um die gesamte Organisation? Ist es eine bestimmte Gruppe von Benutzern? Wer kann auf die zugrunde liegenden Datasets mit Erstellungsberechtigungen zugreifen? Können die Benutzer Berichte kopieren? Können die Benutzer die Anwendung gemeinsam nutzen, und schließlich: Soll die Anwendung automatisch installiert werden? Einige dieser Einstellungen sollten Sie mit den Verantwortlichen für Data Governance in Ihrem Unternehmen besprechen, da diese möglicherweise Kenntnisse über Richtlinien haben, die Ihnen bei Ihren Entscheidungen helfen.

8.6 Zusammenfassung

In diesem Kapitel habe ich mit der Navigation des Power BI-Dienstes begonnen und einige der Funktionen für die Verwaltung innerhalb dieser Navigation erläutert. Anschließend habe ich gezeigt, wie Sie die von Ihnen veröffentlichten Datasets und Berichte anderen Nutzern zur Verfügung stellen, damit diese die von Ihnen gesammelten Erkenntnisse nutzen können.

Als Nächstes werde ich einige Best Practices für die Verwaltung von Arbeitsbereichen und Apps erörtern. Außerdem gehe ich auf die Details der Power BI-Lizenzierung ein und erläutere, wann es sinnvoll ist, Pro-Lizenzen, Premium-Einzelbenutzerlizenzen oder eine Premium-Kapazitätslizenz zu verwenden.

9 Tipps zur Power BI-Lizenzierung und zur Bereitstellung

Herzlichen Glückwunsch! Ihr Bericht war ein großer Erfolg. Sie haben uneinheitliche Daten aus verschiedenen Datenquellen zusammengeführt und daraus Erkenntnisse gewonnen, die Ihr Unternehmen vorangebracht haben. Sie halten Ihre PBIX-Datei auf dem neuesten Stand, fügen neue Measures und Berichtsfunktionen hinzu und korrigieren vielleicht sogar den einen oder anderen Fehler.

Dann erleben Sie endlich das, was sich jeder Business Intelligence-Experte erhofft und zwangsläufig fürchtet. Sie haben die Vorstellungskraft des Unternehmens geweckt. Jetzt möchte man, dass Sie das Wissen über Power BI in der gesamten Organisation verbreiten, damit andere Teile der Organisation nicht nur das nutzen, was Sie aufgebaut haben, sondern auch selbst etwas aufbauen können.

Atmen Sie zunächst einmal tief durch. Als Nächstes werde ich die entscheidenden Punkte vorstellen, die Ihnen dabei helfen, die Voraussetzungen zu schaffen, um Ihr Unternehmen auf seiner größeren Power BI-Reise zu unterstützen. Welche Art von Lizenzierungsstruktur sollten Sie verfolgen? Wie unterscheiden sich Pro und Premium? Wann sind die Premium-Kapazitäten sinnvoll? Wie verwalten Sie Ihre Arbeitsbereiche und Apps? Wie weisen Sie Benutzer den Rollen zu, die Sie für RLS erstellt haben? Wie stellen Sie sicher, dass Ihre Datenbankadministratoren (DBAs) Sie nicht umbringen wollen, weil Sie ihnen einen verrückten Zeitplan für die Aktualisierung von Datasets vorlegen? Lassen Sie mich diese Fragen nach und nach erörtern.

9.1 Lizenzierung

Eine *Lizenz* an sich ist ein einfaches Konzept. Es handelt sich um eine gekaufte Vereinbarung, die es Ihnen erlaubt, einen Dienst so lange zu nutzen, wie Sie dafür bezahlen. Einige Produkte verfügen über verschiedene Funktionsebenen innerhalb dieses Dienstes, und Sie können sich dafür entscheiden, für die eine oder andere Funktionsebene zu bezahlen. Die Power BI-Lizenzierung lässt sich für die meisten Benutzer in drei Hauptkategorien unterteilen: Pro-Lizenz, Premium-Einzelbenutzerlizenz sowie Premium-Kapazitätslizenz.

9.1.1 Power BI Pro

Denken Sie daran, was Sie kostenlos bekommen: Power BI Desktop ist kostenlos. Ihr eigener privater Arbeitsbereich im Power BI-Dienst ist kostenlos. Die Einschränkung besteht darin, dass Sie nichts, was sich in *Mein Arbeitsbereich* befindet, freigeben können. Die Unmöglichkeit der gemeinsamen Nutzung kann einige kleinere Unternehmen in Bedrängnis bringen.

Jeder Nutzer, der seine Datenprodukte im Power BI-Dienst freigeben möchte, benötigt eine Pro-Lizenz. Darüber hinaus benötigt jeder Nutzer, der die für ihn freigegebenen Datenprodukte nutzen möchte, ebenfalls eine Pro-Lizenz.

Pro-Lizenzen kosten zum Zeitpunkt der Erstellung dieses Textes für normale Unternehmen (die sich weder in einer staatlichen Cloud befinden noch gemeinnützig sind) 8,40€ pro Benutzer und Monat, das sind im Jahr gut 100,00€ pro Benutzer.

Wenn Sie also 10 Benutzer und 1 Inhaltsersteller haben, müssen Sie für 12 Monate etwas mehr als 1300,00€ ausgeben. Diese Kosten sind nicht unbedeutend. Sicherlich suchen viele Unternehmen nach Möglichkeiten, die Kosten zu senken, aber das Preismodell von Power BI, insbesondere für die Pro-Lizenzierung, ist im Vergleich zu seinen Hauptkonkurrenten wie Tableau/Salesforce, Qlik oder Domo sehr wettbewerbsfähig.

Das ändert nichts an der Tatsache, dass es verlockend sein kann, einfach weiter Excel zu verwenden. Denken Sie daran, dass Power BI mehr als nur eine einzelne Komponente ist; es handelt sich um eine Plattform von Produkten, die auf der leistungsstärksten Analyse-Engine der Welt aufbaut. Unterschätzen Sie das in Ihrem Arbeitsablauf nicht!

Wenn Sie sich in dieser Situation befinden, empfehle ich Ihnen, genau zu prüfen, wer Zugriff auf Power BI-Berichte haben muss, und diese Berichtsanforderungen gegebenenfalls in Gruppen von Personen aufzuteilen, die den abteilungsweiten Zugriff nutzen können, wenn dies aufgrund der Sicherheitsanforderungen möglich ist.

Power BI Pro für gemeinnützige Organisationen kostet derzeit 3,30€ pro Nutzer und Monat, ein Preis, der die Nutzung in diesem Bereich fördern und darüber hinaus Microsoft sicher gut aussehen lassen soll.

Power BI ermöglicht es Einzelpersonen, eine Power BI Pro-Lizenz zu erwerben. Darüber hinaus bietet Power BI jedem Benutzer eine 60-tägige kostenlose Testversion auf der Lizenzstufe Premium-Einzelbenutzerlizenz, die alle Pro-Funktionen enthält. Die Nutzung dieses Angebots könnte eine Möglichkeit sein, um zu testen, wer im Unternehmen den Power BI-Dienst am häufigsten nutzt.

Sie sollten sich über einige wichtige Einschränkungen bei der Lizenzierung von Power BI Pro im Klaren sein:

- Power BI-Dateigrößenbegrenzung auf 1 GB
- Maximal acht Aktualisierungen für ein Dataset pro Tag
- Keine Integration in Azure KI-Tools
- Kein Zugang zu Bereitstellungspipelines

- Kein Lese-/Schreibzugriff auf den XML for Analysis-(XMLA-)Endpunkt.
- Die maximale Speichergröße darf für alle Arbeitsbereiche 10 GB nicht überschreiten und darf nicht größer sein als die Anzahl der Pro-Lizenzen multipliziert mit 10 GB.
- Paginierte Berichte können nicht bereitgestellt werden.

9.1.2 Power BI Premium-Einzelbenutzerlizenz

Nehmen wir einmal an, dass die Pro-Lizenzierung kein Problem darstellt. In welchen Fällen ist die Nutzung des Power BI-Plans *Premium pro Benutzer* sinnvoll? Premium pro Benutzer ist als Mittelweg zwischen der Pro-Lizenzierung und Premium pro Kapazität konzipiert. Die Premium-Einzelbenutzerlizenz ist ungefähr doppelt so teuer wie die Pro-Lizenz.

Wann ist Premium pro Benutzer also sinnvoll? Erstens: Benötigen Sie eines der in den vorangegangenen Aufzählungspunkten aufgeführten Elemente (die zeigen, welche Funktionen des Power BI-Dienstes in einer Pro-Lizenz eingeschränkt sind)? Wenn ja, dann ist dies wahrscheinlich ein Fall, in dem Premium pro Benutzer sinnvoll ist. In eine 1 GB große PBIX-Datei passen eine Menge Daten.

Möglicherweise gibt es Anwendungsfälle, in denen das nicht ausreicht. Es gibt eine Grenze von 10 GB für den gesamten Arbeitsbereich, aber in den meisten Fällen setzen die Benutzer keine 10 separaten Dateien ein, die jeweils 1 GB groß sind. Sie haben in der Regel ein einziges massives Dataset, das selbst größer als 10 GB sein kann, was ein Problem darstellt, und diese großen Modelle werden in Premium-Arbeitsbereichen pro Benutzer unterstützt.

Wenn DirectQuery für Sie nicht ausreicht und Sie bis zu 48 Aktualisierungen pro Tag benötigen, ist die Premium-Einzelbenutzerlizenz auch hier eine Option.

Wenn Sie in einer Umgebung arbeiten, in der Sie Modelle für maschinelles Lernen in Azure Machine Learning Studio oder Modelle in Azure Cognitive Services ausführen und diese Ergebnisse direkt in Ihr Datenmodell aus diesen Diensten einfügen möchten, dann benötigen Sie zumindest eine Premium-Einzelbenutzerlizenz.

Möchten Sie Bereitstellungspipelines verwenden, um Ihre PBIX-Modelle auf eine Weise zu verwalten, die mit den Prinzipien der kontinuierlichen Integration und des kontinuierlichen Deployments (CI/CD) vereinbar ist? Möchten Sie Orte, an denen Sie in der Entwicklung arbeiten können, bevor Sie zu den Tests und schließlich in die Produktion gehen? In diesem Fall benötigen Sie mindestens eine Premium-Einzelbenutzerlizenz.

Möchten Sie, dass externe Software eine Verbindung zu Ihrem Power BI-Datenmodell herstellen kann, das Sie im Einsatz haben? Möchten Sie ein Dataset im laufenden Betrieb bearbeiten können, ohne sich mit einer PBIX-Datei herumschlagen zu müssen? In diesen Fällen benötigen Sie XMLA-Endpunktzugriff, und das kann mit Lesezugriff oder mit Lese- und Schreibzugriff geschehen. Lese- und Schreibzugriff sind nur möglich, wenn Sie sich mindestens in einem Premium pro Benutzer-Arbeitsbereich befinden.

Wenn Sie derzeit paginierte Berichte in SQL Server Reporting Services verwenden, können Sie diese Berichte im Power BI-Dienst hosten. Das Hosten von RDL-Dateien erfordert mindestens eine Premium-Lizenz pro Benutzer.

Hier ist der Haken. Wenn Sie eine Pro-Lizenz haben, können Sie nicht auf einen Premium-pro-Benutzer-Arbeitsbereich zugreifen. Sie können dies nicht einmal umgehen, indem Sie z.B. eine App verwenden, denn wenn ein bestimmter Bericht ein Dataset nutzt, das sich in einem Premium-Einzelbenutzer-Arbeitsbereich befindet, funktioniert dieser Bericht nicht. Microsoft hat dieses Schlupfloch bereits vor der Veröffentlichung erkannt. Microsoft ermöglicht es jedoch, Benutzer mit Pro-Lizenzen zu Abonnements hinzuzufügen. Wenn Sie also E-Mail-Abonnements haben, die eine PDF-Datei der Berichtsseiten senden, können diese sowohl für Premium pro Benutzer- als auch für Pro-Lizenznehmer freigegeben werden, obwohl sie statisch sind.

Auch hier gilt: Stellen Sie in jedem Szenario, in dem Sie in Ihrer Umgebung sowohl Power BI Pro- als auch Premium-Einzelbenutzerlizenzen verwenden, die richtigen Fragen, damit die Benutzer die Lizenzen erhalten, die zu ihren Anforderungen passen, und Sie so gleichzeitig Ihre Ausgaben minimieren können.

9.1.3 Power BI Premium-Kapazitätslizenz, der Big Boy

Der letzte Lizenzierungsplan, den ich in diesem Kapitel vorstelle, ist Power BI Premium pro Kapazität, auch Premium-Kapazitätslizenz genannt. Die Premium-Kapazitätslizenz umfasst alle Funktionen der Premium-Einzelbenutzerlizenz sowie eine dedizierte Rechenleistung und dedizierten Speicher. Was bedeutet das? Es bedeutet, dass die Rechenkerne, der Arbeits- und der Festplattenspeicher, die im Azure-Rechenzentrum verwendet werden, bereitgestellt und nur von Ihrer Organisation genutzt werden können.

Technisch gesehen ist der Power BI-Dienst ein gemeinsam genutzter Cloud-Computing-Dienst. Das bedeutet, dass Power BI über Tausende von Prozessoren sowie über Tausende von GB RAM verfügt, die in einem Rechencluster vorhanden sind. Je nach Nutzung dieses Rechenclusters kann es daher schneller oder langsamer vonstattengehen. Indem Sie Ihre Power BI-Instanz auf Premium pro Kapazität setzen, erhalten Sie Azure-Ressourcen, die von niemandem sonst genutzt werden.

Die Analogie, die ich gerne verwende, um dies zu beschreiben, ist der Unterschied zwischen einem Kabelmodem und einem Glasfaseranschluss direkt ins Haus. Bei einem Kabelmodem geht Ihre Verbindung zu einem zentralen Knotenpunkt, und alle Personen, die eine Verbindung zu diesem Knotenpunkt herstellen, teilen sich technisch gesehen die Internetleitung (egal wie groß sie ist) zu diesem Knotenpunkt. Wenn Sie ein Glasfaserkabel direkt zu Ihrem Haus haben, gehört es Ihnen und nur Ihnen. Sie teilen es mit niemandem sonst.

Premium pro Kapazität ist in verschiedenen Investitionsstufen erhältlich. Die Lizenzen für Premium pro Kapazität reichen von P1 bis P5. Die Kosten für P1 beginnen bei etwa 4300,00€ pro Monat. Mit einer Premium-Kapazitätslizenz können Sie Power BI-Inhalte für jedermann freigeben, auch für Personen, die nicht einmal zu Ihrem Unternehmen gehören, ohne dass Sie eine benutzerbasierte Lizenz erwerben müssen. Bitte beachten Sie jedoch, dass Ihre Inhaltsersteller weiterhin eine eigene Pro-Lizenz benötigen.

Darüber hinaus schließt Power BI Premium nicht aus, dass Sie die gemeinsam genutzte Kapazität von Power BI mit der normalen Lizenzierungsstruktur nutzen. Mit anderen Worten: Sie können sowohl Premium-pro-Kapazität-Arbeitsbereiche (mit allen Funktionen, die Premium pro Kapazität bietet) als auch, wie ich es nenne, »normale« Arbeitsbereiche (auf die Benutzer mit benutzerbasierter Lizenzierung zugreifen können) im Power BI-Tenant Ihrer Organisation haben.

Die Premium-Kapazitätslizenz ist wirklich für Business Intelligence in großem Maßstab konzipiert. Alles, was Sie mit einem Premium-Einzelbenutzer-Arbeitsbereich tun können, können Sie auch mit einem Premium-pro-Kapazität-Arbeitsbereich tun. Dies ist auch eine der beiden Möglichkeiten zur Lizenzierung von Power BI Report Server, bei dem es sich um eine lokale Vor-Ort-Installation des Power BI-Dienstes handelt.

Wenn Sie zu einer Organisation gehören, die aus irgendeinem Grund keine Cloud-basierte Lösung einsetzen kann, können Sie Power BI und die Freigabe von Daten dennoch mithilfe des lokalen Berichtsservers nutzen. Die andere Möglichkeit, Power BI Report Server zu lizenzieren, besteht darin, SQL Server Enterprise Edition mit Software Assurance zu lizenzieren.

Neben den Features des Arbeitsbereichs Premium pro Benutzer stellt Premium pro Kapazität die folgenden zusätzlichen Funktionen zur Verfügung:

- Die Möglichkeit, Power BI-Inhalte mit jedem zu teilen, auch mit Personen außerhalb Ihres Unternehmens, wenn dies erlaubt ist
- Zugriff auf lokalen Power BI Report Server vor Ort
- Bis zu 48 Aktualisierungen pro Tag für ein bestimmtes Dataset
- Begrenzung der Modellgröße auf 400GB (das ist eine Menge an Daten)
- Bereitstellungsverwaltung für mehrere Regionen bei international tätigen Unternehmen
- Bring Your Own Key-(BYOK-)Funktionalität
- Verfügbarkeit von Kapazitätserweiterung mit Autoskalierung
- 100TB maximale Speicherkapazität

Sie müssen nicht jedes Feature auf dieser Liste einzeln untersuchen. Wenn Sie beispielsweise wissen, dass Sie die BYOK-Funktion benötigen, dann wissen Sie bereits, worum es sich handelt. Wenn Sie aber nicht wissen, was das ist, müssen Sie sich wahrscheinlich nicht darum kümmern.

9.1.4 Ist Premium pro Kapazität das Richtige für Sie?

Die Aussicht, Inhalte für eine theoretisch unbegrenzte Anzahl von Anwendern freizugeben, gibt Ihnen die Möglichkeit, zu überlegen, ob der Lizenzplan Premium pro Kapazität für Sie wirtschaftlich sinnvoll ist. Im Folgenden stelle ich die Formel vor, die eine nichtstaatliche, gewinnorientierte Organisation bei einer solchen Entscheidung anwenden kann:

> Power BI-Kosten/Monat = (Anzahl der Pro-Lizenzen × 8,40) + (Anzahl der Premium-Einzelbenutzerlizenzen × 16,90) + Opportunitätskosten der Premium-Einzelbenutzerlizenz-Features für Nicht-Pro-Nutzer + Opportunitätskosten der Premium-pro-Kapazität-Features

Ihnen ist sicher nicht entgangen, dass die Opportunitätskosten zwei Mal in meiner Formel vorkommen. Die Opportunitätskosten sind die unsichtbaren Kosten, die entstehen, wenn Sie keinen Zugang zu diesen Funktionen haben. Was kostet es Ihr Unternehmen z. B., wenn Sie Power BI-Datasets nicht mit XMLA-Endpunktkonnektivität verwalten können? Was kostet es Ihr Unternehmen, wenn Sie kein Regionen-übergreifendes Redundanzmanagement haben? Das sind Fragen, die ich nicht für Sie beantworten kann. Aber Ihr Unternehmen sollte diese Opportunitätskosten vollständig durchdenken, bevor es entscheidet, ob Power BI Premium die richtige Wahl ist. Ohne die Opportunitätskosten zu berücksichtigen, können Sie keine korrekte Renditeberechnung durchführen.

Es geht nicht nur um die Rechnung, die Sie an Microsoft zahlen. Es geht um die Rechnung, die Sie an Microsoft zahlen, plus die Kosten für die Verwaltung dieser Opportunitätskosten.

9.1.5 Beispiel für die Lizenzierung bei Kleinunternehmen

Lassen Sie uns diese Formel sowohl für ein kleines Unternehmen als auch für ein multinationales Unternehmen mit 10.000 Mitarbeitern durchspielen.

Nehmen wir an, Sie haben in einem kleinen Unternehmen zehn Benutzer. Einer davon ist ein Datenwissenschaftler, der in der Lage sein möchte, einige Erkenntnisse aus seinem Azure Machine Learning-Modell direkt in Power BI zu integrieren, und diese Ergebnisse müssen von zwei dieser zehn Personen gesehen werden.

Das bedeutet, dass Sie sieben Pro-Lizenzen und drei Premium-Einzelbenutzerlizenzen benötigen. Sie rechnen also durch und kommen zu einem Ergebnis, das wie folgt aussieht:

> (7 × 8,40) + (3 × 16,90) + Opportunitätskosten für Pro-Benutzer, die keine Premiumfunktionen pro Benutzer haben + Opportunitätskosten für nicht vorhandene Premiumfunktionen pro Kapazität

In diesem Fall sollten zwei dieser Benutzer wahrscheinlich auch Einzelbenutzerlizenzen haben, und die Opportunitätskosten für diese Benutzer sind doppelt so hoch wie die Lizenzgebühr von Premium pro Benutzer. Außerdem ist dieses Beispielunternehmen nicht groß genug, um sich wirklich Gedanken über die meisten Features von Premium pro Kapazität zu machen, aber einige Governance-Funktionen wären schön, wenn sie universell wären, gehen Sie also von 100,00€ pro Monat aus.

Unsere Formel lautet (7 × 8,40) + (3 × 16,90) + (2 × 33,80) + 100. Die Rechnung von Microsoft hat eine Höhe von ca. 110,00€/Monat. Die Gesamtkosten, einschließlich Opportunitätskosten, betragen ca. 280,00€ pro Monat. Sie sehen, dass Sie noch lange nicht an dem Punkt angelangt sind, an dem das Lizenzmodell Premium pro Kapazität sinnvoll ist.

9.1.6 Beispiel für die Lizenzierung eines multinationalen Unternehmens

Schauen Sie sich nun Ihr multinationales Unternehmen an. Gehen Sie davon aus, dass von 10.000 Mitarbeitern etwa 3% Power BI in irgendeiner Form nutzen würden. Von diesen 300 Mitarbeitern würden 10% die Premium-Funktionen pro Benutzer nutzen. Das bedeutet, dass unsere Formel in etwa wie folgt aussieht:

> (300 × 8,40) + (30 × 16,90) + Opportunitätskosten für Pro-Benutzer, die keine Einzelbenutzerlizenzen haben + Opportunitätskosten für den Verzicht auf Premium-Kapazitätslizenz-Features

Bevor Sie die Opportunitätskosten berücksichtigen, hat die Microsoft-Rechnung eine Höhe von ungefähr 3000,00€. Wenn Ihre Opportunitätskosten größer sind als 1300,00€, ist Premium pro Kapazität sinnvoll. Sie sind ein internationales Unternehmen, und wenn Sie davon ausgehen, dass sich einige Ihrer Benutzer nicht an denselben Standorten befinden, sollten Sie wirklich eine georedundante Implementierung und die Bereitstellungsverwaltung für mehrere Regionen erwägen. Ist das allein schon 1300,00€ wert? In diesem Beispiel wahrscheinlich schon. Sollten Sie bei 300 Nutzern eine Art CI/CD-basierte Bereitstellungsstrategie verfolgen, um zu verhindern, dass Daten in Silos gespeichert werden? Vielleicht die Möglichkeiten von Bereitstellungspipelines nutzen? Was wäre, wenn Sie nicht das Premium-pro-Kapazität-Paket bräuchten, sondern nur das Premium-pro-Benutzer-Paket? Nun, bei 300 Benutzern mit Premium-Einzelbenutzerlizenzen kommen Sie auf einen Betrag von ca. 5100,00€ pro Monat, was über den Kosten von 4300,00€ für einen Knoten mit P1-Kapazität liegt.

Dies ist natürlich ein vereinfachtes Modell, das Ihnen helfen soll, darüber nachzudenken, ob Premium pro Kapazität sinnvoll ist. Die Schwierigkeit besteht zugegebenermaßen darin, die organisatorischen Opportunitätskosten zu ermitteln. Wenn Sie jedoch Ihre Anwendungsfälle als Unternehmen durchdenken, können Sie in der Regel eine vernünftige Schätzung vornehmen, die Ihnen hilft, die Lücken in der Rechenmethode Ihres Unternehmens zu schließen.

Tabelle 9–1 gibt einen schnellen Überblick über die allgemeinen Funktionen, die für jede Lizenzstufe verfügbar sind.

Feature	Power BI Pro	Power BI Premium-Einzelbenutzerlizenz	Power BI Premium-Kapazitätslizenz
Zugriff auf mobile App	Ja	Ja	Ja
Paginierte Berichte	Nein	Ja	Ja
Unbegrenzte Freigabe	Nein	Nein	Ja
Lizenz für Power BI-Berichtsserver zur lokalen Berichterstellung	Nein	Nein	Ja
Modellgrößenbeschränkung	1 GB	100 GB	400 GB
Maximale Anzahl der Aktualisierungen des Modells	8/Tag	48/Tag	48/Tag
Azure ML-Integration	Nein	Ja	Ja
XMLA-Endpunkte lesen/schreiben	Nein	Optional	Optional
Bereitstellungspipeline	Nein	Ja	Ja
Multigeo-Bereitstellung	Nein	Nein	Ja
BYOK	Nein	Nein	Ja
Autoskalierungs-Funktionalität	Nein	Nein	Als Add-on erhältlich
Maximale Speichergröße	10 GB/Benutzer	100 TB	100 TB

Tab. 9–1 *Vergleich der verschiedenen Power BI-Lizenzpläne*

9.2 Verwaltung von Arbeitsbereichen und Apps

Unabhängig davon, welche Lizenzstruktur für Ihr Unternehmen am besten geeignet ist, müssen Sie den Arbeitsbereichen und den von Ihnen erstellten Anwendungen ebenfalls Benutzer hinzufügen. Ich werde hier die gesamte Funktionalität mit einer Premium-Einzelbenutzerlizenz demonstrieren.

9.2.1 Arbeitsbereichserstellung und Zugriffskontrolle

In Kapitel 8 habe ich kurz die Schnittstelle für Arbeitsbereiche vorgestellt; lassen Sie mich hier nun ein wenig mehr ins Detail gehen. Es gibt mehrere Möglichkeiten, auf einen Arbeitsbereich zuzugreifen. Auf der Startseite werden Arbeitsbereiche als ein Objekttyp angezeigt, der in der Liste *Zuletzt verwendet* erscheinen kann, wie auf der rechten Seite in Abbildung 9–1 dargestellt. Auch im Menü auf der linken Seite trennt eine Linie die Bereiche *Weitere Informationen* und *Arbeitsbereiche*.

Wenn Sie im Menü auf *Arbeitsbereiche* klicken, erscheint ein zweites graues, vertikales Feld, das die Liste der Arbeitsbereiche anzeigt, auf die Sie Zugriff haben. Außerdem wird die Schaltfläche *Arbeitsbereich erstellen* angezeigt, wenn Sie die Möglichkeit haben, einen zu erstellen.

Das häufigste Szenario, in dem Sie keinen Arbeitsbereich erstellen können, wäre, wenn Sie Premium pro Kapazität nutzen und der Tenant-Administrator diese Funktion deaktiviert hat.

Zweitens sollten Sie einen Blick auf die Schaltfläche in der Zeile unterhalb von *Arbeitsbereiche* werfen. Er zeigt Ihnen den Arbeitsbereich an, in dem Sie sich gerade befinden, und wenn Sie auf *Erweitern* klicken (den kleinen Pfeil), werden alle Dashboards, Berichte, Arbeitsmappen und Datasets in diesem Arbeitsbereich angezeigt. Wie das aussieht, sehen Sie in meinem persönlichen Arbeitsbereich, der in Abbildung 9–1 dargestellt ist.

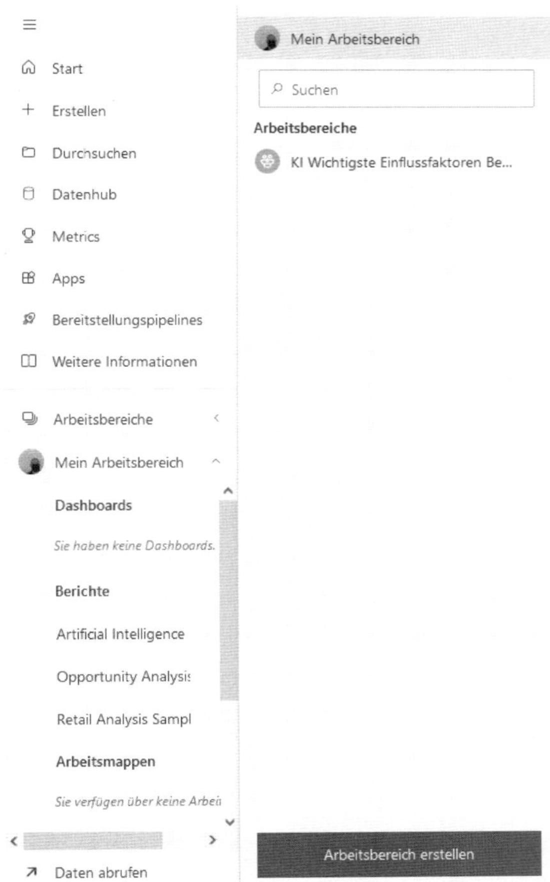

Abb. 9–1 *Arbeitsbereich-Navigation über das Hauptmenü im Power BI-Dienst*

Hier sehen Sie, dass ich mich gerade in *Mein Arbeitsbereich* befinde und dass dort einige Datasets vorhanden sind. Neben den Details des Arbeitsbereichs wird eine Bildlaufleiste angezeigt, damit Sie in der Liste der Objekte scrollen können.

Eine andere Möglichkeit, alle Elemente in einem Arbeitsbereich zu sehen, ist seine Auswahl auf der rechten Seite des Menüs unter *Arbeitsbereiche*, wie in Abbildung 9–1 gezeigt. Dadurch gelangen Sie zu der Startseite des Arbeitsbereichs, die alle darin gespeicherten Datenelemente anzeigt.

Jetzt können Sie mit der Erstellung von Arbeitsbereichen beginnen. Sie werden in meinem vorherigen Beispiel feststellen, dass es noch keinen Arbeitsbereich *Cool School University* gibt.

Lassen Sie mich also einen neuen Arbeitsbereich über die gelbe Schaltfläche *Arbeitsbereich erstellen* anlegen. Wenn Sie auf diese Schaltfläche klicken, öffnet sich auf der rechten Seite des Bildschirms ein neues Fenster, in dem die Optionen für die Erstellung eines Arbeitsbereichs aufgeführt sind. Standardmäßig werden die erweiterten Optionen nicht angezeigt, sodass Sie auf den Pfeil bei *Erweitert* klicken müssen, um sie anzuzeigen. Dies ist in Abbildung 9–2 zu sehen.

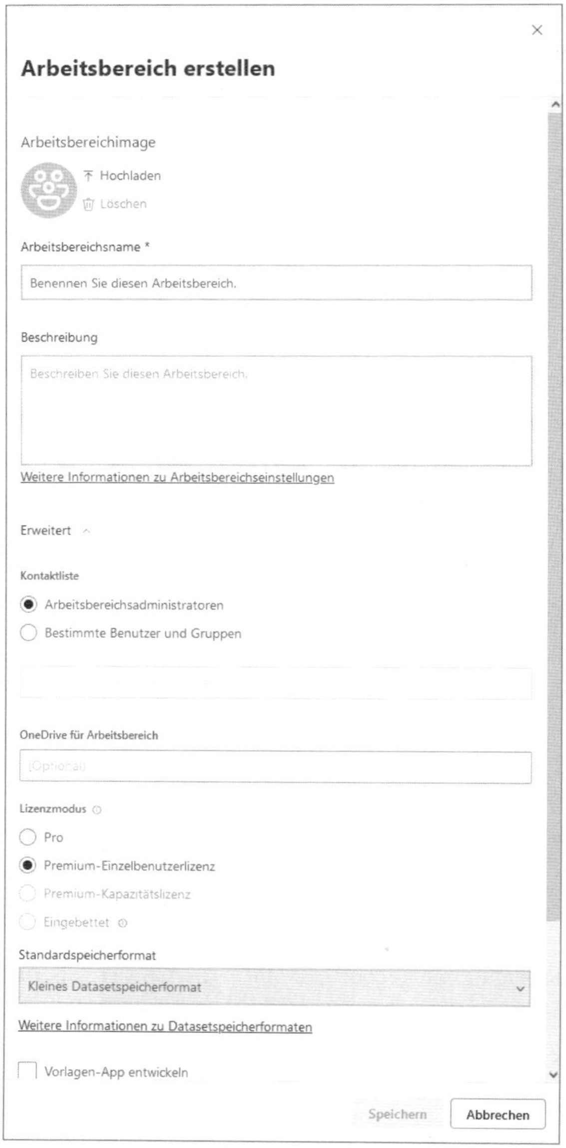

Abb. 9–2 *Hier finden Sie alle Optionen zur Erstellung von Arbeitsbereichen.*

In Abbildung 9–2 sehen Sie ganz oben, dass es eine Option zum Hochladen eines Bildes für den Arbeitsbereich gibt. Darunter können Sie den Benutzern eine Beschreibung des Arbeitsbereichs bereitstellen.

Dann komme ich zu den erweiterten Einstellungen. Zunächst wählen Sie aus, wer bei Anfragen für den Zugriff auf einen Arbeitsbereich kontaktiert werden soll. Sie können auch einen OneDrive-Speicherort für die Dateispeicherung festlegen, den Lizenzmodus des Arbeitsbereichs konfigurieren, festlegen, ob der Arbeitsbereich eine App-Vorlage generiert, und schließlich, ob Mitwirkende die aus dem Arbeitsbereich generierte App aktualisieren können, falls eine solche existiert. In den meisten Fällen werden die Arbeitsbereichsadministratoren diejenigen sein, die Sie bei Zugriffsanfragen benachrichtigen möchten. In Premium pro Kapazität-Umgebungen kann der Tenant-Administrator jedoch eine stärkere Kontrolle über die Arbeitsbereiche ausüben, und die Organisation kann in solchen Fällen alle Anfragen an eine IT-Gruppe oder einen Tenant-Administrator weiterleiten lassen.

Sie können einen OneDrive for Business-Speicherort festlegen, der vom Arbeitsbereich als Speicherort für Dokumente verwendet werden soll. Sie können hier jedoch nicht einfach Ihr persönliches OneDrive verwenden. Das wäre für private Anwender, nicht wahr, Microsoft? Was Sie hier also angeben müssen, ist die SharePoint-Dokumentenbibliothek der Microsoft 365-Gruppe.

Diese Gruppe sollte zunächst außerhalb von Power BI erstellt werden. Sie können in der Tat eine solche Gruppe von OneDrive for Business aus anlegen, aber die Möglichkeit, Microsoft 365-Gruppen zu erstellen, kann in Ihrer Umgebung eingeschränkt sein. Wenn dies der Fall ist, wenden Sie sich an Ihre IT-Abteilung oder Ihren SharePoint-Administrator, um weitere Einzelheiten zur Verknüpfung von OneDrive und Ihrem neuen Arbeitsbereich zu erhalten.

Als Nächstes folgt die Auswahl des *Lizenzmodus*. Für unsere Zwecke ist dies die wichtigste Auswahl, da sie die Funktionalität des Arbeitsbereichs festlegt. Im Beispiel in Abbildung 9–2 habe ich zwei Optionen zur Auswahl: *Pro* und *Premium-Einzelbenutzerlizenz*. *Premium-Kapazitätslizenz* steht hier nicht zur Verfügung, da diese Lizenz mein persönliches Budget übersteigt.

Wenn Sie *Premium-Einzelbenutzerlizenz* oder höher wählen, erscheint ein zusätzliches Element, das vorher nicht vorhanden war, in einer Designsprache, die man nur als inkonsequent bezeichnen kann. Sie werden aufgefordert, ein Standardspeicherformat für Ihre Datasets zu wählen. Sie können entweder *Kleines Datasetspeicherformat* wählen, das als Standard für alle Pro-Arbeitsbereiche gilt und nicht geändert werden kann, oder *Großes Datasetspeicherformat* als Speicherformat für große Datasets. Wenn Sie Datenmodelle mit einer Größe von mehr als 1 GB planen, müssen Sie *Großes Datasetspeicherformat* aktiviert haben.

Als Nächstes können Sie wählen, ob dieser Arbeitsbereich eine Vorlagen-App enthalten soll. Eine Vorlagen-App wird für die gemeinsame Nutzung von Inhalten außerhalb Ihres Unternehmens entwickelt. Wenn Sie eine Vorlagen-App entwickeln möchten, empfehle ich Ihnen, sich mit der Microsoft-Dokumentation über

Vorlagen-Apps unter *https://learn.microsoft.com/de-de/power-bi/connect-data/service-template-apps-overview* vertraut zu machen.

Die letzte Option, *Mitwirkenden das Aktualisieren der App für diesen Arbeitsbereich erlauben*, ist auch wichtig, wenn Sie planen, Elemente aus diesem Arbeitsbereich später in einer App zu verwenden. Ich werde die Zugriffsebenen und Zugriffskontrolle später erörtern, aber bei dieser Frage geht es darum, ob jemand in der Rolle eines Mitwirkenden in der Lage sein sollte, eine App zu bearbeiten, die von diesem Arbeitsbereich aus betrieben wird. Das ist eine Frage der Data Governance, die der Arbeitsbereichsadministrator und/oder der Tenant-Administrator beantworten muss. In einigen Fällen, beispielsweise während der Entwicklung, sollten Sie diese Funktion aktivieren, damit Sie schnell Änderungen vornehmen können. Sie sollten sie jedoch deaktivieren, wenn die Anwendung in den Produktionsbetrieb übergeht, um die Zahl der Personen zu minimieren, die den Betrieb durch versehentliche Änderungen stören könnten.

Sobald alles ausgefüllt ist, wird die Schaltfläche *Speichern* aktiviert und Sie können den Arbeitsbereich erstellen. Sie werden feststellen, dass neben dem Namen von Pro-Arbeitsbereichen kein Diamantsymbol zu sehen ist. Neben Arbeitsbereichen der Pläne Premium pro Benutzer und Premium pro Kapazität wird dieses Diamantsymbol immer angezeigt, damit die Benutzer erkennen können, um welche Art von Arbeitsbereich es sich handelt.

9.2.2 Verwalten von Benutzern in einem Arbeitsbereich

Ich habe einen Premium-pro-Benutzer-Arbeitsbereich mit dem Namen *Cool School University* erstellt und muss ihm nun Benutzer hinzufügen. Auf der Startseite eines beliebigen Arbeitsbereichs befinden sich in der oberen rechten Ecke der Seite Optionen für *Anzeigen*, *Filter*, *Einstellungen*, *Zugriff* und *Suchen*. *Zugriff* ist das, wonach Sie suchen. Wenn Sie auf diese Schaltfläche klicken, wird ein Bereich eingeblendet, der ähnlich aufgebaut ist wie der Bereich *Arbeitsbereich erstellen*. Sie sehen den Bereich *Zugriff* in Abbildung 9–3.

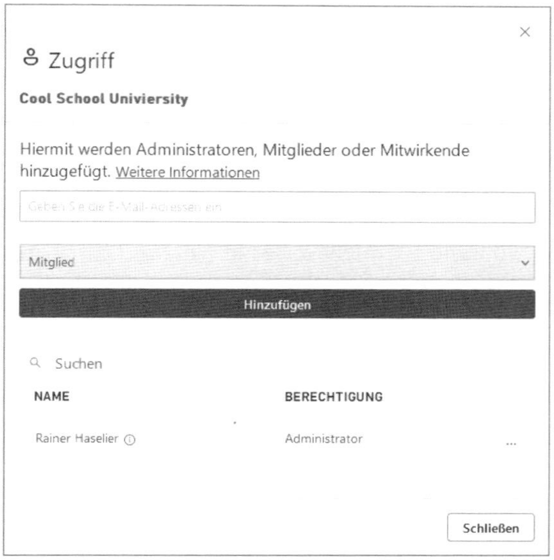

Abb. 9–3 *Der Bereich für die Konfiguration des Zugriffs auf den Arbeitsbereich*

Power BI arbeitet sehr gut mit der Active Directory-Instanz einer Organisation zusammen. Wenn Ihre Organisation Windows oder Azure Active Directory verwendet, kann und wird Power BI nach Benutzern suchen, wenn Sie deren E-Mail-Adressen oder Microsoft 365-Gruppen eingeben, wie in Abbildung 9–4 gezeigt. Ja, Sie können mit ein paar Klicks ganze Gruppen zu einem Arbeitsbereich hinzufügen.

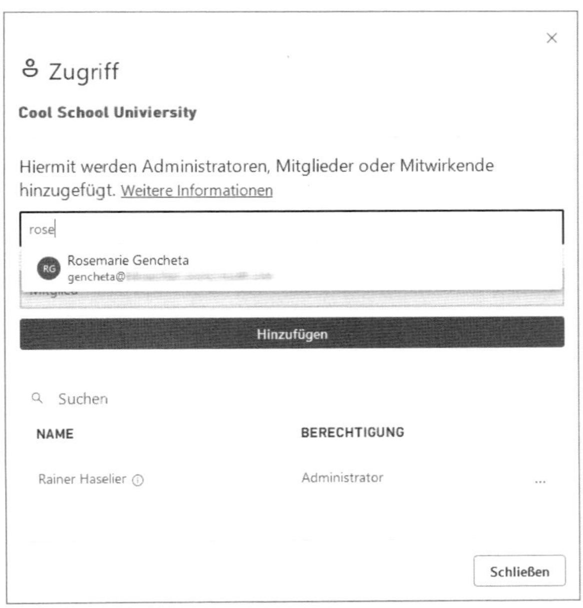

Abb. 9–4 *Active Directory nimmt Ihnen die Arbeit ab, indem es nach Namen oder Gruppen sucht und diese bereits bei der Eingabe ausfüllt.*

Sie können auch mehrere Personen auf einmal hinzufügen, indem Sie mehrere E-Mail-Adressen eingeben. Sehen Sie in Abbildung 9–3 die Zeile unterhalb der E-Mail-Adresse? In dieser Zeile wird festgelegt, welche Zugriffsrechte ein Benutzer auf den Arbeitsbereich haben wird. Den Benutzern eines Arbeitsbereichs können vier Rollen zugewiesen werden: *Administrator*, *Mitglied*, *Mitwirkender* oder *Anzeige*. Diese Rollen sind hierarchisch aufgebaut, das heißt, jemand in einer niedrigeren Rolle kann den Benutzerzugriff von jemandem in einer höheren Rolle nicht beeinflussen. So kann beispielsweise ein Mitglied einen Administrator nicht aus einem Arbeitsbereich herauswerfen oder entfernen, aber der Administrator kann das Mitglied herauswerfen. Nur Admins können andere Admins entfernen.

Admins und Mitglieder können Dinge tun, die sich entweder auf die Benutzer in einem Arbeitsbereich auswirken oder Arbeitsbereichselemente ändern, die außerhalb des Arbeitsbereichs verwendet werden. Mitwirkende können Dinge innerhalb des Arbeitsbereichs bearbeiten, haben aber im Allgemeinen nicht die Möglichkeit, die Art und Weise zu beeinflussen, wie externe Betrachter mit den Datenelementen des Arbeitsbereichs interagieren. Mitglieder der Rolle *Anzeige* können lediglich Objekte in einem Arbeitsbereich sehen und keine Änderungen daran vornehmen.

Ich empfehle, bei der Verwaltung von Arbeitsbereichen mindestens ein Dienstkonto einzurichten, also ein Konto, das nicht einem Benutzer, sondern der gesamten Organisation gehört und dessen Anmeldeinformationen eine begrenzte Anzahl von Personen kennt. Dieses Dienstkonto sollte als Admin in allen Arbeitsbereichen enthalten sein, auch wenn es nicht allgemein verwendet wird. Wenn der einzige Administrator eines Arbeitsbereichs aus irgendeinem Grund die Organisation verlässt, müssten Sie zu diesem Zeitpunkt die Power BI Admin-API verwenden, um einen neuen Administrator für den Arbeitsbereich zu ernennen. Ich denke, das ist ein bisschen lästig.

Möglicherweise verfügt Ihr Unternehmen jedoch über Data-Governance-Richtlinien, die Ihnen dabei helfen, in dieser Hinsicht die beste Vorgehensweise für sich und Ihr Unternehmen zu bestimmen. Das Wichtigste ist, dass Sie über eine Möglichkeit oder Methode verfügen, mit der Sie beim Ausfall oder Weggang eines Mitarbeiters wieder die Kontrolle über einen Arbeitsbereich erlangen können.

Nach dieser wunderbaren Überleitung möchte ich kurz darauf eingehen, wie Sie einen Benutzer entfernen oder seine Rolle in einem Arbeitsbereich ändern. Im Bereich *Zugriff* in Abbildung 9–4 sehen Sie rechts neben dem Namen und der aktuellen Berechtigung drei Auslassungspunkte. Wenn Sie die drei Punkte anklicken, erscheint ein kleines Popupfenster, das eine Liste der Rollen anzeigt, die Sie einem Benutzer neu zuweisen können. Am unteren Ende der Liste sehen Sie *Entfernen*. Wenn Sie auf *Entfernen* klicken, wird der Benutzer entfernt. Wenn Sie auf eine andere Rolle klicken, wird dem Benutzer diese andere Rolle zugewiesen. Dieser Teil ist einfach, vielleicht etwas zu einfach, da Power BI nicht einmal eine Bestätigungsmeldung anzeigt, in der Sie gefragt werden, ob Sie sicher sind, dass Sie dies tun möchten. Wenn Sie jedoch einen Fehler machen, können Sie ihn leicht korrigieren, wie Sie an der Einfachheit des Hinzufügens von Benutzern sehen.

9.2.3 Hinzufügen von Benutzern zu Rollen für die RLS-Implementierung

Sie haben Ihren Arbeitsbereich mit den Benutzern eingerichtet, die Zugriff haben sollen. Nun müssen Sie diese für jedes Dataset im Arbeitsbereich, für den unterschiedliche Rollen definiert sind, zu RLS hinzufügen. Das ist ziemlich einfach, denn die eigentliche Arbeit besteht darin, die Rollen überhaupt zu definieren, was ich bereits weiter vorne in diesem Buch und in Kapitel 10 im Abschnitt über Tabular Editor erläutere.

Bewegen Sie auf der Startseite eines Arbeitsbereichs den Mauszeiger auf das Dataset, dem Sie Benutzer oder Gruppen für RLS hinzufügen möchten, bis Sie neben dem Datasetnamen eine Schaltfläche mit drei Punkten sehen.

Klicken Sie auf die drei Punkte und wählen Sie *Sicherheit*. Wenn Sie für Ihr Power BI-Dataset Rollen definiert haben, sehen Sie eine Liste der Rollen und der aktuellen Mitglieder dieser Rollen im Dataset. Sie können hier Benutzer oder Microsoft 365-Gruppen hinzufügen.

Wenn ein Benutzer mehr als einer Gruppe angehört, behandelt Power BI ihn so, als hätte er vollen Zugriff auf alle Datenkombinationen, die sich zwischen den verschiedenen Rollen befinden, ähnlich wie bei einem SQL Outer Join.

Abbildung 9–5 zeigt die einfache Benutzeroberfläche zum Hinzufügen von RLS-Benutzern. Genau wie beim Hinzufügen von Benutzern für den Arbeitsbereich versucht Power BI, Benutzer zu finden, wenn Sie die entsprechende E-Mail-Adresse oder den Gruppennamen eingeben.

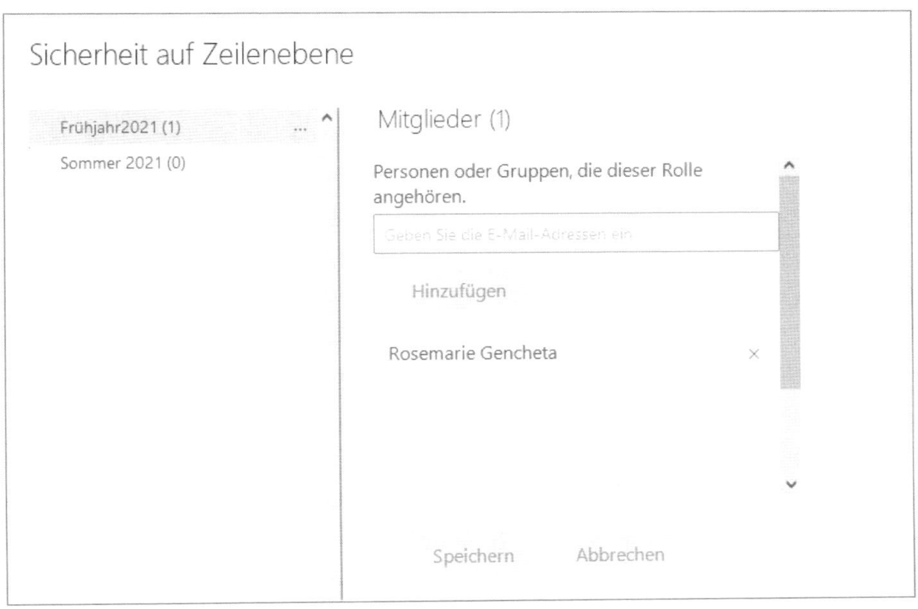

Abb. 9–5 *Weisen Sie den Benutzern die Rollen zu, zu denen sie gehören, indem Sie RLS zuweisen.*

9.2.4 Erstellen und Verwalten von Apps

Irgendwann möchten Sie vielleicht, dass die Benutzer mit den von Ihnen erstellten Datenelementen interagieren, ohne sie direkt zum Arbeitsbereich hinzuzufügen. Dies können Sie tun, indem Sie sie zu einer App hinzufügen, die von einem Arbeitsbereich betrieben wird.

Auf der Startseite des Arbeitsbereichs befindet sich oben rechts eine große Schaltfläche mit dem Text *App erstellen*. Lassen Sie mich dort beginnen und dann in Abbildung 9–6 zeigen, welche Konfigurationsmöglichkeiten es gibt.

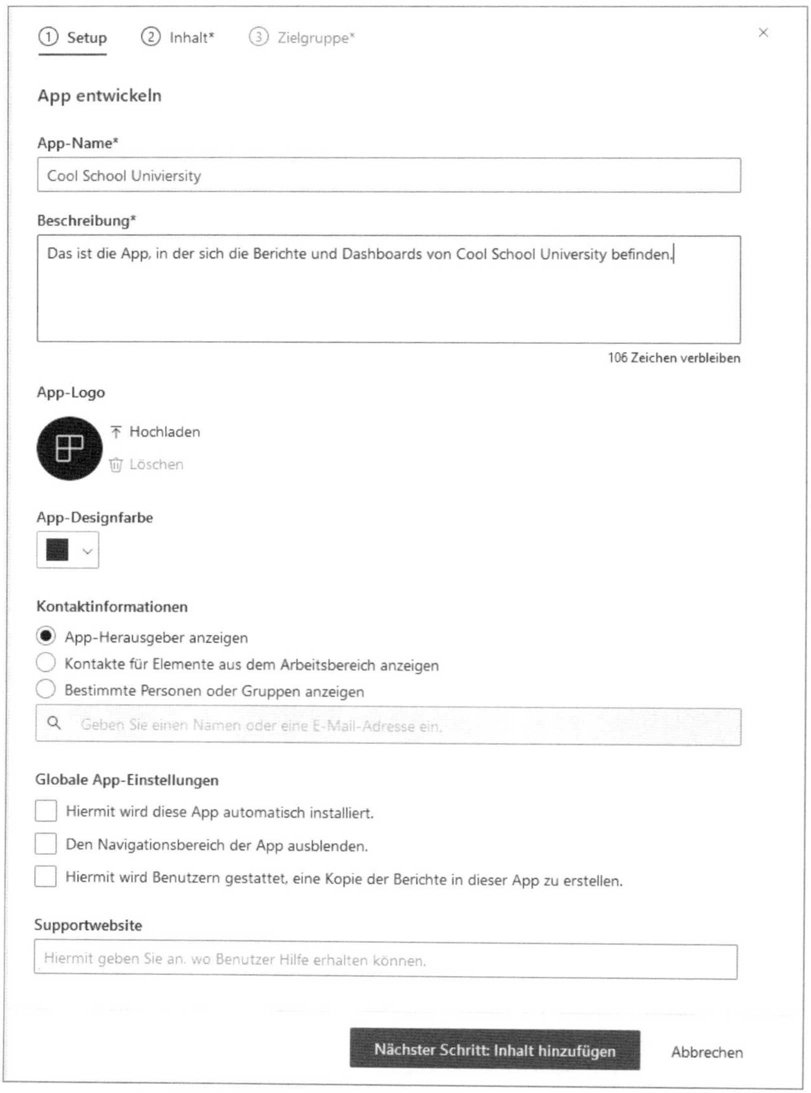

Abb. 9–6 *Die Geburt einer App startet mit der Schaltfläche* App erstellen. *Manche nennen dies auch App-Setup.*

Hier, auf dieser ersten Einrichtungsseite, stehen mehrere Optionen zur Verfügung. Sie geben Ihrer App einen Namen und eine Beschreibung, Sie können einen Link zu einer Support- oder Dokumentations-Website angeben, auf der Benutzer Hilfe bei der Verwendung der App erhalten, Sie können ein Logo für Ihre App hochladen, die Farbe des App-Designs auswählen und schließlich können Sie Kontaktinformationen anzeigen, wer bezüglich des Zugriffs auf die App kontaktiert werden soll. Das alles sollte Ihnen jetzt bekannt vorkommen, da es Ihrer Erfahrung bei der Erstellung von Arbeitsbereichen entspricht.

Nachdem Sie diese Seite ausgefüllt haben, klicken Sie auf *Nächster Schritt: Inhalt hinzufügen*. Es wird dann der Schritt *Inhalt* angezeigt, den Sie in Abbildung 9–7 sehen.

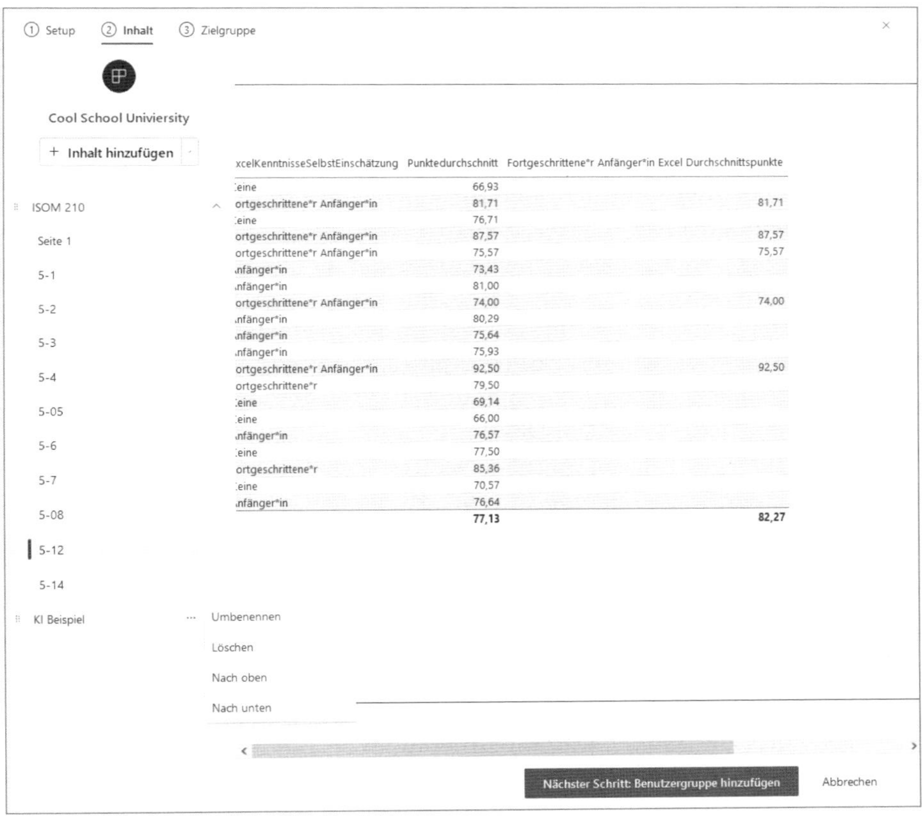

Abb. 9–7 *Legen Sie die Inhalte fest, die in der App enthalten sein sollen.*

Klicken Sie auf der Registerkarte *Inhalt* auf *Inhalt hinzufügen*. Sie sehen dann ein gleichnamiges Fenster mit den Arbeitsmappen, Berichten und Dashboards, die sich im Arbeitsbereich befinden. Eine App enthält nicht die zugrunde liegenden Kerndaten, wohl aber die Datenprodukte. Daher fügen Sie in die App keine Datasets oder Dataflows ein, wohl aber Berichte und Dashboards. Wählen Sie im Fenster den Inhalt aus, den Sie aus dem aktuellen Arbeitsbereich hinzufügen wollen.

Um das Navigationsmenü anzupassen, können Sie dort einen neuen Abschnitt anlegen. Klicken Sie dazu auf den Pfeil der Schaltfläche *Inhalt hinzufügen* und dann im Dropdownmenü auf *Neuen Abschnitt hinzufügen.* Doppelklicken Sie auf den Namen des Abschnitts und geben Sie einen neuen Namen ein, wenn Sie ihn ändern wollen. Ein Abschnitt ist wie ein Anzeigeordner. Sie können keine mehrstufige Ordnerstruktur erstellen: Es gibt also keine Abschnitte innerhalb von Abschnitten.

Über das Dropdownmenü der Schaltfläche *Inhalt hinzufügen* können Sie auch einen Link in das Navigationsmenü einfügen. Sie können einen Link zu einer Webseite definieren, die sich entweder innerhalb von Power BI oder extern befindet. Außerdem können Sie festlegen, wie sich der Browser beim Öffnen der Seite verhalten soll. Klicken Sie dazu auf den Pfeil der Schaltfläche *Inhalt hinzufügen* und dann im Dropdownmenü auf *Link hinzufügen.*

Wenn Sie einen Link erstellen, geben Sie einen Namen sowie die URL für den Link an, legen fest, wie der Link geöffnet werden soll, wenn er ausgewählt wird, und wählen dann einen der vorher erstellten Abschnitte aus, in die das Element für die Navigation eingeordnet werden soll.

Wenn Sie die Reihenfolge der Einträge im Navigationsmenü ändern wollen, ziehen Sie sie in der Liste an die gewünschte Stelle. Oder klicken Sie in der Navigation einen der Inhalte mit der rechten Maustaste an und wählen Sie *Nach oben* oder *Nach unten* aus.

Okay, jetzt haben Sie also Ihre Navigation schön und ordentlich eingerichtet. Jetzt müssen Sie festlegen, wer auf die App zugreifen darf und welche Berechtigungen durch den Zugriff auf die App und die Datasets, die die App im Hintergrund betreiben, erteilt werden. Das ist eine ganze Menge, also nehmen Sie sich einen Moment Zeit. Klicken Sie auf *Nächster Schritt: Benutzergruppe hinzufügen.* Die Registerkarte *Zielgruppe*, die Sie dann sehen, ist in Abbildung 9–8 dargestellt.

Auf der Registerkarte *Zielgruppe* erstellen und verwalten Sie Zielgruppen innerhalb der App. Power BI legt automatisch die erste Zielgruppe an, deren Name mit dem Namen der App identisch ist. Doppelklicken Sie auf die Bezeichnung der Standardzielgruppe, um ihren Namen zu ändern. Um eine Zielgruppe zu erstellen, wählen Sie *Neue Zielgruppe* aus.

Neben den Namen der Elemente/Abschnitte im Navigationsmenü wird das Symbol eines Auges angezeigt, wenn Sie die Maus auf das Element bewegen (siehe Abbildung 9–8). Wenn Sie das Auge anklicken, schalten Sie die Sichtbarkeit zwischen Ausblenden/Anzeigen um. So legen Sie fest, welche Inhalte die einzelnen Zielgruppen sehen können.

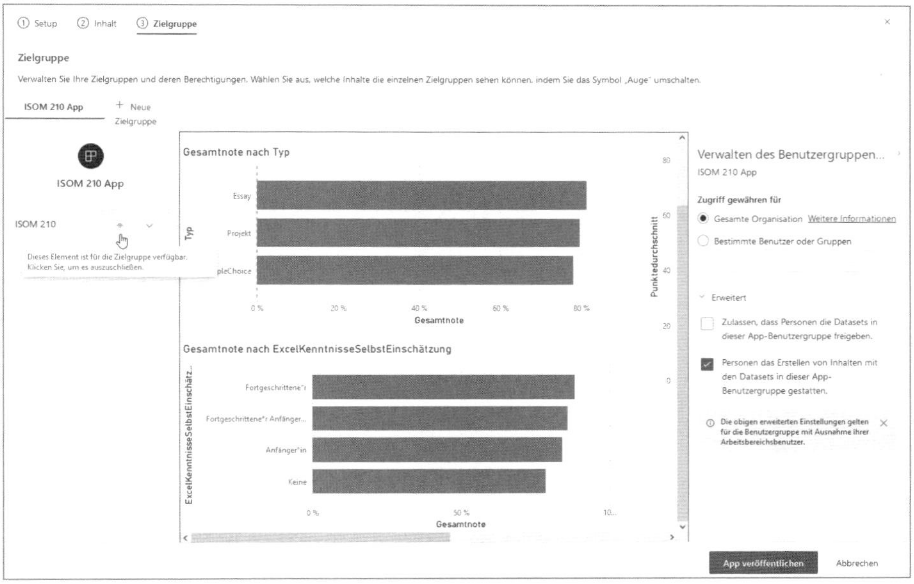

Abb. 9–8 *Sie können verschiedene Benutzergruppen erstellen, die hier Zielgruppen genannt werden, und jeder Gruppe unterschiedliche Berechtigungen zuweisen.*

Auf der rechten Seite des Fensters definieren Sie, welche Mitglieder die derzeit ausgewählte Zielgruppe hat. Ist es die gesamte Organisation? Sind es bestimmte Personen und/oder Gruppen in der Organisation? In diesem Fall beziehen sich die Gruppen auf Microsoft 365-Gruppen. Power BI weist auch darauf hin, dass jeder, der Zugriff auf den Arbeitsbereich hat, auch Zugriff auf die App hat. Das macht aus demselben Grund Sinn, aus dem ein Arbeitsbereichsadministrator nicht von RLS betroffen ist. Ein Arbeitsbereichsadministrator kann einfach die PBIX-Datei herunterladen. Jeder, der Zugriff auf den Arbeitsbereich hat, kann einfach zum Arbeitsbereich gehen und das enthaltene Material sehen. Geben Sie im Bereich *Zugriff gewähren für* Gruppen oder Benutzer an, die der aktuellen Zielgruppe hinzugefügt werden sollen.

Mit den beiden Schaltflächen im Bereich *Erweitert* legen Sie weitere Zugriffsoptionen fest. Das Kontrollkästchen *Zulassen, dass Personen die Datasets in dieser App-Benutzergruppe freigeben* erteilt den App-Benutzern die Berechtigung *Erneut freigeben* und gewährt ihnen das Recht, die App und die zugrunde liegenden Datasets der App-Zielgruppe freizugeben. Die Option *Personen das Erstellen von Inhalten mit den Datasets in dieser App gestatten* gewährt den Benutzer das Recht, mit den Datasets in der App eigene Berichte, Dashboards und Apps zu erstellen.

Danach können Sie die App veröffentlichen! Es dauert in der Regel zwischen 5 und 10 Minuten, bis die App verpackt ist, und dann erscheint sie im Abschnitt *Apps* im Power BI-Navigationsmenü. Wenn Sie die App aktualisieren müssen, kehren Sie zu dem Arbeitsbereich zurück, in dem sich die App befindet, und Sie werden sehen, dass sich die Schaltfläche *App erstellen* in *App aktualisieren* geändert hat. Das war's. Sie haben jetzt eine App!

9.2.5 Das goldene Dataset

Wenn Sie Ihre Power BI-Bereitstellung verwalten, werden Sie nach einer gewissen Zeit eine Menge Datenelemente ansammeln. Wenn die Anzahl der Datenelemente zunimmt, wirkt sich dies auf die Verarbeitung der Daten aus. Wenn Sie sich in einer Welt befinden, in der jeder Bericht von einem eigenen Dataset gespeist wird und jedes dieser Datasets aktualisiert wird, sind das eine Menge beweglicher Teile!

Der Himmel bewahre Sie davor, dass Sie so viele Datasets haben, die gegen Unternehmensdatenbanken aktualisiert werden ... denn wenn diese Datasets eine gewisse Größe annehmen, könnte Ihr armer DBA einen Herzinfarkt bekommen! Wie viele der Daten werden zwischen diesen Datasets ohne Grund repliziert?

Das sind Fragen, auf die viele Analysten, die Power BI nutzten und diesen Bereich vorantrieben, keine wirklich guten Antworten hatten, als der Power BI-Dienst sich immer größerer Beliebtheit erfreute. Aber es sind Tausende von Excel-Arbeitsmappen im Umlauf, warum sollte es hier anders sein?

Das Problem besteht darin, dass Datenelemente ab einem gewissen Punkt unternehmenskritisch werden. Sie müssen sie wie geschäftskritische Güter verwalten. Um herauszufinden, wie Sie dieses Problem in den Griff bekommen können, müssen Sie in die Vergangenheit von Power BI eintauchen und sich daran erinnern, was sich unter der Haube verbirgt. Es sind die Analysis Services. Wie würden Sie eine unternehmensweite Bereitstellung von Analysis Services verwalten? Sie würden ein zentrales Master-Dataset oder eine kleine Anzahl von Datasets erstellen, die Sie verwalten könnten. Dadurch würde die Rechenlast für andere Teile der Datenpipeline minimiert.

Mit Power BI können Sie dasselbe tun, indem Sie das Master Dataset oder ein goldenes Dataset oder wie immer Sie es nennen wollen, erstellen. Je seltener Sie Big-Data-Anfragen an Ihre Datenbanken stellen, desto besser sind Sie dran. An je weniger Stellen Sie RLS verwalten müssen, desto einfacher ist die Verwaltung. Je weniger Datasets Sie verwalten müssen, desto eher können Sie Ihren Datenkonsumenten Ihre besten Datenelemente zur Verfügung stellen, weil Sie wissen, dass die Wahrscheinlichkeit größer ist, dass Sie die Fragen beantworten können, die die Benutzer stellen möchten. Das erreichen Sie, indem Sie die Daten leichter auffindbar machen.

Bedeutet dies, dass Sie ein Dataset haben müssen, das für alle gilt? Nicht unbedingt. Sie können die Daten durchaus in einer Datamart-orientierten Struktur organisieren und eine kleine Anzahl von Datasets erstellen, die stark kuratiert sind, um bestimmte Arten von Fragen zu beantworten, aber dennoch wiederverwendbare Datenelemente darstellen.

Ein gutes Beispiel hierfür ist RLS. In einem Power BI-Dataset legen Sie die vorhandenen Rollen fest und definieren diese Rollen in DAX. Wenn Sie drei ähnliche Datasets haben, bedeutet das, dass Sie diese Rollen an drei verschiedenen Orten verwalten müssen; Sie müssen daran denken, den Power BI-Dienst aufzurufen, das Dataset auf der Startseite des Arbeitsbereichs finden, mit dem Mauszeiger auf das Dataset zeigen, bis die drei Auslassungspunkte erscheinen, diese Punkte anzuklicken, *Sicherheit* auswählen und sicherstellen, dass die Personen oder Gruppen in die von Ihnen definierten Rollen aufgenommen werden. Was passiert, wenn Sie das einmal vergessen und eines der Datasets nicht aktualisiert wird? Das bedeutet, dass jemand Daten sieht, die er nicht sehen sollte.

In einer Umgebung mit einer Premium-Kapazitätslizenz, in der es Hunderte oder gar Tausende von Berichtsbetrachtern gibt, die sich in Dutzenden von Gruppen befinden können, für die Sie den Zugriff verwalten wollen, könnte dies durchaus ein größeres Problem darstellen.

Bedeutet das, dass Sie Power BI für spontane Ad-hoc-Analysen nicht mehr in Betracht ziehen sollten, wenn Ihr Unternehmen groß genug ist? Nein, natürlich nicht! Hoffentlich sind Sie in der Lage, Ihr Dataset oder eine kleine Anzahl von Datasets zu nutzen, um schneller zu den Antworten zu gelangen, die Sie suchen. Manchmal muss man aber auch über den Tellerrand schauen, um Daten zu finden.

Microsoft empfiehlt in großen Premium pro Kapazität-Umgebungen, dass Kunden ihre geschäftskritischen Kapazitäten von ihren Ad-hoc-Kapazitäten für Sondierungszwecke trennen. Ich halte dies für eine gute Idee, die sich mit der Arbeitsbereichsverwaltung auch in Nicht-Premium-Umgebungen leicht umsetzen lässt.

Ermutigen Sie Ihre Benutzer, sich von Power BI Desktop aus mit Datasets im Power BI-Dienst zu verbinden, wenn sie mit der Erstellung eigener Berichte beginnen. Dadurch wird die Aufblähung von Datasets reduziert. Ich habe zu viele Unternehmen mit aufgeblähten Datasets erlebt, die beschlossen haben, dass Power BI einfach ein zu kompliziertes Tool ist. Das lag daran, dass sie keine guten Governance-Praktiken eingeführt hatten und schließlich an einen Punkt gelangten, an dem die Benutzer den Überblick über alle ihnen zur Verfügung stehenden Ressourcen verloren.

9.3 Zusammenfassung

Wenn Sie bis hier gekommen sind, hoffe ich aufrichtig, dass dieses Buch Ihnen geholfen hat, sich bei der Nutzung von Power BI Desktop und – in den letzten Kapiteln – des Power BI-Dienstes sicherer zu fühlen. Ich habe die verschiedenen Lizenzmodelle, die Verwaltung von Arbeitsbereichen, die App-Verwaltung und die allgemeine Bereitstellungsstrategie vorgestellt, um Ihnen zu helfen, Probleme in den Griff zu bekommen.

Im zehnten und letzten Kapitel möchte ich Ihnen einige Tools von Drittanbietern aus dem Power BI-Ökosystem vorstellen. Diese Tools sind hilfreich, wenn Sie versuchen, Probleme zu beheben und die Entwicklung zu beschleunigen. Hoffentlich verschaffen sie Ihnen einen Vorsprung bei der Entwicklung und Verwaltung von Power BI.

10 Tools von Drittanbietern

Bis zu diesem Punkt bezog sich alles, was in diesem Buch beschrieben wurde, auf einen bestimmten Teil des Microsoft Power BI-Ökosystems, in der Regel auf Power BI Desktop oder den Power BI-Dienst. Jetzt werde ich über diesen Bereich hinausgehen.

Wenn Sie Ihre Power BI-Kenntnisse vergrößern oder auf neue Entwicklungsanforderungen stoßen, werden Sie möglicherweise feststellen, dass einige Teile von Power BI nicht so einfach zu handhaben sind, wie Sie es sich wünschen. Dinge wie der Export von Daten aus Power BI sind nicht so einfach, wie sie es sein könnten oder vielleicht sein sollten. Die Versionskontrolle bei PBIX-Dateien war schon immer mühsam. Auch wenn Microsoft in Zukunft vielleicht bessere interne Lösungen anbietet, ist auch dies derzeit nicht so einfach, wie es sein sollte. Irgendwann möchten Sie vielleicht eine etwas genauere Kontrolle darüber, wo Sie Ihre Measures bei der Erstellung ablegen, oder Sie möchten, dass sie automatisch in Ihrem Anzeigeordner generiert werden.

Der Zweck dieses Kapitels ist es, Sie über einige großartige Optionen zu informieren, mit denen Sie Power BI besser nutzen können. Power BI ist wirklich ein tolles Ökosystem, aber keine Software oder Dienstleistung ist perfekt. Glücklicherweise sind unabhängige Entwickler innerhalb der Power BI-Community über sich hinausgewachsen und haben völlig kostenlose Tools entwickelt, die Ihnen bei der Nutzung von Power BI echte Vorteile bieten. Es gibt Software, die Ihre Entwicklungserfahrung optimiert, Datenmodelle verwaltet, bei der Versionskontrolle hilft, Ihre DAX-Ausdrücke richtig formatiert und vieles mehr.

In diesem Kapitel werde ich einige der beliebtesten externen Tools vorstellen, die von der Power BI-Community verwendet werden. Ich gebe Ihnen einen kurzen Überblick über deren Funktionalität und erläutere, wie Sie sie verwenden können. Ich habe nicht vor, jedes Tool erschöpfend zu erklären. Ich möchte Ihnen lediglich zeigen, wie Sie sie in Ihrem Arbeitsablauf einsetzen können. Sie werden froh sein, dass Sie dieses letzte Kapitel gelesen haben.

Stellen Sie sich einfach vor, dass Sie bald Ihren Abschluss an der Cool School University machen und mich stolz machen werden. Doch lassen Sie uns jetzt erst einmal weiterarbeiten.

10.1 Lernen Sie Business Ops kennen

Bei den meisten Tools kann man versuchen, jedes einzelne Teil oder jede Erweiterung zu finden, diese herunterzuladen, einzeln zu installieren und zu verwalten. Ich bin faul und gebe das auch gerne zu. Aus diesem Grund stellt *https://PowerBI.tips* einen externen Toolmanager namens *Business Ops* zur Verfügung, den Sie völlig kostenlos herunterladen können.

Diese Website macht sich die Mühe, eine Vielzahl von Tools von Drittanbietern zu sammeln, sie an einem Ort zusammenzufassen und Ihnen die Möglichkeit zu geben, die für Sie interessanten Tools schnell zu installieren und zu konfigurieren. Die Website wird ständig aktualisiert, wenn neuere Versionen der externen Tools, auf die sie verweist, ebenfalls aktualisiert werden. Dies ist wichtig, damit Sie immer auf dem neuesten Stand bleiben, wenn an den anderen externen Tools, die ich später in diesem Kapitel erkläre, Verbesserungen vorgenommen werden.

Der Download selbst wird als ZIP-Datei geliefert, und das Installationsprogramm befindet sich innerhalb der ZIP-Datei. Sobald die Installation abgeschlossen ist, sehen Sie eine Oberfläche wie in Abbildung 10–1. Auf der Startseite finden Sie die Versionshinweise für die von Ihnen installierte Version von Business Ops. Der Code ist vollständig quelloffen, sodass Sie die Git-Repositories aufrufen können, wenn Sie möchten.

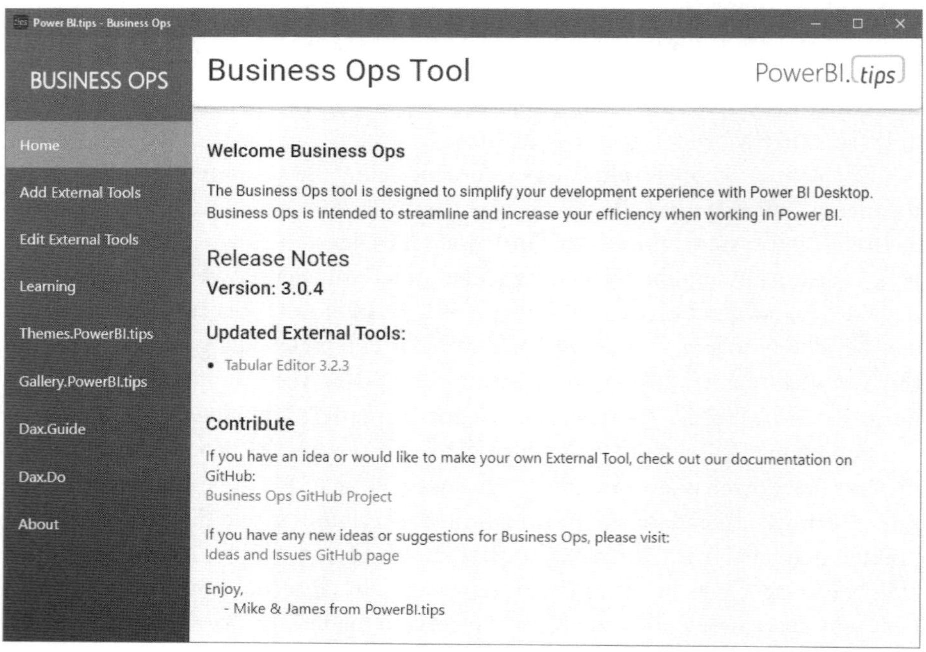

Abb. 10–1 *Business Ops spart Ihnen Zeit bei der Installation und Verwaltung Ihrer externen Power BI-Tools.*

Mit Business Ops können Sie eine Vielzahl von Power BI-Add-ons installieren, einfach auf Lerntools zugreifen, Power BI-Designs erstellen, eine Galerie für benutzerdefinierte Visualisierungen außerhalb von AppSource verwenden und Links zu einigen der besten DAX-Ressourcen der Welt finden.

10.1.1 Externe Tools hinzufügen, externe Tools entfernen und die Anzeigereihenfolge ändern

Von hier aus können Sie zu *Add External Tools* gehen, um die Liste der externen Tools anzuzeigen, die Business Ops zusammengestellt hat, und dann diese Pakete hinzufügen, damit Power BI sie als externe Tools erkennt. Dies geschieht über eine sehr einfache Schnittstelle mit Kontrollkästchen, die Sie in Abbildung 10–2 sehen. Diese Seite ist recht lang, und die Bildlaufleiste auf der rechten Seite der Anwendung ist zwar nicht ganz einfach zu entdecken, aber ich verspreche Ihnen, sie ist da. Ich persönlich benutze zur Navigation gerne das Scrollrad meiner Maus.

Dieses Kapitel konzentriert sich auf das ALM Toolkit, den Tabular Editor, DAX Studio und Bravo. Wenn Sie alle Tools haben, die Sie hinzufügen möchten, klicken Sie auf die blaue Schaltfläche *Add External Tools* in der unteren rechten Ecke und überlassen Business Ops den Rest.

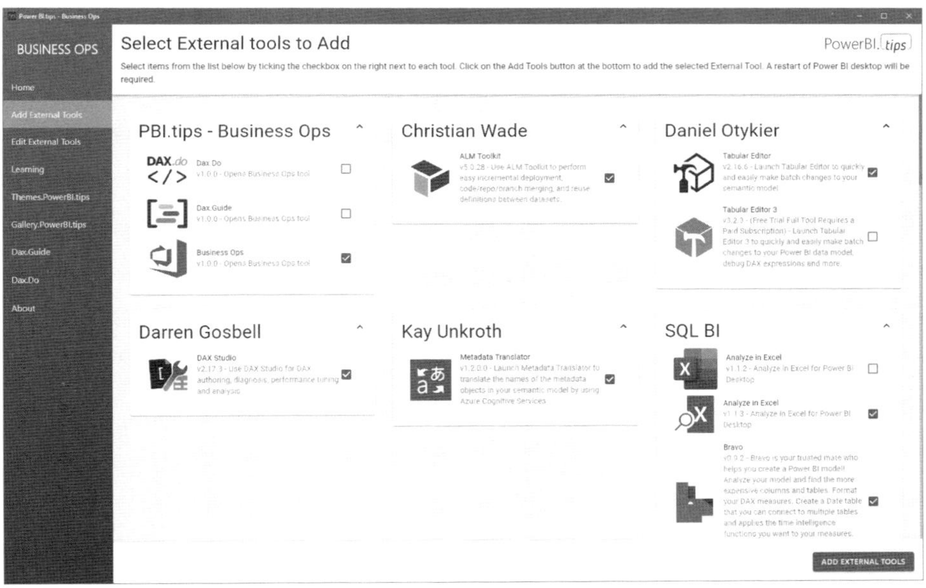

Abb. 10–2 *So einfach ist die Tool-Installation mit Business Ops.*

Ein unangenehmer Aspekt ist, dass die Software-Add-Ons, wie die hier beschriebenen, in denselben Ordner installiert werden, in dem auch die Business Ops-Software installiert ist. Business Ops erstellt auch keine separaten Einträge in Ihrem Startmenü für diese Software-Installationen, was anders wäre, wenn Sie sie manuell über deren individuelle Installationsprogramme installieren.

Ich umgehe dies, indem ich nach der Installation der externen Tools eine leere Power BI-Datei öffne, und dann die Registerkarte *Externe Tools* verwende, um die einzelnen Tools zu öffnen. Anschließend klicke ich in der Windows-Taskleiste das Programmsymbol mit der rechten Maustaste an und wähle *An Taskleiste anheften*.

Wenn Sie individuelle Verknüpfungen für Ihren Desktop anlegen möchten, gehen Sie in den Windows-Explorer, navigieren Sie zu der Software im Business

Ops-Verzeichnis und erstellen Sie eine Verknüpfung zu der Software, wie Sie es normalerweise in Windows tun würden.

Im Abschnitt *Edit External Tools* können Sie die relative Reihenfolge ändern, in der die Werkzeuge auf der Registerkarte *Externe Tools* des Menübands von Power BI Desktop angezeigt werden. Sie können auch Komponenten ganz aus der Liste entfernen.

Bei der Installation von externen Tools wird für jedes Tool eine JSON-Datei erstellt. Wenn Sie auf das Bleistiftsymbol klicken, können Sie den Dateinamen ändern. Die Tools werden in Power BI Desktop in alphabetischer Reihenfolge, von links nach rechts, angezeigt. Standardmäßig beginnt jede JSON-Datei mit einem dreistelligen Code, der die anfängliche Anzeigereihenfolge festlegt.

In Abbildung 10–3 habe ich fünf der Elemente so geändert, dass sie fünfstellige Codes verwenden, und ihnen die Nummern so vergeben, dass sie vorangestellt werden. Ich versehe die von mir bearbeiteten Einträge mit fünf Ziffern, damit ich weiß, dass ich sie bearbeitet habe. Wenn ich ihnen fünf Ziffern vergebe und davon ausgehe, dass die ersten drei Nullen sind, werden sie immer vor dem ersten automatisch generierten dreistelligen Code erscheinen.

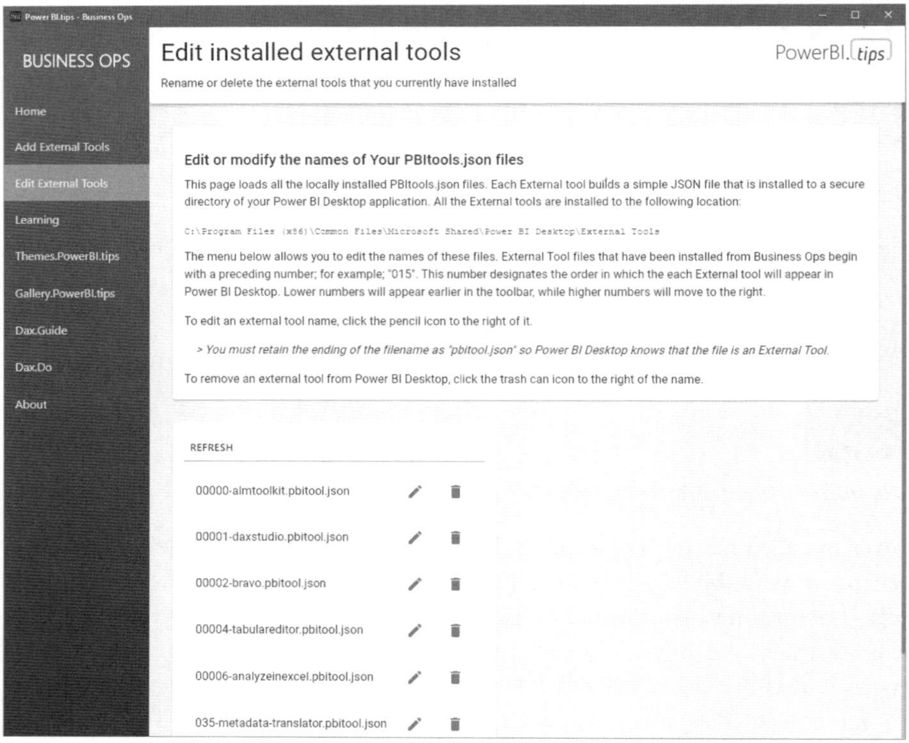

Abb. 10–3 *Das Entfernen von Werkzeugen und die Verwaltung ihrer Anzeigereihenfolge ist einfach.*

Sie können außerdem Elemente aus der Liste der externen Tools entfernen, wenn sie über diese Software installiert wurden. Klicken Sie dazu auf den Mülleimer neben der Schaltfläche mit dem Bleistiftsymbol. Wenn Sie etwas versehentlich entfernen, kehren Sie zu *Add External Tools* zurück; alles, was bereits vorhanden ist, wird dort ausgegraut angezeigt. Sie wählen einfach das Tool aus, das Sie wiederherstellen möchten, und fügen es erneut hinzu.

10.1.2 Lernen, Erstellen von Designs, Erzeugen von Visuals

Der Abschnitt *Learning* enthält zusätzliche Ressourcen zu Themen, die ich in diesem Buch bereits kurz angeschnitten habe, wie z.B. Quickmeasures und einige Dinge, auf die ich später in diesem Kapitel und in Anhang B eingehe. Der Abschnitt *Learning* enthält auch Links zu Dokumentationen und Schulungsvideos für die weiteren externen Tools, die ich weiter hinten in diesem Kapitel erkläre.

Der Generator für benutzerdefinierte Designs, den Sie im Menü von Business Ops über *Themes.PowerBI.tips* erreichen, ist unglaublich! Sie können ein Design mit Farben und benutzerdefinierten Visualisierungseinstellungen zusammenstellen, die Sie auf globaler oder individueller Ebene eines Visuals festlegen. Anschließend können Sie es als benutzerdefiniertes Design in Power BI Desktop importieren.

Mit dieser Funktion erhalten Sie auch die Hex-Codes für alle von Ihnen gewählten Farben, sodass Sie sie als Referenz nutzen können. Schauen Sie sich zunächst den Farbpalettengenerator in Abbildung 10–4 an.

Auf der linken Seite sehen Sie eine gleitende Farbskala, mit der Sie von Rot bis Violett und dann wieder zurück zu Rot in der Reihenfolge Rot, Orange, Gelb, Grün, Blau, Indigo, Violett gehen können. An jeder Stelle dieser Leiste zeigt Ihnen das Quadrat für den ausgewählten Farbbereich eine Reihe von helleren und dunkleren Schattierungen an, aus denen Sie auswählen können, zusammen mit dem Hexadezimalcode für die aktuell ausgewählte Farbe. Wenn Sie Ihre Hex-Codes bereits kennen, beispielsweise weil Ihre Marketingabteilung Ihnen das Hex-Code-Farbschema Ihres Unternehmens mitgeteilt hat, können Sie diese Codes direkt in den Eingabebereich am unteren Rand eingeben.

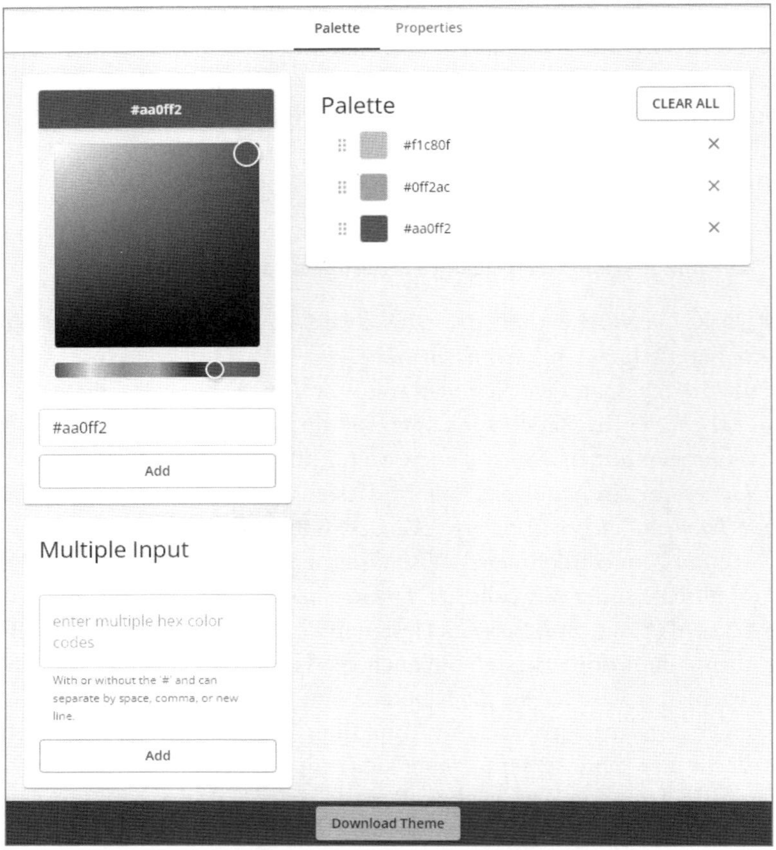

Abb. 10–4 *Der Farbpalettengenerator bietet eine schnelle und einfache Möglichkeit, Farben für Ihre Berichte auszuwählen.*

In Abbildung 10–5 können Sie vorgewählte Formatierungsoptionen entweder auf globaler Ebene oder lediglich für bestimmte Visuals als Teil des benutzerdefinierten Designs hinzufügen.

Hier sehen Sie, dass die Farben, die ich zuvor in Abbildung 10–4 ausgewählt habe, immer noch vorhanden sind. In diesem Fall habe ich das Trichterdiagramm ausgewählt, und Sie erkennen die Vielzahl der Formatierungsoptionen auf der rechten Seite. Für jeden Wert, den Sie geändert haben, werden der Text dieser Kategorie und die geänderten Optionen in dieser Kategorie in blauer Schrift angezeigt.

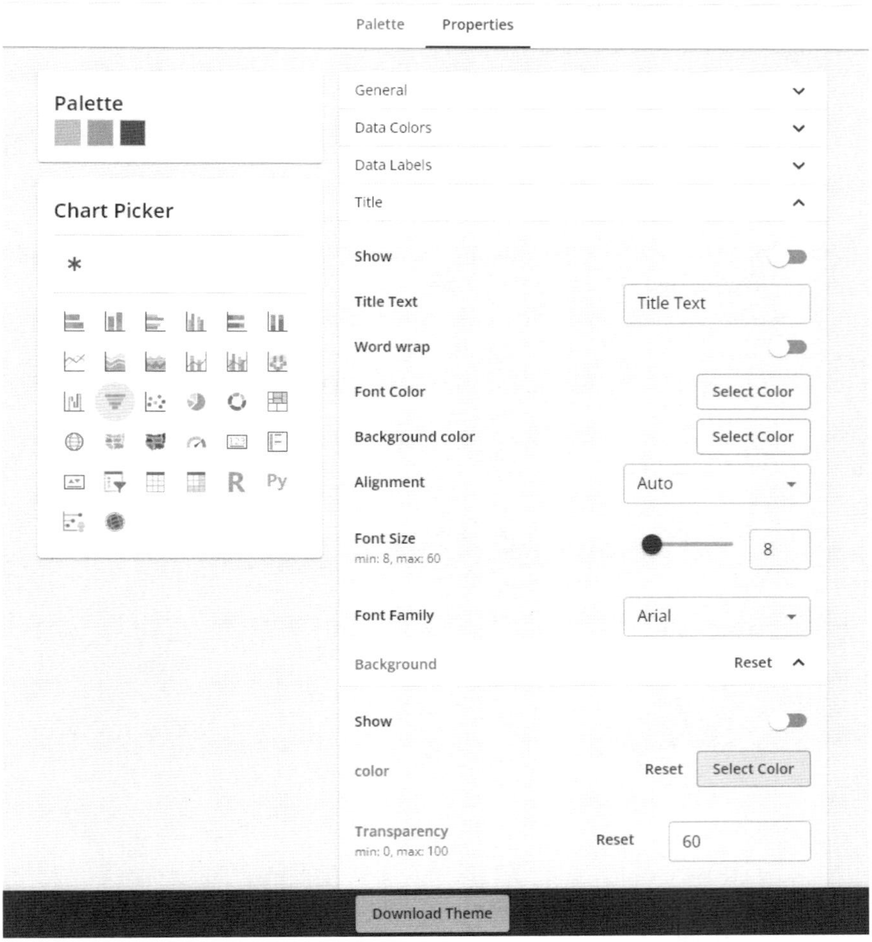

Abb. 10–5 *Benutzerdefinierte Designs bieten eine völlig neue Ebene der visuellen Steuerungsmöglichkeiten in Power BI.*

In dieser Übung habe ich den Bereich *Background* der Formatierungsoptionen geändert und die Hintergrundfarbe und die Transparenzstufe angepasst. Mit dem * in der Diagrammauswahl werden die dort vorgenommenen Änderungen auf alle Visuals angewendet, sofern zutreffend. Wenn Sie Ihre Farben und die benutzerdefinierte Formatierung nach Ihren Wünschen angepasst haben, können Sie das Design als JSON-Datei herunterladen und in Power BI Desktop in Ihren Bericht importieren. Öffnen Sie dazu im Menüband die Registerkarte *Anzeigen* und wählen Sie im Dropdownmenü *Designs* den Befehl *Nach Designs suchen*. Navigieren Sie zu dem Ort, an dem sich Ihre JSON-Datei auf Ihrem Computer befindet, wählen Sie sie aus, und das war's!

Es ist wichtig zu wissen, dass, wenn Sie Änderungen an den Basisformatierungsoptionen eines Visuals auf Designebene vornehmen, es immer noch individuell auf dem Canvasbereich in Power BI Desktop geändert werden kann. Hier geht es eher darum, eine Änderung zu beschleunigen, wenn Sie wissen, wie sich das Visual in den meisten Fällen verhalten soll, wenn es sich von der Standardformatierungsvorgabe unterscheidet.

Wenn Sie im Menü von Business Ops auf *Gallery.PowerBI.tips* klicken, finden Sie einen Katalog mit Farbdesigns, die bereits im Abschnitt *Palette* erstellt wurden. Wenn Sie in diesem Bereich auf ein Farbschema klicken, wird eine kleine Power BI-Berichtsseite geöffnet, die Ihnen zeigt, wie das Schema im Vergleich zu visuellen Elementen aussieht. Ich finde diese Funktion unglaublich hilfreich.

Der Abschnitt *Charts* zeigt Ihnen eine Liste von benutzerdefinierten Visuals, die mit Charticulator, einem von Microsoft entwickelten Tool zum Erstellen von Visuals, erstellt wurden. Sie können diese benutzerdefinierten Visuals herunterladen und in Ihren Power BI Desktop-Bericht importieren. Dazu fügen Sie sie als benutzerdefiniertes Visual hinzu, indem Sie die PBVIZ-Datei importieren. Dies ist in Abbildung 10–6 zu sehen.

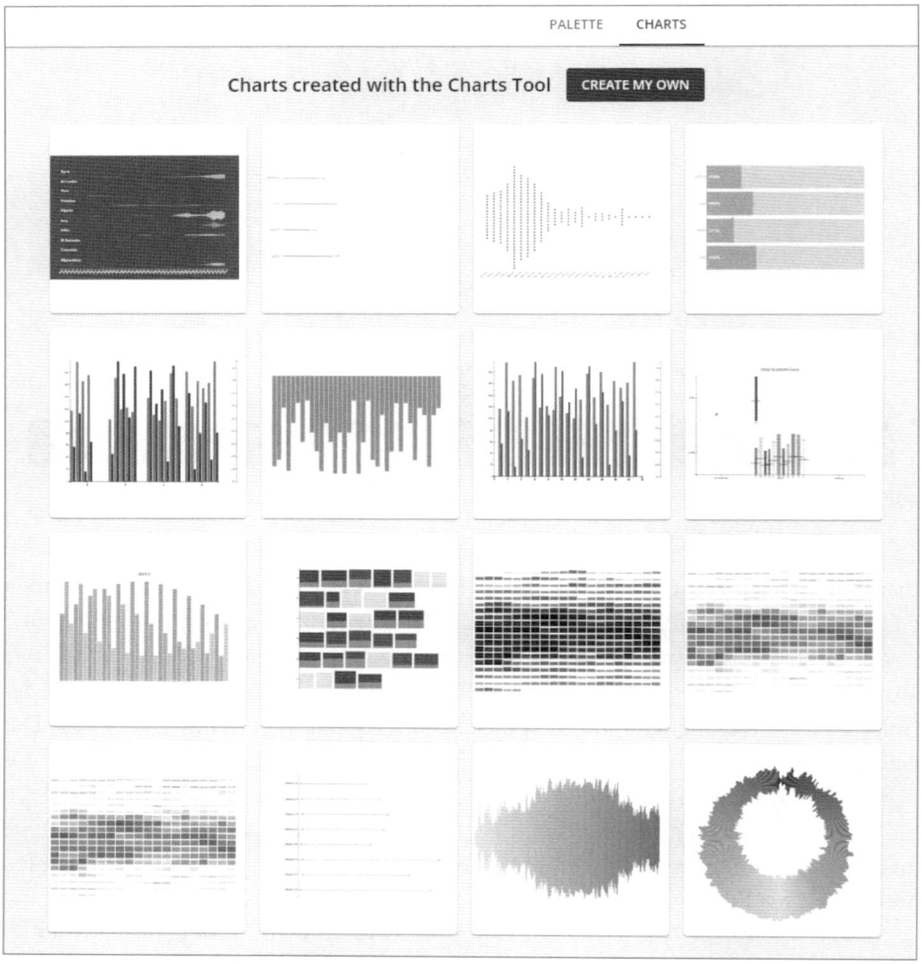

Abb. 10–6 *Einige zusätzliche benutzerdefinierte Visuals und eine direkte Verbindung zu Charticulator*

Mit der Schaltfläche *Create my own* wird innerhalb der Oberfläche von Business Ops eine voll funktionsfähige Version von Charticulator geöffnet. Beachten Sie, dass es sich technisch gesehen um einen Fork (oder eine Kopie des Code-Repositorys) von Microsoft Charticulator handelt, da Microsoft einige kleine Änderungen an der Benutzeroberfläche vorgenommen hat. Aber alles, was Sie in dieser Version von Charticulator erstellen, verhält sich genau so, als ob Sie es auf der Charticulator-Website erstellt hätten.

10.1.3 Zusätzliche DAX-Ressourcen

Business Ops verlinkt direkt zu zwei weiteren fantastischen DAX-Ressourcen, *DAX Guide* und *DAX.do*, beide mit freundlicher Genehmigung der Leute von SQLBI.

Über *DAX Guide* öffnen Sie ein DAX-Handbuch. Dieses Handbuch enthält eine Liste aller DAX-Funktionen, ihre Syntax, die Art der Werte, die die Funktion zurückgibt, und echte Programmierbeispiele, die auf der Grundlage bewährter DAX-Praktiken geschrieben wurden. Außerdem finden Sie für viele Funktionen in der oberen rechten Ecke ein YouTube-Video, das weitere Details über die Funktion in einem freundlichen Videoformat enthält.

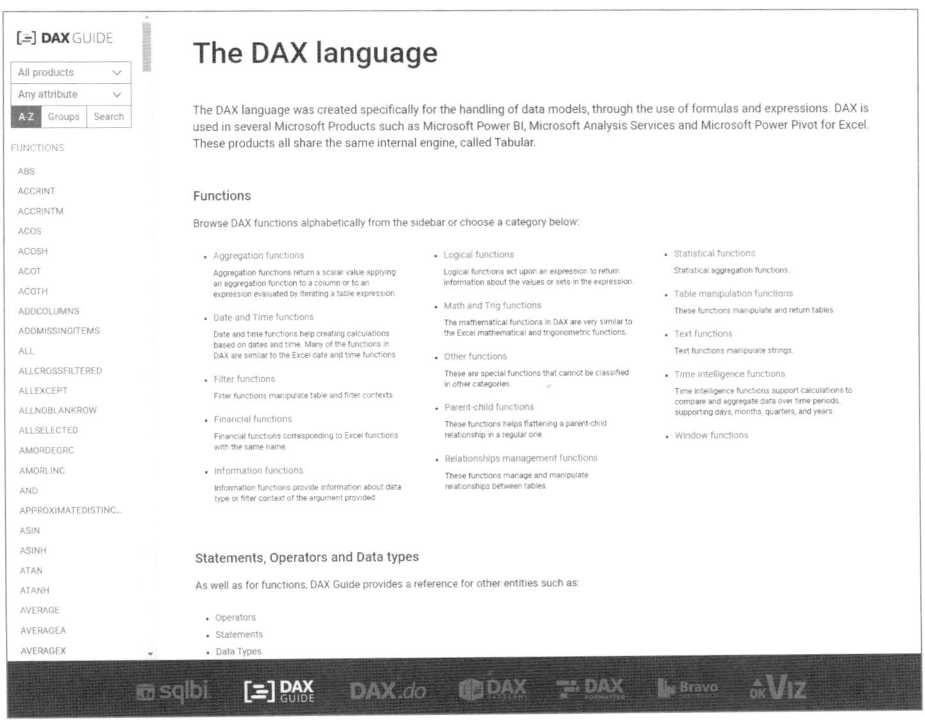

Abb. 10–7 *Der DAX Guide ist eine erstaunliche Kombination aus zugänglichem Wissen und Beispielen aus der Praxis.*

Auf der Startseite von *DAX Guide*, die Abbildung 10–7 zeigt, können Sie eine bestimmte Gruppe von Funktionen auswählen, die Sie genauer betrachten sollten, oder sich über die neuesten DAX-Funktionen informieren (wobei Sie auch erfahren, wann sie veröffentlicht wurden). Für jemanden, der mit DAX in mehr Zusammenhängen als nur Power BI arbeitet, ist die Anzeige auf der linken Seite bei *All Products*, in welchen Produkten eine bestimmte DAX-Funktion funktioniert, ein Lebensretter!

DAX.do hingegen ist ein vollwertiger DAX-Spielplatz, mit dem Sie bestimmte Elemente manipulieren und verschieben können, um sie Ihrem bevorzugten Teststil anzupassen. Der Playground wird mit zwei Datenmodellen geliefert, zwischen denen Sie umschalten können: Contoso und die DAX Guide-Modelle. Aus der Liste mit den Spalten können Sie sie per Drag-and-Drop in den Codebereich verschieben. Dax.do erkennt, welche Funktionen Sie zu verwenden versuchen, und zeigt Ihnen eine Dropdownliste dieser Funktionen an, um deren DAX Guide-Seiten aufzurufen. Sie sehen Ihre Ergebnisse, und wenn Sie eine Abfrage schreiben, die einen Fehler enthält, erhalten Sie eine aussagekräftige Fehlermeldung.

Abbildung 10–8 zeigt DAX.do und seine Bestandteile. DAX Guide und DAX.do haben eigene Websites, sodass Sie diese Tools auch über einen Browser nutzen können.

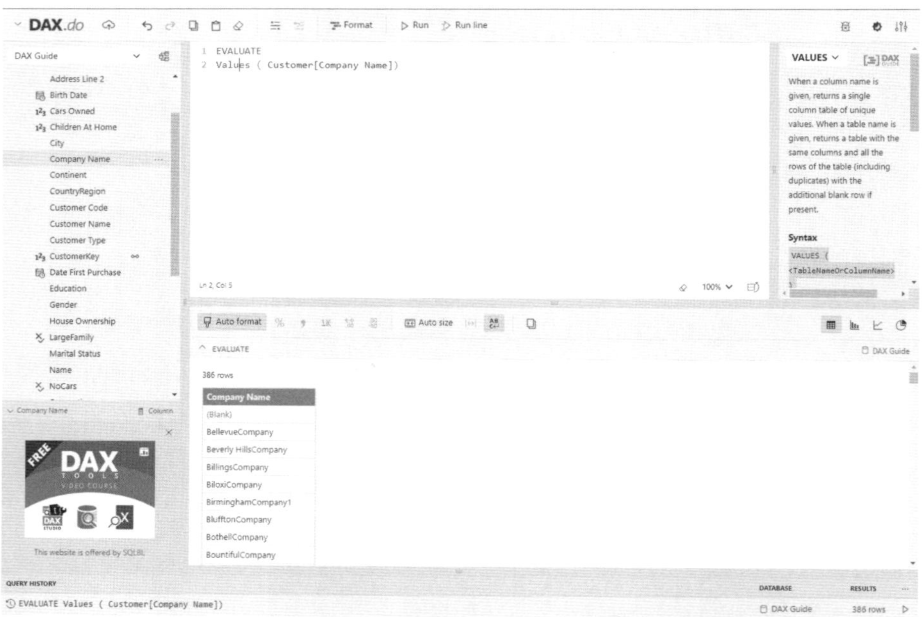

Abb. 10–8 *Vorgefertigte dokumentierte Datenmodelle, in denen ich DAX üben kann? Ich bin sofort dabei!*

Da Business Ops Zugang zu einer Vielzahl von Tools von Drittanbietern bietet, möchte ich im nächsten Abschnitt einige der nützlichsten hervorheben. Ich werde insbesondere einen DAX-Editor, einen Dataset-Editor und ein Tool zur Überprüfung des Zustands von Datasets und zur einfachen Erstellung von Measures vorstellen. Lassen Sie mich mit DAX Studio beginnen, dem herausragenden Tool zur Erstellung von DAX-Abfragen.

10.2 DAX-Studio

DAX Studio ist ein auf SQL Server Analysis Services (SSAS) basierendes Tool für Abfragen gegen tabellarische Modelle. Es ermöglicht Ihnen, DAX-Abfragen für ein Datenmodell zu schreiben und Ergebnisse zu erhalten. Wenn es direkt aus dem Bereich *Externe Tools* von Power BI Desktop geöffnet wird, stellt es automatisch eine Verbindung zu dem Power BI-Dataset her, von dem aus es gestartet wurde. Sie können damit auch Datasets abfragen, die sich im Power BI-Dienst befinden, wenn Sie dafür den betreffenden XMLA-Endpunkt aktiviert haben. Schauen Sie sich die Oberfläche in Abbildung 10–9 an und ich erkläre, was verfügbar ist.

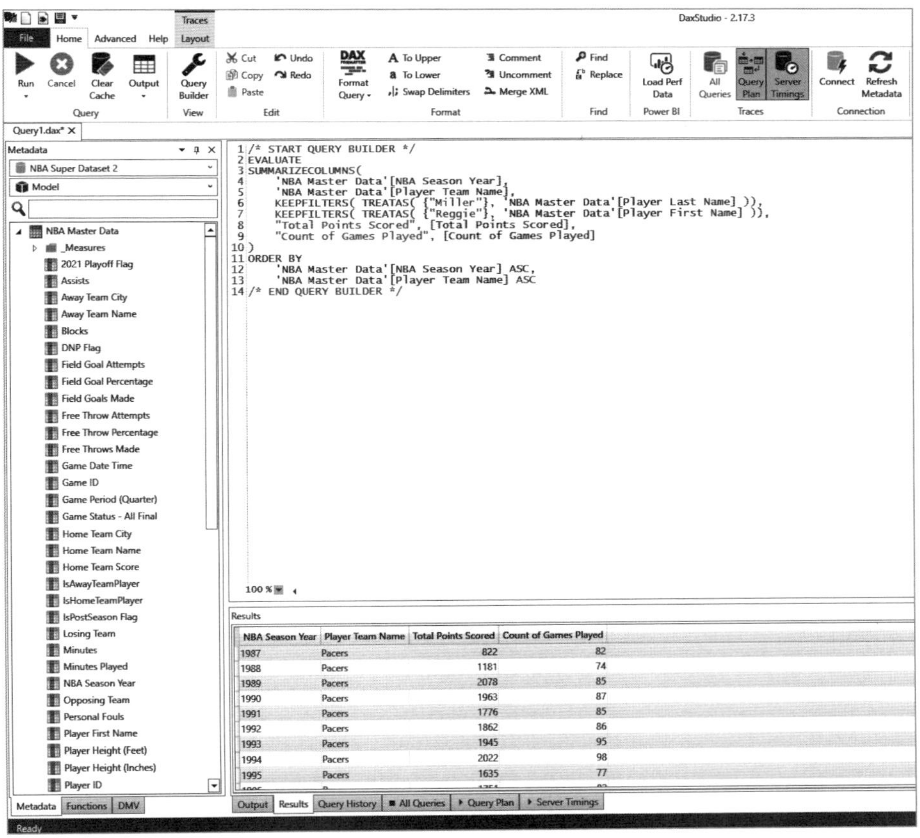

Abb. 10–9 *DAX Studio ist mehr als ein einfaches Abfragetool, wie Sie an seiner Oberfläche sehen.*

Ich werde hier nicht auf jede Option eingehen, aber es gibt ein paar wichtige Dinge zu entdecken. Das Erste ist das große Abfragefenster in der Mitte des Bildschirms. Hier schreiben Sie DAX-Ausdrücke und erhalten die Ergebnisse zurück. Unten sehen Sie die Ergebnisse, die zurückgegeben wurden. Auf der linken Seite sehen Sie meine Liste der Tabellen und Spalten sowie alle Anzeigeordner, die ich verwende.

Am oberen Rand der Multifunktionsleiste befinden sich Optionen zum Ausführen einer von Ihnen geschriebenen Abfrage, zum Abbrechen der gerade ausgewerteten Abfrage, zum Löschen des In-Memory-Caches und zum Festlegen eines Ausgabeformats für Ihre Ergebnisse.

Ich überspringe für jetzt den Query Builder. Sie sehen, dass in diesem Menüband klassische Zwischenablagefunktionen explizit gemacht werden. Mit der Schaltfläche *Format Query* können Sie den DAX-Ausdruck formatieren lassen. Wenn Sie versuchen, eine DAX-Anweisung zu formatieren, die ungültig ist, wird im Ergebnisfenster eine sehr lange Beschwerde angezeigt.

Sie können Dinge in Großbuchstaben oder Kleinbuchstaben schreiben, etwas auskommentieren, die Kommentarzeichen für etwas Auskommentiertes wieder entfernen und die Trennzeichen austauschen lassen, um entweder Kommas oder Semikolons zu verwenden. *XML Merge* ist nützlich, wenn Sie bei Abfragen DAX-Parameter verwenden wollen, aber ich verwende es nicht sehr oft. Suchen und Ersetzen *(Find* und *Replace)* sind selbsterklärend.

Die Trace-Funktionalität ist großartig und unglaublich nützlich, wenn Sie untersuchen wollen, warum bestimmte DAX-Abfragen länger dauern als erwartet. Braucht dieses Visual länger als früher? Verwenden Sie die Leistungsanalyse, lassen Sie die Abfrage von Power BI Desktop ausführen, kopieren Sie sie in DAX Studio, leeren Sie Ihren In-Memory-Cache, aktivieren Sie *Query Plan* (Abfrageplan) und *Server Timings*, und sehen Sie nach, ob bestimmte Teile der Abfrage länger dauern als andere. Leeren Sie auf jeden Fall Ihren Cache vor jedem Durchlauf, denn sobald die Ergebnisse ausgeführt wurden, wird das Abfragemuster im Speicher abgelegt, was die Abfrage beschleunigt.

Unten, unterhalb der Abfrageergebnisse, sehen Sie eine Liste von Registerkarten: *Output* (Ausgabe), *Results* (Ergebnisse), *Query History* (Abfrageverlauf), *All Queries* (Alle Abfragen) *Query Plan* (Abfrageplan) und *Server Timings*. Die drei letztgenannten Registerkarten werden nur angezeigt, wenn Sie die Trace-Optionen in der Multifunktionsleiste ausgewählt haben.

All Queries kann nicht aktiviert werden, wenn *Query Plan* oder *Server Timings* aktiviert sind. *All Queries* kann nützlich sein, wenn Sie wissen möchten, wie viele Abfragen generiert werden, um ein bestimmtes Ergebnis zu erhalten.

Meine persönliche Lieblingsfunktion in DAX Studio ist der Query Builder. Die in Abbildung 10–9 gezeigte Abfrage wurde tatsächlich mit dem Query Builder erstellt. Ich habe kürzlich an einem NBA-Dataset gearbeitet und wollte wissen, wie viele Spiele mein Lieblingsspieler, Reggie Miller, in einer regulären Saison gespielt und wie viele Punkte er in jeder regulären Saison, die er gespielt hat, erzielt hat.

In Abbildung 10–10 sehen Sie, dass Sie im oberen Teil des Abfragegenerators Spalten und Measures einfügen und in der unteren Hälfte die Spalten zum Filtern und die Filterbedingungen auswählen können. Der untere Bereich ist für die Sortierung der Ergebnisse vorgesehen.

Wenn Sie Elemente in die entsprechenden Bereiche einfügen, können Sie auf *Edit Query* (Abfrage bearbeiten) klicken, um die Abfrage im Abfragefenster zu erstellen und anzuzeigen. Dies bietet eine Reihe von hervorragenden Anwendungsmöglichkeiten. Nehmen wir an, Sie haben ein Dataset im Einsatz und ein Endbenutzer möchte eine ganz bestimmte Sammlung von Daten extrahieren. Er könnte DAX Studio verwenden, eine Verbindung zum Dataset im Power BI-Dienst herstellen und diesen Query Builder verwenden, um die gesuchten Informationen zu erhalten.

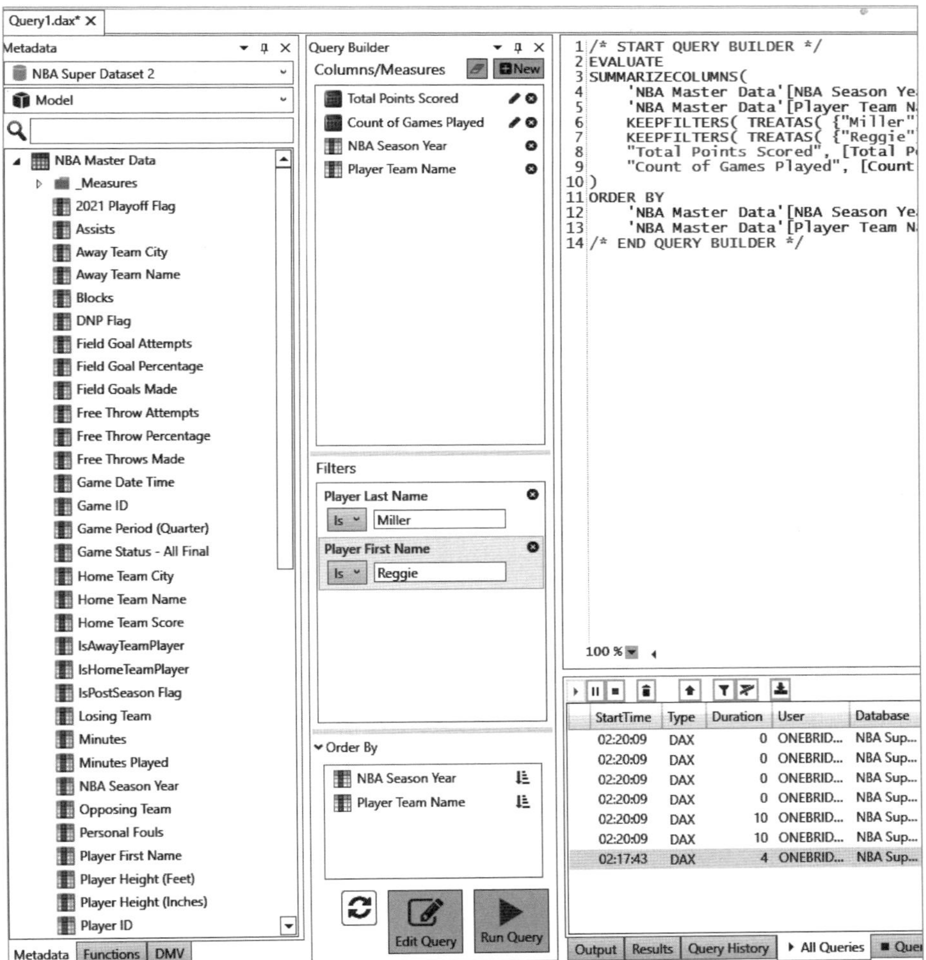

Abb. 10–10 *Der Query Builder ist eine fantastische Schummelhilfe, und ich liebe ihn.*

Ich habe festgestellt, dass sich dieses Feature auch sehr gut für DAX-Übungen eignet, insbesondere mit Tabellenfunktionen. In Power BI werden oft Measures erstellt, um bestimmte Werte zu erhalten, aber nicht unbedingt mit den Funktionen gearbeitet, die eine Tabelle als ihr Ergebnis zurückgeben. Dies gibt die Möglichkeit, mit einigen dieser Funktionen so zu arbeiten, dass sich dies nicht auf das Dataset selbst auswirkt. Außerdem können Sie so manuelle Änderungen vornehmen und sehen, was passiert. In dieser Hinsicht ist es ein ausgezeichnetes Lernwerkzeug.

10.3 Tabular Editor

Bevor ich etwas über den Tabular Editor erwähne, ist es wichtig zu wissen, dass es zwei verschiedene Versionen davon gibt: *Tabular Editor 2* und *Tabular Editor 3*. Tabular Editor 2 ist die ursprüngliche, quelloffene Lösung. Dieselben Leute, die den Tabular Editor 2 entwickelt haben, haben auch Tabular Editor 3 entwickelt und dabei eine Menge Features, die einem das Leben vereinfachen, eine schönere Benutzeroberfläche und einige andere Dinge hinzugefügt.

Ich werde Tabular Editor 2 vorstellen, die kostenlose Open-Source-Version. Derzeit gibt es keine Funktionalität in Tabular Editor 3, die nicht auch in Tabular Editor 2 möglich ist, aber es könnte etwas zusätzliche Arbeit erfordern.

Wie bei DAX Studio wird der Tabular Editor automatisch mit dem aktuellen Power BI-Datenmodell verbunden, wenn Sie ihn über die Liste der externen Tools im Menüband aufrufen. Tabular Editor ist ein einfach zu bedienender Editor für jedes SQL Server Analysis Services-Tabellenmodell (SSAS), genau wie das Modell, auf dem Power BI-Datenmodelle aufgebaut sind. Werfen Sie einen Blick auf die Benutzeroberfläche in Abbildung 10–11.

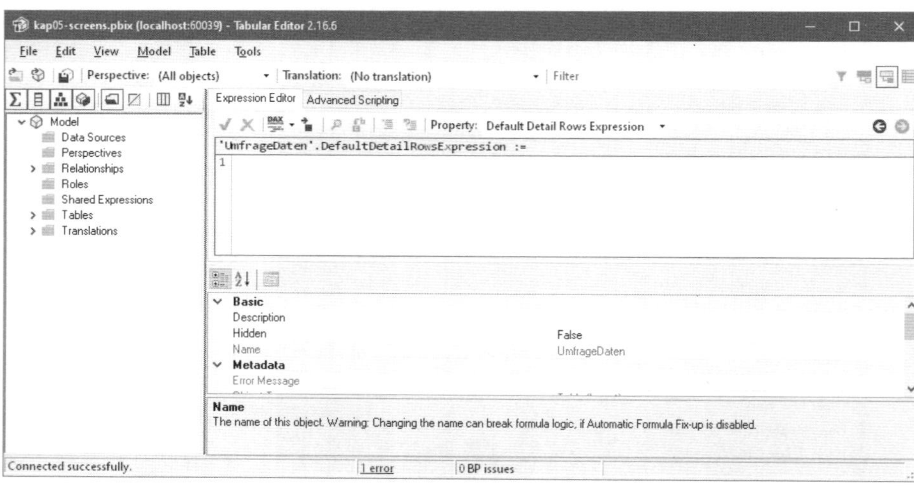

Abb. 10–11 *Das unkomplizierte Layout des freien Open-Source Tabular Editor 2*

Oben sehen Sie die klassische Windows-Menüführung: *File* (Datei), *Edit* (Bearbeiten), *View* (Ansicht), *Model* (Modell), *Table* (Tabelle) und *Tools* (Extras). Darunter sehen Sie drei Schaltflächen. Die erste dient dazu, Dateien zu öffnen, die Tabular Editor erstellt, wenn Sie eine Kopie der Modell-Metadaten darin speichern, also eine BIM-Datei. Diese BIM-Dateien sind im Grunde sehr große XML-Dateien, und einige Unternehmen verwalten ihre Power BI-Datasets vollständig in Tabular Editor mit BIM-Dateien. Diese können quellengesteuert und in Repositories abgelegt werden und sind im Vergleich zu ihren PBIX-Alternativen sehr klein.

Die zweite Schaltfläche ist mit einem transparenten Würfel versehen. Klicken Sie diese an, wird das Dialogfeld *Connect to Tabular Server* in Abbildung 10–12 angezeigt. In das Feld *Server* können Sie die Adresse jeder Analysis Services-Datenbank eingeben, auf die Sie Zugriff haben. Dazu gehören auch Datasets, die sich derzeit im Power BI-Dienst befinden, wenn Sie den XMLA-Lesezugriff aktiviert haben. Denken Sie daran, dass dies mindestens eine Premium-Einzelbenutzerlizenz erfordert. Wenn Sie gerade in Power BI Desktop ein Power BI-Dataset geöffnet haben, können Sie eine Verbindung zu einem dieser Datasets herstellen, indem Sie es im Listenfeld *Local Instance* auswählen. In beiden Fällen können Sie wählen, ob Sie Windows- oder Azure-Anmeldedaten verwenden oder, wenn Sie einen bestimmten Satz von Anmeldedaten übergeben müssen, können Sie diese Anmeldedaten identifizieren, indem Sie das Optionsfeld *Username and Password* wählen und dann die entsprechenden Informationen zur Verfügung stellen.

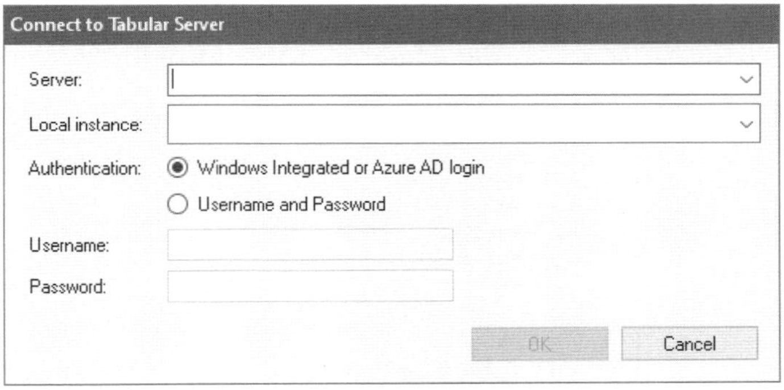

Abb. 10–12 *Dieses Dialogfeld wird angezeigt, wenn Sie im Tablular Editor 2 auf die Schaltfläche mit dem transparenten Würfel klicken. Wenn Sie eine Verbindung zu einem Dataset im Power BI-Dienst oder einer SSAS Tabular-Instanz an einem anderen Ort benötigen, kann dies eine Möglichkeit sein, diese Verbindung herzustellen.*

Schließlich gibt es in dieser Gruppe noch ein Symbol, das wie eine Speichern-Schaltfläche aussieht. Wenn Sie auf diese Schaltfläche klicken, werden alle Änderungen, die Sie in Tabular Editor vorgenommen haben, in der Datenbank gespeichert, mit der das Programm verbunden ist. Wenn das Ihr Power BI-Datenmodell ist, werden alle Measures, die Sie hinzufügen, entfernen oder bearbeiten, auf einmal übertragen. Sie haben einige neue Beziehungen hinzugefügt? Diese werden ebenfalls hinzugefügt. Haben Sie neue Rollen angelegt? Sie kennen jetzt das Konzept.

Wenn diese Schaltfläche angeklickt wird, wird der Status von Tabular Editor an das System zurückgegeben, das er bearbeitet. Bevor Sie Änderungen an einem Power BI-Datensatz vornehmen, egal ob lokal oder im Dienst, überzeugen Sie sich, dass Sie ein Backup haben. Stellen Sie sicher, dass Sie eine Power BI-Vorlagendatei (PBIT) oder eine BIM-Datei zur Hand haben, für den Fall, dass Sie einen Fehler machen und einen früheren Zustand wiederherstellen müssen, weil Sie etwas geändert haben, was Sie nicht ändern wollten.

Dies hat jedoch auch einen Vorteil. Nehmen wir an, Sie brauchen für Ihr Datenmodell viele Measures. In Power BI Desktop müssen Sie diese einzeln, eins nach dem anderen anlegen. Manchmal ist die Schnittstelle ein wenig langsam. Sie erstellen das Measure, aber es gibt einen Fehler im DAX, und Sie müssen ihn beheben. Wenn das Measure fertig ist, möchten Sie es aus organisatorischen Gründen zu Ihrem Anzeigeordner hinzufügen, aber auch das müssen Sie für jedes Measure einzeln tun. Das ist sehr mühsam. Mit Tabular Editor können Sie mehrere Änderungen am Datenmodell gleichzeitig vornehmen. Und während Sie daran arbeiten, wirkt sich dies nicht auf das Datenmodell aus, sondern erst dann, wenn die Änderungen gespeichert sind.

Bei einigen Dingen ist die Lernkurve in Tabular Editor jedoch etwas höher als in Power BI Desktop. Daher empfehle ich einen hybriden Ansatz für die Verwendung von Tabular Editor, bis Sie sich mit den Details, die für die Erstellung vieler dieser Elemente außerhalb von Power BI Desktop erforderlich sind, besser auskennen.

Im Navigationsbereich des Modells auf der linken Seite werden alle Details Ihres Modells angezeigt, wie in Abbildung 10–13 zu sehen ist.

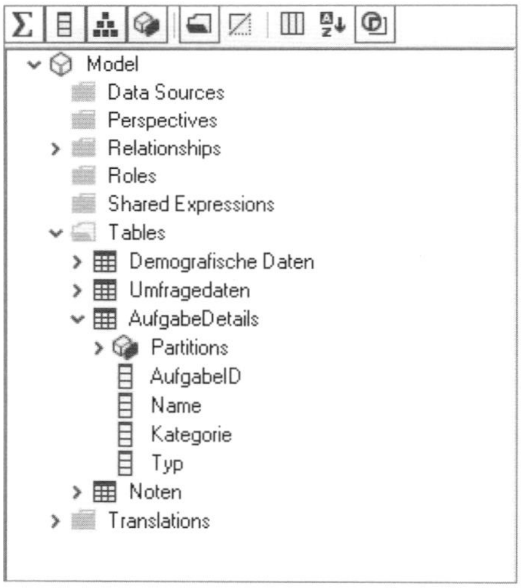

Abb. 10–13 *Die zugrunde liegenden Elemente des Datenmodells befinden sich im Navigationsbereich* Model.

Für jedes Dataset, das aus Power BI Desktop stammt, können Sie die Datenquellen weder ändern noch sehen. Perspektiven sind in Power BI sehr eingeschränkt, wo sie mit individuellen Visuals verwendet werden können, wenn die Option *Visuals personalisieren* aktiviert ist. Ansonsten haben sie keine Funktion. Sie können sie erstellen und sie können im Datenmodell vorhanden sein, aber Power BI unterstützt ihre Funktionalität nicht über den oben genannten Umfang hinaus.

Wenn Sie ein neues Element erstellen möchten, das mit einem Teil des Datenmodells verknüpft ist, klicken Sie mit der rechten Maustaste auf dieses Element, und es wird ein Kontextmenü angezeigt. Ich versuche, die Verwaltung von Beziehungen in Tabular Editor zu vermeiden, da ich eine visuelle Methode bevorzuge, um zu sehen, wie alle Tabellen miteinander zusammenhängen. Sie können hier jedoch neue Beziehungen anlegen, wenn Sie möchten. Wenn Sie ein Datenmodell von Grund auf neu erstellen, sollten Sie sich mit dieser Funktion vertraut machen.

Mit Tabular Editor können Sie auch Rollen für RLS verwalten und Measures, Anzeigeordner und andere berechnete Elemente hinzufügen. *Shared Expressions* zeigt die Liste der im Dataset vorhandenen Parameter, und *Translations* zeigt, welche Sprache(n) vom Dataset unterstützt werden.

10.3.1 Rollen erstellen

Rollen sind die Voraussetzung dafür, dass RLS (Row Level Security) funktioniert. Ich habe bereits Rollen erwähnt, und es ist nicht sonderlich schwierig, sie in Tabular Editor zu erstellen. Mit Tabular Editor können Sie auch über einfaches RLS hinausgehen und einer bestimmten Rolle Sicherheit auf Objektebene (Object Level Security, OLS) hinzufügen, um zu steuern, auf welche Objekte im Datenmodell sie zugreifen kann.

In meinem Cool-School-University-Dataset habe ich zwei Rollen, die ich in Power BI Desktop erstellt und in Tabular Editor geöffnet habe. In meinem NBA-Master-Dataset habe ich zwei Rollen, die ich komplett außerhalb von Power BI Desktop angelegt habe. Sie erfüllen den gleichen Zweck.

Schauen Sie sich meinen NBA-Datensatz an und ich erkläre die Erstellung einer neuen Rolle in Tabular Editor. Ich möchte eine Rolle anlegen, die nur die Daten für mein Lieblingsteam, die Indiana Pacers, anzeigt, und eine Rolle, die die Daten für alle anderen Teams anzeigt. Ich klicke mit der rechten Maustaste auf den Ordner *Roles* und wähle *New Role*. Als Erstes werde ich aufgefordert, die Rolle zu benennen. In diesem Fall nenne ich sie **Pacers Only**. Nachdem die Rolle erstellt ist, hat sie noch keine Funktion; sie muss zuerst definiert werden. Genauso wie Sie Rollen mit DAX in Power BI Desktop definieren, machen Sie das auch in Tabular Editor.

In Abbildung 10–14 sehen Sie den Eigenschaftsbereich für die Rolle *Pacers Only*. Ich interessiere mich für den Abschnitt *Security* und insbesondere für *Row Level Security*. Ich möchte eine DAX-Anweisung hinzufügen, die sich auf eine bestimmte Tabelle bezieht – in diesem Fall auf *NBA Master*. Da es sich um Daten auf Spielerebene handelt, möchte ich, dass diese Rolle nur Daten für Spieler anzeigt, die während der Zeit, in der sie für die Franchise spielten, Pacers waren. Der betreffende Datensatz enthält Spielerinformationen für jedes einzelne Spiel, einschließlich der Mannschaftszugehörigkeit. Ich kann also definieren, dass der Mannschaftsname des Spielers *Pacers* lautet, und das wird nur Daten für Spieler für den Zeitraum zurückgeben, in dem sie Mitglieder der Indiana Pacers waren.

Das ist in DAX ganz einfach einzurichten, und Sie können sehen, wo ich das definiert habe.

Wenn ich nun möchte, dass die Rolle *Pacers Only* nur bestimmte Tabellen sehen kann, kann ich dies auch auf Tabellenebene im Abschnitt *OLS* (Object Level Security) festlegen, indem ich das Verhalten für jede Tabelle von *Default* (Standard) auf *None* (Keine) ändere. Wenn ich jedoch eine Zugriffskontrolle auf Spaltenebene für OLS benötige, muss ich die Spalte speziell aufrufen und den OLS-Status der Rolle auf *None* ändern.

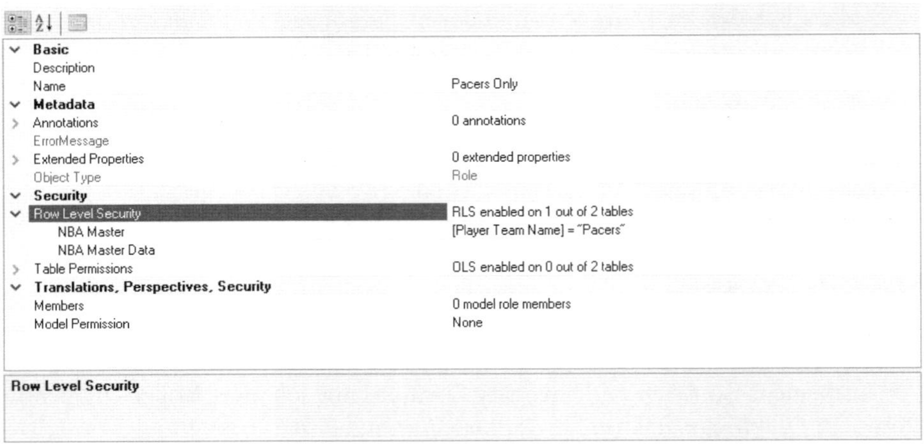

Abb. 10–14 *Die Implementierung von Rollen für RLS ist sowohl in Tabular Editor als auch in Power BI Desktop ziemlich intuitiv. Tabular Editor bietet Ihnen zusätzlich die Möglichkeit der OLS-Implementierung!*

Da ich nun meine erste Rolle habe und weiß, dass ich eine Rolle brauche, die quasi dieselbe ist (außer, dass sie alle Teams bis auf die Pacers umfasst), kann ich mit der rechten Maustaste auf meine Rolle *Nur Pacers* klicken, sie duplizieren, umbenennen und dann die RLS-Anweisung ändern. In diesem Fall ändere ich **[Player Team Name] = "Pacers"** in **[Player Team Name] = Not "Pacers"** ab.

10.3.2 Tabellen und Measures verwalten

In diesem Abschnitt komme ich an den Punkt, an dem Tabular Editor jedem Power BI-Entwickler Zeit und Frustration ersparen kann: die Erstellung und Verwaltung von Elementen, die mit DAX erstellt wurden. Wenn Sie in Ihrem Modell berechnete Tabellen, berechnete Spalten oder Measures haben, kann Tabular Editor Ihr Leben fast augenblicklich verbessern. Ich werde mich auf die Tabelle *Noten-Punkte* aus dem Cool-School-University-Dataset konzentrieren. Dieses Beispiel ist in Abbildung 10–15 zu sehen.

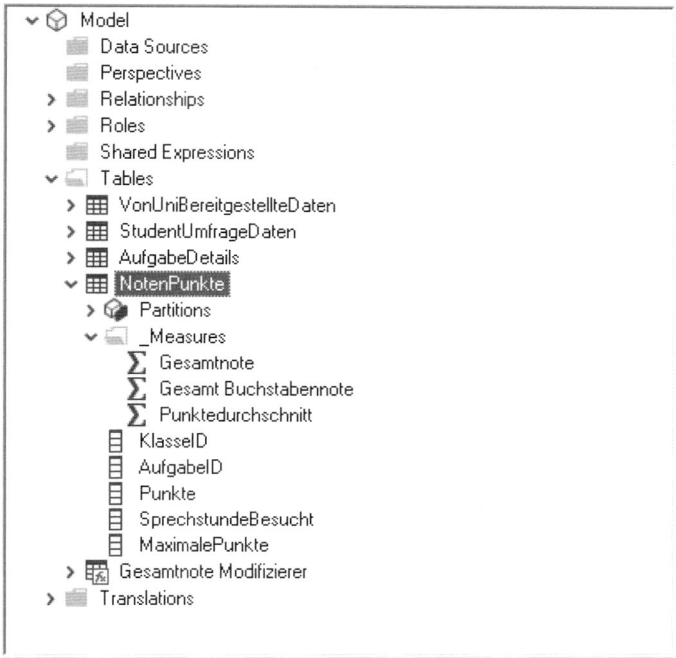

Abb. 10–15 *Tabular Editor macht die Anzeige Ihrer Power BI-Tabellen und Measures bedeutend schneller.*

Wenn Sie in Ihrem Modell eine Tabelle mit der rechten Maustaste anklicken, können Sie ein neues Measure, eine berechnete Spalte, eine Hierarchie, Datenspalte oder Datenpartition erstellen, um die Tabelle in mehrere Abschnitte zu unterteilen. Wenn Sie die inkrementelle Aktualisierung aktiviert haben, werden Sie sehen, dass Power BI die Erstellung der zeitbasierten Partitionen für Sie übernimmt. Sie können wählen, ob Sie die Tabelle ausblenden, duplizieren oder die Abhängigkeiten der Tabelle sehen möchten.

Wenn Sie mit der rechten Maustaste auf eine Spalte klicken, können Sie einen neuen Anzeigeordner, eine Kennzahl, eine berechnete Spalte, eine Hierarchie oder eine Datenspalte erstellen oder eine Beziehung zwischen einer bestimmten Spalte und einer anderen einrichten. Wenn Sie in Tabular Editor Beziehungen verwalten, können Sie auf diese Weise ebenfalls viel Zeit sparen.

Sie können auch `Strg`+Klicken verwenden, um mehrere Elemente auf einmal auszuwählen. Angenommen, Sie erstellen zehn neue Measures mit dem Ausdruckseditor auf der rechten Seite; Sie können sie alle auf einmal mit einem Klick auf eine Schaltfläche bereitstellen. Sie möchten eine Reihe von Measures in Ihren neuen Anzeigeordner verschieben? Das können Sie tun. Es ist unglaublich, wie viel schneller Power BI Desktop diese Änderungen zu übernehmen scheint, wenn sie vom Tabular Editor übertragen werden, als wenn Sie diese Dinge in Power BI Desktop selbst erledigen.

Was Tabular Editor 2 allerdings nicht von sich aus macht, ist die Versionskontrolle, und das Tool erstellt keinen guten Verlauf der von Ihnen vorgenommenen Änderungen. Das ist kritisch, denn egal wie gut Sie darin sind, Sie werden irgendwann einen Fehler machen und ihn entweder rückgängig machen oder etwas ändern müssen. Und Sie wissen, dass diese Änderung vor mehreren Implementierungen stattgefunden haben könnte. Für dieses Szenario würde ich ein Tool wie ALM Toolkit verwenden.

10.4 ALM Toolkit für Power BI

ALM Toolkit hat einen einfachen und nützlichen Zweck: Es soll die Unterschiede zwischen zwei Power BI-Datasets ermitteln. Wenn ALM Toolkit von Power BI Desktop aus gestartet wird, wird als Quelle automatisch die Power BI-Datei ausgewählt, die Sie derzeit geöffnet haben. Wenn Sie ALM Toolkit nicht von Power BI Desktop aus öffnen, müssen Sie die Quelldatei (oder die Datei in ihrem aktuellen Zustand) und die Zieldatei (die Datei, in die Sie theoretisch die Änderungen übertragen möchten) angeben. Die Benutzeroberfläche hierfür ist in Abbildung 10–16 zu sehen.

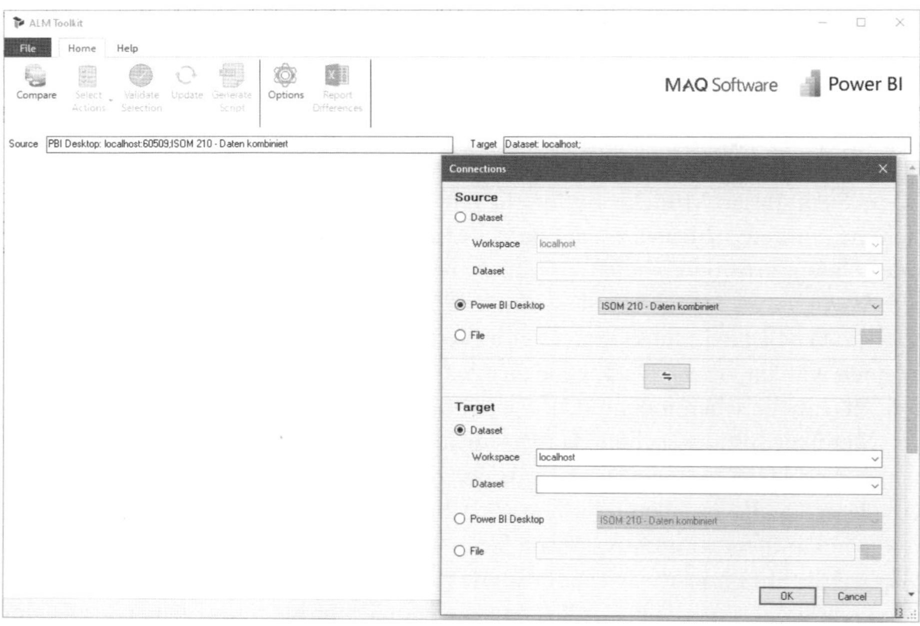

Abb. 10–16 *Wir wollen die Quelldatei mit der Zieldatei vergleichen.*

Sie werden feststellen, dass es mehrere Möglichkeiten für die Konfiguration der Quelle und des Ziels gibt. Mit der Option *Dataset* können Sie auf einen Arbeitsbereich im Power BI-Dienst verweisen. Nachdem Sie Ihre Anmeldeinformationen in einem Popupfenster bestätigt haben, wird Ihnen eine Liste aller Datasets in diesem Arbeitsbereich angezeigt.

Bevor es Bereitstellungspipelines gab, war es nicht unüblich, einen Entwicklungsarbeitsbereich mit einer Entwicklungsversion eines Datasets zu haben. Mit ALM Toolkit konnten Sie Metadatenänderungen von Ihrem Entwicklungsdataset im Power BI-Dienst auf ein Produktionsdataset im Power BI-Dienst in einem völlig anderen Arbeitsbereich übertragen.

Die Option *File* kann nur für PBIT-Dateien verwendet werden, die in Power BI Desktop gespeichert wurden, oder für eine BIM-Datei aus Tabular Editor. In diesem Fall werde ich also meine ISOM 210 PBIX-Datei der Cool School University mit einer PBIT-Datei vergleichen, die ich aus demselben Dataset erstellt habe. Ich habe darauf geachtet, dass ich nur eine Änderung vornehme – in diesem Fall habe ich ein nutzloses Measure entfernt –, damit Sie leicht erkennen, was sich geändert hat und wie es angezeigt wird. Sie sehen dies in Abbildung 10–17.

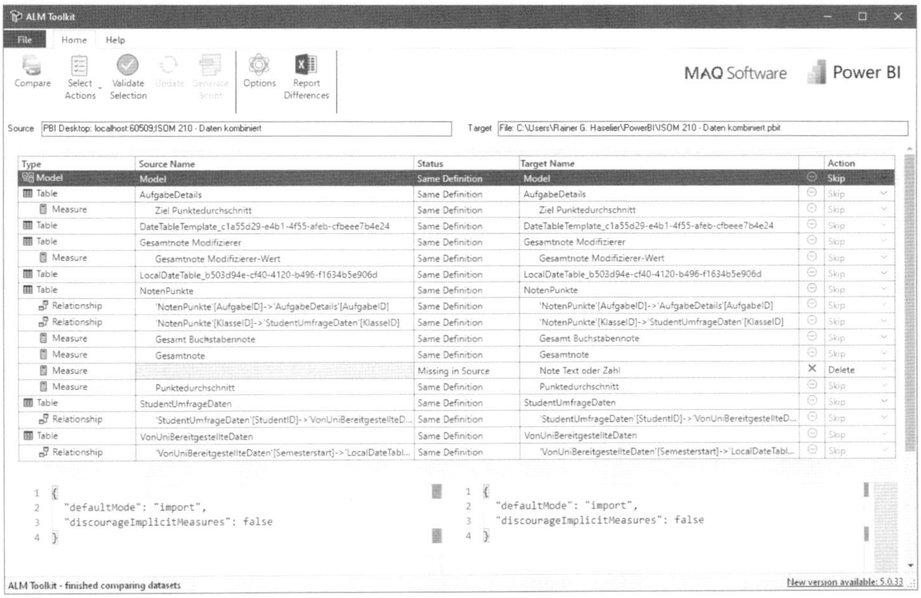

Abb. 10–17 *Diese Art des Vergleichs der Metadatenelemente bei zwei nebeneinander angezeigten Dateien ist extrem hilfreich.*

Ich weiß nicht, wie es Ihnen geht, aber ich kann mir schlecht merken, was ich in einem Power BI-Datenmodell geändert habe. Bevor ich mit der Arbeit an einer Power BI Desktop-Datei beginne, habe ich mir angewöhnt, eine Kopie dieser Datei im PBIT-Format zu speichern. Jetzt habe ich die PBIX-Datei, mit der ich arbeite, und eine PBIT-Datei, die alle Metadateninformationen enthält. Ich nehme die gewünschten Änderungen vor (in diesem Fall wie in Abbildung 10–17 dargestellt), entferne das Measure *Note Text oder Zahl* und vergewissere mich, dass ich keine anderen unbeabsichtigten Änderungen vorgenommen habe.

Sie sehen, dass ALM Toolkit Änderungen an allen Metadaten in einer Analysis Services-Datenbank mithält. Sie können außerdem in Form eines Codezeilenvergleichs sehen, was geändert wurde, wie Sie es beispielsweise in GitHub sehen würden. Abbildung 10–18 zeigt, wie das in ALM Toolkit aussieht.

Links, im Quellsystem, sehen Sie keine Codezeilen, weil ich sie entfernt habe, was als Löschvorgang angezeigt wird. Auf der rechten Seite sehen Sie jedoch im

JSON-Skript, was entfernt wurde, einschließlich – und das ist wichtig – des Ausdrucks, bei dem es sich für ein Measure um einen DAX-Ausdruck handelt.

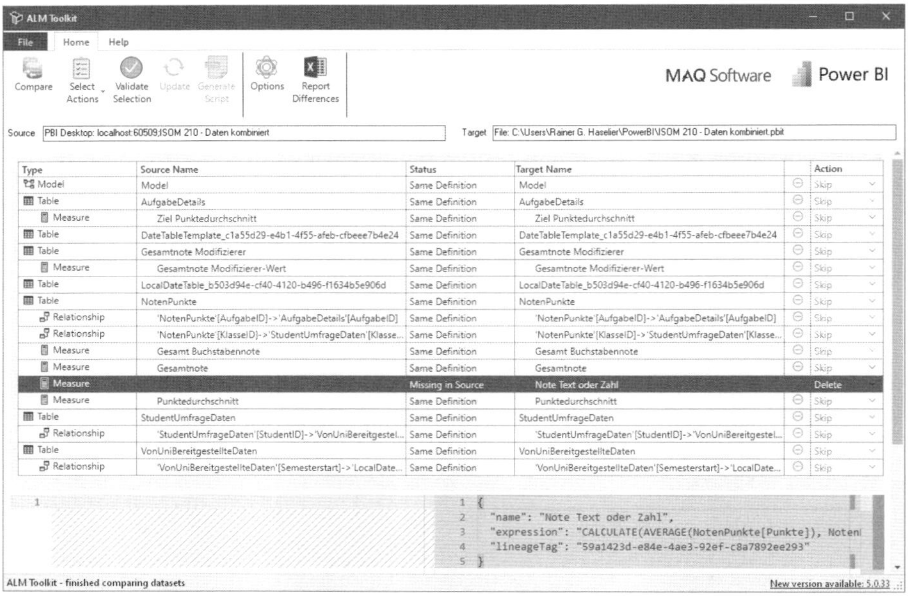

Abb. 10–18 *Detaillierte Verwaltung von Änderungen auf Code-Ebene*

Im Abschnitt *Action* kann ich wählen, ob ich diese Änderung bereitstellen oder überspringen möchte. Eine übersprungene Änderung wird bei der Bereitstellung der Metadatenaktualisierung vom Quell- zum Zielspeicherort ignoriert. Vielleicht habe ich eine Beziehung geändert, um zu testen, wie sich das auf ein Measure auswirkt, und dann vergessen, sie wieder zurückzuändern? Dieses Problem könnten Sie so lösen. Sie haben versehentlich ein zusätzliches Measure gelöscht, aber wissen nicht mehr, welches? Dieses Problem könnten Sie so lösen. Sie haben eine berechnete Spalte aktualisiert und stellen fest, dass das Ergebnis jetzt falsch ist, aber wissen nicht mehr, wie der DAX-Ausdruck ursprünglich lautete? Dieses Problem könnten Sie so lösen. Ich kann gar nicht genug betonen, wie wertvoll die Möglichkeit, diese Art Metadatenvergleich durchzuführen, für Ihr Wohlbefinden ist.

Nachdem Sie die Änderungen vorgenommen und sichergestellt haben, dass Sie die Liste der gewünschten Änderungen haben, sollten Sie, bevor Sie die Auswahl validieren, einen Bericht mit den Unterschieden erstellen. *Report Differences* erzeugt eine Excel-Version der Tabelle, die Sie in der Software selbst sehen. Das ist wichtig, weil Sie so ein automatisch erstelltes Änderungsprotokoll erhalten. Was können Sie damit tun?

Angenommen, ich erstelle am 24. April die Excel-Datei für die Änderungen, die Sie vorhin gesehen haben. Ich habe im Namen der Excel-Datei ein Datum, damit ich weiß, wann die Änderungen vorgenommen wurden. Dann ändere ich etwas am 1. Mai, 1. Juni und schließlich im September. Im September versucht jemand, einen Bericht über diesen Datensatz zu erstellen, und kommt zu mir und fragt: »Hey, gab es nicht ein Measure, um festzustellen, ob die Punktzahl im Text- oder Zahlenformat um den Wert 61 herum war?« Ich weiß, dass ich es vor Monaten entfernt habe, und wenn diese Person sagt, dass sie es braucht, kann ich mein Änderungsprotokoll überprüfen, den ursprünglichen Code finden und ihn einfach neu implementieren.

Ein Änderungsprotokoll kann auch hilfreich sein, wenn Sie in einem Szenario mit mehreren Entwicklern Änderungen an einem Datenmodell vornehmen, die Auswirkungen auf die Arbeit anderer haben könnten. Wenn Sie sagen: »Oh, ich habe eine Änderung an den Berechnungen X, Y und Z vorgenommen«, müssen Sie sich keine Sorgen mehr machen, wenn Sie feststellen, dass diese Änderung etwas kaputtgemacht hat. Das ist kein Problem mehr, denn Sie können feststellen, welche Änderungen vorgenommen wurden, und die Änderung eingrenzen, die die von Ihnen benötigte Funktionalität beeinträchtigt hat.

Jede gute Software hat ein Änderungsprotokoll bei Aktualisierungen. Behandeln Sie Ihr Power BI-Dataset wie ein gutes Stück Software und führen Sie ein Änderungsprotokoll. Machen Sie es sich mit dem ALM Toolkit einfacher.

Sobald Sie Ihr Protokoll erstellt haben, klicken Sie auf *Validate Selection,* um eine Liste der Änderungen zu sehen, die es auslösen wird. Sobald Sie auf *OK* klicken, werden die Schaltflächen *Update* und *Generate Script* verfügbar. Mit *Update* werden die Änderungen automatisch übertragen, wobei eine Datei mit einer neuen Version überschrieben wird, wenn eine Datei das Ziel war. Mit *Generate Script* wird ein XMLA-Skript erstellt, das Sie in einem Programm wie SQL Server Management Studio oder einem anderen Tool ausführen können, um die Änderung zu übertragen. Ich empfehle die Methode *Generate Script*, wenn mehrere Personen mit einem Dataset arbeiten und andere Personen alle Änderungen bestätigen sollen. Sie kann auch hilfreich sein, wenn Sie ein sekundäres Protokoll der XML-Datei führen möchten, die den Code enthält, mit dem die Änderungen von der Quelle zum Ziel übertragen wurden.

Ich habe also über ein Tool geschrieben, um Tools zu erhalten, und ein Tool, um das Dataset zu ändern, und ein Tool, um Versionskontrolle und Änderungsprotokollierung durchzuführen, aber es wäre schön, ein Tool zu haben, das die Entwicklung beschleunigen und High-Level-Informationen über das Dataset liefern würde. An dieser Stelle kommt das neueste Tool in der Power BI-Landschaft von Drittanbietern ins Spiel. Das ist Bravo von den Leuten von SQLBI.

10.5 Bravo

Bravo ist ein benutzerfreundliches Tool, das Ihnen helfen soll, schnell Informationen zur Optimierung Ihres Modells zu erhalten. Wenn Sie Bravo von Power BI Desktop aus öffnen, wird das Tool wie alle anderen externen Tools, die Sie gesehen haben, im Kontext der aktuell verwendeten Power BI Desktop-Datei geöffnet. Sie können sich über das Tool beim Power BI-Dienst anmelden und auch Informationen über Datasets in Premium-Arbeitsbereichen anzeigen.

10.5.1 Analysieren Sie das Modell

Das Erste, was Sie in Bravo sehen, ist das Fenster *Analyze Model*, das in Abbildung 10–19 dargestellt ist. Hier erhalten Sie sehr schnell Informationen darüber, wie groß Ihr Dataset ist, wie viele Spalten es hat und, was noch wichtiger ist, wie viele Spalten nicht im Modell referenziert sind. Es ist wichtig zu wissen, dass Bravo nicht erkennen kann, ob irgendwelche Berichte, die vom Dataset abhängig sind, eine dieser Spalten verwenden könnten. Aber Bravo kann Ihnen dabei helfen, herauszufinden, wo Sie anfangen sollten zu suchen, wenn Sie Spalten aus Ihrem Datenmodell entfernen wollen. Dadurch wird das Modell sowohl kleiner als auch effizienter.

Es gibt sogar eine schöne Grafik, die zeigt, wie viel des Modells von bestimmten Spalten oder, in meinem Beispiel, von einer Sammlung kleinerer Spalten eingenommen wird. Wenn ich in der Spaltenliste auf die Sammlung kleinerer Spalten *(Smaller Columns)* klicke, werden auch diese Spalten in der Grafik angezeigt. Alles, was gelb hervorgehoben ist, wird derzeit nicht im Modell verwendet und könnte entfernt werden. Es gibt eine Suchoption und eine Filteroption, die beide hilfreich sein können, wenn Sie ein Modell mit vielen Spalten verwenden. Es besteht auch die Möglichkeit, eine VPAX-Datei herunterzuladen. Diese Datei wird in der Software VertiPaq Analyzer verwendet, die ebenfalls von SQLBI entwickelt wurde. Ich verwende Bravo gerne, um Spalten zu identifizieren, die ich entfernen kann, ich protokolliere dann diese Spaltenänderungen mit dem ALM Toolkit, um sie in einer aktualisierten PBIT- oder BIM-Datei bereitzustellen, wenn ich bereit bin, meine Änderungen zu speichern.

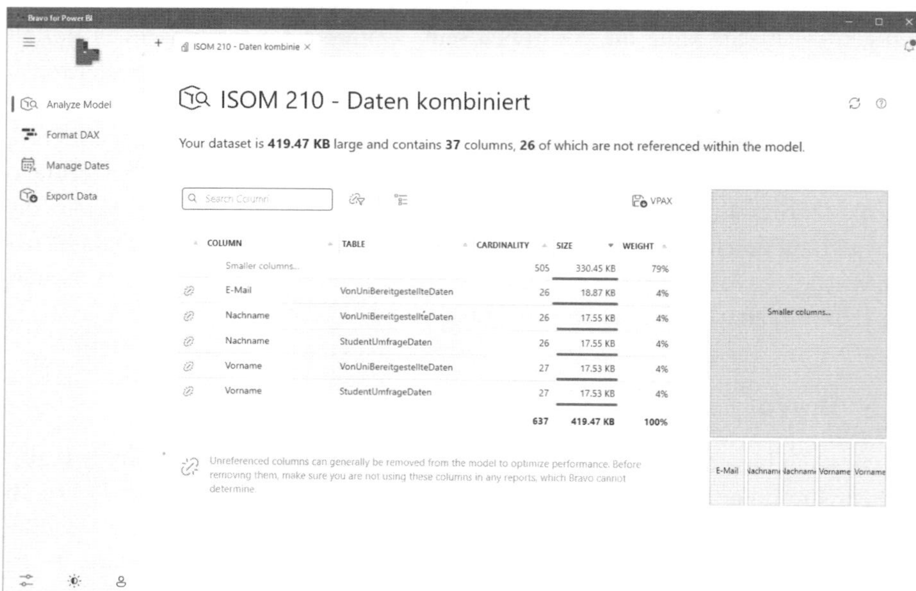

Abb. 10–19 *Das Erste, was Sie in Bravo sehen, ist das Fenster* Analyze Model. *Bravo trägt dazu bei, Ihr Modell zu optimieren und es verständlicher zu machen und beseitigt einige echte Ärgernisse.*

10.5.2 DAX-Formatierung

Wenn Sie Bravo für nichts anderes verwenden: Die Seite *Format DAX* ist ein Geschenk des Himmels. Sie sehen alle Ihre Measures, und wenn Sie auf *analyze now* (jetzt analysieren) klicken, wird das Skript vom DAX-Formatierungsdienst gelesen. So erfahren Sie, wie viele Ihrer Measures Fehler aufweisen und wie viele nicht so formatiert sind, wie es der DAX-Formatierungsdienst vorschlägt. Sie können einzelne Measures oder alle auswählen und sie auf einen Rutsch formatieren lassen. Wenn Sie auf ein Measure klicken, erscheint rechts ein Fenster, das Ihnen sowohl das aktuelle Format als auch eine Vorschau des formatierten DAX anzeigt. Wenn Sie einen Grund dafür haben, dass ein bestimmte Measure auf eine bestimmte Weise formatiert ist, können Sie es in Ruhe lassen und die anderen korrigieren. Mit etwas wie Bravo gibt es keinen Grund, unformatierte DAX-Daten zu haben, und wenn Ihre DAX-Ausdrücke formatiert sind und die von jemand anderem nicht, dann garantiere ich Ihnen, dass Sie einen besseren Eindruck machen.

10.5.3 Datumswerte verwalten

Bravo kann eine Datumstabelle und eine Vielzahl von Zeitintelligenzmeasures auf der Grundlage von Measures erstellen, die bereits in Ihrem Modell vorhanden sind. Mit dieser Funktion können Sie viel Zeit sparen, da Dutzende von richtig formatierten Measures erstellt werden, um Ihre Entwicklung zu beschleunigen. Allerdings gibt es einen Haken. Erstens darf in Ihrem Power BI-Datenmodell die automatische Erstellung von Datums-/Uhrzeittabellen nicht aktiviert sein, und zweitens darf nicht bereits eine andere Tabelle als Datumstabelle identifiziert worden sein. Bravo sagt Ihnen, ob Sie die Funktionen zur Verwaltung von Daten mit Ihrem aktuellen Datenmodell verwenden können. Wenn dies der Fall ist, können Sie schnell eine Datumstabelle mit festgelegten Zeitintervallen, der Sprache Ihrer Wahl und sogar den Feiertagen des Landes erstellen, die dem Modell hinzugefügt werden sollen. Ich hoffe, dass es in Zukunft möglich sein wird, die Feiertage mehrerer Länder hinzuzufügen.

Wenn das alles wäre, was dieses Ding kann, würde das schon ausreichen, um brillant zu sein. Es kommt aber noch besser. Im Abschnitt *Time Intelligence* werden Sie gefragt, ob Sie diese Measures aktivieren möchten, und wenn ja, ob Sie die Zeitintelligenz für alle Ihre Measures oder für eine von Ihnen ausgewählte Untergruppe erstellen möchten. In Abbildung 10–20 sehen Sie ein Beispiel dafür, wie tief der Measures-Kaninchenbau in Bravo geht. Es legt auch die Anzeigeordner für Sie an, was unglaublich nützlich ist. Wenn Sie Ihre DAX-Kenntnisse verbessern möchten, finden Sie außerdem einige wunderbare Beispiele für die Erstellung von DAX unter Verwendung von Zeitintelligenzfunktionen, die Ihnen helfen können, enorme Fortschritte zu machen.

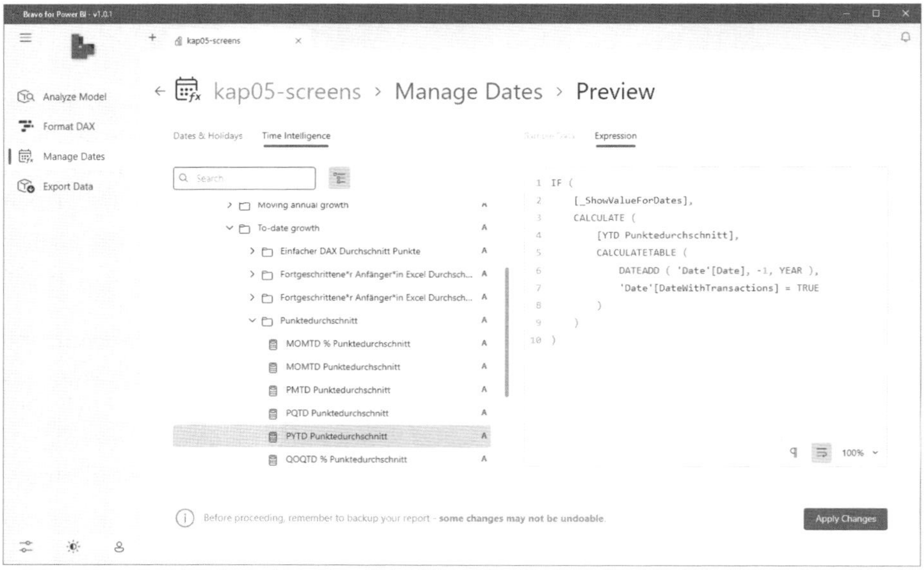

Abb. 10–20 *Die Funktion* Manage Dates *ist reichhaltig und unglaublich hilfreich. Ich wünschte, es hätte sie schon gegeben, als ich Power BI lernte.*

10.5.4 Daten exportieren

Als Letztes können Sie mit Bravo den Export von Daten aus einer Tabelle in einem Datenmodell erledigen. Klicken Sie einfach auf das Kästchen oder die Kästchen für die Tabellen, die Sie exportieren möchten, und legen Sie dann das gewünschte Format fest: Excel-Tabelle oder als CSV-Datei. Klicken Sie dann auf *Export Selected*. Bravo stellt Ihnen auch eine Seite mit einer Exportzusammenfassung zur Verfügung, wenn Sie zusätzliche Details zu den exportierten Daten wünschen. Wenn der Export abgeschlossen und die Datei gespeichert ist, zeigt Bravo Ihnen sogar einen Link an, über den Sie direkt zur Datei gelangen.

Es wird immer noch nach Excel oder CSV exportiert, was zur Folge hat, dass nicht unendlich viele Zeilen exportiert werden können. Wenn Sie einen Prozess haben, bei dem Sie Millionen von Datensätzen aus einer Tabelle abrufen müssen, ist es wahrscheinlich besser, eine EVALUATE-Anweisung in DAX Studio zu verwenden und die Ergebnisse von dort zu exportieren. Wenn Ihre Tabelle jedoch keine Millionen von Zeilen umfasst, ist das Feature *Export Data* eine wirklich gute Möglichkeit, Daten aus einer Tabelle in Ihrem Datenmodell zu exportieren.

10.6 Zusammenfassung

Nun, ich bin am Ende des Weges angelangt. Sie begannen mit null Wissen über Power BI und lernten, wie man Power BI Desktop und den Power BI-Dienst verwendet. Dann sind Sie hier geendet, mit Tools, die Ihre Power BI-Entwicklung beschleunigen und unterstützen.

Das Power BI-Ökosystem ist breit und tief. Microsoft wird die Power-Plattform weiter vorantreiben, und Power BI wird der Daten-Eckpfeiler dieses Prozesses sein. Wenn Sie dieses Buch gelesen haben und sich jetzt sicher genug fühlen, um diesen Bericht zu erstellen, jene Daten zusammenzubringen, einem Benutzer zu helfen, Zugang zu einem Arbeitsbereich zu erhalten oder eine robuste Entwicklungspipeline einzurichten, dann habe ich das Gefühl, etwas erreicht zu haben.

Sie sollten sich nun wie ein stolzer Absolvent der Cool School University fühlen. Sie haben hart gearbeitet, Zeit investiert und so Ihre Fähigkeiten erweitert. Damit können Sie Ihre Kollegen beeindrucken und in Ihrem Unternehmen etwas bewirken. Mit den Kenntnissen von Power BI können Sie Datenanalysen in einer visuellen Form bereitstellen, die sowohl von Technikern als auch von Geschäftskunden verstanden wird und mit der sie bessere Entscheidungen treffen.

Ich kann nicht sagen, dass ich weiß, wohin sich Power BI in der Zukunft entwickeln wird, aber ich weiß, dass ich es mit Spannung erwarte. Ich hoffe, dass Sie jetzt bereit sind, sich jeder noch so großen Datenherausforderung zu stellen, die vor Ihnen liegt. Ein weiser Mann im Exil sagte mir einmal, dass das Ende des Lernens der Anfang des Todes ist. Daten sind der Sauerstoff, der uns im 21. Jahrhundert das Lernen ermöglicht. Hören Sie nie auf zu lernen. Viel Glück und viel Erfolg.

A Häufig benutzte DAX-Ausdrücke

In diesem Anhang werde ich die Syntax einiger der am häufigsten verwendeten DAX-Funktionen in Power BI erläutern. Diese sind zunächst nach Abschnitten und dann innerhalb dieser Abschnitte alphabetisch geordnet. Für jede Funktion gibt es eine kurze Beschreibung des Zwecks der Funktion, die Syntax der Funktion und dann ein Beispiel, das diese Syntax verwendet.

Dies ist keine erschöpfende Liste aller Funktionen der Sprache DAX. Diese können Sie in der DAX-Funktionsreferenz unter *https://learn.microsoft.com/de-de/dax/dax-function-reference* nachlesen.

Wie bei vielen anderen Dingen auch ist DAX ein Paradebeispiel für das Pareto-Prinzip: 80 % aller Probleme (Outputs) können mit 20 % Können (Inputs) gelöst werden.

A.1 Aggregatfunktionen

A.1.1 AVERAGE

Beschreibung

Gibt den Durchschnitt (Mittelwert) aller numerischen Werte in einer Spalte zurück.

Syntax

```
AVERAGE ( [SpaltenName] )
```

Beispiel

```
Punktedurchschnitt = AVERAGE ( Noten[Punkte] )
```

A.1.2 AVERAGEX

Beschreibung

Gibt den Durchschnitt (Mittelwert) eines Satzes an Ausdrücken zurück, die über jede Zeile einer Tabelle ausgewertet wurden.

Syntax

```
AVERAGEX ( 'Tabellenname' , <Ausdruck> )
```

Beispiel

```
PunktedurchschnittProzent = AVERAGEX ( 'Noten', 'Noten'[Punkte] +
'Noten'[MaximalePunkte] )
```

A.1.3 COUNT

Beschreibung

Gibt die Anzahl der Datensätze einer Spalte zurück, die nicht leer sind.

Syntax

```
COUNT ( [Spaltenname] )
```

Beispiel

```
AnzahlDerStudenten = COUNT ( 'Demografische Daten'[StudentID] )
```

A.1.4 DISTINCTCOUNT

Beschreibung

Gibt die Anzahl der eindeutigen Werte in der angegebenen Spalte zurück.

Syntax

```
DISTINCTCOUNT ( [Spaltenname] )
```

Beispiel

```
AnzahlDerStudenten = DISTINCTCOUNT ( 'Noten'[StudentID] )
```

A.1.5 MAX

Beschreibung

Gibt den größten Wert in einer Spalte zurück.

Syntax

```
MAX ( [Spaltenname] )
```

Beispiel

```
BestePunkte = MAX ( 'Noten'[Punkte] )
```

A.1.6 MAXX

Beschreibung

Gibt den größten Wert eines Ausdrucks zurück, der über jede Zeile einer Tabelle ausgewertet wurde.

Syntax

```
MAXX ( 'Tabellenname', <Ausdruck> )
```

Beispiel

```
GrößtePunkteUndSprechstunde = MAXX ( 'Noten', 'Noten'[Punkte] +
'Noten'[SprechstundeBesucht] )
```

A.1.7 MIN

Beschreibung

Gibt den kleinsten Wert in einer Spalte zurück.

Syntax

```
MIN ( [Spaltenname] )
```

Beispiel

```
KleinstePunkte = MIN ( 'Noten'[Punkte] )
```

A.1.8 MINX

Beschreibung

Gibt den kleinsten Wert eines Ausdrucks zurück, der über jede Zeile einer Tabelle ausgewertet wurde.

Syntax

```
MINX ( 'Tabellenname', <Ausdruck> )
```

Beispiel

```
KleinstePunkteUndSprechstunde = MINX ( 'Noten', 'Noten'[Punkte] +
'Noten'[SprechstundeBesucht] )
```

A.1.9 PRODUCT

Beschreibung

Gibt das Produkt (Multiplikation) der Zahlen in einer Spalte zurück.

Syntax

```
PRODUCT ( [Spaltenname] )
```

Beispiel

```
PunkteMultiplikation = PRODUCT ( 'Noten'[Punkte] )
```

A.1.10 PRODUCTX

Beschreibung

Gibt das Produkt (Multiplikation) eines Ausdrucks zurück, der über jede Zeile einer Tabelle ausgewertet wurde.

Syntax

```
PRODUCTX ( 'Tabellenname', <Ausdruck> )
```

Beispiel

```
BonusPunkteMultiplikation = PRODUCTX ( 'Noten', 20 *
'Noten'[Sprechstundebesucht] )
```

A.1.11 SUM

Beschreibung

Addiert alle Zahlen in einer bestimmten Spalte.

Syntax

```
SUM ( [Spaltenname] )
```

Beispiel

```
SummeSprechstundenBesucht = SUM ( 'Noten'[SprechstundeBesucht] )
```

A.1.12 SUMX

Beschreibung

Gibt die Summe eines Ausdrucks zurück, der über jede Zeile einer Tabelle ausgewertet wurde.

Syntax

```
SUMX ( 'Tabellenname', <Ausdruck>)
```

Beispiel

```
GesamteTatsächlichePunkte = SUMX ('Noten', 'Noten'[Punkte]
+ ('Noten'[SprechstundeBesucht] * 20) )
```

A.2 Datums- und Uhrzeitfunktionen

A.2.1 CALENDAR()

Beschreibung

Gibt eine Tabelle mit einer einzelnen Spalte des Typs Datum zurück, die eine zusammenhängende Reihe von Datumsangaben zwischen dem Startdatum und dem angegebenen Enddatum enthält. Diese Funktion akzeptiert DAX-Ausdrücke, die einen Datumswert ergeben.

Syntax

```
CALENDAR ( <Startdatum> , <Enddatum>)
```

Beispiel

```
DatumsBereich = CALENDAR ( "01/01/2022" , "12/31/2022" )
```

A.2.2 DATEDIFF

Beschreibung

Gibt die Anzahl der Intervallgrenzen zwischen zwei Datumswerten zurück, wobei das Intervall mit SECOND, MINUTE, HOUR, DAY, WEEK, MONTH, QUARTER oder YEAR angegeben werden kann.

Syntax

```
DATEDIFF ( <Startdatum>, <Enddatum>, <Intervall>)
```

Beispiel

```
TageZwischenSemestern = DATEDIFF ( MIN('Demografische Daten'[Semesterstart]),
MAX('Demografische Daten'[Semesterstart]), DAY)
```

A.2.3 DAY

Beschreibung

Gibt den Tag des Monats eines angegebenen Datums als Zahl zwischen 1 und 31 zurück.

Syntax

```
DAY ( <Datum> )
```

Beispiel

```
TagVonSemesterstart = DAY ('Demografische Daten'[Semesterstart])
```

A.2.4 MONTH

Beschreibung

Gibt den Monat eines angegebenen Datums als Zahl zwischen 1 und 12 zurück.

Syntax

```
MONTH ( <Datum> )
```

Beispiel

```
MonatVonSemesterstart = MONTH ('Demografische Daten'[Semesterstart])
```

A.2.5 TODAY

Beschreibung

Gibt das aktuelle Datum zurück.

Syntax

```
TODAY ()
```

Beispiel

```
TageSeitAktuellemSemsterStart = DATEDIFF ( TODAY(), MAX('Demografische
Daten'[Semesterstart]), DAY)
```

A.2.6 YEAR

Beschreibung

Gibt das Jahr eines angegebenen Datums zurück.

Syntax

```
YEAR ( <Datum> )
```

Beispiel

```
JahrVonSemesterStart = YEAR ('Demografische Daten'[Semesterstart])
```

A.3 Zeitintelligenzfunktionen

A.3.1 DATEADD

Beschreibung

Gibt eine Tabelle zurück, die eine Spalte mit Datumswerten enthält, die sich entweder in der Zukunft oder der Vergangenheit befindet und um die angegebene Anzahl von Intervallen verschoben wurde.

Syntax

```
DATEADD ( <Datum>, <Anzahl_Der_Intervalle>, <Intervall> )
```

Beispiel

```
30TageNachSemesterstart = DATEADD ('Demografische Daten'[Semesterstart], 30,
DAY )
```

A.3.2 DATESMTD

Beschreibung

Gibt eine Tabelle zurück, die eine Spalte mit den Datumsangaben für den Monat bis zum aktuellen Tag im aktuellen Kontext enthält.

Syntax

```
DATESMTD ( <Datum> )
```

Beispiel

```
MTDDatesVonSemesterstart = DATESMTD ( 'Demografische Daten'[Semesterstart] )
```

A.3.3 DATESQTD

Beschreibung

Gibt eine Tabelle zurück, die eine Spalte mit den Datumsangaben für das aktuelle Quartal bis zum aktuellen Tag im aktuellen Kontext enthält.

Syntax

```
DATESQTD ( <Datum> )
```

Beispiel

```
QTDDatesVonSemesterStart = DATESQTD ( 'Demografische Daten'[Semesterstart] )
```

A.3.4 DATESYTD

Beschreibung

Gibt eine Tabelle zurück, die eine Spalte mit den Datumsangaben für das aktuelle Jahr bis zum aktuellen Tag im aktuellen Kontext enthält.

Syntax

```
DATESYTD ( <Datum> )
```

Beispiel

```
YTDDatesVonSemesterStart = DATESYTD ( 'Demografische Daten'[Semesterstart] )
```

A.4 Filterfunktionen

A.4.1 ALL

Beschreibung

Gibt alle Zeilen in einer Tabelle oder Spalte zurück, wobei der gesamte Filterkontext für die ausgewählte Tabelle und Spalte ignoriert wird. Beachten Sie, dass Sie keine Spalte angeben und nur den Teil `Tabellenname` der Funktion verwenden können, wodurch die Filter für alle Spalten der ausgewählten Tabelle gelöscht werden. Das folgende Beispiel veranschaulicht dies. Wenn Sie der ALL-Anweisung bestimmte Spalten hinzufügen möchten, finden Sie hier die vollständige Syntax.

Syntax

```
ALL ( 'Tabellenname', [Spaltenname1], [Spaltenname2],...,[ SpaltennameX] )
```

Beispiel

```
%VonSumme = SUM('Noten'[Punkte]) / CALCULATE(SUM('Noten'[Punkte]),
ALL('Demografische Daten'))
```

A.4.2 ALLEXCEPT

Beschreibung

Entfernt alle Kontextfilter mit Ausnahme von Filtern, die auf die mit ALLEXCEPT ausgewählten Spalten angewendet wurden.

Syntax

```
ALLEXCEPT ( 'Tabellenname', [Spaltenname1], [Spaltenname2],...,[ SpaltennameX]
)
```

Beispiel

```
PunkteGesamtNachname = CALCULATE(SUM('Noten'[Punkte]),
ALLEXCEPT('Demografische Daten', 'Demografische Daten'[Nachname]))
```

A.4.3 CALCULATE

Beschreibung

Hiermit wird ein Ausdruck in einem bearbeiteten Filterkontext ausgewertet. Denken Sie daran, dass Sie diese Funktion unheimlich oft verwenden.

Syntax

```
CALCULATE(<Ausdruck>, {FilterBedingung1}, {FilterBedingung2},...,
{FilterBedingungX})
```

Beispiel

```
DurchschnittPunkteAufgabe1 = CALCULATE(AVERAGE('Noten'[Punkte]),
'AufgabeDetails'[AufgabeID]=1)
```

A.5 Logische Funktionen

A.5.1 AND

Beschreibung

Führt einen Test durch, um zu ermitteln, ob beide übergebenen Argumente TRUE sind. Diese Funktion gibt TRUE zurück, wenn beide Argumente TRUE ergeben. Andernfalls wird FALSE zurückgegeben.

Syntax

```
AND ( <LogischeBedingung1>, < LogischeBedingung2> )
```

Beispiel

```
PunkteVonKingFürVergleich = CALCULATE(SUM('Noten'[Punkte]),
AND ('Demografische Daten'[Nachname] = "King", 'Demografische Daten'[Vorname]
= "Leonard"))
```

A.5.2 COALESCE

Beschreibung

Gibt den ersten Ausdruck zurück, der nicht als BLANK ausgewertet wird. Wenn alle Ausdrücke als BLANK ausgewertet werden, wird BLANK zurückgegeben.

Syntax

```
COALESCE ( <Ausdruck1>, <Ausdruck2>,..., <AusdruckX)
```

Beispiel

```
GesamtPunkteLeerWieNullBehandelt = COALESCE ( SUM ( 'Noten'[Punkte]), 0)
```

A.5.3 IF

Beschreibung

Prüft eine Bedingung und gibt einen Wert zurück, wenn die Bedingung TRUE ist; andernfalls wird ein zweiter Wert zurückgegeben.

Syntax

```
IF (<Logischer_Test>, <Wert_bei_TRUE>, <Wert_bei_FALSE>)
```

Beispiel

```
BonusMöglich = IF ('Demografische Daten'[JahreBesucht] <=2, "Ja", "Nein")
```

A.5.4 OR

Beschreibung

Führt einen Test durch, um zu ermitteln, ob eines der übergebenen Argumente TRUE ist. Diese Funktion gibt TRUE zurück, wenn mindestens eines der Argumente TRUE ergibt. Andernfalls wird FALSE zurückgegeben.

Syntax

```
OR ( <LogischeBedingung1>, < LogischeBedingung2> )
```

Beispiel

```
AnzahlStudentenAusIndianaOderHawaii = CALCULATE(COUNT ('Demografische
Daten'[StudentID]),
  OR('Demografische Daten'[WohnsitzStaatUSA]="IN", 'Demografische
Daten'[WohnsitzStaatUSA]="HI"))
```

A.6 DAX-Operatoren

DAX verfügt über viele Operatoren, die ähnliche Funktionen ausführen, wie Sie sie erwarten würden, aber einige haben einzigartige Funktionen. In Tabelle A–1 sind die Namen der Operatoren, ihre Vorzeichen und ihre Funktion aufgeführt.

Operatorname	Zeichen	Funktion
Pluszeichen	+	Addition
Minuszeichen	-	Subtraktion
Sternchen	*	Multiplikation
Schrägstrich	/	Division
Caretzeichen	^	Potenzierung
Gleichheitszeichen	=	Gleich
Doppelte Gleichheitszeichen	==	Streng gleich
Größer-als-Zeichen	>	Größer als
Kleinerzeichen	<	Kleiner als
Größer-als-Zeichen und Gleichheitszeichen	>=	Größer als oder gleich
Kleiner-als-Zeichen und Gleichheitszeichen	<=	Kleiner als oder gleich
Größer-als-Zeichen und Kleiner-als-Zeichen	<>	Ungleich
Kaufmännisches Und-Zeichen	&	Textverkettung
Doppeltes kaufmännisches Und-Zeichen	&&	Logisches UND
Doppelter senkrechter Strich	||	Logisches ODER
IN	IN	Logisches ODER für eine angegebene Werteliste

Tab. A–1 *DAX-Operatoren*

B Einige meiner bevorzugten benutzerdefinierten Visuals

In die Erstellung von benutzerdefinierten Visualisierungen für Power BI wurde eine unglaubliche Menge an Entwicklungsarbeit investiert. Bei meiner letzten flüchtigen Zählung der benutzerdefinierten Visuals in der AppSource-Liste von Power BI habe ich 404 gefunden! Viele der benutzerdefinierten Visuals in dieser Liste können zu 100 % kostenlos heruntergeladen und verwendet werden. Einige haben kostenlose Elemente und dann Elemente, die Sie lizenzieren können, um deren Funktionalität zu erweitern; zum Beispiel funktionieren die xViz-, ZoomCharts- und Zebra BI-Visuals auf diese Weise. Meines Wissens nach hat alles, was Sie in AppSource finden, zumindest einige kostenlose Komponenten.

Wenn Sie benutzerdefinierte Visuals verwenden, sollten Sie darauf achten, ob ein Visual zertifiziert ist. Zertifizierte Visuals verfügen über zusätzliche Funktionen, die mit den vorgefertigten Visuals von Power BI übereinstimmen, einschließlich der Möglichkeit, ihre Ergebnisse nach PowerPoint zu exportieren oder das Visual in E-Mails von Abonnements einzubetten. Nur weil ein Visual nicht zertifiziert ist, bedeutet dies nicht, dass es unsicher ist oder ein Sicherheitsrisiko darstellt. Weitere Informationen zur Zertifizierung von benutzerdefinierten Visuals finden Sie in der Microsoft-Dokumentation »So lassen Sie Ihr visuelles Power BI-Element zertifizieren« unter *https://learn.microsoft.com/de-de/power-bi/developer/visuals/power-bi-custom-visuals-certified*.

In diesem Anhang gebe ich einen kurzen Überblick darüber, wie man benutzerdefinierte Visuals hinzufügt. Außerdem werde ich einige meiner persönlichen Lieblingsvisuals vorstellen. Abschließend stelle ich Charticulator vor, ein kostenloses Programm von Microsoft zur Erstellung von benutzerdefinierten Visuals, für die kein Code erforderlich ist. Aus Gründen der Klarheit werde ich keine lizenzpflichtigen Visuals vorstellen, da ich persönlich noch nicht viele davon verwendet habe und daher keine Aussage zu den Vorteilen gegenüber den vorhandenen kostenlosen Optionen machen kann.

B.1 Benutzerdefinierte Visuals zu Power BI Desktop hinzufügen

Das Hinzufügen eines benutzerdefinierten Visuals ist ein müheloser Prozess, wenn Sie wissen, wo Sie suchen müssen. Suchen Sie im Bereich *Visualisierungen* nach einer Schaltfläche mit drei Auslassungspunkten, die sich hinter der letzten

Standardvisualisierung befindet. Wenn Sie darauf klicken, wird ein kleines Menü angezeigt, das Optionen zum Abrufen weiterer Visuals, zum Importieren eines Visuals aus einer Datei, zum Entfernen eines Visuals oder zum Wiederherstellen der Standardvisuals enthält. Bevor AppSource im Microsoft-Ökosystem so weit verbreitet war wie heute, wurden viele benutzerdefinierte Visuals in Form von PBVIZ-Dateien erstellt. Wenn Sie eine PBVIZ-Datei entweder von einem benutzerdefinierten Visual haben, das Sie mit TypeScript angelegt haben, oder eine ältere Version eines benutzerdefinierten Visual, das Sie aus einer Datei importieren möchten, können Sie diese Option auswählen, um auf ein Explorer-Fenster zuzugreifen, in dem Sie zu der Datei navigieren und sie zum Importieren auswählen können.

Wenn Sie die Option *Weitere Visuals abrufen* wählen, wird ein Overlay angezeigt, das Ihnen eine Liste der in AppSource verfügbaren benutzerdefinierten Visuals und der benutzerdefinierten Visuals, die Ihrer Organisation hinzugefügt wurden, anzeigt. Elemente aus Ihrer Organisation werden in der Liste aller Visuals immer vor nicht-organisatorischen Elementen angezeigt. In Abbildung B–1 sehen Sie, wie dieses überlagerte Fenster aussieht.

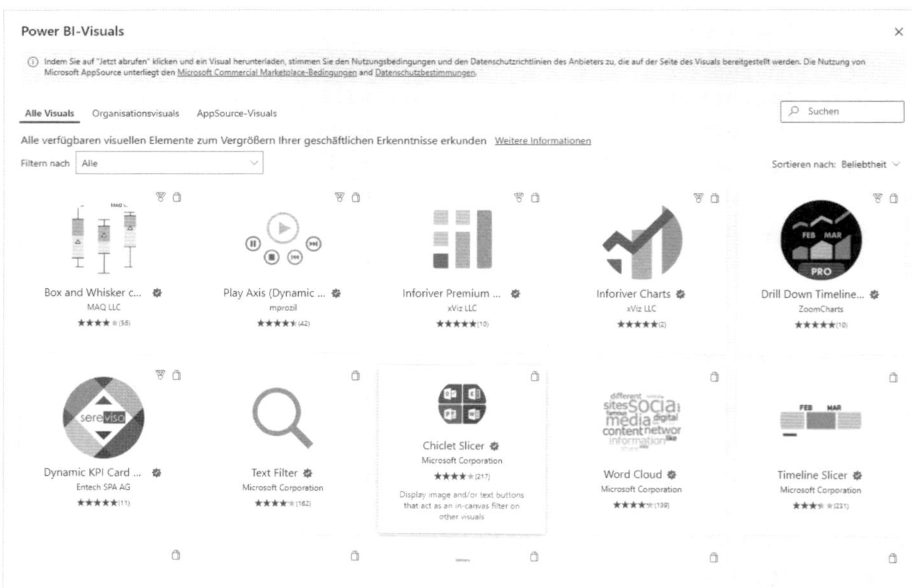

Abb. B–1 *Das Navigationsfenster von AppSource für benutzerdefinierte Visuals*

Sie sehen, dass Sie oben auf der Seite zwischen *Alle Visuals*, *Organisationsvisuals* und nur *AppSource-Visuals* wählen können. Außerdem gibt es eine Suchfunktion. Es besteht auch die Möglichkeit, die Visuals nach Kategorien zu filtern. Diese Kategorien sind Änderungen im zeitlichen Verlauf, Vergleich, Korrelation, Verteilung, Filter, Flow, Infographics, KPI, Zuordnungen, Erzählungen, Sonstige, Teil-zu-Ganzes. Die Filterkategorien sind nicht immer hilfreich bei der Definition dessen, wonach Sie suchen. Sie können jedoch sowohl Filter als auch Suche zusammen verwenden, was Sie vielleicht hilfreicher finden.

Ein weiterer hilfreicher Aspekt bei der Verwendung dieser benutzerdefinierten Visuals von AppSource ist, dass sie alle auch eine PBIX-Beispieldatei enthalten haben, mit der Sie sehen können, wie das Visual funktioniert und was es tut. Dies bietet eine sehr niedrige Einstiegshürde, da Sie das Visual von seiner besten Seite sehen, den definierten Anwendungsfall vom Ersteller des Visuals haben und entscheiden können, ob es etwas ist, das für Sie funktionieren könnte.

B.2 Meine bevorzugten benutzerdefinierten Visuals

Ich schrieb, dass es nach meiner letzten Zählung 404 benutzerdefinierte Visualisierungen in AppSource gibt. Bei so vielen hatte ich sicherlich noch nicht die Gelegenheit, sie alle zu verwenden, und ehrlich gestanden kenne ich auch niemanden, der das getan hat. Da ich jedoch immer wieder auf bestimmte Visuals für verschiedene Zwecke zurückgreife, habe ich eine Liste von neun Visuals zusammengestellt, die entweder allgemein anwendbar sind oder das Problem, das sie lösen sollen, wirklich gut lösen. Ich gebe Ihnen einen kurzen Überblick über jedes dieser Visuals. Ich hätte diese Liste noch zwei- oder dreimal so lang machen können, aber ich habe die ausgewählt, die ich für besonders hilfreich halte. Bitte beachten Sie, dass ich in vielen Fällen die Verwendung dieser Visuals anhand des bereitgestellten Beispieldatasets demonstrieren werde.

- Advance Card
- Chiclet Slicer
- Drilldown Choropleth
- Gantt-Diagramm
- Radardiagramm
- Route Map
- Scroller
- Sunburst-Diagramm
- Word Cloud

B.2.1 Advance Card

Das *Advance Card*-Visual ist keine radikale Überarbeitung der grundlegenden Kartenvisualisierung, sondern eine einfache Verbesserung. Advance Card unterstützt zusätzliche Funktionen wie bedingte Formatierung, bedingte Formatierung basierend auf einem anderen Measure, einfache Textausrichtung, QuickInfo-Unterstützung und Unterstützung für Hintergrundbilder. Das Beispiel PBIX für das Visual in Abbildung B–2 zeigt, wie das aussehen kann.

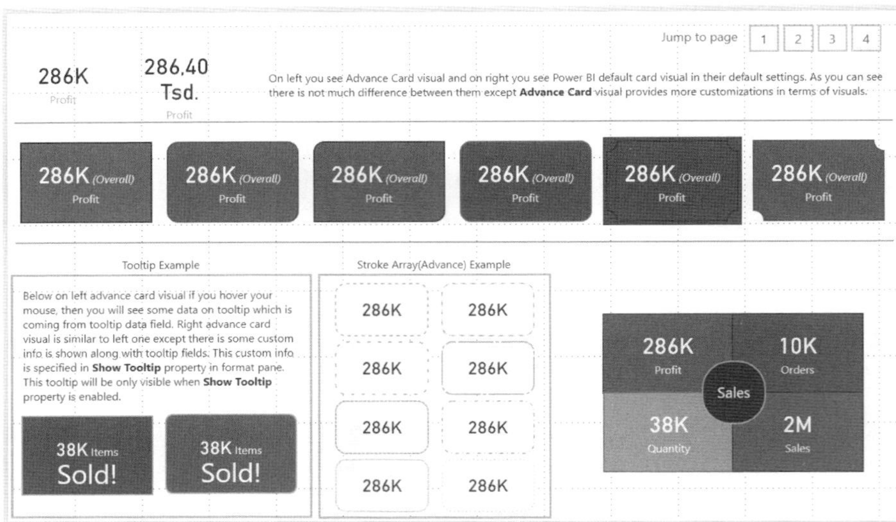

Abb. B–2 *Die Advance Card ist in jeder Hinsicht besser als die normale Karte.*

B.2.2 Chiclet Slicer

Ich liebe den *Chiclet Slicer*, einen Slicer mit Steuerelementen für die Anzahl der Zeilen und Spalten von Werten, in die Sie Ihre Auswahlen verdichten möchten. Ich persönlich mag einfach das Schaltflächen-Gefühl des Chiclet Slicers.

Eine weitere coole Funktion des Chiclet Slicers ist, dass Sie Bilder mit verschiedenen Chiclets verknüpfen können. Ein gängiges Beispiel hierfür ist ein Bericht über mehrere Länder, wobei jedes Chiclet eine Nationalflagge darstellen könnte. Auch ohne die zusätzliche Chiclet-Formatierung gefällt mir das Aussehen und die Funktionsweise des Chiclet Slicers sehr gut.

In Microsofts erster Ankündigung des Chiclet Slicers im Jahr 2015 wurden Logos von Autofirmen als Beispiel verwendet. Ich speichere gerne Bilder für Chiclet Slicer in einem OneDrive-Ordner oder auf einer SharePoint-Website und habe dann eine Spalte in meinem Datenmodell, die diese Links als Bild-URLs aufruft. Abbildung B–3 zeigt Microsofts Auto-Beispiel für den Chiclet Slicer.

Abb. B–3 *Chiclets sind mein Lieblingstool zum »Datenschneiden«.*

B.2.3 Drilldown Choropleth

Ich habe das Gefühl, dass ich zuerst eine Warnung zu diesem Visual aussprechen muss. Die Einrichtung ist nicht sehr benutzerfreundlich. Sie benötigen TopoJSON-Dateien, um zu bestimmen, wie Ihre Karten geformt sein sollen. Im Gegensatz zum visuellen Formzuordnungselement geben Sie im Formatierungsbereich des Visuals einen Link zu den TopoJSON-Dateien an, die Sie für Ihren geografischen Drilldown verwenden werden. Wenn Sie keine TopoJSON-Datei mit den gewünschten geografischen Grenzen finden, können Sie sie vielleicht als Shapefile oder GeoJSON finden. Für beide gibt es kostenlose Online-Tools, mit denen Sie einen Dateityp in einen anderen umwandeln können.

Ein Choropleth ist eine Karte, in der Unterschiede zwischen geografischen Regionen farblich dargestellt werden. Ich mag die Drilldown-Choropleth-Ansicht, weil man trotz der schwierigen Einrichtung, sobald alles funktioniert, den Nutzern erlauben kann, einfach von einer geografischen Ebene zur anderen zu wechseln und den gesamten Kontext in einer einzigen Ansicht zu behalten.

Wie in Abbildung B–4 zu sehen ist, gehe ich von der Ebene des Bundesstaates/Gebietes Australiens bis hinunter zur Ebene der Postleitzahlen, nachdem ich den Filter auf Ebene des Bundesstaates durchlaufen habe, um zu Westaustralien zu gelangen, und meine Ergebnisse bleiben kontextbezogen.

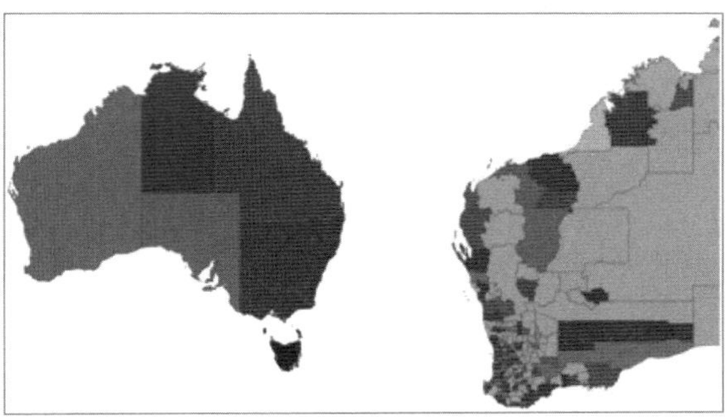

Abb. B–4 *TopoJSONs sind mächtige Kartentools, auch wenn es schwierig ist, sie einzurichten.*

B.2.4 Gantt-Diagramm

Das *Gantt-Diagramm* (Balkenplan) gibt es schon ewig, und es ist ein Grundnahrungsmittel des Projektmanagements. Es ist eine Art Balkendiagramm mit einer Zeitreihe, die Ihnen hilft, Ereignisse in Bezug auf die geschätzte Zeit bis zur Fertigstellung und die Anzahl der beteiligten Schritte zu identifizieren.

AppSource bietet eine Reihe von Gantt-Diagramm-Optionen, aber in diesem Beispiel geht es speziell um die Version von Microsoft. Was mir an dieser Version besonders gefällt, ist, dass sie so umfangreich oder so detailliert sein kann, wie Sie es wünschen. Dieses Gantt-Diagramm hat zehn Auswahlfelder, denen Sie Werte hinzufügen können. Das einzige Feld, das erforderlich ist, ist das Datenfeld *Aufgabe*.

Die Beispieldatei für das Visual enthält eine leicht zu lesende Hinweisseite, auf die ich oft zurückgreife, wenn ich mich daran erinnern muss, welches Feld was tut, da ich nicht so oft im Projektmanagement tätig bin. Ehrlich gestanden würde ich mir wünschen, dass einige der Formatierungsoptionen in diesem Diagramm auch in einigen Basisdiagrammen verfügbar wären, aber Sie können das Gantt-Diagramm auch in Off-Label-Anwendungen verwenden, um einige dieser Funktionen für klassischere Balkendiagrammanwendungen zu nutzen. Ein Beispiel für ein Gantt-Diagramm ist in Abbildung B–5 zu sehen.

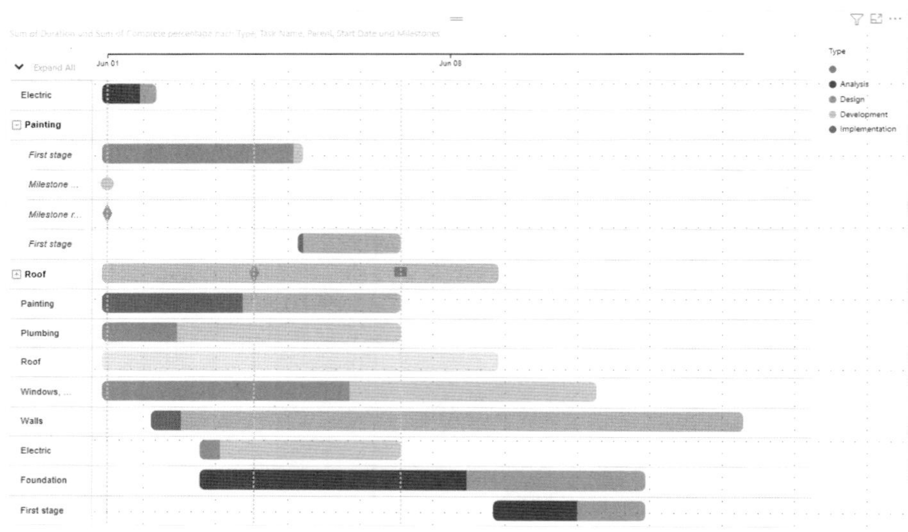

Abb. B–5 *Das Gantt-Diagramm ist eine leistungsstarke und erstaunlich flexible Variante des klassischen Balkendiagramms.*

B.2.5 Radardiagramm

Das *Radardiagramm* (Radar Chart) ist ein Visual, mit dem Sie die Daten mehrerer Variablen anzeigen können, um ein breiteres, ganzheitliches Bild über diese Variablen zu erhalten. Im Allgemeinen sollten die Achsen nicht als vergleichbar angesehen werden, da die verschiedenen Variablen unterschiedliche Skalen auf ihrer jeweiligen Achse haben werden. Das Beispiel in Abbildung B–6 zeigt beispielsweise die tatsächliche Anzahl der neuen Mitarbeiter nach Abteilung im Vergleich zur geplanten Anzahl der neuen Mitarbeiter nach Abteilung. Wir wissen nicht unbedingt, wie hoch die absoluten Werte sind, aber wir können schnell in einem allgemeinen interpretativen Sinn vergleichen, wie jede Gruppe bei den Ist- und den Soll-Werten abgeschnitten hat.

Eines meiner Lieblingsbeispiele für die Verwendung des Radardiagramms, nicht in Power BI, ist in Street Fighter 5, wo jeder Charakter ein Radardiagramm hat, das seine Statistiken auf einem Rang von 5 anzeigt, sodass Sie schnell sehen, welche Charaktere welche allgemeinen Stärken haben. Möchten Sie einen Charakter mit viel Leben, der hart zuschlägt, oder einen schnellen Charakter mit vielen Spezialbewegungen? Das Radardiagramm funktioniert auch in diesem Zusammenhang perfekt und zeigt, dass es sich um ein Diagramm handelt, das vielseitig einsetzbar ist. Es ist auch einfach in Power BI zu verwenden, da es nur eine Kategorieliste und Werte für die Y-Achse erfordert.

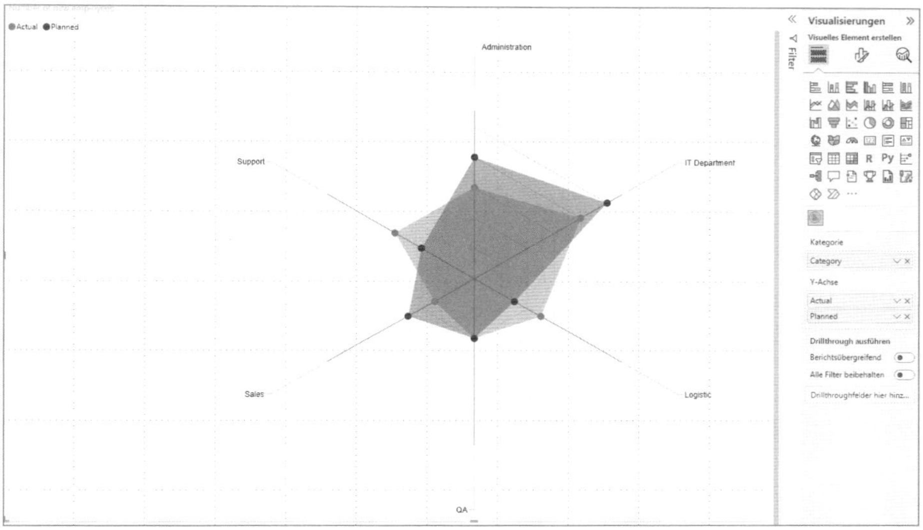

Abb. B-6 *Das Radardiagramm ist für mich ein unterschätztes Juwel.*

B.2.6 Route Map

Das Visual *Route Map* hilft bei der Visualisierung von Daten, die die geografische Lage an verschiedenen Punkten auf einer Achse, in der Regel der Zeit, zeigen. Wenn Sie zum Beispiel ein Speditionsunternehmen hätten und die Route Ihrer Lkws sehen wollten, könnten Sie Daten von deren GPS abrufen, diese Daten modellieren und das Visual verwenden, um diese Routen zu notieren und möglicherweise eine Optimierungsanalyse durchzuführen.

Meine Frau verwendet dieses Visual mit ihren Geolokalisierungsdaten, um ihre Läufe zu kartieren. Die Visualisierung gibt diese Geolokalisierungsdaten an einen Drittanbieterdienst weiter, was bedeutet, dass sie niemals zertifiziert werden, was man also im Hinterkopf behalten sollte. Sie sehen jedoch, dass die in Abbildung B–7 gezeigte Karte von OpenStreetMap sehr gut lesbar ist.

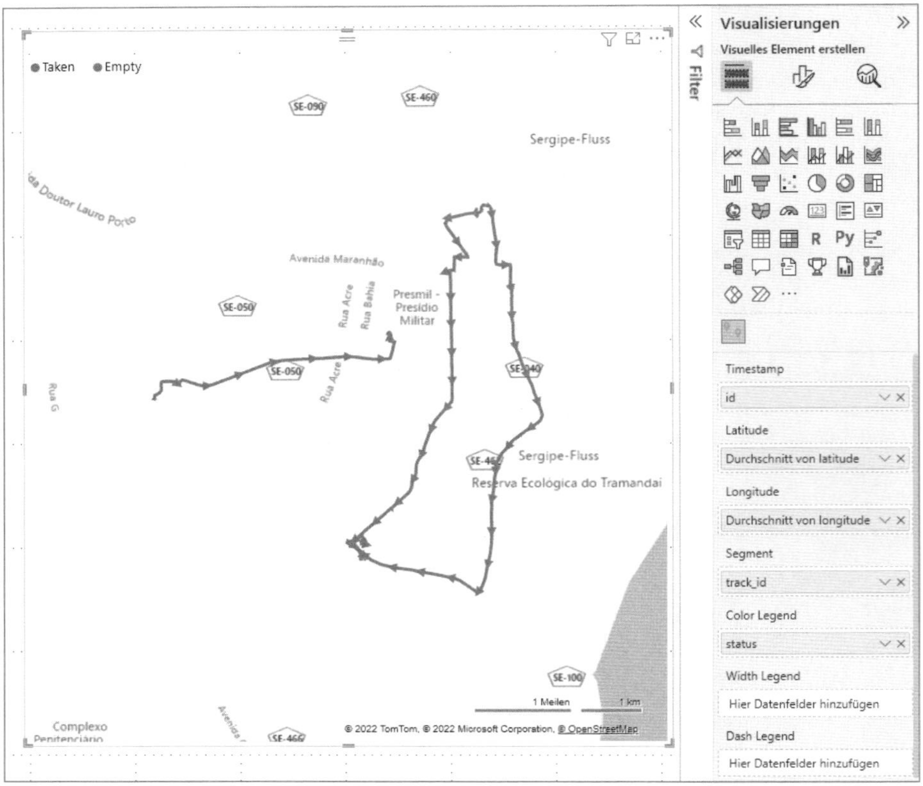

Abb. B–7 *Route Map ist ein Visual, das Koordinatendaten zur Ortsbestimmung aufpeppen kann.*

B.2.7 Scroller

Das *Scroller*-Visual ist der klassische Ticker. Es zeigt Daten in kategorischem Kontext mit der Möglichkeit an, ein sich änderndes Measure hinzuzufügen. Ich verwende das Scroller-Visual gerne zum Vergleich von tatsächlichen mit prognostizierten Werten oder gegen einen individuellen Wert des Vortags (z.B. Produktverkäufe oder Lieferungen). Ich verwende das Scroller-Visual auch gerne, wenn ich eine Berichtsseite habe, die beispielsweise in einer Fertigungshalle angezeigt und sichtbar wird. Das Scroller-Visual kann verwendet werden, um sich wiederholende Meldungen oder andere zusätzliche Hinweise anzuzeigen.

Ich hatte einen Kunden, der es auf einem Fernsehbildschirm verwendete, um seine Mitarbeiter an anstehende Ereignisse, Feiertage, Geburtstage, Jahrestage usw. zu erinnern. Jeder hat wahrscheinlich irgendwann im Laufe seines Lebens schon einmal eine Laufschrift gesehen, aber die Möglichkeit, die Daten zu steuern, die Sie in dieses Visual einfügen, verleiht ihm so viel Flexibilität. Diese Implementierung bietet Steuerelemente für die Bildlaufgeschwindigkeit, die Schriftgröße und die Möglichkeit, die Statusindikatoren und den Statustext mit einer Farbe zu versehen.

B.2.8 Sunburst-Diagramm

Ein *Sunburst-Diagramm* ist ein kreisförmiges Diagramm (wie ein Kreis- oder ein Ringdiagramm), das aber mehrere Ringe aufweist, die verschiedene kategoriale Kombinationen ermöglichen, um eine Aggregation auf einer oder allen Ebenen der kategorialen Aufteilung zu identifizieren. Obwohl ich im Allgemeinen keine Kreis- oder Ringdiagramme mag, gefällt mir, dass ich für jede Kombination, die ich aus dem Sunburst-Diagramm auswähle, einen bestimmten Wert in der Mitte des Sunburst-Diagramms sehen kann, der mir einen numerischen Kontext zu den betrachteten Kombinationen liefert, ohne dass ich raten muss. Aufgrund der mehreren kategorialen Optionen im Sunburst-Diagramm können Sie auch auf bestimmte Kombinationen von Kategorien zugreifen, um andere Visuals auf der Seite zu filtern.

In Abbildung B–8 habe ich die Gruppierung *Category2/SC2/Asia* ausgewählt, und diese Werte werden an alle anderen visuellen Elemente auf der Seite aus der Perspektive der Cross-Filterung auf einmal weitergegeben, anstatt drei separate Sätze der Cross-Filterung durchführen zu müssen. Außerdem kann ich eine beliebige Kombination dieser Ebenen wählen. Alles aus Kategorie 2? Das kann ich tun. Category1 und SC1? Das kann ich tun. *Category2/SC1/North America*? Jawohl. Es hat also etwas mit Kreis und Ring zu tun, aber dieses Visual macht genug Dinge anders, sodass ich denke, es ist es wert, in diese Liste aufgenommen zu werden.

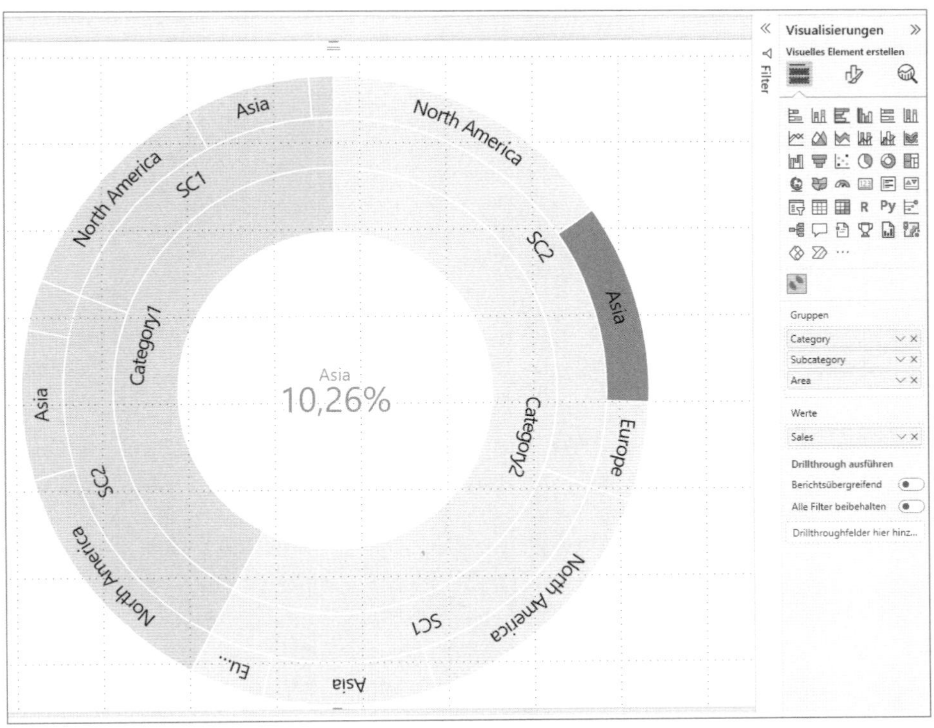

Abb. B–8 *Das Sunburst-Diagramm*

B.2.9 Word Cloud

Die *Word Cloud* (Wortwolke) ist eine Visualisierung, die immer häufiger in verschiedenen Kontexten verwendet wird. In einer Wortwolke werden Wörter dargestellt und es wird ermittelt, wie oft sie vorkommen. Ich verwende diese Visualisierung am häufigsten in der Marketinganalyse, wenn ich versuche, einen Einblick in die Verbraucherstimmung zu bekommen oder zu verstehen, welche Themen ein Gespräch dominieren. Nehmen wir an, wir haben eine Fokusgruppe und analysieren, was die Gruppenmitglieder über ein Produkt gesagt haben; ich möchte wissen, welche Wörter am häufigsten verwendet wurden, um mein Produkt zu beschreiben.

Dies kommt auch bei Umfragedaten recht häufig vor. Die Anzahl, wie oft ein Wort ausgewählt wurde, kann ebenfalls leicht in einer Wortwolke visualisiert werden. Diese visuelle Darstellung in ihrer Formatierung ermöglicht es Ihnen außerdem, auszuschließende Wörter auszuwählen, und verfügt über eine Standardliste, die Sie deaktivieren können, um die Wortwolke weniger unübersichtlich zu gestalten. Sie können auch steuern, welche Wörter ausgeschlossen werden, indem Sie im Formatierungsbereich der Visualisierung Ihre eigenen Wörter festlegen. Ich könnte mehrere Wörter in die Liste aufnehmen, indem ich ein Komma setze. Auf diese Weise kann ich ein Wirrwarr durch zu viele Wörter, die im Visual angezeigt werden, beseitigen.

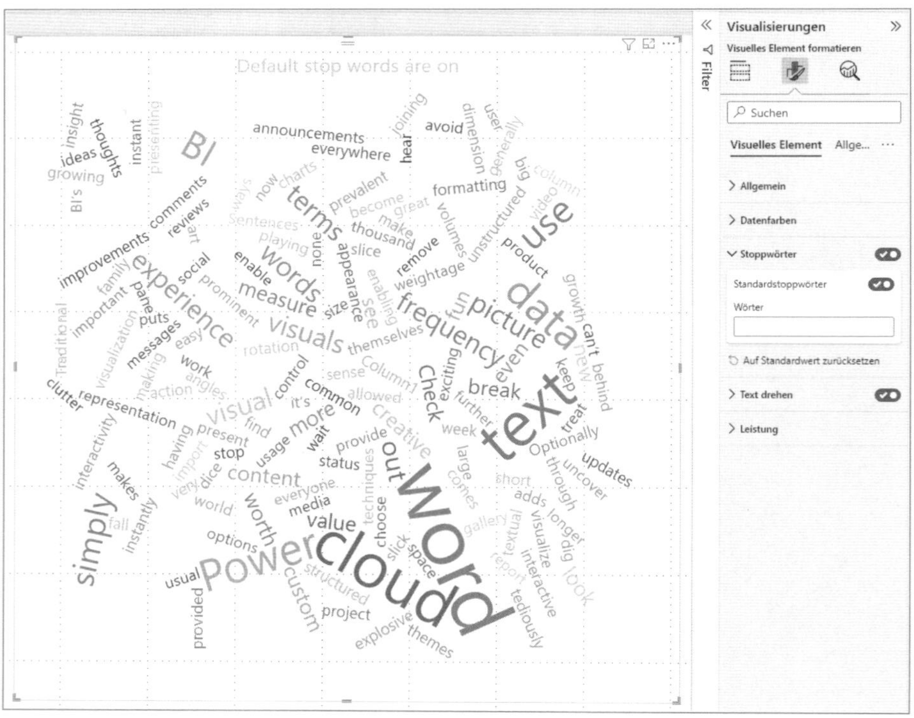

Abb. B–9 *Verwenden Sie die Funktion* Stoppwörter *mit Bedacht.*

In einer Stimmungsanalyse können bestimmte Wörter *Gewichtungen* haben. Sie können diese Gewichtungen über das Feld *Werte* des Visualisierungsfensters hinzufügen. Im Download-Beispiel sehen Sie eine Beispiel-Wortwolke mit aktivierten Standardstoppwörtern, diese ist auch in Abbildung B–9 zu sehen.

B.3 Charticulator

Und schließlich haben wir Charticulator, eine der aufregendsten Neuerungen im Bereich der benutzerdefinierten Visuals. Mit Charticulator können Sie Ihre eigenen benutzerdefinierten Visuals ohne Code erstellen. Sie können dann das auf der Charticulator-Website angelegte Visual in Ihren Power BI-Bericht importieren, und Charticulator ist auch vollständig für den Power BI-Service zertifiziert.

Microsoft stellt mehrere Video-Tutorials zur Verfügung, in denen Beispielvisualisierungen erstellt werden (Charticulator Video Tutorials) und die Sie sich ansehen sollten, wenn Sie Ihre eigenen Visualisierungen konzipieren möchten.

Wenn ich die Wahl habe, ein benutzerdefiniertes Visual von Grund auf in Charticulator zu erstellen oder ein wenig zusätzliche Arbeit zu leisten, damit ein Visual das tut, was ich in Power BI Desktop möchte, entscheide ich mich im Allgemeinen für Letzteres. Wenn ich jedoch eine besondere Kundenanforderung habe, muss ich manchmal in Charticulator nachsehen, um das perfekte Teil des Puzzles zu erstellen.

Seien Sie sich bewusst, dass Charticulator eine Lernkurve hat. Es hat jedoch den Vorteil, dass es sich nicht um eine codebasierte Lösung handelt, sodass beispielsweise ein R- oder Python-basiertes Visual kein persönliches Daten-Gateway benötigt.

Charticulator ist Microsofts Geheimwaffe im Power BI-Ökosystem, die anscheinend nicht genug Leute kennen oder nutzen. Wie bei jedem Produkt schlage ich vor, es einfach in die Hand zu nehmen und auszuprobieren. Es erfordert keine Lizenzierung, und Sie können Ihre eigenen Daten hinzufügen, um damit zu arbeiten. Charticulator könnte das letzte Werkzeug in Ihrem Werkzeugkoffer sein, aber es ist ein unglaublich leistungsfähiges Werkzeug.

Index